全国一级建造师执业资格考试
创/新/教/程

建设工程项目管理

全国一级建造师执业资格考试用书编写组　组编

编写组成员

主　编　王　菲

主　审　张　震　李鑫鑫　郭明柱　董　政

参　编　王爱勤　张　谦　张　宇　杨　飞
　　　　刘　军　张云国　黎　鹏　白新华
　　　　孟媛媛　王志冬　孙庆伟　李亚斌
　　　　杨文楠　贾小静　杨帅飞　鲁　婷

哈尔滨工程大学出版社
Harbin Engineering University Press

内容简介

本书主要根据考试大纲要求，针对建设工程领域常用的项目管理知识，从工程项目实践出发，在紧扣法规、标准及规范的基础上，重点加强考生对理论知识的掌握，提高解决实际项目管理问题的能力。全书通过图文并茂的形式，坚持"与工程实践相结合，与考试命题相结合，与考生反馈意见相结合"的编写原则，对考试内容进行解读，并精心编写了具有代表性的"专家解读"和"典型例题"模块，旨在帮助考生更好地理解和掌握知识点，使考生能在有限的时间内科学、有效地备考。

图书在版编目(CIP)数据

全国一级建造师执业资格考试创新教程. 建设工程项目管理 / 全国一级建造师执业资格考试用书编写组组编. — 哈尔滨：哈尔滨工程大学出版社，2021.7(2022.5 重印)

ISBN 978-7-5661-3184-3

Ⅰ. ①全… Ⅱ. ①全… Ⅲ. ①基本建设项目－工程项目管理－资格考试－教材 Ⅳ. ①TU

中国版本图书馆 CIP 数据核字(2021)第 138723 号

建设工程项目管理
JIANSHE GONGCHENG XIANGMU GUANLI

选题策划 李惊宇
责任编辑 张 彦
封面设计 天 一

出版发行 哈尔滨工程大学出版社
社 址 哈尔滨市南岗区南通大街 145 号
邮政编码 150001
发行电话 0451-82519328
传 真 0451-82519699
经 销 新华书店
印 刷 河南美轩印务有限公司
开 本 787 mm×1 092 mm 1/16
印 张 21
字 数 538 千字
版 次 2021 年 7 月第 1 版
印 次 2022 年 5 月第 3 次印刷
定 价 60.00 元
http://www.hrbeupress.com
E-mail:heupress@hrbeu.edu.cn

前言

Preface

为提高工程建设从业人员的专业素养和管理能力，我国建立和完善了建造师执业制度。虽然国务院相继取消了许多执业资格许可和认定事项，但是基于建设工程领域的特殊性以及专业人才不可替代的重要性，建造师执业资格考试不仅不会取消，而且越来越引起政府机关和社会各界的重视。

为了满足广大考生的应试复习要求，便于考生明悉现行考试考情，并能在较短的时间内科学、有效地掌握知识要点，更好地备战全国一级建造师执业资格考试，全国一级建造师执业资格考试用书编写组的成员通力合作，编写了本系列图书。

本系列图书所包含的科目（共八个）

《建设工程法规及相关知识》

《建设工程项目管理》

《建设工程经济》

《建筑工程管理与实务》

《市政公用工程管理与实务》

《机电工程管理与实务》

《公路工程管理与实务》

《水利水电工程管理与实务》

前三个科目为全国一级建造师执业资格考试的公共科目，后五个科目为专业科目。

图书特色

全国一级建造师执业资格考试用书编写组的成员认真研究考试要求，结合现行法律法规、国家标准及行业规范，准确把控和解读历年考试命题点，以创新性的形式整合知识体系，编写了本系列图书。

另外，全书采用双色印刷，并结合“组织结构图 + 表格总结对比 + 专家解读 + 典型例题”等多种形式，有针对性而又不失详尽地解读核心考点。为给考生提供多层级、新视角的全新解读，帮助考生复习备考。同时，对本系列图书中的难点、重点、易考点进行解读，使之易懂、易学、易掌握。

增值服务

为方便考生复习备考，我们特向购买本系列图书的考生提供两大特色服务，让考生在进行本系列图书学习的同时可以通过观看视频、线上做题（天一网校 APP）等方式，实现线上线下有效备考。

增值服务一 视频课程。本系列图书编写组诚邀多名具有丰富实践和教学经验的老师，精心录制备考视频，帮助考生全面、系统地学习。

增值服务二 电子题库。本系列图书结合历年真题考查形式及风格，精心挑选了一些常考点、易错点、重难点习题组成电子题库，以方便考生在学习内容的同时进行习题练习与巩固，提升学习效果。

您可以通过扫描图书封面处二维码（刮开获得激活码），根据提示输入激活码，获取视频课程和电子题库。

本系列图书的不足之处，恳请广大读者予以指正。

如有与本书相关的问题及建议，欢迎您致电 4006597013 或者通过 QQ:1400594158 与我们联系，我们将以更加优质、便捷的方式为您提供多层次的服务。

扫描二维码
获取天一网校APP

全国一级建造师执业资格考试用书编写组

目录

Contents

第一章　建设工程项目的组织与管理 ······ 001

第一节　建设工程管理的内涵和任务 ······ 001

第二节　建设工程项目管理的目标和任务 ······ 005

第三节　建设工程项目的组织 ······ 007

第四节　建设工程项目策划 ······ 012

第五节　建设工程项目采购的模式 ······ 014

第六节　建设工程项目管理规划的内容和编制方法 ······ 017

第七节　施工组织设计的内容和编制方法 ······ 020

第八节　建设工程项目目标的动态控制 ······ 030

第九节　施工企业项目经理的工作性质、任务和责任 ······ 033

第十节　建设工程项目的风险和风险管理的工作流程 ······ 040

第十一节　建设工程监理的工作性质、工作任务和工作方法 ······ 046

第二章　建设工程项目成本管理 ······ 052

第一节　成本管理的任务、程序和措施 ······ 052

第二节　成本计划 ······ 056

第三节　成本控制 ······ 059

第四节　成本核算 ······ 064

第五节　成本分析和成本考核 ······ 066

第三章　建设工程项目进度控制 ······ 072

第一节　建设工程项目进度控制与进度计划系统 ······ 072

第二节　建设工程项目总进度目标的论证 ······ 075

第三节　建设工程项目进度计划的编制和调整方法 ······ 076

第四节　建设工程项目进度控制的措施 ······ 096

第四章　建设工程项目质量控制 …… 099
第一节　建设工程项目质量控制的内涵 …… 099
第二节　建设工程项目质量控制体系 …… 110
第三节　建设工程项目施工质量控制 …… 118
第四节　建设工程项目施工质量验收 …… 137
第五节　施工质量不合格的处理 …… 147
第六节　数理统计方法在工程质量管理中的应用 …… 155
第七节　建设工程项目质量的政府监督 …… 160

第五章　建设工程职业健康安全与环境管理 …… 165
第一节　职业健康安全管理体系与环境管理体系 …… 165
第二节　建设工程安全生产管理 …… 173
第三节　建设工程生产安全事故应急预案和事故处理 …… 206
第四节　建设工程施工现场职业健康安全与环境管理要求 …… 215

第六章　建设工程合同与合同管理 …… 220
第一节　建设工程施工招标与投标 …… 220
第二节　建设工程合同的内容 …… 227
第三节　合同计价方式 …… 296
第四节　建设工程施工合同风险管理、工程保险和工程担保 …… 300
第五节　建设工程施工合同实施 …… 303
第六节　建设工程索赔 …… 308
第七节　国际建设工程施工承包合同 …… 315

第七章　建设工程项目信息管理 …… 322
第一节　建设工程项目信息管理的目的和任务 …… 322
第二节　建设工程项目信息的分类、编码和处理方法 …… 324
第三节　建设工程管理信息化及建设工程项目管理信息系统的功能 …… 327

第一章 建设工程项目的组织与管理

第一节 建设工程管理的内涵和任务

一、建设工程项目管理的术语

（一）建设工程

建设工程是指在一定的建设时间内，在规定的资金限额条件下，需要达到预期规模和预定质量水平的一次性事业。

（二）建设工程项目

建设工程项目是指为实现某种具体目标（依法立项的新建、扩建、改建工程）而进行的一系列有起止时间、需要协调和控制的工作。工作包括策划、勘察、设计、采购、施工、试运行、竣工验收和考核评价等阶段。工作应符合进度、成本和资源等方面的具体要求。建设工程项目简称为项目。

（三）建设工程项目管理

建设工程项目管理是指运用系统的理论和方法，对建设工程项目进行的计划、组织、指挥、协调和控制等专业化活动。项目管理活动的全过程，对与顾客有关的活动（会议、关键事件、评审等）和/或由供方确定的那些按照管理规则采取的行动均加以控制。建设工程项目管理简称为项目管理。

（四）组织

组织是指为实现其目标而具有职责、权限和关系等自身职能的个人或群体。

（五）项目管理机构

项目管理机构是指根据组织授权，直接实施项目管理的单位。可以是项目管理公司、项目部、工程监理部等。

（六）相关方

相关方是指能够影响决策或活动、受决策或活动影响，或感觉自身受到决策或活动影响的个人或组织。

（七）项目经理（项目负责人）

项目经理是指组织法定代表人在建设工程项目上的授权委托代理人。在本书中，项目经理具体是指取得建造师注册证书并受企业法定代表人委托或授权，对工程项目施工过程全面负责的项目管理者。

（八）项目范围管理

项目范围管理是指对合同中约定的项目工作范围进行的定义、计划、控制和变更等活动。

（九）项目管理责任制

项目管理责任制是指组织制定的、以项目负责人（项目经理）为主体，确保项目管理目标实现的责任制度。

（十）项目管理策划

项目管理策划是指为达到项目管理目标，在调查、分析有关信息的基础上，遵循一定的程序，对未来（某项）工作进行全面的构思和安排，制定和选择合理可行的执行方案，并根据目标要求和环境变化对方案进行修改、调整的活动。

（十一）收尾管理

收尾管理是指对项目的收尾、试运行、竣工结算、竣工决算、回访保修、项目总结等进行的计划、组织、协调和控制等活动。

（十二）项目管理目标责任书

项目管理目标责任书是指企业管理层与项目经理签订的明确项目经理部应达到的质量、进度、成本、安全、环境保护等管理目标及应承担的责任，并作为项目完成后考核评价依据的文件。

二、建设工程项目生命期与一般程序

（一）建设工程项目生命期

建设工程项目存在从策划、立项、建设实施、竣工验收、交付使用、运行、报废或被淘汰这样一个生命期。建设工程项目的全寿命周期包括项目的决策、实施和运营三个阶段。从项目生命周期的一个阶段到另一个阶段常常涉及某种形式的技术交接，项目阶段是以一个或多个可交付成果的完成为标志的，可交付成果是某种有形的、可测量的和/或可验证的工作成果，如可行性研究、详细设计。

例如，建筑项目典型生命周期模型如图 1-1 所示。

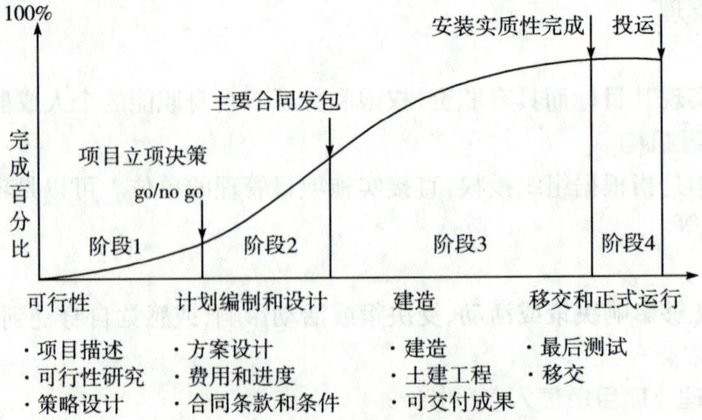

图 1-1　某建筑项目生命周期模型

（二）建设工程项目一般程序

我国工程基本建设主要程序主要有以下几个阶段：项目建议书阶段、可行性研究阶段、设计准备阶段、初步设计工作阶段、施工图设计阶段、建设施工阶段、竣工验收阶段、保修及后评价阶段，具体如图 1-2 所示。

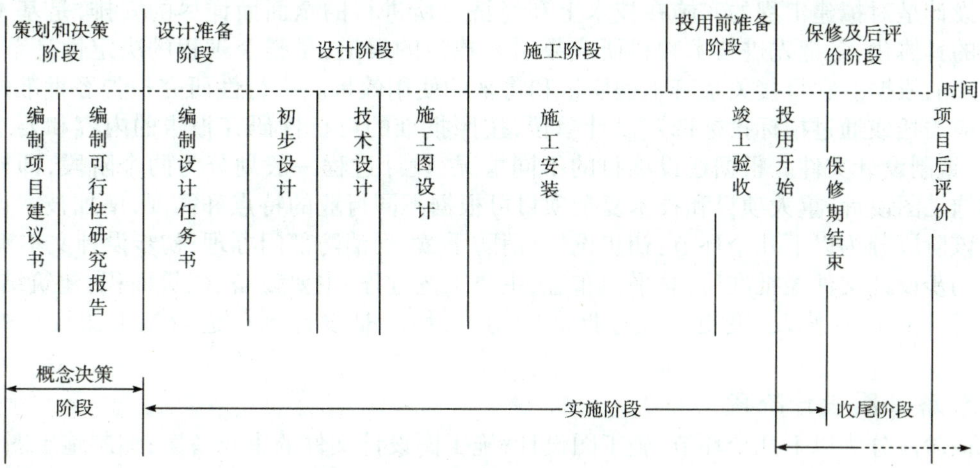

图 1-2　建设工程项目一般程序示意图

1. 项目建议书阶段（立项）

项目建议书是项目建设筹建单位，根据国民经济和社会发展的长远规划、行业规划、产业政策、生产力布局、市场、所在地的内外部条件等要求，经过调查、预测、分析后，提出的某一具体项目的建议文件，是基本建设程序中最初阶段的工作，是对拟建项目的框架性设想，也是政府选择项目和可行性研究的依据。

项目建议书的主要作用是为了推荐一个拟进行建设的项目的初步说明，论述它建设的必要性、重要性、条件的可行性和获得的可能性，供政府选择确定是否进行下一步工作。该阶段分为以下几个环节：编制项目建议书；办理项目选址规划意见书；办理建设用地规划许可证和工程规划许可证；办理土地使用审批手续；办理环保审批手续。在完成以上工作的同时，可以做好以下工作：进行拆迁摸底调查，并请有资质的评估单位评估论证；做好资金来源及筹措准备；准备好选址建设地点的测绘。

2. 可行性研究阶段

可行性研究是对项目在技术上是否可行和经济上是否合理进行科学的分析和论证。通过对建设项目在技术、工程和经济上的合理性进行全面分析论证和多种方案比较，提出评价意见。该阶段分为以下几个环节：编制可行性研究报告；可行性研究报告论证；可行性研究报告报批；到国土部门办理土地使用证；办理征地、青苗补偿、拆迁安置等手续；地勘；报审市政配套方案。

对于一些各方面相对单一，技术工艺要求不高，前期工作成熟，教育、卫生等方面的项目，项目建议书和可行性研究报告也可以合并，一步编制项目可行性研究报告，也就是通常说的可行性研究报告代项目建议书。

3. 设计准备阶段

设计任务书是设计的主要依据。编制设计任务书时，应按有关规定执行，其深度应能满足开展设计的要求。设计单位必须积极参加设计任务书的编制、建设地址的选择、建设规划和试验研究等方面的设计前期工作。

4. 初步设计工作阶段

设计是对拟建工程的实施在技术上和经济上所进行的全面而详尽的安排，是基本建设计划的具体化，是把先进技术和科研成果引入建设的渠道，是整个工程的决定性环节，是组织施工的依据。它直接关系着工程质量和将来的使用效果。可行性研究报告经批准的建设项目应委托或通过招标投标选定设计单位，按照批准的可行性研究报告的内容和要求进行设计，编制设计文件。根据建设项目的不同情况，设计过程一般划分为两个阶段，即初步设计和施工图设计，重大项目和技术复杂项目可根据不同行业的特点和需要，增加技术设计阶段。该阶段分为以下几个环节：初步设计；消防手续；到消防部门办理；初步设计文本审查。

初步设计文件经批准后，总平面布置、主要工艺过程、主要设备、建筑面积、建筑结构、总概算等不得随意修改、变更。经过批准的初步设计，是设计部门进行施工图设计的重要依据。

5. 施工图设计阶段

该阶段分为以下几个环节：施工图设计；施工图设计文件的审查备案；编制施工图预算。

6. 建设施工阶段

该阶段分为以下几个环节：开工前准备；项目开工前审计；报批开工。

7. 竣工验收阶段

竣工验收阶段一般包括两种验收，即完工验收和竣工验收。完工验收是指一个工程项目的施工合同完成后，由承包人将合同工程移交给业主所进行的验收。竣工验收是指整个工程项目完工并投产后，由相关建设主管部门、管理机构、质量监督机构、造价管理机构等代表组成的验收委员会组织对工程的验收。竣工验收对促进工程项目及时投产、发挥投资效益及总结经验均有重要作用。

8. 保修及后评价阶段

工程项目投入使用后进入项目保修阶段，动用开始的时间一般为业主的进度目标，如宾馆可以开业时间、道路可以通车时间、工厂可以投产时间等。保修期是工程竣工之后，承包人对该竣工工程负责保修的期限。保修期的时间在承包合同中规定。

国家对一些重大建设项目，在竣工验收若干年后进行后评价。这主要是为了总结项目建设成功和失败的经验教训，供以后项目决策借鉴。

三、建设工程管理工作的核心任务

建设工程管理工作的核心任务是增值服务，其增值服务主要体现在建设方面和使用方面的增值，下面以典型例题的形式进行讲解。

专家解读

此知识点在历年考试中经常考查，考查形式有：（1）直接对建设工程管理工作的核心任务进行考查。（2）辨别核心任务中的建设增值和使用增值。

典型例题

【单选题】下列建设工程管理的任务中，属于为工程使用增值的是(　　)。

A. 有利于环保　　B. 提高工程质量

C. 有利于投资控制　　D. 有利于进度控制

A。【解析】选项 A 属于为工程使用增值。除此之外，工程使用增值还包括：有利于节能、维护工程、降低运营成本；确保使用安全；满足使用功能。选项 B，C，D 属于为工程的建设增值。除此之外，工程建设增值还包括确保建设安全。

第二节　建设工程项目管理的目标和任务

一、建设单位（业主方）项目管理的目标和任务

建设单位是项目建设的责任主体，对项目建设的工程质量、工程进度、资金管理和生产安全负总责，并对项目主管部门负责。建设单位项目管理的目标主要包括投资目标、质量目标和进度目标。其中，投资目标是指项目的总投资目标；质量目标是指设计、材料、设备、施工及环境等方面的质量；进度目标是指项目交付使用或者项目动用的时间目标。

成立项目法人的，项目法人为建设单位；实行代建制等其他组织形式的，代建单位等按照合同约定承担建设单位职责。建设单位应当严格按照基本建设管理要求和批准的工程建设规模、内容、标准组织实施，并依法对参建单位的建设行为进行监督管理。

建设单位是工程建设项目的总集成者和总组织者，通过选择合适的设计、监理及施工等相关参建单位，并通过科学管理过程将它们有效地集成和组织起来，使各责任主体融为一体、各司其职、各尽其责，共同完成工程建设的目标。其任务涉及项目实施阶段的全过程，可简单概括为“三控、三管、一协调”，“三控”即为投资、进度、质量的控制，“三管”即为安全、合同、信息的管理，“一协调”即为组织和协调。

二、工程总承包项目管理的目标和任务

根据《建设项目工程总承包管理规范》，工程总承包是指依据合同约定对建设项目的设计、采购、施工和试运行实行全过程或若干阶段的承包。工程总承包项目管理工作涉及项目实施阶段的全过程。

工程总承包企业应建立与工程总承包项目相适应的项目管理组织，并行使项目管理职能，实行项目经理负责制。工程总承包企业宜采用项目管理目标责任书的形式，并明确项目目标和项目经理的职责、权限和利益。

项目经理应根据工程总承包企业法定代表人授权的范围、时间和项目管理目标责任书中规定的内容，对工程总承包项目，自项目启动至项目收尾，实行全过程管理。

工程总承包项目管理的目标主要包括项目的总投资目标、总承包方的成本目标以及项目的进度、质量和安全管理目标。施工总承包(管理)方的成本目标由施工单位根据生产状况和经营状况确定,施工总承包(管理)方的工期目标和质量目标必须符合合同的要求。

工程总承包项目管理内容包括:工程总承包管理的组织;项目策划;项目设计管理;项目采购管理;项目施工管理;项目试运行管理;项目风险管理;项目进度管理;项目质量管理;项目费用管理;项目安全、职业健康与环境管理;项目资源管理;项目沟通与信息管理;项目合同管理;项目收尾。上述内容中,除了前六项和最后一项,其他均属于工程总承包项目管理的任务。

三、设计单位项目管理的目标和任务

工程设计不仅是施工前的工作,还要贯穿工程建设的全过程。因此,设计单位应对工程设计过程进行管理,中心任务是对设计的工程质量、进度、成本(项目投资)进行控制,其项目管理的目标也围绕这三个方面进行。应由建设项目业主负责提供设备资料和外部协作条件,应及时向设计单位提供准确的资料。

从设计单位角度出发,由设计单位具体规划实施的工程项目管理,设计单位项目管理的任务涉及项目实施阶段的全过程,但主要是设计阶段。其主要任务是在时间和资源一定的条件下,通过科学的计划、控制和组织,完成合同规定的设计任务,按时拿出合格的设计产品。其任务也可简单概括为与设计相关的"三控、三管、一协调","三控"即为设计成本和工程造价、设计进度、设计质量的控制,"三管"即为设计安全、合同、信息的管理,"一协调"即为组织和协调。基本职能包括计划、控制、组织、指挥、协调和激励六大方面,这六大职能完成的好坏直接决定了设计方能否按时、保量、高质地完成规定的设计任务,是设计单位工程项目管理的核心内容。

与施工单位工程项目管理和供货单位工程项目管理等相比,设计单位工程项目管理更能体现设计在工程建设中的主导作用,在满足工艺、技术要求和设计原则的前提下,不断优化设计方案,保证设计质量,力求节省投资,降低工程造价。另外设计单位在完成本职工作的前提下,还可以充分利用自身的技术优势,介入到工程材料采购和施工等工作中。

设计阶段项目管理的核心并不是对设计单位工作进行监督,而是通过建立一套沟通、交流与协作的系统化管理制度,帮助业主和设计单位去解决设计阶段中,设计单位与业主(建设单位)、政府有关建设主管部门、承包单位以及其他项目参与方的组织、沟通和协作问题,实现项目建设的艺术、经济、技术和社会效益的平衡。

四、施工单位项目管理的目标和任务

施工单位项目管理就是指施工单位在完成所承揽的工程建设施工项目的过程中,运用系统的观点和理论以及现代科学技术手段对施工项目进行计划、组织、安排、指挥、管理、监督、控制、协调等全过程的管理。

施工单位作为一个工程项目参建单位之一,它是项目管理主要服务于项目的整体利益及其自身的利益。它的项目管理工作主要发生在施工阶段,但由于其施工过程中又涉及到勘察设计等文件资料,竣工后又将进入保修阶段,因此施工单位的项目管理工作也会涉及勘察设计阶段、开工前的准备阶段及质量保修阶段。其项目管理的目标主要包括施工的进度目标、质量目标、安全目标、成本目标等。施工单位的成本目标由施工单位内部自行确定。

但与建设单位（或施工总承包方、施工总承包管理方）签订分包合同的工程，其工期目标和质量目标由施工总承包（管理）方负责。

施工单位在进行施工项目管理的过程中涉及的任务可概括为“三控、三管、一协调”，“三控”即为进度、质量、成本的控制，“三管”即为安全、合同、信息的管理，“一协调”即为组织与协调。

典型例题

【单选题】关于施工方项目管理目标的说法，正确的是（　　）。

A. 分包方的成本目标由施工总承包方确定

B. 施工总承包方的工期目标和质量目标必须符合合同的要求

C. 施工总承包方的成本目标由施工企业根据合同确定

D. 与业主方签订分包合同的工程，其工期目标和质量目标由分包方负责

B。【解析】分包方的成本目标由施工企业内部自行确定。故选项 A 错误。施工总承包（管理）方的成本目标是由施工企业根据生产状况和经营状况确定。故选项 C 错误。与业主方签订分包合同的工程，其工期目标和质量目标由施工总承包（管理）方负责。故选项 D 错误。

第三节　建设工程项目的组织

一、项目组织要求

应规定项目各阶段（任务分析、可行性、方案、验收、生产、使用、处置）所需要的有效的项目组织。项目更改可导致项目实施期间项目组织的变更。

当几个供方共同担任一个角色时，应明确各自的职责和权限。当某一供方在同一项目中担任几个角色时，应分别明确这些角色的职责。并且，为有效进行，一定要有独立的机构对其进行监督。为满足合同要求，每个供方应明确规定内部组织的职责和权限。每个顾客和供方应承担项目周期内所分配的任务职责。当涉及若干个外部组织和/或内部部门时，应将他们每一个职责和权限及其质检的接口用文件进行明确，并应采取适当的措施来保证他们之间的协调，特别包括顾客和供方间信息交换的措施。

二、项目组织沟通

沟通要求应包括：项目参与者之间的信息交换；沟通的格式及工具；沟通的时间间隔；顾客及其相应的组织代表等在内的特定权限。

三、项目结构分析

项目结构分析中，同一建设工程项目有不同的项目结构分解方法，如居住建筑开发项目可根据建设的时间对项目结构进行逐层分解；群体项目可在第二层次分解后再进行分解；单体工程在必要条件下应进行项目结构分解。

四、项目组织结构模式

项目组织结构模式属于一种静态组织关系，主要包括线性组织结构、职能式组织结构、矩阵式组织结构三种模式。

（一）线性组织结构

线性组织结构就是使命令线性化。线性组织结构示意图如图 1-3 所示。

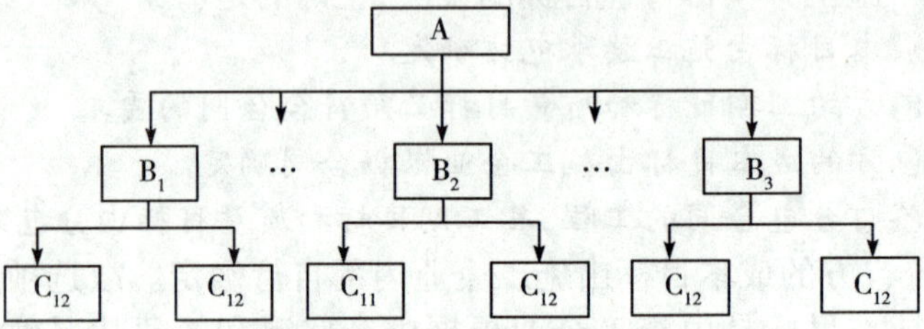

图 1-3　线性组织结构示意图

图 1-3 中，A 是项目经理（负责人），B 为第一级工作部门，C 为第二级工作部门。每一个工作部门，每一个工作人员都只有一个上级，为了加快指令传递的过程，线性组织系统要求组织结构的层次不能太多，否则会影响信息的有效沟通，因此有必要尽可能减少组织结构层次。

线性组织结构的优点：结构简单，每个组织单元只对上级负责。参与项目的人员工作任务、职责和权力明确，指令唯一；项目经理可以直接控制资源，有独立组织的优点；信息传递快便于做出和落实决策，加强项目控制；项目任务分工明确，对责任和权力的关系十分明确。

线性组织结构的缺点：不适用于规模大的项目，因为要根据项目划分成的子项目建立对应的组织机构，不能合理利用企业资源；由于一切决策信息都集中于项目经理处，对项目经理的能力要求较高，容易导致决策困难、速度慢甚至出错；由于单位之间的权力争执，会导致单位之间难以合作，影响项目参建单位之间的信息流通；企业项目间的信息交流缺乏，不利于企业实施计划和控制；在线性组织中，对专业化分工太细容易造成多级分包，增加组织层次。

线性组织结构一般适用于工程承包方、咨询方、监理方。对简单规模小的工程项目，业主方也可采用此种组织结构形式。

（二）职能式组织结构

职能式组织结构示意图如图 1-4 所示。

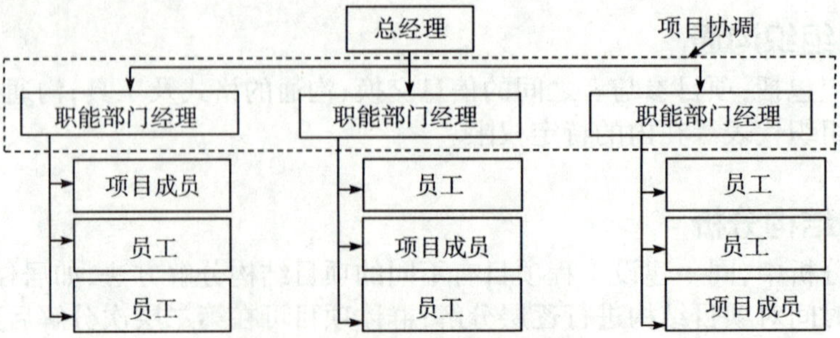

图 1-4　职能式组织结构示意图

职能式组织结构强调管理职能的专业化,即将管理职能授权给不同的专门部门去管理,有利于发挥专业人才的作用。职能式组织结构的优点:按职能来划分部门能使各职能部门的工作更具有针对性,从而最大限度地发挥人员的专业才能;各职能部门间相互配合协作,能够事半功倍。职能式组织结构的缺点:项目信息传递受到限制;容易形成指令相互矛盾的情况;当部门之间有意见分歧时难以协调统一;职能部门直接对工作部门下达指令会弱化项目经理对工程项目的控制能力。

(三)矩阵式组织结构

矩阵式组织结构示意图如图 1-5 所示。

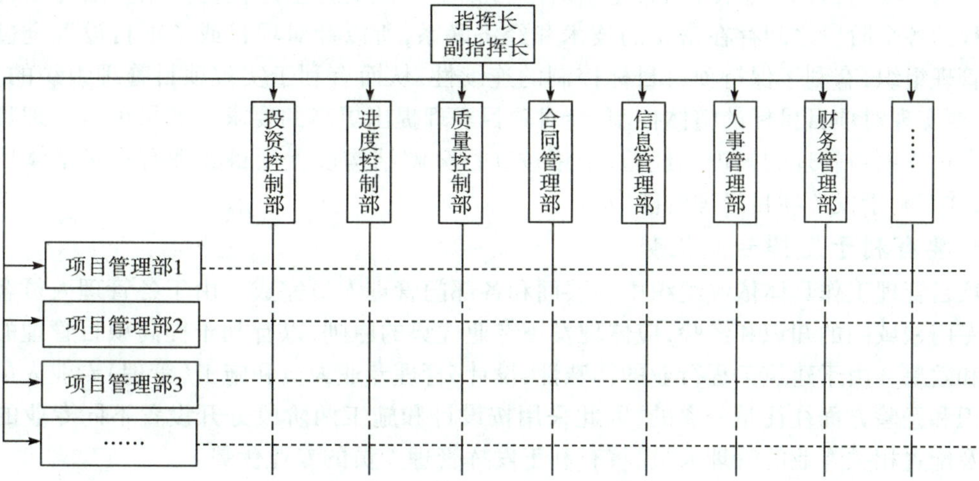

图 1-5　矩阵式组织结构示意图

矩阵式组织结构的优点:兼具职能式、线性式组织结构的优点,同时发挥了纵向职能部门和横向职能部门的优势,使得企业组织和项目组织不再矛盾;高效利用人力资源;有利于人才的全面培养。矩阵式组织机构的缺点:矩阵组织中指令主要来自横向、纵向的领导的双向指令,容易形成指令相互矛盾,甚至出现问题时无人负责的情况;管理要求高,协调较困难;容易出现项目经理的责任与权力不统一的现象。

矩阵式组织结构模式中为避免纵向和横向工作部门指令矛盾对工作的影响,可以采用以纵向工作部门指令为主,也可采用以横向工作部门指令为主,这样可以减轻该组织系统的最高管理者(部门)的协调工作量。另外,应强调纵向工作部门和横向工作部门的良好沟通,以及明确的规章制度。

五、管理组织分工策划

项目管理组织分工可分为项目任务分工和管理职能分工两部分,二者属于一种静态组织关系。

(一)管理组织分工的原则

项目管理组织分工的基本原则包括:与环境相适应的原则;目标统一的原则;便于统一

指挥的原则;有效管理幅度和合理分层的原则;分工协作的原则;合理授权和权责相符的原则;信息传递灵活方便的原则;精干高效的原则。

(二)管理组织分工的要求

1.项目管理决策路径要短

在项目实施过程中,各管理层的项目经理的决策体现了项目管理工作对项目实施过程的控制,为了提高项目管理的工作效率,项目管理的决策路径应尽可能短,在满足有效管理幅度的条件下,项目管理的结构层次应尽可能少。

2.对项目目标要整体控制

所谓对项目目标的整体控制,是指对项目或子项目实施全过程的控制。因为项目实施全过程的各个阶段之间存在密切的技术和经济联系,所以针对项目或子项目设置全过程的项目管理组织,有利于保持项目目标控制的连续性,从而有利于实现项目管理组织的目标。但是,要实现对项目目标的整体控制,会对项目经理提出更高的要求。如果项目经理具有足够的全过程项目管理的知识和经验,采用按项目分解结构设置项目经理有利于整体目标的实现,并有利于发挥项目经理的能力。

3.要有利于发挥专业优势

项目管理工作具体依赖组织中各层面和各部门管理人员完成。由于各管理人员客观上拥有专门领域内的知识和经验,应体现发挥专业优势的原则,以有利于提高项目管理的工作质量和效果。由于建筑工程行业的特殊性,设计/管理专业人员和施工(管理)专业人员在专业知识和经验方面往往是分离的,因此采用按设计和施工两阶段分开设置不同专业的项目经理及配置相关专业的管理人员,将有利于发挥管理人员的专业优势。

4.要高效利用项目管理资源

项目管理资源主要是指参与项目管理组织中的管理部门和管理人员。本项原则要求在服从由项目管理组织部门所决定的管理工作需要的前提下,组织更加精干。纵向上力求减少管理层面,横向上力求精简项目经理的设置及其职能管理部门的人员。

5.力求更多灵活性和适应性

应充分考虑项目组织结构的灵活性,力求能随着项目管理工作进展的需要而增减管理部门。

(三)任务分工

项目任务分工是要明确某管理任务由哪个管理部门主管,由哪些部门协管或配合。任务分工体现了组织结构中各部门或个体的职责任务范围,从而为各部门或个体指出工作的方向,将多方向的参与力量整合到同一个有利于项目开展的合力方向。项目管理各方应根据各自的项目管理任务编制不同的项目管理任务分工表,并作为项目组织设计文件的一部分。

项目任务分工是在项目任务分解的基础上进行的,通常用任务分工表来表述项目任务分工。某项目工作任务分解表见表1-1。在项目管理任务分工表中应明确各项工作任务由哪个工作部门或个人负责,由哪些工作部门或个人配合或参与。在项目的进展过程中,应视具体情况对管理任务分工表进行调整。

表 1-1 某项目工作任务分解表

项目全寿命周期	工作任务	董事会	总经理	投资开发	销售开发	工程技术	项目经理	造价管理	材料设备	质量管理	财务	审计	档案室	行政部
设计阶段	监督控制设计进度情况					△	☆							
	设计文件的批报工作					△	☆							
招标阶段	拟定建设工程施工招标方案及条件					☆	△	○	○	○				
	办理施工招标的申报工作					△	☆							○
	编制施工招标文件					☆	△	○	○	○			△	
	组织建设工程项目施工招标					△	☆					○		○
材料设备采购供应	制定施工材料设备供应计划和资金需求计划					☆	○	△	○		○			
	材料和设备相关条件的分析比选					○	△	○	☆	○				
	确定供货单位,签订供货合同						△		☆				△	
施工前准备阶段	施工单位选择的分包单位的资质审核						○	△				☆		
	施工方质量保证体系和安全技术措施的检查					△	☆		○	○				
	组织设计方对施工进行设计交底					△	☆							
施工阶段	建设工程项目投资控制						○	☆						
	建设工程项目进度控制						○	☆						
	建设工程项目质量控制					○	☆							
	工程项目施工安全管理					○	☆							
	企业及相关项目信息处理、管理					○	△	○	○	○			○	☆
	与施工方、设计方、供货方、监理单位等外部机构的组织和协调					○	☆	○	○	○				○
	施工突发情况或重大事故应急措施处理					☆	△							
	审核设计变更					☆	△							
竣工验收阶段	组织协调工程预验收和工程竣工验收					△	☆		○	○		○	○	
	竣工资料工程验收资料的审核、归档					○	△						☆	

注:☆—主办;△—协办;○—配合。

(四)管理职能分工

管理职能是由管理过程的多个环节组成,包括提出问题、策划、决策、执行、检查等环节。管理职能分工应明确,包括应明确某项目任务由哪个职能部门做决策准备,哪个部门做决策,哪个部门执行。对于一般的管理过程,其管理职能均可分为策划、决策、执行、检查四项基本职能。管理职能分工通常用表的形式反映团队内部项目经理、各工作部门和各工作岗位对各项工作任务的项目管理职能分工。建设单位(业主方)和项目各参与方均应编制各自的项目管理职能分工表,管理职能分工表既可用于项目管理,也可用于企业管理。

六、项目组织流程

工作流程是指把一定的投入经过一系列活动的共同作用转化为一定的产出。根据工作流程的投入对象的不同可将工作流程分为实物流程、信息流程和事务流程。工作流程组织属于一种动态组织关系。

(1)实物流程:又称物质流程。流程的输入和输出中均具有有形实物成分,这些有形成分经过一系列活动的作用后发生了变化。如幕墙结构深化设计工作流程、装配式构件深化设计流程、房屋装修施工流程、基坑开挖施工流程、外立面施工工作流程及弱电工程物资采购工作流程等。

(2)信息流程:流程的输入输出成分均只有信息类成分。它既是其他各种流程的表现和描述,又是用于掌握、指挥和控制其他流程运行的软资源。如生成与进度报告有关的数据处理流程。

(3)事务流程:又称管理工作流程。它是组织对管理对象进行管理时所规定的工作流程。如投资控制、进度控制、设计变更、合同管理等。

链接

组织工具包括项目结构图、组织结构图、工作流程图、工作任务分工表、管理职能分工表、合同结构图等。项目结构图反映某个项目所有工作对象之间的关系;组织结构图反映某个组织系统中各工作单位、各工作部门和各工作人员之间的指令关系;工作流程图反映一个组织系统各项工作之间的逻辑关系;工作任务分工表反映各工作部门(或个人)负责哪项工作任务,需要哪些工作部门(或个人)的配合或参与;管理职能分工表反映项目管理班子内部项目经理、各工作部门和各工作岗位对各项工作任务的项目管理职能分工;合同结构图反映建设单位与项目各参与单位之间,以及项目各参与单位之间的合同关系。

第四节　建设工程项目策划

一、建设工程项目策划的内涵

(一)目的

建设工程项目策划是指在建设领域内项目策划人员根据建设业主总的目标要求,从不同的角度出发，通过对建设项目进行系统分析，对建设活动的总体战略进行运筹规划，对建设活动的全过程作预先的考虑和设想，以便在建设活动的时间、空间、结构三维关系中选择最佳的结合点重组资源和展开项目运作，旨在为项目建设的决策和实施增值。

（二）实质

建设工程项目策划的实质是知识管理的过程，是一个开放性的过程，是专家知识的组织和集成，以及信息的组织和集成的过程。

（三）主要任务

建设工程项目策划包括决策阶段策划和实施阶段策划。其中，项目决策阶段策划的主要任务是定义项目开发或建设的任务和意义；实施阶段策划的主要任务是确定如何组织项目的开发或建设。

二、决策阶段策划的内容

工程项目决策阶段策划的内容包括：

（1）调查、分析项目的条件和环境，包括宏观经济环境、政策环境、建设环境、市场环境、自然环境等。

（2）对项目进行定义并论证项目目标，包括定义项目规模、功能、标准和组成；确定项目建设的思想、宗旨和目的；规划、论证建设周期；规划、论证项目总投资。

（3）组织策划，包括决策阶段的管理职能分工、任务分工、组织结构、工作流程、编码体系分析及实施阶段组织总体方案。

（4）管理策划，包括各个周期（实施期、生产运营期设备、生产运营期经营）管理的总体方案。

（5）合同策划，包括决策阶段的合同内容、结构及实施阶段合同结构的总体实施方案。

（6）经济策划，包括融资方案；分析项目建设成本及项目效益；编制资源（资金）需求量计划。

（7）技术策划，包括分析、论证关键技术、技术方案；制定并应用技术规范或标准。

三、实施阶段策划的内容

工程项目实施阶段策划的内容包括：

（1）调查、分析项目实施阶段的条件和环境，包括建设环境、建筑环境、建筑市场环境、建设政策环境、自然环境。

（2）分析论证项目目标，包括分解论证项目的投资目标和进度目标；项目总体投资规划和项目建设总进度规划的编制；项目质量目标的确定；分配建筑面积；分解项目功能。

（3）对项目实施阶段进行组织策划，包括编码体系的建立；项目管理工作流程；管理职能分工和任务分工；业主方项目管理的组织结构。

（4）对项目实施阶段进行管理策划，包括工程保险方案；项目风险管理；实施阶段项目管理内容。

（5）对项目实施阶段进行合同策划，包括项目管理委托、设计、施工、物资采购的合同结构方案；合同文本；方案设计竞赛的组织。

（6）对项目实施阶段进行经济策划，包括深化分析融资方案；编制资源（资金）需求量计划。

（7）对项目实施阶段进行技术策划，包括深化分析、论证关键技术和技术方案；制定并应用技术规范或标准。

（8）对项目实施阶段进行风险策划等。

第五节 建设工程项目采购的模式

一、建设工程发包的概念

工程发包是指建设单位采用一定的方式，在政府管理部门的监督下，遵循公开、公正、公平的原则，择优选定设计、勘察、施工等单位的活动。

二、《中华人民共和国建筑法》中有关发包、承包的规定

(一)发包

建筑工程依法实行招标发包，对不适于招标发包的可以直接发包。

建筑工程实行招标发包的，发包单位应当将建筑工程发包给依法中标的承包单位。建筑工程实行直接发包的，发包单位应当将建筑工程发包给具有相应资质条件的承包单位。

政府及其所属部门不得滥用行政权力，限定发包单位将招标发包的建筑工程发包给指定的承包单位。

提倡对建筑工程实行总承包，禁止将建筑工程肢解发包。建筑工程的发包单位可以将建筑工程的勘察、设计、施工、设备采购一并发包给一个工程总承包单位，也可以将建筑工程勘察、设计、施工、设备采购的一项或者多项发包给一个工程总承包单位；但是，不得将应当由一个承包单位完成的建筑工程肢解成若干部分发包给几个承包单位。

按照合同约定，建筑材料、建筑构配件和设备由工程承包单位采购的，发包单位不得指定承包单位购入用于工程的建筑材料、建筑构配件和设备或者指定生产厂、供应商。

(二)承包

承包建筑工程的单位应当持有依法取得的资质证书，并在其资质等级许可的业务范围内承揽工程。

禁止建筑施工企业超越本企业资质等级许可的业务范围或者以任何形式用其他建筑施工企业的名义承揽工程。禁止建筑施工企业以任何形式允许其他单位或者个人使用本企业的资质证书、营业执照，以本企业的名义承揽工程。

大型建筑工程或者结构复杂的建筑工程，可以由两个以上的承包单位联合共同承包。共同承包的各方对承包合同的履行承担连带责任。两个以上不同资质等级的单位实行联合共同承包的，应当按照资质等级低的单位的业务许可范围承揽工程。

禁止承包单位将其承包的全部建筑工程转包给他人，禁止承包单位将其承包的全部建筑工程肢解以后以分包的名义分别转包给他人。

建筑工程总承包单位可以将承包工程中的部分工程发包给具有相应资质条件的分包单位；但是，除总承包合同中约定的分包外，必须经建设单位认可。施工总承包的，建筑工程主体结构的施工必须由总承包单位自行完成。建筑工程总承包单位按照总承包合同的约定对建设单位负责；分包单位按照分包合同的约定对总承包单位负责。总承包单位和分包单位就分包工程对建设单位承担连带责任。禁止总承包单位将工程分包给不具备相应资质条件的单位。禁止分包单位将其承包的工程再分包。

三、工程项目发包模式的类型

工程项目发包模式主要有平行发包、项目总承包、施工总承包管理三种。其中项目总承包包括两种：设计－施工总承包模式（DB 模式）和设计－采购－施工总承包模式（EPC 模式）。

（一）平行发包模式

平行发包模式是指业主将工程项目的设计、施工和设备材料采购的任务分解后分别发包给若干个设计、施工单位和材料设备供应商，并分别和各个承包商签订合同。

这种模式下，业主将任务分解后发包，在设计和施工阶段有可能形成搭接关系，可以缩短工期；任务细分可以减少工作的不确定性，从而减少风险补偿和管理费用。但也存在许多不足，如合同数量多，造成业主合同管理困难；系统内部界面增多，业主组织协调管理工作量增大。

平行发包模式下的合同结构示意图如图 1-6 所示。

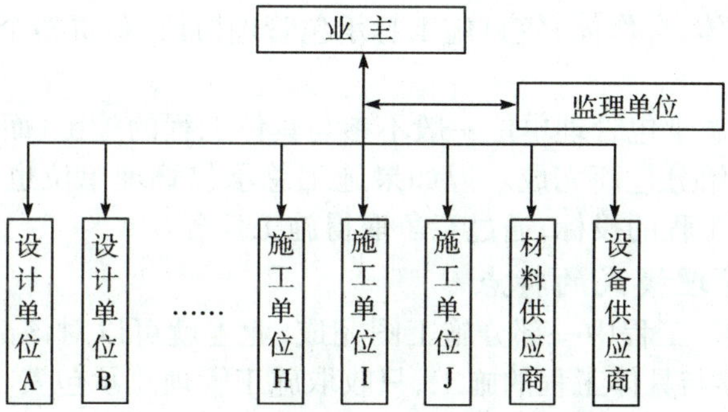

图 1-6　平行发包模式下的合同结构示意图

（二）设计－施工总承包模式（DB 模式）

设计－施工总承包是指工程总承包企业按照合同约定，承担工程项目设计和施工，并对承包工程的质量、安全、工期、造价全面负责。DB 模式在以房屋建筑为主的民用建筑项目中运用得比较多，项目总承包单位除了全部的施工任务，还包括设计任务。

这种模式下，DB 总承包单位为业主提供“一站式”服务，业主也只面对一个 DB 承包单位，合同关系简单，界面清晰，减少业主协调管理工程量，从根本上解决设计与施工分离导致的问题，也有利于对投资的控制。但是这种模式也存在不足，如承包单位因水平原因导致设计质量可能不高；业主的工程款支出会大一些；设计与施工不能交错进行；对项目质量控制的难度增加（一方面质量标准和功能难以全面准确描述；另一方面业主管理力量不足，缺乏有力的外部监督机制，必须加强外部监督）。

（三）设计－采购－施工总承包模式（EPC 模式）

设计－采购－施工总承包是指工程总承包企业按照合同约定，承担工程项目的设计、采购、施工、试运行服务等工作，并对承包工程的质量、安全、工期、造价全面负责，也称为交钥匙总承包。这种模式是设计采购施工总承包业务和责任的延伸，最终是向业主提交一个满足使用功能、具备使用条件的工程项目。

EPC 模式曾经因其建筑工程承包业以高速度、低成本地建造高层建筑和大型工业项目而著称于世。EPC的关键是依赖称职的专业分包商及标准化的过程控制与程序，因此在西方发达国家广泛采用。这是其实现简洁高效的设计、制造与施工的基础。

EPC模式的优点：有利于优化资源配置；有利于优化组织结构并形成规模经济；有利于政府部门打破行业垄断，并集中力量解决建筑市场最突出的问题，也有利于实行风险保障制度；有利于控制工程造价，提升招标层次；有利于提高全面履约能力，并保证质量和工期；有利于推动管理现代化。

专家解读

建设项目工程总承包的基本出发点是借鉴工业生产组织的经验，实现建设生产过程的组织集成化。

（四）施工总承包管理模式（MC模式）

施工总承包管理模式意为“管理型承包”。采用该模式时，业主与某个具有丰富施工管理经验的单位（或联合体、合作体）签订施工总承包管理协议，负责整个建设项目的施工组织与管理。

一般情况下，施工总承包管理单位一般不参与具体工程的施工，而具体工程施工需要再进行招标与发包，分包给分包商完成。但如果施工总承包管理单位也想承担部分工程的施工，它可以参加该部分工程的投标，通过竞争取得施工任务。

1.施工总承包管理模式的特点

（1）投资控制方面。工程中一部分施工图完成，业主就可以对该部分工程进行招标；施工总承包管理单位不参与具体工程的施工，只收取施工管理总承包费；业主与分包单位直接签订合同有可能增加业主方的风险。

（2）进度控制方面。这种模式下，一部分施工图完成就可以对其进行招标，有利于提前开工，有利于缩短建设周期。

（3）质量控制方面。施工管理总承包单位负责整个建设项目的施工组织与管理，这样对不与其签订合同的分包人的质量进行“他人控制”，对质量控制有利。通过协同各分包之间的关系，可以减轻业主方管理的工作量。

（4）合同管理方面。一般情况下，业主方与所有分包商直接签订合同，业主方的招标及合同管理工作量较大。

（5）组织与协调方面。由施工管理总承包单位负责对所有分包人的管理及组织协调，这样可大大减轻业主方的工作。这是采用施工总承包管理模式的基本出发点。

2.施工总承包管理模式与施工总承包模式的比较

（1）工作程序。施工总承包模式的工作程序是：工程全部施工图设计完成后进行施工总承包招标，再进行施工。因此开工日期不可能太早，建设周期会较长。而施工总承包管理模式的工作程序是：当完成一部分施工图就可以对其进行招标，施工总承包管理模式可以在很大程度上缩短建设周期。

（2）合同关系。施工总承包管理模式的合同关系有两种，即业主与分包单位直接签订合同或者由施工总承包管理单位与分包单位签订合同。而施工总承包模式是由施工总承包单位与分包单位直接签订合同；业主选择承包方的招标及合同管理工作量小，施工总承包合同价较明确，利于业主的投资控制。

(3)分包单位的确定。施工总承包管理模式下,一般情况下分包合同由业主与分包单位直接签订,但均须经过施工总承包管理单位的认可。而施工总承包模式时,分包单位由施工总承包单位选择,并得到业主的认可。

(4)对分包单位的付款。施工总承包管理模式下,施工总承包管理单位或业主直接支付各个分包单位的工程款项。如果由业主直接支付,需要经过施工总承包管理单位的认可。而施工总承包模式时,一般由施工总承包单位负责支付各个分包单位的工程款项。

(5)对分包单位的管理和服务。两种模式一样,既要负责对现场施工的总体管理和协调,也要负责向分包人提供相应的配合施工服务。除此之外,在施工总承包模式下,工程质量在很大程度上取决于总承包方的管理水平和技术水平。

(6)施工总承包管理的合同价格。施工总承包管理模式下,业主分别在不同时间与总承包管理单位和各分包单位分别签订合同,因此合同总价不可能一次性进行确定,也无法在签订总承包管理合同时确定建安工程造价;项目所有分包的投标报价都需要通过招标来获得,有利于业主方节约投资;分包合同价对业主是透明的。施工总承包模式下,合同总价通常一次性确定,分包合同价对业主是不透明的。

四、项目总承包方的工作内容

项目总承包方在不同阶段的工作内容也不同,下面以典型例题的形式进行讲解。

典型例题

【多选题】根据《建设项目工程总承包管理规范》,工程总承包方在项目管理收尾阶段的工作有(　　)。

A. 办理决算手续　　B. 办理项目资料归档

C. 清理各种债权债务　　D. 进行项目总结

E. 考核评价项目部人员

BDE。【解析】根据《建设项目工程总承包管理规范》,项目收尾工作宜包括下列主要内容:(1)依据合同约定,项目承包人向项目发包人移交最终产品、服务或成果。(2)依据合同约定,项目总承包配合项目发包人进行竣工验收。(3)项目结算。(4)项目总结。(5)项目资料归档。(6)项目剩余物资处置。(7)项目考核与审计。(8)对项目分包人及供应商的后评价。选项 A,C 属于合同收尾阶段的工作。

第六节　建设工程项目管理规划的内容和编制方法

一、一般规定

项目管理策划应由项目管理规划策划和项目管理配套策划组成。项目管理规划应包括项目管理规划大纲和项目管理实施规划,项目管理配套策划应包括项目管理规划策划以外的所有项目管理策划内容。项目管理配套策划范围和内容的确定由组织规定的授权人负责实施。

专家解读

项目管理策划的成果包括项目管理规划（含项目管理规划大纲与项目管理实施规划）和项目管理配套策划成果。同时，项目管理规划相关内容也可采用各种项目管理计划（如项目质量计划、进度计划、成本计划、安全生产管理计划、沟通管理计划、风险管理计划和工程总承包项目管理计划等）的方式体现；项目管理计划一般围绕专项管理（质量、进度、成本、安全、沟通、风险等管理）进行策划，是项目管理实施规划的重要组成部分。

组织应建立项目管理策划的管理制度，确定项目管理策划的管理职责、实施程序和控制要求。项目管理策划需参照项目管理规范要求构建基本框架，并结合项目范围、特点和实际管理需要，经过逐步梳理、调整和完善。工程总承包及代建制模式的项目管理规划需包含项目投融资、勘察设计管理、招标采购、项目过程控制及动用准备等相关的管理规划内容。

项目管理策划应包括下列管理过程：分析、确定项目管理的内容与范围；协调、研究、形成项目管理策划结果；检查、监督、评价项目管理策划过程；履行其他确保项目管理策划的规定责任。

专家解读

建设工程项目管理规划属于业主方项目管理的范畴。工程项目管理规划的范围和编制主体见表1-2。

表1-2　工程项目管理规划的范围和编制主体

项目定义	项目范围与特征	项目管理规划名称	编制主体
建设项目	在一个总体规划范围内，统一立项审批、单一或多元投资、经济独立核算的建设工程	《建设项目管理规划》	建设单位
工程项目	建设项目内的单位、单项工程或独立使用功能的交工系统（一般含多个）	《工程项目管理规划》（《规划大纲》和《实施规划》，如日常的施工组织设计、项目管理计划等）	承包单位
专业工程项目	上下水、强弱电、风暖气、桩基础、内外装等	《工程项目管理实施规划》（规划大纲可略）	专业分包单位

项目管理策划应遵循下列程序：识别项目管理范围；进行项目工作分解；确定项目的实施方法；规定项目需要的各种资源；测算项目成本；对各个项目管理过程进行策划。

项目管理策划过程应符合下列规定：项目管理范围应包括完成项目的全部内容，并与各相关方的工作协调一致；项目工作分解结构应根据项目管理范围，以可交付成果为对象实施；应根据项目实际情况与管理需要确定详细程度，确定工作分解结构；提供项目所需资源应按保证工程质量和降低项目成本的要求进行方案比较；项目进度安排应形成项目总进度计划，宜采用可视化图表表达；宜采用量价分离的方法，按照工程实体性消耗和非实体性消耗测算项目成本；应进行跟踪检查和必要的策划调整；项目结束后，宜编写项目管理策划的总结文件。

二、项目管理规划大纲

项目管理规划大纲制定前，组织可进行大纲框架结构策划和内容要点策划。

大纲框架结构策划须依据《建设工程项目管理规范》(GB/T 50326—2017)目录体系，并结合工程项目特点和管理需要，经策划人员共同选择、分析、调整、补充和完善，形成工程项目管理规划大纲框架。

专家解读

大纲框架策划的要求：一是参照建设工程项目管理规范管理要求，二是结合工程特点和管理任务目标。大纲内容策划须着重强调工作思路，并且要点要明确，此时不可能也没必要很具体、很详细。

项目管理规划大纲应是项目管理工作中具有战略性、全局性和宏观性的指导文件。

编制项目管理规划大纲应遵循下列步骤：明确项目需求和项目管理范围；确定项目管理目标；分析项目实施条件，进行项目工作结构分解；确定项目管理组织模式、组织结构和职责分工；规定项目管理措施；编制项目资源计划；报送审批。

专家解读

针对工程总承包及代建制模式项目管理规划的编制，须坚持工程全寿命项目管理理念，增加相关的策划内容。这是因为该类项目管理带有诸多建设单位的管理职能，尤其是工程设计管理和招标采购管理，直接受投资规划与决策理念的影响，须统筹进行策划。

工程总承包及代建制模式的项目管理规划大纲制定，还须将项目投融资、项目结构分解与范围管理、勘察设计管理、工程招投标管理及项目试运行管理等内容纳入规划大纲。

项目管理规划大纲编制依据应包括下列内容：项目文件、相关法律法规和标准；类似项目经验资料；实施条件调查资料。

项目管理规划大纲宜包括下列内容，组织也可根据需要在其中选定：项目概况；项目范围管理；项目管理目标；项目管理组织；项目采购与投标管理；项目进度管理；项目质量管理；项目成本管理；项目安全生产管理；绿色建造与环境管理；项目资源管理；项目信息管理；项目沟通与相关方管理；项目风险管理；项目收尾管理。

项目管理规划大纲文件应具备下列内容:项目管理目标和职责规定;项目管理程序和方法要求;项目管理资源的提供和安排。

三、项目管理实施规划

项目管理实施规划应对项目管理规划大纲的内容进行细化。实施规划是规划大纲的进一步深化与细化,因此须依据项目管理规划大纲来编制实施规划,而且须把规划大纲策划过程的决策意图体现在实施规划中。一般情况下,施工单位的项目施工组织设计等同于项目管理实施规划。项目管理实施规划的制定、策划活动的开展方式需结合项目管理任务目标分解和项目管理机构的职能分工,分别实施专业化管理策划、子项目管理策划以及交叉与协同管理策划。为落实项目任务目标、处理交叉衔接关系和实现项目目标提供依据和指导。

编制项目管理实施规划应遵循下列步骤:了解相关方的要求;分析项目具体特点和环境条件;熟悉相关的法规和文件;实施编制活动;履行报批手续。

项目管理实施规划编制依据可包括下列内容:适用的法律、法规和标准;项目合同及相关要求;项目管理规划大纲;项目设计文件;工程情况与特点;项目资源和条件;有价值的历史数据;项目团队的能力和水平。

项目管理实施规划应包括下列内容:项目概况;项目总体工作安排;组织方案;设计与技术措施;进度计划;质量计划;成本计划;安全生产计划;绿色建造与环境管理计划;资源需求与采购计划;信息管理计划;沟通管理计划;风险管理计划;项目收尾计划;项目现场平面布置图;项目目标控制计划;技术经济指标。

项目管理实施规划文件应满足下列要求:规划大纲内容应得到全面深化和具体化;实施规划范围应满足实现项目目标的实际需要;实施项目管理规划的风险应处于可以接受的水平。

专家解读

项目管理实施规划的文件内容须达到的三方面要求,这些要求须成为评价《项目管理实施规划》编制质量的基本定性指标。

第七节　施工组织设计的内容和编制方法

一、建设工程施工组织设计基本规定

施工组织设计是以施工项目为对象进行编制的,用于指导项目全过程施工活动的技术、经济、组织管理的综合性文件。

(一)施工组织设计编制

施工组织设计按编制对象,可分为施工组织总设计、单位工程施工组织设计和施工方案。施工组织总设计是指以若干单位工程组成的群体工程或特大型项目为主要对象编制的施工组织设计,对整个项目的施工过程起统筹规划、重点控制的作用。单位工程施工组织设计是指以单位(子单位)工程为主要对象编制的施工组织设计,对单位(子单位)工程的施工

过程起指导和制约作用。

建筑施工组织设计还可以按照编制阶段的不同，分为投标阶段施工组织设计和实施阶段施工组织设计。

施工组织设计的编制必须遵循工程建设程序，并应符合下列原则：

(1)符合施工合同或招标文件中有关工程进度、质量、安全、环境保护、造价等方面的要求。

(2)在目前市场经济条件下，企业应当积极利用工程特点，组织开发、创新施工技术和施工工艺，推广应用新材料和新设备。

(3)坚持科学的施工程序和合理的施工顺序，采用流水施工和网络计划等方法，科学配置资源，合理布置现场，采取季节性施工措施，实现均衡施工，达到合理的经济技术指标。

(4)采取技术和管理措施，推广建筑节能和绿色施工。

(5)与质量、环境和职业健康安全三个管理体系有效结合。

专家解读

为保证持续满足过程能力和质量保证的要求，国家鼓励企业进行质量、环境和职业健康安全管理体系的认证制度，且目前这三个管理体系的认证在我国建筑行业中已较普及，并且建立了企业内部管理体系文件，编制施工组织设计时，不应违背上述管理体系文件的要求。

施工组织设计应以下列内容作为编制依据：与工程建设有关的法律、法规和文件；国家现行有关标准和技术经济指标；工程所在地区行政主管部门的批准文件，建设单位对施工的要求；工程施工合同或招标投标文件；工程设计文件；工程施工范围内的现场条件，工程地质及水文地质、气象等自然条件；与工程有关的资源供应情况；施工企业的生产能力、机具设备状况、技术水平等。

施工组织设计应包括编制依据、工程概况、施工部署(对项目实施过程做出的统筹规划和全面安排，包括项目施工主要目标、施工顺序及空间组织、施工组织安排等)、施工进度计划、施工准备与资源配置计划、主要施工方法、施工现场平面布置及主要施工管理计划等基本内容。

施工组织设计的编制和审批应符合下列规定：

(1)施工组织设计应由项目负责人主持编制，可根据需要分阶段编制和审批。

(2)施工组织总设计应由总承包单位技术负责人审批；单位工程施工组织设计应由施工单位技术负责人或技术负责人授权的技术人员审批；施工方案应由项目技术负责人审批；重点、难点分部(分项)工程和专项工程施工方案应由施工单位技术部门组织相关专家评审，施工单位技术负责人批准。

(3)由专业承包单位施工的分部(分项)工程或专项工程的施工方案，应由专业承包单位技术负责人或技术负责人授权的技术人员审批；有总承包单位时，应由总承包单位项目技术负责人核准备案。

(4)规模较大的分部(分项)工程和专项工程的施工方案应按单位工程施工组织设计进行编制和审批。

(二)施工组织设计的动态管理

项目施工过程中，发生以下情况之一时，施工组织设计应及时进行修改或补充：

(1)当工程设计图纸发生重大修改时,如地基基础或主体结构的形式发生变化、装修材料或做法发生重大变化、机电设备系统发生大的调整等,需要对施工组织设计进行修改;对工程设计图纸的一般性修改,视变化情况对施工组织设计进行补充;对工程设计图纸的细微修改或更正,施工组织设计则无须调整。

(2)当有关法律、法规、规范和标准开始实施或发生变更,并涉及工程的实施、检查或验收时,施工组织设计需要进行修改或补充。

(3)由于主客观条件的变化,施工方法有重大变更,原来的施工组织设计已不能正确地指导施工,需对施工组织设计进行修改或补充。

(4)当施工资源的配置有重大变更,并且影响到施工方法的变化或对施工进度、质量、安全、环境、造价等存在潜在的重大影响,须对施工组织设计进行修改或补充。

(5)当施工环境发生重大改变,如施工延期造成季节性施工方法变化,施工场地变化造成现场布置和施工方式改变等,致使原来的施工组织设计已不能正确地指导施工,须对施工组织设计进行修改或补充。

经过修改或补充的施工组织设计原则上须经原审批级别重新审批。

项目施工前,应进行施工组织设计逐级交底;项目施工过程中,应对施工组织设计的执行情况进行检查、分析并适时调整。施工组织设计应在工程竣工验收后归档。

典型例题

【单选题】根据《建筑施工组织设计规范》,关于施工组织设计审批的说法,正确的是( )。

A. 专项施工方案应由项目技术负责人审批

B. 施工方案应由项目总监理工程师审批

C. 施工组织总设计应由建设单位技术负责人审批

D. 单位工程施工组织设计应由承包单位技术负责人审批

D。【解析】根据《建筑施工组织设计规范》,施工组织设计的编制和审批应符合下列规定:(1)施工组织设计应由项目负责人主持编制,可根据需要分阶段编制和审批。(2)施工组织总设计应由总承包单位技术负责人审批;单位工程施工组织设计应由施工单位技术负责人或技术负责人授权的技术人员审批;施工方案应由项目技术负责人审批;重点、难点分部(分项)工程和专项工程施工方案应由施工单位技术部门组织相关专家评审,施工单位技术负责人批准。(3)由专业承包单位施工的分部(分项)工程或专项工程的施工方案,应由专业承包单位技术负责人或技术负责人授权的技术人员审批;有总承包单位时,应由总承包单位项目技术负责人核准备案。(4)规模较大的分部(分项)工程和专项工程的施工方案应按单位工程施工组织设计进行编制和审批。

二、施工组织总设计

(一)工程概况

工程概况应包括项目主要情况和项目主要施工条件等。

项目主要情况应包括下列内容:项目名称、性质、地理位置和建设规模;项目的建设、勘察、设计和监理等相关单位的情况;项目设计概况;项目承包范围及主要分包工程范围;施工合同或招标文件对项目施工的重点要求;其他应说明的情况。

(二)总体施工部署

施工组织总设计应对项目总体施工做出下列宏观部署:

(1)确定项目施工总目标,包括进度、质量、安全、环境和成本等目标。

(2)根据项目施工总目标的要求,确定项目分阶段(期)交付的计划。

(3)确定项目分阶段(期)施工的合理顺序及空间组织。

专家解读

建设项目通常由若干个相对独立的投产或交付使用的子系统组成，如大型工业项目有主体生产系统、辅助生产系统和附属生产系统之分，住宅小区有居住建筑、服务性建筑和附属性建筑之分；可以根据项目施工总目标的要求，将建设项目划分为分期（分批）投产或交付使用的独立交工系统；在保证工期的前提下，实行分期分批建设，既可使各具体项目迅速建成，尽早投入使用，又可在全局上实现施工的连续性和均衡性，减少暂设工程数量，降低工程成本。

对于项目施工的重点和难点应进行简要分析。总承包单位应明确项目管理组织机构形式,并宜采用框图的形式表示。对于项目施工中开发和使用的新技术、新工艺应做出部署。对主要分包项目施工单位的资质和能力应提出明确要求。

专家解读

项目管理组织机构是指施工单位为完成施工项目建立的项目施工管理机构。项目管理组织机构形式应根据施工项目的规模、复杂程度、专业特点、人员素质和地域范围确定，大中型项目宜设置矩阵式项目管理组织，远离企业管理层的大中型项目宜设置事业部式项目管理组织，小型项目宜设置直线职能式项目管理组织。

(三)施工总进度计划

施工总进度计划应依据施工合同、施工进度目标、有关技术经济资料,并按照总体施工部署确定的施工顺序和空间组织等进行编制。

施工总进度计划的内容应包括:编制说明,施工总进度计划表(图),分期(分批)施工的开、竣工日期、工期一览表等。施工总进度计划可采用网络图或横道图表示,并附必要说明。

(四)总体施工准备与主要资源配置计划

1. 总体施工准备

应根据施工开展顺序和主要工程项目施工方法,编制总体施工准备工作计划。总体施工准备应包括技术准备、现场准备和资金准备等。

技术准备、现场准备和资金准备应满足项目分阶段(期)施工的需要。

技术准备包括施工过程所需技术资料的准备、施工方案编制计划、试验检验及设备调试工作计划等；现场准备包括现场生产、生活等临时设施，如临时生产、生活用房，临时道路、材料堆放场，临时用水、用电和供热、供气等的计划；资金准备应根据施工总进度计划编制资金使用计划。

2. 主要资源配置计划

主要资源配置计划应包括劳动力配置计划和物资配置计划等。

劳动力配置计划应按照各工程项目工程量，并根据总进度计划，参照概（预）算定额或者有关资料确定。目前施工企业在管理体制上已普遍实行管理层和劳务作业层的两层分离，合理的劳动力配置计划可减少劳务作业人员不必要的进、退场或避免窝工状态，进而节约施工成本。

劳动力配置计划应包括下列内容：确定各施工阶段（期）的总用工量；根据施工总进度计划确定各施工阶段（期）的劳动力配置计划。

物资配置计划应根据总体施工部署和施工总进度计划确定主要物资的计划总量及进、退场时间。物资配置计划是组织建筑工程施工所需各种物资进、退场的依据，科学合理的物资配置计划既可保证工程建设的顺利进行，又可降低工程成本。

物资配置计划应包括下列内容：根据施工总进度计划确定主要工程材料和设备的配置计划；根据总体施工部署和施工总进度计划确定主要施工周转材料和施工机具的配置计划。

（五）主要施工方法

施工组织总设计要制定一些单位（子单位）工程和主要分部（分项）工程所采用的施工方法，这些工程通常是建筑工程中工程量大、施工难度大、工期长，对整个项目的完成起关键作用的建（构）筑物以及影响全局的主要分部（分项）工程，如脚手架工程、起重吊装工程、临时用水用电工程、季节性施工等专项工程。

制定主要工程项目施工方法是为了进行技术和资源的准备工作，同时也为了施工进程的顺利开展和现场的合理布置，对施工方法的确定要兼顾技术工艺的先进性和可操作性以及经济上的合理性。

（六）施工总平面布置

施工总平面应按照项目分期（分批）施工计划进行布置，并绘制总平面布置图。一些特殊的内容，如现场临时用电、临时用水布置等，当总平面布置图不能清晰表示时，也可单独绘制平面布置图。

施工总平面布置应符合下列原则：平面布置科学合理，施工场地占用面积少；合理组织运输，减少二次搬运；施工区域的划分和场地的临时占用应符合总体施工部署和施工流程的要求，减少相互干扰；充分利用既有建（构）筑物和既有设施为项目施工服务，降低临时设施的建造费用；临时设施应方便生产和生活，办公区、生活区和生产区宜分离设置；符合节能、环保、安全和消防等要求；遵守当地主管部门和建设单位关于施工现场安全文明施工的相关规定。

施工总平面布置图应符合下列要求：根据项目总体施工部署，绘制现场不同施工阶段

(期)的总平面布置图;施工总平面布置图的绘制应符合国家相关标准要求并附必要说明。

施工总平面布置图应包括下列内容:项目施工用地范围内的地形状况;全部拟建的建(构)筑物和其他基础设施的位置;项目施工用地范围内的加工设施,运输设施,存贮设施,供电设施,供水供热设施,排水排污设施,临时施工道路和办公、生活用房等;施工现场必备的安全、消防、保卫和环境保护等设施;相邻的地上、地下既有建(构)筑物及相关环境。

平面布置图绘制应有比例关系,各种临时设施应标注外围尺寸,并应有文字说明。

现场所有设施、用房应由总平面布置图表述,避免采用文字叙述的方式。

三、单位工程施工组织设计

(一)工程概况

工程概况的内容应尽量采用图表进行说明。

工程概况应包括工程主要情况、各专业设计简介和工程施工条件等。

工程主要情况应包括下列内容:工程名称、性质和地理位置;工程的建设、勘察、设计、监理和总承包等相关单位的情况;工程承包范围和分包工程范围;施工合同、招标文件或总承包单位对工程施工的重点要求;其他应说明的情况。

(二)施工部署

施工部署是指对项目实施过程做出的统筹规划和全面安排,包括项目施工主要目标、施工顺序及空间组织、施工组织安排等。

工程施工目标应根据施工合同、招标文件以及本单位对工程管理目标的要求确定,包括进度、质量、安全、环境和成本等目标。各项目标应满足施工组织总设计中确定的总体目标。

施工部署中的进度安排和空间组织应符合下列规定:

(1)工程主要施工内容及其进度安排应明确说明,施工顺序应符合工序逻辑关系。

(2)施工流水段应结合工程具体情况分阶段进行划分;单位工程施工阶段的划分一般包括地基基础、主体结构、装修装饰和机电设备安装三个阶段。

对于工程施工的重点和难点应进行分析,包括组织管理和施工技术两个方面。工程的重点和难点对于不同工程和不同企业具有一定的相对性,某些重点、难点工程的施工方法可能已通过有关专家论证成为企业工法或企业施工工艺标准,此时企业可直接引用。重点、难点工程的施工方法选择应着重考虑影响整个单位工程的分部(分项)工程,如工程量大、施工技术复杂或对工程质量起关键作用的分部(分项)工程。

工程管理的组织机构形式应按照规定执行,并确定项目经理部的工作岗位设置及其职责划分。对于工程施工中开发和使用的新技术、新工艺应做出部署,对新材料和新设备的使用应提出技术及管理要求。对主要分包工程施工单位的选择要求及管理方式应进行简要说明。

(三)施工进度计划

施工进度计划是指为实现项目设定的工期目标,对各项施工过程的施工顺序、起止时间和相互衔接关系所做的统筹策划和安排。

施工进度计划是施工部署在时间上的体现,反映了施工顺序和各个阶段工程进展情况,应均衡协调、科学安排。单位工程施工进度计划应按照施工部署的安排进行编制。施工进度计划可采用网络图或横道图表示，并附必要说明；一般工程画横道图即可，对工程规模较大、工序比较复杂的工程宜采用网络图表示，通过对各类参数的计算，找出关键线路，选择最优方案。

（四）施工准备与资源配置计划

1. 施工准备

施工准备应包括技术准备、现场准备和资金准备等。

技术准备应包括施工所需技术资料的准备、施工方案编制计划、试验检验及设备调试工作计划、样板制作计划等：

(1)主要分部(分项)工程和专项工程在施工前应单独编制施工方案，施工方案可根据工程进展情况，分阶段编制完成；对需要编制的主要施工方案应制定编制计划。

(2)试验检验及设备调试工作计划应根据现行规范、标准中的有关要求及工程规模、进度等实际情况制定。

(3)样板制作计划应根据施工合同或招标文件的要求并结合工程特点制定。

现场准备应根据现场施工条件和工程实际需要，准备现场生产、生活等临时设施。

资金准备应根据施工进度计划编制资金使用计划。

2. 资源配置计划

资源配置计划应包括劳动力配置计划和物资配置计划等。

劳动力配置计划应包括下列内容：确定各施工阶段用工量；根据施工进度计划确定各施工阶段劳动力配置计划。

物资配置计划应包括下列内容：主要工程材料和设备的配置计划应根据施工进度计划确定，包括各施工阶段所需主要工程材料、设备的种类和数量；工程施工主要周转材料和施工机具的配置计划应根据施工部署和施工进度计划确定，包括各施工阶段所需主要周转材料、施工机具的种类和数量。

与施工组织总设计相比较，单位工程施工组织设计的资源配置计划相对更具体，其劳动力配置计划宜细化到专业工种。

（五）主要施工方案

单位工程应按照《建筑工程施工质量验收统一标准》(GB 50300—2013)中分部、分项工程的划分原则，对主要分部、分项工程制定施工方案。

应结合工程的具体情况和施工工艺、工法等按照施工顺序进行描述，施工方案的确定要遵循先进性、可行性和经济性兼顾的原则。

对脚手架工程、起重吊装工程、临时用水用电工程、季节性施工等专项工程所采用的施工方案应进行必要的验算和说明。

（六）施工现场平面布置

施工现场平面布置：在施工用地范围内，对各项生产、生活设施及其他辅助设施等进行规划和布置。

单位工程施工现场平面布置图一般按地基基础、主体结构、装修装饰和机电设备安装3个阶段分别绘制。

施工现场平面布置图应包括下列内容：工程施工场地状况；拟建建（构）筑物的位置、轮廓尺寸、层数等；工程施工现场的加工设施、存贮设施、办公和生活用房等的位置和面积；布置在工程施工现场的垂直运输设施、供电设施、供水供热设施、排水排污设施和临时施工道路等；施工现场必备的安全、消防、保卫和环境保护等设施；相邻的地上、地下既有建（构）筑物及相关环境。

四、施工方案

施工方案是指以分部（分项）工程或专项工程为主要对象编制的施工技术与组织方案，用以具体指导其施工过程。

施工方案包括下列两种情况：专业承包公司独立承包项目中的分部（分项）工程或专项工程所编制的施工方案；作为单位工程施工组织设计的补充，由总承包单位编制的分部（分项）工程或专项工程施工方案。

（一）工程概况

由总承包单位编制的分部（分项）工程或专项工程施工方案，其工程概况可参照本节执行，单位工程施工组织设计中已包含的内容可省略。

工程概况应包括工程主要情况、设计简介和工程施工条件等。

专家解读

工程主要情况应包括：分部（分项）工程或专项工程名称，工程参建单位的相关情况，工程的施工范围，施工合同、招标文件或总承包单位对工程施工的重点要求等。设计简介应主要介绍施工范围内的工程设计内容和相关要求。工程施工条件应重点说明与分部（分项）工程或专项工程相关的内容。

（二）施工安排

工程施工目标包括进度、质量、安全、环境和成本等，各项目标应满足施工合同、招标文件和总承包单位对工程施工的要求。

工程施工顺序及施工流水段应在施工安排中确定。

针对工程的重点和难点，进行施工安排并简述主要管理和技术措施。

根据分部（分项）工程或专项工程的规模、特点、复杂程度、目标控制和总承包单位的要求设置项目管理机构，该机构各种专业人员配备齐全，完善项目管理网络，建立健全岗位责任制。工程管理的组织机构及岗位职责应在施工安排中确定，并应符合总承包单位的要求。

（三）施工进度计划

分部（分项）工程或专项工程施工进度计划应按照施工安排，并结合总承包单位的施工进度计划进行编制。施工进度计划可采用网络图或横道图表示，并附必要说明。

施工进度计划的编制应内容全面、安排合理、科学实用，在进度计划中应反映出各施工区段或各工序之间的搭接关系、施工期限和开始/结束时间。同时，施工进度计划应能体现和落实总体进度计划的目标控制要求；通过编制分部（分项）工程或专项工程进度计划进而体现总进度计划的合理性。

（四）施工准备与资源配置计划

施工准备应包括下列内容：

（1）技术准备，包括施工所需技术资料的准备、图纸深化和技术交底的要求、试验检验和测试工作计划、样板制作计划以及与相关单位的技术交接计划等。

（2）现场准备，包括生产、生活等临时设施的准备以及与相关单位进行现场交接的计划等。

（3）资金准备，编制资金使用计划等。

资源配置计划应包括下列内容：

（1）劳动力配置计划，确定工程用工量并编制专业工种劳动力计划表。

（2）物资配置计划，包括工程材料和设备配置计划、周转材料和施工机具配置计划以及计量、测量和检验仪器配置计划等。

（五）施工方法及工艺要求

施工方法是工程施工期间所采用的技术方案、工艺流程、组织措施、检验手段等。它直接影响施工进度、质量、安全以及工程成本。本条所规定的内容应比施工组织总设计和单位工程施工组织设计的相关内容更细化。

明确分部（分项）工程或专项工程施工方法并进行必要的技术核算，对主要分项工程（工序）明确施工工艺要求。对易发生质量通病、易出现安全问题、施工难度大、技术含量高的分项工程（工序）等应做出重点说明。

对于工程中推广应用的新技术、新工艺、新材料和新设备，可以采用目前国家和地方推广的，也可以根据工程具体情况由企业创新；对于企业创新的技术和工艺，要制定理论和试验研究实施方案，并组织鉴定评价。

根据施工地点的实际气候特点，提出具有针对性的施工措施。在施工过程中，还应根据气象部门的预报资料，对具体措施进行细化。

五、主要施工管理计划

（一）一般规定

施工管理计划在目前多作为管理和技术措施编制在施工组织设计中，这是施工组织设计必不可少的内容。施工管理计划涵盖很多方面的内容，可根据工程的具体情况加以取舍。在编制施工组织设计时，各项管理计划可单独成章，也可穿插在施工组织设计的相应章节中。

施工管理计划应包括进度管理计划、质量管理计划、安全管理计划、环境管理计划、成本管理计划以及其他管理计划等内容。各项管理计划的制定，应根据项目的特点有所侧重。

职业健康安全管理计划是指保证实现项目施工职业健康安全目标的管理计划，包括制定、实施所需的组织机构、职责、程序以及采取的措施和资源配置等。

（二）进度管理计划

进度管理计划是指保证实现项目施工进度目标的管理计划，包括对进度及其偏差进行测量、分析、采取的必要措施和计划变更等。

进度管理计划应包括下列内容：对项目施工进度计划进行逐级分解，通过阶段性目标的实现保证最终工期目标的完成;建立施工进度管理的组织机构并明确职责,制定相应管理制度;针对不同施工阶段的特点,制定进度管理的相应措施,包括施工组织措施、技术措施和合同措施等;建立施工进度动态管理机制,及时纠正施工过程中的进度偏差,并制定特殊情况下的赶工措施;根据项目周边环境特点,制定相应的协调措施,减少外部因素对施工进度的影响。

(三)质量管理计划

质量管理计划是指保证实现项目施工质量目标的管理计划,包括制定、实施所需的组织机构、职责、程序以及采取的措施和资源配置等。

质量管理计划应包括下列内容:按照项目具体要求确定质量目标并进行目标分解,质量指标应具有可测量性;建立项目质量管理的组织机构并明确职责;制定符合项目特点的技术保障和资源保障措施,通过可靠的预防控制措施,保证质量目标的实现;建立质量过程检查制度,并对质量事故的处理做出相应规定。

(四)安全管理计划

安全管理计划是指保证实现项目施工职业健康安全目标的管理计划,包括制定、实施所需的组织机构、职责、程序以及采取的措施和资源配置等。

安全管理计划应包括下列内容:

(1)确定项目重要危险源,制定项目职业健康安全管理目标。

(2)建立有管理层次的项目安全管理组织机构并明确职责。

(3)根据项目特点,进行职业健康安全方面的资源配置。

(4)建立具有针对性的安全生产管理制度和职工安全教育培训制度。

(5)针对项目重要危险源,制定相应的安全技术措施;对达到一定规模的危险性较大的分部(分项)工程和特殊工种的作业应制定专项安全技术措施的编制计划。

(6)根据季节、气候的变化,制定相应的季节性安全施工措施。

(7)建立现场安全检查制度,并对安全事故的处理做出相应规定。

(五)环境管理计划

环境管理计划是指保证实现项目施工环境目标的管理计划,包括制定、实施所需的组织机构、职责、程序以及采取的措施和资源配置等。

环境管理计划应包括下列内容:确定项目重要环境因素,制定项目环境管理目标;建立项目环境管理的组织机构并明确职责;根据项目特点,进行环境保护方面的资源配置;制定现场环境保护的控制措施;建立现场环境检查制度,并对环境事故的处理做出相应规定。

(六)成本管理计划

成本管理计划是指保证实现项目施工成本目标的管理计划,包括成本预测、实施、分析、采取的必要措施和计划变更等。

成本管理计划应包括下列内容:根据项目施工预算,制定项目施工成本目标;根据施工进度计划,对项目施工成本目标进行阶段分解;建立施工成本管理的组织机构并明确职责,制定相应管理制度;采取合理的技术、组织和合同等措施,控制施工成本;确定科学的成本分析方法,制定必要的纠偏措施和风险控制措施。

第八节　建设工程项目目标的动态控制

一、动态控制的内涵

（一）动态控制的原理

所谓动态控制就是在工程项目整个实施过程中，通过对过程、目标和活动的跟踪，全面、及时、准确地掌握信息，将实际目标值和项目建设状况与计划目标状况进行对比，如果偏离了计划和标准的要求，就采取措施加以纠正，从而保证计划目标的实现。

动态控制的工作步骤：

(1)项目目标动态控制的准备阶段工作：将项目的目标根据一定的指标进行分解，用以估算确定用于目标控制的计划值。

(2)在项目实施过程中对项目目标进行动态跟踪和控制：收集项目目标的实际值；定期进行项目目标的计划值和实际值的比较；如有偏差，则采取纠偏措施进行纠偏。

(3)如有必要进行项目目标的调整，目标调整后控制过程再回复到上述的(1)。

项目目标动态控制是一个动态循环过程，包括目标计划值、目标实际值和纠偏措施三大要素。通过目标计划值和实际值的比较分析，以发现偏差是目标控制过程中的关键环节。

专家解读

主动控制是指预先分析目标偏离的可能性，并拟定和采取各项预防性措施，以使计划目标得以实现。动态控制本质上是一种主动控制，主动控制属于事前控制、前馈控制、开环控制，也是面向未来的控制。

典型例题

【单选题】项目目标动态控制工作包括：①确定目标控制的计划值；②分解项目目标；③收集项目目标的实际值；④定期比较计划值和实际值；⑤纠正偏差。正确的工作流程是(　　)。

A. ①③②⑤④　　　　B. ②①③④⑤

C. ③②①④⑤　　　　D. ①②③④⑤

B。【解析】动态控制的工作步骤详见上文。

（二）动态控制的纠偏措施

纠偏措施包括组织措施、管理措施、经济措施、技术措施等。

1. 组织措施

主要包括健全项目管理的组织体系；应有专门的工作部门和人员负责动态控制的工作；应加强对于相关人员教育和培训并在工作中采用激励机制；检查落实动态控制工作任务和相应的管理职能分工；编制项目动态控制的工作流程，绘制工作流程图；组织和协调动态控制工作，会议是一个重要手段。

2. 管理措施

主要包括选择合理的工程发包模式和物资采购模式；采取风险管理措施，以减少动态控制工作的风险量；利用信息技术辅助动态控制工作；合同管理措施。

3. 经济措施

主要包括编制与动态控制计划相适应的资源需求计划，包括资金需求计划和其他资源（人力和物力资源）需求计划，确定资金供应条件（总量、来源、时间等）；工程预算中考虑动态控制工作所需要的资金，其中包括为实现目标将要采取的经济激励措施所需的费用。

4. 技术措施

主要包括不同的设计理念、设计技术路线、设计方案、施工机具、施工方法等。

典型例题

【单选题】项目目标动态控制的纠偏措施中，属于管理措施的是（　　）。

A. 调整项目任务分工　　B. 调整设计方案

C. 改变施工机具　　D. 采取合理的风险管理措施

D。【解析】管理措施是指对由于管理方面带来的问题进行分析，采取合理措施对其进行控制的一种方法。管理措施包括：采取合理的风险管理措施，减少动态控制工作的风险量；选择合理的发包模式和物资采购模式；调整进度管理、合同管理措施等。选项 A 属于组织措施；选项 B，C 属于技术措施。

二、工程进度动态控制

项目进度应实行动态控制，其遵循的步骤如下：

（1）熟悉进度计划的目标、顺序、步骤、数量、时间和技术要求。

（2）实施跟踪检查，进行数据记录与统计。

（3）将实际数据与计划目标对照，分析计划执行情况。

（4）采取纠偏措施，确保各项计划目标实现。

项目进度应按项目工作分解结构逐级管理。项目管理机构应根据进度管理报告提供的信息，纠正进度计划执行中的偏差，对进度计划进行变更调整。

项目进度控制宜采用赢得值管理、网络计划和信息技术。赢得值管理技术在项目进度管理中的运用，主要是控制进度偏差和时间偏差。网络计划技术在进度管理中的运用主要是关键线路法。用控制关键活动、分析总时差和自由时差来控制进度。用控制基本活动的进度来达到控制整个项目的进度。

施工组织设计应实行动态管理。施工组织设计的动态管理是指在项目实施过程中，对施工组织设计的执行、检查和修改的适时管理活动，应符合下列规定：

（1）项目施工过程中，发生以下情况之一时，施工组织设计应及时进行修改或补充：①工程设计有重大修改；②有关法律、法规、规范和标准实施、修订和废止；③主要施工方法有重大调整；④主要施工资源配置有重大调整；⑤施工环境有重大改变。

（2）经修改或补充的施工组织设计应重新审批后实施。

(3)项目施工前,应进行施工组织设计逐级交底;项目施工过程中,应对施工组织设计的执行情况进行检查、分析并适时调整。

三、工程投资动态控制

在工程项目计划的实施过程中,投资的确定是依据项目的工程量和相应的价格水平。一般来说,投资控制的目的在于使实际竣工工程造价不突破计划投资额,因此,在进行投资控制过程中,根据项目所规定的质量、进度和物价水平等,实施投资总额的动态监测。工程投资控制贯穿于项目建设的整个过程。

项目投资应实行动态控制,其遵循的步骤如下:

(1)逐层分解项目投资目标。

(2)应对工程项目投资目标执行情况进行跟踪和检测,采集相关投资实际值。

(3)应对项目投资实际值与计划值进行比较,发现偏差。

(4)应对比较的结果进行分析,确定偏差幅度、偏差产生的原因及对项目投资目标的影响程度。

(5)应根据工程的具体情况和偏差分析结果,对整个项目投资进行预测,对可能的超支进行预警,采取适当的措施,把偏差控制在允许的范围内。

链接

应注意区分投资实际值与计划值的不同。

典型例题

【单选题】施工过程中投资的计划值和实际值进行比较时,相对于工程合同价不可作为投资实际值的是(　　)。

A. 工程概算　　　　B. 工程结算

C. 工程款支付　　　　D. 竣工决算

A。【解析】投资控制过程中,往往通过收集实际的投资值,与原定的计划投资值进行定期的比较,进行投资偏差分析。投资的计划值和实际值是相对的,比如相对于工程预算,工程概算就是投资的计划值;相对于工程合同价,工程预算与工程概算均可作为投资的计划值,工程款支付、工程结算、竣工决算均可作为投资的实际值。

四、建筑市场信用信息动态监管

建设行政主管部门按照诚信激励和失信惩戒的原则,建立诚信奖惩机制,在行政许可、市场准入、招标投标、资质管理、工程担保与保险、表彰评优等工作中,充分利用已公布的建筑市场各方主体的诚信行为信息,依法对守信行为给予激励,对失信行为进行惩处。

建设建筑市场信用信息的主要依据有:《中华人民共和国建筑法》《中华人民共和国招标投标法》《企业信息公示暂行条例》《社会信用体系建设规划纲要(2014—2020 年)》《国务院办公厅关于促进建筑业持续健康发展的意见》(国办发〔2017〕19 号)《建筑市场信用管理暂行办法》等。

建筑市场信用信息由基本信息、优良信用信息、不良信用信息构成。

建筑市场各方主体的信用信息公开期限为：

(1)基本信息长期公开。

(2)优良信用信息公开期限一般为3年。

(3)不良信用信息公开期限一般为6个月至3年，并不得低于相关行政处罚期限。

具体公开期限由不良信用信息的认定部门确定。

根据《建筑市场诚信行为信息管理办法》，省、自治区和直辖市建设行政主管部门负责审查整改结果，对整改确有实效的，由企业提出申请，经批准，可缩短其不良行为记录信息公布期限，但公布期限最短不得少于3个月，同时将整改结果列于相应不良行为记录后，供有关部门和社会公众查询；对于拒不整改或整改不力的单位，信息发布部门可延长其不良行为记录信息公布期限。

按照“谁监管、谁负责，谁产生、谁负责”的原则，工程项目所在地住房城乡建设主管部门依据职责，采集工程项目信息并审核其真实性。建立建筑市场各方主体不良行为信息的快速反应机制。各有关部门要加强信息共享，推进建筑业不良行为信息的互联互通，实现数据共享和管理联动，维护建筑市场的统一、开放、竞争、有序。

专家解读

住建部对建筑市场主体“黑名单”的制度规定，县级以上住房城乡建设主管部门按照“谁处罚、谁列入”的原则，将存在下列情形的建筑市场各方主体，列入建筑市场主体“黑名单”：利用虚假材料、以欺骗手段取得企业资质的；发生转包、出借资质，受到行政处罚的；发生重大及以上工程质量安全事故，或1年内累计发生2次及以上较大工程质量安全事故，或发生性质恶劣、危害性严重、社会影响大的较大工程质量安全事故，受到行政处罚的；经法院判决或仲裁机构裁决，认定为拖欠工程款，且拒不履行生效法律文书确定的义务的。各级住房城乡建设主管部门应当参照建筑市场主体“黑名单”，对被人力资源社会保障主管部门列入拖欠农民工工资“黑名单”的建筑市场各方主体加强监管。

第九节 施工企业项目经理的工作性质、任务和责任

一、项目经理的职责和权限

（一）项目经理的概念

项目经理是指由承包人任命并派驻施工现场，在承包人授权范围内负责合同履行，且按照法律规定具有相应资格的项目负责人。工程承包企业应明确项目经理的能力要求，确认项目经理任职资格，并进行管理。施工单位任命项目经理在项目启动阶段完成。2008年后，国家不再有建筑施工企业项目经理资质，项目经理由注册建造师代替，取得建造师注册证书的人员能否担任项目经理由企业自主决定，但大、中型工程项目的项目经理必须由取得建造师注册证书的人员担任。

（二）项目经理具备的条件和技能

项目经理应具备下列条件：

(1)取得工程建设类注册执业资格或高级专业技术职称。

(2)具备决策、组织、领导和沟通能力，能正确处理和协调与项目发包人、项目相关方之间及企业内部各专业、各部门之间的关系。

(3)具有工程承包项目管理及相关的经济、法律法规和标准化知识。

(4)具有类似项目的管理经验。

(5)具有良好的信誉。

根据《项目管理知识体系指南(PMBOK 指南)》，项目经理应具备项目管理技术、领导力、战略管理和商业管理四种技能。

（三）项目经理的职责和权限

项目经理应履行下列职责：执行工程承包企业的管理制度，维护企业的合法权益；代表企业组织实施工程总承包项目管理，对实现合同约定的项目目标负责；完成项目管理目标责任书规定的任务；在授权范围内负责与项目干系人的协调，解决项目实施中出现的问题；对项目实施全过程进行策划、组织、协调和控制；负责组织项目的管理收尾和合同收尾工作。

项目经理应具有下列权限：经授权组建项目部，提出项目部的组织机构，选用项目部成员，确定岗位人员职责；在授权范围内，行使相应的管理权，履行相应的职责；在合同范围内，按规定程序使用工程承包企业的相关资源；批准发布项目管理程序；协调和处理与项目有关的内外部事项。

（四）项目管理目标责任书

项目管理目标责任书宜包括下列内容：

(1)项目管理实施目标。

(2)组织和项目管理机构职责、权限和利益的划分。

(3)项目现场质量、安全、环保、文明、职业健康和社会责任目标。

(4)项目设计、采购、施工、试运行管理的内容和要求。

(5)项目所需资源的获取和核算方法。

(6)法定代表人向项目管理机构负责人委托的相关事项。

(7)项目管理机构负责人和项目管理机构应承担的风险。

(8)项目应急事项和突发事件处理的原则和方法。

(9)项目管理效果和目标实现的评价原则、内容和方法。

(10)项目实施过程中相关责任和问题的认定和处理原则。

(11)项目完成后对项目管理机构负责人的奖惩依据、标准和办法。

(12)项目管理机构负责人解职和项目管理机构解体的条件及办法。

(13)缺陷责任期、质量保修期及之后对项目管理机构负责人的相关要求。

二、《建设工程施工合同（示范文本）》（GF—2017—0201）中对项目经理的规定

项目经理应为合同当事人所确认的人选，并在专用合同条款中明确项目经理的姓名、职

称、注册执业证书编号、联系方式及授权范围等事项，项目经理经承包人授权后代表承包人负责履行合同。

项目经理应是承包人正式聘用的员工，承包人应向发包人提交项目经理与承包人之间的劳动合同，以及承包人为项目经理缴纳社会保险的有效证明。承包人不提交上述文件的，项目经理无权履行职责，发包人有权要求更换项目经理，由此增加的费用和(或)延误的工期由承包人承担。

项目经理应常驻施工现场，且每月在施工现场时间不得少于专用合同条款约定的天数。项目经理不得同时担任其他项目的项目经理。

项目经理确需离开施工现场时，应事先通知监理人，并取得发包人的书面同意。项目经理的通知中应当载明临时代行其职责的人员的注册执业资格、管理经验等资料，该人员应具备履行相应职责的能力。

承包人违反上述约定的，应按照专用合同条款的约定，承担违约责任。

项目经理按合同约定组织工程实施。在紧急情况下为确保施工安全和人员安全，在无法与发包人代表和总监理工程师及时取得联系时，项目经理有权采取必要的措施保证与工程有关的人身、财产和工程的安全，但应在 48 小时内向发包人代表和总监理工程师提交书面报告。

承包人需要更换项目经理的，应提前 14 天书面通知发包人和监理人，并征得发包人书面同意。通知中应当载明继任项目经理的注册执业资格、管理经验等资料，继任项目经理继续履行《建设工程施工合同(示范文本)》中约定的职责。未经发包人书面同意，承包人不得擅自更换项目经理。承包人擅自更换项目经理的，应按照专用合同条款的约定承担违约责任。

发包人有权书面通知承包人更换其认为不称职的项目经理，通知中应当载明要求更换的理由。承包人应在接到更换通知后 14 天内向发包人提出书面的改进报告。发包人收到改进报告后仍要求更换的，承包人应在接到第二次更换通知的 28 天内进行更换，并将新任命的项目经理的注册执业资格、管理经验等资料书面通知发包人。继任项目经理继续履行约定的职责。承包人无正当理由拒绝更换项目经理的，应按照专用合同条款的约定承担违约责任。

项目经理因特殊情况授权其下属人员履行其某项工作职责的，该下属人员应具备履行相应职责的能力，并应提前 7 天将上述人员的姓名和授权范围书面通知监理人，并征得发包人书面同意。

三、项目管理机构负责人职责和权限

根据《建设工程项目管理规范》(GB/T 50326—2017)，项目管理机构负责人应接受法定代表人和组织机构的业务管理，组织有权对项目管理机构负责人给予奖励和处罚。

项目管理机构负责人应履行下列职责：

(1)项目管理目标责任书中规定的职责。

(2)工程质量安全责任承诺书中应履行的职责。

(3)组织或参与编制项目管理规划大纲、项目管理实施规划，对项目目标进行系统管理。

(4)主持制定并落实质量、安全技术措施和专项方案,负责相关的组织协调工作。

(5)对各类资源进行质量监控和动态管理。

(6)对进场的机械、设备、工器具的安全、质量和使用进行监控。

(7)建立各类专业管理制度,并组织实施。

(8)制定有效的安全、文明和环境保护措施并组织实施。

(9)组织或参与评价项目管理绩效。

(10)进行授权范围内的任务分解和利益分配。

(11)按规定完善工程资料,规范工程档案文件,准备工程结算和竣工资料,参与工程竣工验收。

(12)接受审计,处理项目管理机构解体的善后工作。

(13)协助和配合组织进行项目检查、鉴定和评奖申报。

(14)配合组织完善缺陷责任期的相关工作。

项目管理机构负责人应具有下列权限:

(1)参与项目招标、投标和合同签订。

(2)参与组建项目管理机构。

(3)参与组织对项目各阶段的重大决策。

(4)主持项目管理机构工作。

(5)决定授权范围内的项目资源使用。

(6)在组织制度的框架下制定项目管理机构管理制度。

(7)参与选择并直接管理具有相应资质的分包人。

(8)参与选择大宗资源的供应单位。

(9)在授权范围内与项目相关方进行直接沟通。

(10)法定代表人和组织授予的其他权利。

四、建设工程项目资源管理

项目资源包括人力资源、劳务、工程材料与设备、施工机具与设施、资金等。

(一)一般规定

组织应建立项目资源管理制度,确定资源管理职责和管理程序,根据资源管理要求,建立并监督项目生产要素配置过程。

项目管理机构应根据项目目标管理的要求进行项目资源的计划、配置、控制,并根据授权进行考核和处置。

项目资源管理应遵循的程序为:明确项目的资源需求;分析项目整体的资源状态;确定资源的各种提供方式;编制资源的相关配置计划;提供并配置各种资源;控制项目资源的使用过程;跟踪分析并总结改进。

(二)人力资源管理

项目管理机构应编制人力资源需求计划、人力资源配置计划和人力资源培训计划。项目管理机构应确保人力资源的选择、培训和考核符合项目管理需求。

项目管理人员应在意识、培训、经验、能力方面满足规定要求。

组织应对项目人力资源管理方法、组织规划、制度建设、团队建设、使用效率和成本管理进行分析和评价，以保证项目人力资源符合要求。

《企业标准体系 基础保障》（GB/T 15498—2017）规定，人力资源标准应根据企业发展、生产规模、劳动形式、生产环境、人员情况等进行编制。人力资源标准中涉及岗位的具体要求按照《企业标准体系 要求》（GB/T 15496—2017）中的规定执行。

《工程建设施工企业质量管理规范》（GB/T 50430—2017）规定，施工企业的人力资源管理制度须包括人力资源的配置、招聘录用、教育培训、员工职业生涯、绩效考核、奖惩等制度。施工企业需明确人力资源管理活动的流程和方法，建立和保存人力资源管理的适当记录。施工企业可以采用岗位说明书、职位说明书等方式明确岗位任职条件。施工企业的项目经理、技术负责人、质量检查、计量、试验管理等人员须达到有关上岗的规定要求，要求注册的岗位经注册后方能执业。质量方针或质量目标修订时，对人力资源的要求也须做相应调整。施工企业须分层分类实施有针对性的培训，如按高管层、中层、一般管理人员、一线操作人员层次，按公司、项目部等不同层级进行培训；按经营、质量、工程、技术、设备、物资等分专业进行系统培训；按木工、焊工、电工等不同工种进行岗位培训或技术交底。

为了规范农民工工资支付行为，保障农民工按时足额获得工资，根据《中华人民共和国劳动法》及有关法律规定，制定《保障农民工工资支付条例》。该条例的相关规定如下：

保障农民工工资支付，应当坚持市场主体负责、政府依法监管、社会协同监督，按照源头治理、预防为主、防治结合、标本兼治的要求，依法根治拖欠农民工工资问题。用人单位实行农民工劳动用工实名制管理，与招用的农民工书面约定或者通过依法制定的规章制度规定工资支付标准、支付时间、支付方式等内容。

被拖欠工资的农民工有权依法投诉，或者申请劳动争议调解仲裁和提起诉讼。任何单位和个人对拖欠农民工工资的行为，有权向人力资源社会保障行政部门或者其他有关部门举报。

农民工工资应当以货币形式，通过银行转账或者现金支付给农民工本人，不得以实物或者有价证券等其他形式替代。用人单位应当按照与农民工书面约定或者依法制定的规章制度规定的工资支付周期和具体支付日期足额支付工资。实行月、周、日、小时工资制的，按照月、周、日、小时为周期支付工资；实行计件工资制的，工资支付周期由双方依法约定。用人单位与农民工书面约定或者依法制定的规章制度规定的具体支付日期，可以在农民工提供劳动的当期或者次期。具体支付日期遇法定节假日或者休息日的，应当在法定节假日或者休息日前支付。用人单位因不可抗力未能在支付日期支付工资的，应当在不可抗力消除后及时支付。用人单位应当按照工资支付周期编制书面工资支付台账，并至少保存 3 年。

建设单位应当向施工单位提供工程款支付担保。建设单位与施工总承包单位依法订立书面工程施工合同，应当约定工程款计量周期、工程款进度结算办法以及人工费用拨付周期，并按照保障农民工工资按时足额支付的要求约定人工费用。人工费用拨付周期不得超过 1 个月。建设单位与施工总承包单位应当将工程施工合同保存备查。

专家解读

历年考试中会考查延期支付工资最长不得超过30日。

（三）劳务管理

项目管理机构应编制劳务需求计划、劳务配置计划和劳务人员培训计划。项目管理机构应确保劳务队伍选择、劳务分包合同订立、施工过程控制、劳务结算、劳务分包退场管理满足工程项目的劳务管理需求。建筑施工企业劳动用工时，应符合的规定有：建筑施工企业应当按照相关规定办理用工手续，不得使用零散工；劳动合同应一式三份，双方当事人各持一份，劳动者所在工地保留一份备查；建筑施工企业与劳动者应当自用工之日起，按照有关法规签订书面劳动合同；每个工程项目中作业人员的有关情况应按相关规定如实填报。

项目管理机构应依据项目需求进行劳务人员专项培训，特殊工种和相关人员应按规定持证上岗。施工现场应实行劳务实名制管理，建立劳务突发事件应急管理预案。组织宜为从事危险作业的劳务人员购买意外伤害保险。组织应对劳务计划、过程控制、分包工程目标实现程度以及相关制度进行考核评价。

专家解读

劳务突发事件应急管理预案包括劳务突发事件与紧急情况识别、应急措施、资源和人员准备等。

（四）工程材料与设备管理

项目管理机构应制定材料管理制度，规定材料的使用、限额领料，使用监督、回收过程，并应建立材料使用台账。

项目管理机构应编制工程材料与设备的需求计划和使用计划。项目管理机构应确保材料和设备供应单位选择、采购供应合同订立、出厂或进场验收、储存管理、使用管理及不合格品处置等符合规定要求。

组织应对工程材料与设备计划、使用、回收以及相关制度进行考核评价。项目工程材料与设备管理考核须坚持计划管理、跟踪检查、总量控制、节超奖罚的原则。

（五）施工机具与设施管理

项目管理机构应编制项目施工机具与设施需求计划、使用计划和保养计划。

项目管理机构应根据项目的需要，进行施工机具与设施的配置、使用、维修和进/退场管理。施工机具与设施操作人员应具备相应技能并符合持证上岗的要求。

项目管理机构应确保投入使用过程的施工机具与设施性能和状态合格，并定期进行维护和保养，形成运行使用记录。

组织应对项目施工机具与设施的配置、使用、维护、技术与安全措施、使用效率和使用成本进行考核评价。

（六）资金管理

项目管理机构应编制项目资金需求计划、收入计划和使用计划。

专家解读

项目管理机构可编制年、季、月度、周资金管理计划。项目管理机构须将资金管理计划进行分解，制定相应的季度或月度资金计划，作为资金收取和支付的依据。

项目资金收支管理、资金使用成本管理、资金风险管理应满足组织的规定要求。

项目管理机构应按资金使用计划控制资金使用，节约开支；应按会计制度规定设立资金台账，记录项目资金收支情况，实施财务核算和盈亏盘点。

项目管理机构应进行资金使用分析，对比计划收支与实际收支，找出差异，分析原因，改进资金管理。

项目管理机构应结合项目成本核算与分析，进行资金收支情况和经济效益考核评价。

五、建设工程项目沟通管理

（一）一般规定

组织应建立项目相关方沟通管理机制，健全项目协调制度，确保组织内部与外部各个层面的交流与合作。

专家解读

项目沟通与协调工作包括组织之间和个人之间两个层面。通过沟通须形成人与人、事与事、人与事的和谐统一。

项目管理机构是项目各相关方沟通管理的基本主体，其沟通活动需贯穿项目日常管理的全过程。项目管理机构应将沟通管理纳入日常管理计划。沟通信息，协调工作，避免和消除在项目运行过程中的障碍、冲突和不一致。

项目各相关方应通过制度建设、完善程序，实现相互之间沟通的零距离和运行的有效性。项目各相关方均须构建适宜有效的沟通机制，包括采取制度建设、完善程序、固化模式等方法，以提高沟通运行的有效性，确保相互之间沟通的零距离。

专家解读

项目相关方需求矛盾和冲突的主要原因包括认识偏差、理解分歧和实施时段的不吻合，具体表现为工艺方案、资源投入、施工作业、实施效果以及环境影响等方面。

（二）沟通程序与方式

项目各方的管理机构需加强项目信息的交流，提高信息管理水平，有效运用计算机信息管理技术进行信息收集、归纳、处理、传输与应用工作，建立有效的信息交流和共享平台，提高执行效率，减少和避免分歧。沟通过程包括沟通主体、沟通客体、沟通介体、沟通环境和沟通渠道 5 个要素。其中，处于主导地位的是沟通主体。

项目管理机构应制定沟通程序和管理要求，明确沟通责任、方法和具体要求。项目管理机构应在其他方需求识别和评估的基础上，按项目运行的时间节点和不同需求细化沟通内容、界定沟通范围、明确沟通方式和途径，并针对沟通目标准备相应的预案。

项目沟通管理应包括的程序为：项目实施目标分解；分析各分解目标自身需求和相关方

需求;评估各目标的需求差异;制定目标沟通计划;明确沟通责任人、沟通内容和沟通方案;按既定方案进行沟通;总结评价沟通效果。

项目管理机构应当针对项目不同实施阶段的实际情况,及时调整沟通计划和沟通方案。

项目管理机构应进行下列项目信息的交流:项目各相关方共享的核心信息;项目内部信息;项目相关方产生的有关信息。

项目管理机构可采用信函、邮件、文件、会议、口头交流、工作交底以及其他媒介沟通方式与项目相关方进行沟通,重要事项的沟通结果应书面确认。

项目管理机构应编制项目进展报告,说明项目实施情况、存在的问题及风险、拟采取的措施,预期效果或前景。

施工单位沟通包括项目经理部与项目各主体组织管理层、派驻现场人员之间的沟通、项目经理部内部各部门和相关成员之间的沟通、项目经理部与政府管理职能部门和相关社会团体之间的沟通等。

(三)组织协调

组织应制定项目组织协调制度,规范运行程序和管理。组织应针对项目具体特点,建立合理的管理组织,优化人员配置,确保规范、精简、高效。

为便于工作沟通和协调的便捷、融洽,项目管理组织机构和职能需保持一致。项目管理机构应就容易发生冲突和不一致的事项,形成预先通报和互通信息的工作机制,化解冲突和不一致。易发生冲突和不一致的事项主要体现在合同管理方面。项目管理机构须确保行为规范和合同履行,保证项目运行节点交替的顺畅。

各项目管理机构应识别和发现问题,采取有效措施避免冲突升级和扩大。

在项目运行过程中,项目管理机构应分阶段、分层次、有针对性地进行组织人员之间的交流互动,增进了解,避免分歧,进行各自管理部门和管理人员的协调工作。

项目管理机构应实施沟通管理和组织协调教育,树立和谐、共赢、承担和奉献的管理思想,提升项目沟通管理绩效。

第十节　建设工程项目的风险和风险管理的工作流程

一、一般规定

风险是管理目的与实施成果之间的不确定性,是不利事件或事故发生的概率(频率)和其损失的组合。

风险包括负面(不利)风险和正面(有利)风险。负面风险往往是威胁,正面风险往往是机遇。组织应建立风险管理制度,明确各层次管理人员的风险管理责任,管理各种不确定因素对项目的影响。

风险管理是指在对项目建设及试运行进行风险界定(分析与设定项目建设及试运行的风险管理目标及对象、主要内容及计划和风险标准等,划分风险评估单元或区域)基础上,开展相关风险识别、风险分析（根据风险类型、获得的信息和风险评价结果的使用目的，对识别出的风险进行定性和定量分析，做出风险估计）和风险评价（根据设定的风险分级标准及接受准则，对工程风险进行等级评定、风险排序和风险决策的过程），从而选择和实施最佳风险控制，包括风险排查、风险监控以及（项目业主与相关方之间交换或分享有关风险信息）风险沟通、应急预案等，期望以最小成本保障总目标最大限度实现的一系列管理及协调活动。

建设工程项目的风险主要有四种类型，即组织风险、经济与管理风险、技术风险、工程环境风险。组织风险主要涉及各种人员的能力、经验、知识等；经济与管理风险主要涉及资金、经济、合同、计划等；技术风险主要涉及资料、文件、方案、物资、机械等；工程环境风险主要涉及自然、地质、水文、气象等。

项目风险管理程序涵盖项目实施全过程的风险管理内容，包括风险识别、风险评估、风险应对和风险监控，既是风险管理的内容，也是风险管理的基本步骤和过程。

有效的项目风险管理的一个前提是项目内、外部均有坦率与开放性的沟通。

专家解读

风险管理的作用：所有项目及其生命期中的每一过程与决策都存在风险。因此，在项目进行的每一阶段都应当对风险进行管理，并且风险管理过程应当与项目管理过程以及与产品有关的过程相结合。风险管理需要全员参与，要求建立结构化的风险管理过程，以利于促进开放性沟通和风险的高效费比管理。

二、风险管理计划

项目风险管理计划描述了拟用于该项目的风险管理的结构化过程。作为项目计划的一部分，项目风险管理计划可以包括或涉及：项目的总体框架和界限，包括项目风险管理目标；建议的风险管理方法、过程和接口；负责风险管理活动的人员；职责、权限以及报告渠道；内、外部的接口；风险管理会议方案；项目风险记录单；评审过程；与其他项目文件和计划的关系；相应的组织程序；适当时，来自其他方面（例如，分包方）的风险管理计划。

项目风险管理计划应当定期评审并按要求更新。

项目管理机构应在项目管理策划时确定项目风险管理计划。

项目风险管理计划编制依据应包括下列内容：项目范围说明；招投标文件与工程合同；项目工作分解结构；项目管理策划的结果；组织的风险管理制度；其他相关信息和历史资料。

风险管理计划应包括下列内容：风险管理目标；风险管理范围；可使用的风险管理方法、措施、工具和数据；风险跟踪的要求；风险管理的责任和权限；必需的资源和费用预算。

项目风险管理计划应根据风险变化进行调整，并经过授权人批准后实施。

三、风险事件

风险指的是损失的不确定性，对建设工程项目管理而言，风险是指可能出现的影响项目目标实现的不确定因素。

风险事件是指活动或事件的主体未曾预料到，或者虽预料到发生但未预料到后果的偶发（不利）事件，也称风险事故。

风险量是指不确定的损失程度和损失发生的概率。风险量是指各种风险的量化结果，风险量区域对应图如图1-7所示。风险量的大小取决于风险发生的概率和该风险的潜在损失，即 $R=f(p,q)$，其中，R 为风险量；p 为风险发生的概率；q 为风险造成的潜在影响。风险量的另一个相关概念是等风险量曲线，即由风险量相同的风险事件形成的曲线。

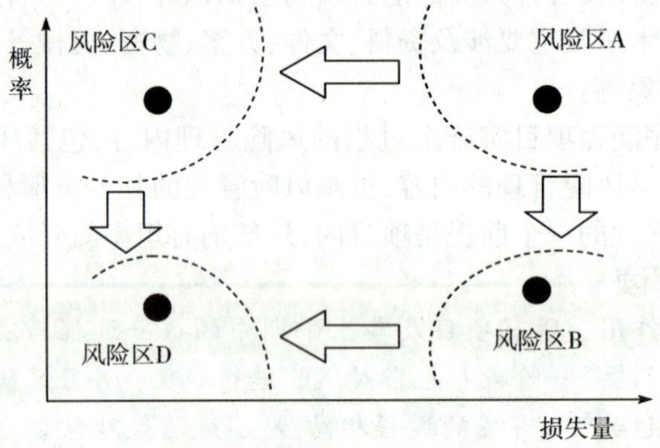

图1-7　风险量区域对应图

另外，通常将风险损失的后果按严重程度划分为轻度损失、中度损失和重大损失三级，风险发生的概率（可能性）分为很大、中等和极小三个等级，风险等级按照从小到大可分为1,2,3,4个等级。

典型例题

【单选题】关于风险量、风险等级、风险损失程度和损失发生概率之间关系的说法，正确的是（　　）。

A. 风险量越大，损失程度越大

B. 损失发生的概率越大，风险量越小

C. 风险等级与风险损失程度成反比关系

D. 损失程度和损失发生的概率越大，风险量越大

D。【解析】风险量的大小取决于风险发生的概率和该风险的潜在损失。风险损失发生的概率和风险的损失程度都很大时，风险量也很大。

四、风险识别

风险识别是指基于风险界定，通过某种或几种方式，系统调查发现、列举和描述项目建设及试运行中潜在风险及相关要素（包括风险类型、时空分布、主客原因、可能后果和影响范围等），并进行筛选、分类。项目管理机构应在项目实施前识别实施过程中的各种风险。

专家解读

各种风险包括影响项目目标实现的不利（有利）因素，可分为技术的、经济的、环境的及政治的、行政的、国际的和社会的等因素。

项目管理机构应进行下列风险识别：工程本身条件及约定条件；自然条件与社会条件；市场情况；项目相关方的影响；项目管理团队的能力。

专家解读

约定条件是指项目合同双方共同规定的要求，包括合同条件、责权利分配、项目变更规定等。

识别项目风险应遵循下列程序：收集与风险有关的信息；确定风险因素（导致风险事件发生的各种主客观的潜在原因）；编制项目风险识别报告。

项目风险识别报告应由编制人签字确认，并经批准后发布。项目风险识别报告应包括下列内容：风险源的类型、数量；风险发生的可能性；风险可能发生的部位及风险的相关特征。

风险辨识应包括收集资料、分析不确定性及识别风险、形成初步风险清单并分类三大步骤。

风险辨识可选用风险核查表法、头脑风暴法、专家个人调查法、德尔菲法、图解技术法、常识经验判断法、实验或实验结果法等。

应按现行国家标准《生产过程危险和有害因素分类与代码》（GB/T 13861—2009）的有关规定等，对施工现场的危险和有害因素进行准确辨识。

典型例题

【多选题】项目风险管理过程中，风险识别工作包括（　　）。

A. 分析风险因素发生的概率　　B. 确定风险因素

C. 编制项目风险识别报告　　D. 分析各风险的损失量

E. 收集与项目风险有关的信息

BCE。【解析】根据《建设工程项目管理规范》，识别项目风险应遵循下列程序：（1）收集与风险有关的信息。（2）确定风险因素。（3）编制项目风险识别报告。

五、风险评估

风险等级评估指通过风险因素形成风险概率的估计和对发生风险后可能造成的损失量或效益水平的估计。

风险损失量或效益水平的估计须包括下列内容：工期损失（工期缩短）的估计；费用损失（利润提升）的估计；对工程的质量、功能、使用效果（质量、安全、环境）方面的影响；其他影响。

专家解读

上述风险损失量或效益水平的估计，主要通过分析已经得到的有关信息，结合管理人员的经验对损失量进行综合判断。通常采用专家预测、趋势外推法预测、敏感性分析和盈亏平衡分析、决策树等方法。“其他影响”可包括间接影响、机会成本等。

项目管理机构应按下列内容进行风险评估：风险因素发生的概率；风险损失量或效益水平的估计；风险等级评估。

风险评估宜采取下列方法：

(1)根据已有信息和类似项目信息采用主观推断法、专家估计法或会议评审法进行风险发生概率的认定。

(2)根据工期损失、费用损失和对工程质量、功能、使用效果的负面影响进行风险损失量的估计。

(3)根据工期缩短、利润提升和对工程质量、安全、环境的正面影响进行风险效益水平的估计。

项目管理机构应根据风险因素发生的概率、损失量或效益水平，确定风险量并进行分级。风险评估后应出具风险评估报告。风险评估报告应由评估人签字确认，并经批准后发布。风险评估报告应包括下列内容：各类风险发生的概率；可能造成的损失量或效益水平、风险等级确定；风险相关的条件因素。

六、风险应对

项目管理机构应依据风险评估报告确定针对项目风险的应对策略。

负面风险是对项目实施过程不利的风险因素，需要进行风险控制和预防。正面风险是对项目实施过程有利的正面风险因素，需要进行鼓励和强化。

项目管理机构应采取下列措施应对负面风险：风险规避；风险减轻；风险转移；风险自留。

项目管理机构应采取下列策略应对正面风险：为确保机会的实现，消除该机会实现的不确定性；将正面风险的责任分配给最能为组织获取利益机会的一方；针对正面风险或机会的驱动因素，采取措施提高机遇发生的概率。

项目管理机构应形成相应的项目风险应对措施并将其纳入风险管理计划。

七、风险监控

风险监控是指在决策主体的运行过程中，风险监控主体对风险的发展变化情况进行全过程动态监视和控制，准确掌握风险状态，根据需要及时启动或调整应对策略，避免或减少风险事件发生，消减风险事件产生的消极后果，实现风险管理预期目标。

风险信号是风险形成的重要特征。风险信号代表了风险的程度和水平。组织应收集和分析与项目风险相关的各种信息，获取风险信号，预测未来的风险并提出预警，预警应纳入项目进展报告，并采用下列方法：

(1)通过工期检查、成本跟踪分析、合同履行情况监督、质量监控措施、现场情况报告、现场检查、定期例会(风险例会),全面了解工程风险。

(2)对新的环境条件、实施状况和变更,预测风险,修订风险应对措施,持续评价项目风险管理的有效性。

风险监控的内容应包含下列方面:

(1)风险管理计划的执行情况,包括机构人员、制度建设、资源配置等情况。

(2)风险控制措施的实施情况及效果。

(3)重大风险的分布及应对措施效果情况。

组织应对可能出现的潜在风险因素进行监控,跟踪风险因素的变动趋势。对可能出现的风险因素进行监控可以有效掌握风险的变动趋势,以便及时采取相应的预防或引领措施。对特殊情况、重大风险的监控应增加监控的频次。

组织应采取措施控制风险的影响,降低损失,提高效益,防止负面风险的蔓延,确保工程的顺利实施。

八、风险应急管理

应急管理工作应包括下列主要内容:应急预案;应急响应;应急救援。

应急预案的编制应符合下列要求:应按现行标准《生产经营单位生产安全事故应急预案编制导则》(GB/T 29639—2020)等的要求,编制应急预案并实施分级管理;综合应急预案、专项应急预案和现场处置方案之间应相互衔接,并应与所涉及的其他单位的应急预案相互衔接。

有下列情形之一的,应急预案应当及时修订并归档:依据的法律、法规、规章、标准及上位预案中的有关规定发生重大变化的;应急指挥机构及其职责发生调整的;安全生产面临的风险发生重大变化的;在应急演练和事故应急救援中发现需要修订预案的重大问题的;编制单位认为应当修订的其他情况。

应急预案培训和演练应按下列要求进行:应将应急预案的培训纳入年度安全生产培训工作计划,负责培训的部门应对本单位应急培训计划完成情况进行检查,并应对培训效果进行评估,同时应形成记录;风险管理部门应负责组织专项预案的培训,班组应负责组织现场处置方案的培训;应定期组织综合演练,并应每年组织一次专项演练;应组织相关专家按应急预案要求制订演练计划,演练结束后,应组织各参演单位和专家评估演练效果,编写演练评估报告,分析存在的问题,必要时应对应急预案提出修订意见。

突发事件发生后,应立即组织事故救援小组,小组成员应包括领导决策层、协调指挥层、应急救援队伍。

重大事故应实行分级响应机制,相应级别应按下列要求分级:需要利用所有有关部门和一切资源的紧急情况,或需要各个部门同外部机构联合处理的各种紧急情况,通常需要宣布进入紧急状态时,应为一级紧急情况;需要两个或更多个部门响应的紧急情况,需要成立现场指挥部来统一指挥现场的应急救援行动时,应为二级紧急情况;需要一个部门正常可利用的资源即可处理的紧急情况时,应为三级紧急情况。

第十一节 建设工程监理的工作性质、工作任务和工作方法

一、项目监理机构及其设施

（一）一般规定

监理机构是指当监理单位对信息系统工程项目实施监理及相关服务时，负责履行监理合同的组织机构。工程监理单位实施监理时，应在施工现场派驻项目监理机构。项目监理机构的组织形式和规模，可根据建设工程监理合同约定的服务内容、服务期限，以及工程特点、规模、技术复杂程度、环境等因素确定。

在工程监理活动中，必须在守法、诚信、公平、科学的原则前提下，按照国家有关法律、法规和规范性文件的相关规定严格执行工程建设程序和国家工程建设强制性标准。

工程监理的工作性质特点：服务性；科学性；独立性；公平性。其中服务性是指业主委托工程监理单位对其提供对所建项目进行监理活动，是一种服务；科学性是指工程监理单位应该按照监理合同约定，使用专业的监理工程师，并利用科学的思想、组织、方法和手段来进行监理活动；独立性是指工程监理不依附于其工作对象，即监理对象；公平性是指工程监理单位在面对业主和承包商的利益冲突时，应以法律和合同约定为标准，尊重事实，在维护业主的利益时不得损害承包商的合法权益。

项目监理机构的监理人员应由总监理工程师、专业监理工程师和监理员组成，且专业配套、数量应满足建设工程监理工作需要，必要时可设总监理工程师代表。

下列情形项目监理机构可设总监理工程师代表：

（1）工程规模较大、专业较复杂，总监理工程师难以处理多个专业工程时，可按专业设总监理工程师代表。

（2）一个建设工程监理合同中包含多个相对独立的施工合同，可按施工合同段设总监理工程师代表。

（3）工程规模较大、地域比较分散，可按工程地域设总监理工程师代表。

专家解读

总监理工程师是指由监理单位法定代表人书面授权，全面负责监理及相关服务合同的履行，主持监理机构工作的监理工程师。总监理工程师代表是指由总监理工程师书面授权，代表总监理工程师行使其部分职责和权力的监理工程师。

除总监理工程师、专业监理工程师和监理员外，项目监理机构还可根据监理工作需要，配备文秘、翻译、司机和其他行政辅助人员。

项目监理机构应根据建设工程不同阶段的需要配备数量和专业满足要求的监理人员，有序安排相关监理人员进退场。

工程监理单位在建设工程监理合同签订后，应及时将项目监理机构的组织形式、人员构成及对总监理工程师的任命书面通知建设单位。

监理单位应在监控大纲中明确符合条件的监理机构，并在监理合同签订后将监理机构的组织形式、人员构成及对总监理工程师的任命书面报送业主单位。

工程监理单位调换总监理工程师时，应征得建设单位书面同意；调换专业监理工程师时，总监理工程师应书面通知建设单位。工程监理单位更换、调整项目监理机构监理人员，应做好交接工作，保持建设工程监理工作的连续性。

一名注册监理工程师可担任一项建设工程监理合同的总监理工程师。当需要同时担任多项建设工程监理合同的总监理工程师时，应经建设单位书面同意，且最多不得超过三项。

施工现场监理工作全部完成或建设工程监理合同终止时，项目监理机构可撤离施工现场。这里的施工现场是指开展项目所有监理及相关活动服务的地点。

（二）监理人员职责

总监理工程师应履行下列职责：

(1)确定项目监理机构人员及其岗位职责，书面授权总监理工程师代表。

(2)组织编制监理规划，审批监理实施细则。

(3)根据工程进展及监理工作情况调配监理人员，检查监理人员工作。

(4)组织召开监理例会。

(5)组织审核分包单位资格。

(6)组织审查施工组织设计、(专项)施工方案，审定施工进度计划。

(7)审查工程开复工报审表，签发工程开工令、暂停令和复工令。

(8)组织检查施工单位现场质量、安全生产管理体系的建立及运行情况。

(9)组织审核施工单位的付款申请，签发工程款支付证书，组织审核竣工结算。

(10)组织审查和处理工程变更。

(11)调解建设单位与施工单位的合同争议，处理工程索赔。

(12)组织验收分部工程，组织审查单位工程质量检验资料。

(13)审查施工单位的竣工申请，组织工程竣工预验收，组织编写工程质量评估报告，参与工程竣工验收。

(14)参与或配合工程质量安全事故的调查和处理。

(15)组织编写监理月报、监理工作总结，组织整理监理文件资料。

总监理工程师代表应按总监理工程师的授权，行使总监理工程师的部分职责和权力。

总监理工程师不得将下列工作委托给总监理工程师代表：

(1)组织编制监理规划，审批监理实施细则。

(2)根据工程进展及监理工作情况调配监理人员。

(3)组织审查施工组织设计、(专项)施工方案。

(4)签发工程开工令、暂停令和复工令。

(5)签发工程款支付证书,组织审核竣工结算。

(6)调解建设单位与施工单位的合同争议,处理工程索赔。

(7)审查施工单位的竣工申请,组织工程竣工预验收,组织编写工程质量评估报告,参与工程竣工验收。

(8)参与或配合工程质量安全事故的调查和处理。

总监理工程师作为项目监理机构负责人,监理工作中的重要职责不得委托给总监理工程师代表。

专业监理工程师应履行下列职责:

(1)参与编制监理规划,负责编制监理实施细则。

(2)审查施工单位提交的涉及本专业的报审文件,并向总监理工程师报告。

(3)参与审核分包单位资格。

(4)指导、检查监理员工作,定期向总监理工程师报告本专业监理工作实施情况。

(5)检查进场的工程材料、构(配)件、设备的质量。

(6)验收检验批、隐蔽工程、分项工程,参与验收分部工程。

(7)处置发现的质量问题和安全事故隐患。

(8)进行工程计量。

(9)参与工程变更的审查和处理。

(10)组织编写监理日志,参与编写监理月报。

(11)收集、汇总、参与整理监理文件资料。

(12)参与工程竣工预验收和竣工验收。

专业监理工程师职责为其基本职责,在建设工程监理实施过程中,项目监理机构还应针对建设工程实际情况,明确各岗位专业监理工程师的职责分工,制定具体监理工作计划,并根据实施情况进行必要的调整。

二、监理规划及监理实施细则

(一)一般规定

监理规划是指在总监理工程师主持下编制,经监理单位技术负责人书面批准,用来指导监理机构全面开展监理及相关服务工作的指导性文件。监理规划应结合工程实际情况,明确项目监理机构的工作目标,确定具体的监理工作制度、内容、程序、方法和措施。

监理实施细则是指根据监理规划,由监理工程师编制,并经总监理工程师书面批准,针对工程建设或运营维护管理中某一方面或某一专业监理及相关服务工作的操作性文件。监理实施细则应符合监理规划的要求,并应具有可操作性。

(二)监理规划

监理规划作为工程监理单位的技术文件,应经过工程监理单位技术负责人的审核批准,并在工程监理单位存档。

监理规划应针对建设工程实际情况,在签订建设工程监理合同及收到工程设计文件后开始编制。此外,还应结合施工组织设计、施工图审查意见等文件资料进行编制。一个监理项目应编制一个监理规划。

监理规划可在签订建设工程监理合同及收到工程设计文件后由总监理工程师组织编制,应在第一次工地会议召开之前完成工程监理单位内部审核后报送建设单位。

监理规划编审应遵循下列程序:

(1)总监理工程师组织专业监理工程师编制。

(2)总监理工程师签字后由工程监理单位技术负责人审批。

监理规划应包括下列主要内容:工程概况;监理工作的范围、内容、目标;监理工作依据;监理组织形式、人员配备及进/退场计划、监理人员岗位职责;监理工作制度;工程质量控制;工程造价控制;工程进度控制;安全生产管理的监理工作;合同与信息管理;组织协调;监理工作设施。

在监理工作实施过程中,建设工程的实施可能会发生较大变化,如设计方案重大修改、施工方式发生变化、工期和质量要求发生重大变化,或者当原监理规划所确定的程序、方法、措施和制度等需要做重大调整时,总监理工程师应及时组织专业监理工程师修改监理规划,并应经工程监理单位技术负责人批准后报建设单位。

(三)监理实施细则

监理实施细则是指导项目监理机构具体开展专项监理工作的操作性文件,应体现项目监理机构对于建设工程在专业技术、目标控制方面的工作要点、方法和措施,做到详细、具体、明确。

项目监理机构应结合工程特点、施工环境、施工工艺等编制监理实施细则,明确监理工作要点、监理工作流程和监理工作方法及措施,达到规范和指导监理工作的目的。对工程规模较小、技术较简单且有成熟管理经验和措施的,可不必编制监理实施细则。

监理实施细则应在相应工程施工开始前由专业监理工程师编制,并应报总监理工程师审批。监理实施细则可随工程进展编制,但应在相应工程开始施工前完成,并经总监理工程师审批后实施。

监理实施细则的编制应依据下列资料:监理规划;工程建设标准、工程设计文件;施工组织设计、(专项)施工方案。

监理实施细则应包括下列主要内容:专业工程特点;监理工作流程;监理工作要点;监理工作方法及措施。

在实施建设工程监理过程中,当工程发生变化导致原监理实施细则所确定的工作流程、方法和措施需要调整时,专业监理工程师应对监理实施细则进行补充、修改,并应经总监理工程师批准后实施。

典型例题

【多选题】根据《建设工程监理规范》,工程建设监理实施细则应包括的内容有(　　)。

A. 监理的工作范围　　B. 专业工程的特点

C. 监理工作的流程　　D. 监理工作的控制要点

E. 监理工作的目标值

BCDE。【解析】根据《建设工程监理规范》,工程建设监理实施细则应包括以下4个方面:监理工作的流程,专业工程的特点,监理工作的方法和措施,监理工作的控制要点及目标值。

三、建设工程监理工作

项目监理机构应根据建设工程监理合同约定,遵循动态控制原理,坚持预防为主的原则,分析影响工程质量、造价、进度控制和安全生产管理的因素及影响程度,有针对性地制定和实施相应的组织技术措施,采用旁站、巡视和平行检验等方式对建设工程实施监理。

监理人员应熟悉工程设计文件,并应参加建设单位主持的图纸会审和设计交底会议,会议纪要应由总监理工程师签认。

工程开工前,监理人员应参加由建设单位主持召开的第一次工地会议,会议纪要应由项目监理机构负责整理,与会各方代表会签。由建设单位主持召开的第一次工地会议是建设单位、工程监理单位和施工单位对各自人员及分工、开工准备、监理例会的要求等情况进行沟通和协调的会议。总监理工程师应介绍监理工作的目标、范围和内容、项目监理机构及人员职责分工、监理工作程序、方法和措施等。

项目监理机构应定期召开监理例会,并组织有关单位研究解决与监理相关的问题。项目监理机构可根据工程需要,主持或参加专题会议,解决监理工作范围内工程专项问题。监理例会以及由项目监理机构主持召开的专题会议的会议纪要,应由项目监理机构负责整理,与会各方代表会签。

监理例会应包括以下主要内容:检查上次例会议定事项的落实情况,分析未完事项原因;检查分析工程项目进度计划完成情况,提出下一阶段进度目标及其落实措施;检查分析工程项目质量、施工安全管理状况,针对存在的问题提出改进措施;检查工程量核定及工程款支付情况;解决需要协调的有关事项;其他有关事宜。

总监理工程师组织监理人员熟悉工程设计文件是项目监理机构实施事前控制的一项重要工作,其目的是通过熟悉工程设计文件,了解工程设计特点、工程关键部位的质量要求,便于项目监理机构按工程设计文件的要求实施监理。有关监理人员应参加图纸会审和设计交底会议。

项目监理机构如发现工程设计文件中存在不符合建设工程质量标准或施工合同约定的质量要求时,应通过建设单位向设计单位提出书面意见或建议。

根据《建筑法》,建筑工程监理应当依照法律、行政法规及有关的技术标准、设计文件和建筑工程承包合同，对承包单位在施工质量、建设工期和建设资金使用等方面，代表建设单位实施监督。工程监理人员认为工程施工不符合工程设计要求、施工技术标准和合同约定的，有权要求建筑施工企业改正。工程监理人员发现工程设计不符合建筑工程质量标准或者合同约定的质量要求的，应当报告建设单位要求设计单位改正。

图纸会审和设计交底会议纪要应由建设单位、设计单位、施工单位的代表和总监理工程师共同签认。

项目监理机构应审查施工单位报审的施工组织设计，符合要求时，应由总监理工程师签认后报建设单位。项目监理机构应要求施工单位按已批准的施工组织设计组织施工。施工组织设计需要调整时，项目监理机构应按程序重新审查。

专家解读

施工组织设计的报审应遵循下列程序及要求：

（1）施工单位编制的施工组织设计经施工单位技术负责人审核签认后，与施工组织设计报审表一并报送项目监理机构。

（2）总监理工程师应及时组织专业监理工程师进行审查，需要修改的，由总监理工程师签发书面意见，退回修改；符合要求的，由总监理工程师签认。

（3）已签认的施工组织设计由项目监理机构报送建设单位。

项目监理机构还应审查施工组织设计中的生产安全事故应急预案，重点审查应急组织体系、相关人员职责、预警预防制度、应急救援措施。

总监理工程师应组织专业监理工程师审查施工单位报送的工程开工报审表及相关资料；同时具备下列条件时，应由总监理工程师签署审核意见，并应报建设单位批准后，由总监理工程师签发工程开工令：

(1)设计交底和图纸会审已完成。

(2)施工组织设计已由总监理工程师签认。

(3)施工单位现场质量、安全生产管理体系已建立，管理及施工人员已到位，施工机械具备使用条件，主要工程材料已落实。

(4)进场道路及水、电、通信等已满足开工要求。

总监理工程师应在开工日期7天前向施工单位发出工程开工令。工期自总监理工程师发出的工程开工令中载明的开工日期起计算。施工单位应在开工日期后尽快施工。

分包工程开工前，项目监理机构应审核施工单位报送的分包单位资格报审表，专业监理工程师提出审查意见后，应由总监理工程师审核签认。

分包单位资格审核应包括下列基本内容：营业执照、企业资质等级证书；安全生产许可文件；类似工程业绩；专职管理人员和特种作业人员的资格。

第二章 建设工程项目成本管理

第一节 成本管理的任务、程序和措施

一、主要术语的含义

(一)成本的构成

项目成本主要由直接成本和间接成本组成,涵盖从合同签订开始至合同完成为止所发生的费用。

直接成本是指能够采取追溯方式整体计入相关产品、服务或部门的成本,包括人工费、材料费、机械费等。

间接成本是指与生产过程相关,但是不可能采取追溯方式整体计入特定产品的成本。间接成本包括管理人员的工资、维修成本、办公费、差旅交通费、保险费等。间接成本可以分为三类:生产管理成本、现场支持服务成本和行政管理成本。

(二)成本管理的原则

供方应根据合同规定的下面条件来开展成本管理:成本估算与完工成本决算;评估调整;对下一层供方所提财务建议的分析;对于付款条件,应就技术或时间进度的关键事件进行谈判,并正式表述及确认;实际成本的记录和跟踪,以及与估算的比较;偏离标识;相关结果的评估;采取或提出纠正措施。

(三)成本优化

对于具有保障要素的系统,顾客(或其代表)应提供该系统优化(生命周期成本、进度及性能的要素)所需的经济数据。此外。每一供方应提供用来优化自己供方的供应产品的经济数据。

(四)成本估算

项目费用控制是以项目费用预算为控制基准,通过定期对费用绩效的测量,计算费用偏差,对偏差原因进行分析,采取相应的纠正措施。当项目范围发生较大变化,或出现重大费用偏差时,经批准可调整项目费用预算。

(五)成本监控

应考虑上阶段未经协商后所调整的成本,对于后续各阶段的估算成本的变更,特别是在

技术状态管理的框架内的变更,应长期加以监控。监控成本,可通过承诺的进度和完成合同的费用时间表的方式,也可通过召开关于修正上述进度的会议的方式,这些修正会议的周期是由合同规定的。

当费用时间表需要修正时,应在修正未完工的剩余任务的基础上进行,修正的经济条件应由合同规定。调整后的费用时间表应标明调整日期的偏离和项目完工偏离的原因:在调整日期中已批准的技术更改;成本更新或调整模式;其他原因。

调整后的费用时间表所附报告应提出降低成本的新措施,考虑与工作进度有关的实际进度;确定偏离的根源以及采取降低行为,以降低与这些偏离有关的可能产生的超成本。

二、成本管理的概念

项目施工成本是指建筑施工企业以项目作为成本核算对象的施工过程中所耗费的生产资料转移价值和劳动者的必要劳动所创造的价值的货币形式,也是指某项目在施工中所发生的全部生产费用的总和。

成本管理就是要在保证工期和质量满足要求的情况下,利用组织措施、经济措施、技术措施、合同措施把成本控制在计划范围内,并进一步寻求最大程度的成本节约。成本管理最重要的基础工作是建立成本管理责任体系。成本管理从投标报价开始,直至项目竣工结算,保修金返还为止。

三、项目成本管理一般要求

组织应建立项目全面成本管理制度,明确职责分工和业务关系,把管理目标分解到各项技术和管理过程。

项目成本管理应符合的规定:

(1)组织管理层,应负责项目成本管理的决策,确定项目的成本控制重点、难点,确定项目成本目标,并对项目管理机构进行过程和结果的考核。

(2)项目管理机构,应负责项目成本管理,遵守组织管理层的决策,实现项目管理的成本目标。

项目成本管理应遵循的程序:

(1)掌握生产要素的价格信息。

(2)确定项目合同价,项目合同价是项目成本管理的基准。建设工程项目一般通过招投标方式确定项目合同价。

(3)编制成本计划,确定成本实施目标。

(4)进行成本控制。

(5)进行项目过程成本分析。

(6)进行项目过程成本考核。

(7)编制项目成本报告。

(8)项目成本管理资料归档。

四、成本管理的任务和程序

(一)成本管理的任务

施工成本管理的任务主要包括施工成本计划、施工成本控制、施工成本核算、施工成本分析和施工成本考核。

进行成本管理时，首先要认真开展成本预测工作，施工成本预测是在工程施工前对成本进行的估算，根据成本信息和施工项目的具体情况，运用一定的方法，对未来的成本水平及其可能发展趋势做出科学的估计。施工成本预测是施工项目成本决策与计划的依据。通过成本预测，可以在满足项目业主和本企业要求的前提下，选择成本低、效益好的最佳成本方案，并能够在施工项目成本形成过程中，针对薄弱环节，加强成本控制，克服盲目性，提高预见性。

1. 施工成本计划

施工成本计划是根据施工项目具体情况制定的，既包括预定具体成本控制目标又包括实现控制目标的措施和规划的施工成本控制方案。

施工成本计划应满足以下要求：首先，合同规定的项目质量和工期的要求；其次，组织对施工成本管理目标的要求；再次，以经济合理的项目实施方案为基础的要求；最后，有关定额及市场价格的要求。

2. 施工成本控制

施工成本控制应贯穿于项目从投标阶段开始到保证金返还的全过程，对影响施工成本的各种因素进行管理，并采取各种有效措施（组织、经济、技术、合同等措施），将施工中实际发生的各种消耗和支出严格控制在成本计划范围内，随时揭示并及时反馈，严格审查各项费用是否符合标准，计算实际成本和计划成本之间的差异并进行分析，进而采取多种有效措施，消除施工中的损失浪费现象。

施工成本控制分为事前控制、事中控制和事后控制，需按动态控制原理对实际施工成本的发生过程进行有效控制。

事前控制是通过成本预测和决策，落实降低成本措施，编制目标成本而层层展开的，要认真做好合同分析，在施工图预算和施工预算对比的基础上，进行成本拆分，确定目标成本计划。

事中控制是以合同造价为依据，从预算成本和实际成本两方面控制项目成本。

事后控制是对照合同结算价的变化，将实际成本和目标成本之间的差距加以分析，进一步挖掘降低成本的潜力，落实成本责任制。

3. 施工成本核算

施工成本核算是利用施工项目成本核算体系，对项目施工过程中所发生的各种消耗和形成成本的各项费用进行记录、分类，计算出各个成本核算对象的总成本和单位成本的过程。

施工成本核算是施工成本管理中最基础性的工作。施工成本核算一般以单位工程为成本核算对象，基本内容包括人工费核算、材料费核算、周转材料费核算、施工机械及构配件费核算、其他措施费核算等。

4. 施工成本分析

施工成本分析贯穿于施工成本管理的全过程，是在施工成本核算的基础上，对成本的形成过程和影响成本升降的因素进行分析，以寻求进一步降低成本的途径，以便有效地进行成本控制。施工成本分析主要是对人工费、材料费、机械使用费、施工间接费的分析。

施工成本分析的目的是揭示成本变动的规律，寻求降低施工成本的途径，纠正成本偏差。

5. 施工成本考核

施工成本考核是指施工项目完成后，对成本形成中各级责任人成本管理的成绩或失误所进行的总结与评价。施工成本考核是实现成本目标责任制的保证和实现决策价目标的重要手段。

施工成本考核制度包括考核的目的、时间、范围、对象、方式、依据、指标、组织领导、评价与奖惩原则等内容。

（二）成本管理的程序

根据《建设工程项目管理规范》（GB/T 50326—2017），建设工程项目成本管理按照下面程序进行：

（1）掌握生产要素的价格信息。

（2）确定项目合同价。

（3）编制成本计划，确定成本实施目标。

（4）进行成本控制。

（5）进行项目过程成本分析。

（6）进行项目过程成本考核。

（7）编制项目成本报告。

（8）项目成本管理资料归档。

专家解读

在进行施工成本控制时的施工图预算和施工预算对比，即“两算”对比，在历年考试中经常考查，考查的知识点主要是：施工图预算与施工预算的适用情况，前者适用建设单位和施工单位，后者只适用施工单位；施工图预算与施工预算的编制依据，前者的编制依据是预算定额，后者的编制依据是施工定额；施工图预算与施工预算的功能，前者的功能是投标报价的依据，后者的功能是施工单位进行相关成本方面工作的依据。

五、成本管理的措施

成本管理的措施主要分为组织措施、技术措施、经济措施、合同措施。

（一）组织措施

组织措施一般是指分析由于组织的因素而影响项目成本管理目标实现的问题，并采取相应的措施，不需要增加额外费用，主要包括调整和增加人力投入、调整工作流程和工作计划等。

（二）技术措施

技术措施一般是指分析由于技术（包括设计和施工的技术）的因素而影响项目成本管理目标实现的问题，并采取相应的措施，主要包括变更技术方案、采用高效的施工方案和施工机具等。

（三）经济措施

经济措施一般是指分析由于经济的因素而影响项目成本管理目标实现的问题，并采取相应的措施，主要包括增加资金投入、采取经济激励措施等。

（四）合同措施

合同措施一般是指分析由于合同的因素而影响项目成本管理目标实现的问题，并采取相应的措施，主要包括变更合同内容、签订补充协议、采取索赔手段等。

第二节　成本计划

一、成本计划概述

项目管理机构应根据项目成本控制要求编制、确定项目成本计划。其中项目施工成本计划一般由施工单位编制，项目施工成本计划由施工直接成本计划和施工间接成本计划组成。施工单位应围绕施工组织设计或相关文件进行编制，以确保对施工项目成本控制的适宜性和有效性。具体可按成本组成（如直接费、间接费、其他费用等）、项目结构（如各单位工程或单项工程）和工程实施阶段（如基础、主体、安装、装修等或月、季、年等）进行编制，也可以将几种方法结合使用。

采用工程实施阶段编制成本计划时，可用S形曲线（即“时间—成本累积曲线”）或成本计划直方图的形式表示。其中，S形曲线应被包络在由全部工作都按最早开始和最迟开始的曲线所组成的“香蕉图”内，并可根据资金筹措情况在“香蕉图”内调整S形曲线，当所有工作都按最迟开始时间开始，可节约资金贷款利息，但项目按期完工的保证率降低。此外，采用工程实施阶段编制成本计划时，可在网络图的基础上进一步扩充得到。

提示

历年考试中会考查S形曲线的绘制步骤，即：确定工程项目进度计划，编制进度计划的横道图→计算单位时间的成本→在时标网络图上，按时间编制成本支出计划→计算规定时间t内计划累计支出的成本额→绘制S形曲线。

项目成本计划编制依据应包括的内容有：合同文件；项目管理实施规划；相关设计文件；价格信息；相关定额；类似项目的成本资料。

项目管理机构应通过系统的成本策划，按成本组成、项目结构和工程实施阶段分别编制项目成本计划。

编制成本计划应符合下列规定：由项目管理机构负责组织编制；项目成本计划对项目成本控制具有指导性；各成本项目指标和降低成本指标明确。

项目成本计划编制应符合的程序为：预测项目成本；确定项目总体成本目标；编制项目总体成本计划；项目管理机构与组织的职能部门根据其责任成本范围，分别确定自己的成本目标，并编制相应的成本计划；针对成本计划制定相应的控制措施；由项目管理机构与组织的职能部门负责人分别审批相应的成本计划。

专家解读

成本计划可分为实施性成本计划（施工准备阶段）、竞争性成本计划（投标阶段和签订合同阶段）和指导性成本计划（选派项目经理阶段）。其中，实施性成本计划编制时采用的是企业的施工定额，依据的是工程项目的实施方案，以落实项目经理责任目标为出发点。竞争性成本计划编制时的依据是招标文件中的各项内容，包括技术规范、投标者须知、合同条件、设计图纸、工程量清单等；指导性成本计划是项目经理的责任成本目标，其编制依据是合同价。

二、建设工程费用项目的组成划分

（一）按费用构成要素划分的建筑安装工程费用项目组成

根据《建筑安装工程费用项目组成》（建标〔2013〕44号）规定，建筑安装工程费按照费用构成要素划分：由人工费、材料（包含工程设备，下同）费、施工机具使用费、企业管理费、利润、规费和增值税组成。其中人工费、材料费、施工机具使用费、企业管理费和利润包含在分部分项工程费、措施项目费、其他项目费中（图2-1）。

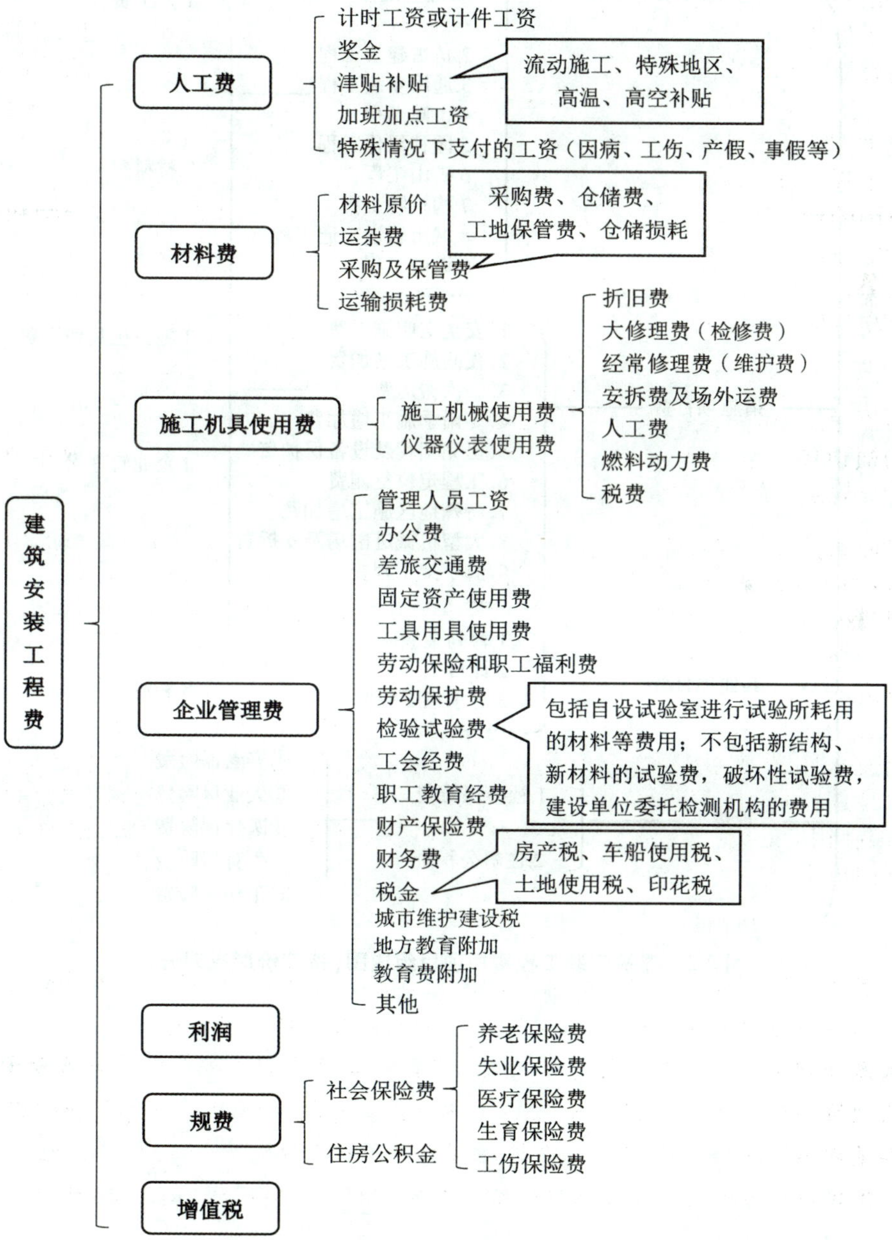

图2-1 建筑安装工程费用项目组成图（按费用构成要素划分）

（二）按照工程造价形式划分的建筑安装工程费用项目组成

根据《建筑安装工程费用项目组成》（建标〔2013〕44 号）规定，建筑安装工程费按照工程造价形成由分部分项工程费、措施项目费、其他项目费、规费、增值税组成，分部分项工程费、措施项目费、其他项目费包含人工费、材料费、施工机具使用费、企业管理费和利润（图 2-2）。

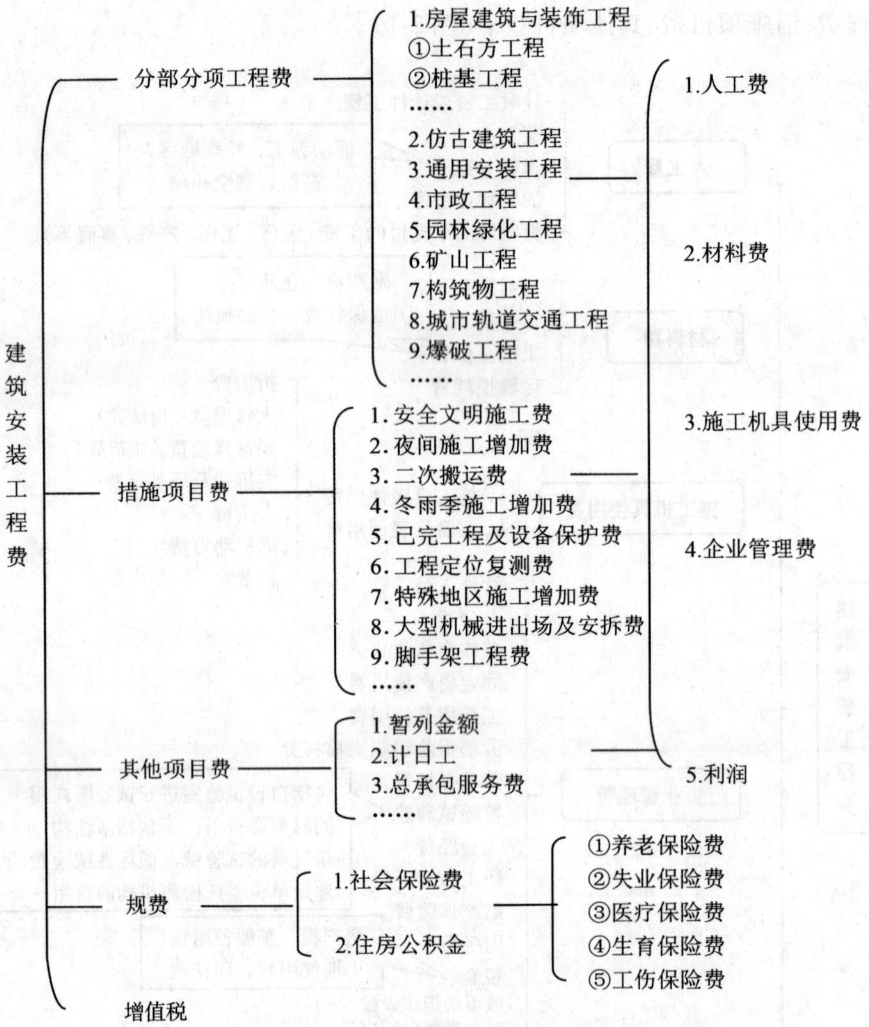

图 2-2　建筑安装工程费用项目组成图（按造价形成划分）

典型例题

【多选题】下列建筑安装工程费用中，属于企业管理费的有（　　）。

A. 检验试验费　　B. 劳动保护费

C. 城市维护建设税　　D. 教育费附加

E. 增值税

ABCD。【解析】根据《建筑安装工程费用项目组成》（按费用构成要素划分），企业管理费是指建筑安装企业组织施工生产和经营管理所需费用，包括以下内容：管理人员工资；办公费；差旅交通费；固定资产使用费；工具用具使用费；劳动保险费和职工福利费；劳动保护费；检验试验费；工会经费；职工教育经费；财产保险费；财务费；税金；其他，包括技术转让费、技术开发费、投标费、业务招待费、绿化费、广告费、公证费、法律顾问费、审计费、咨询费、保险费等。城市维护建设税、教育费附加、地方教育附加均属于企业管理费。

第三节　成本控制

一、成本控制概述

项目管理机构成本控制应依据的内容有：合同文件；成本计划；进度报告；工程变更与索赔资料；各种资源的市场信息。建设工程项目施工成本控制涉及的时间范围是从工程投标开始至项目保证金返还为止。

成本控制的程序一般可分为管理行为控制和指标控制两类程序。根据《建设工程项目管理规范》，项目成本控制应遵循的程序为：确定项目成本管理分层次目标；采集成本数据，监测成本形成过程；找出偏差，分析原因；制定对策，纠正偏差；调整改进成本管理方法。

专家解读

成本控制中的“找出偏差，分析原因”和“制定对策，纠正偏差”过程宜运用价值工程法和赢得值法。

提示

历年考试中会考查管理行为控制程序中各个岗位的职责，如项目经理、项目工程师、主管材料员、成本会计、成本员的具体职责。

二、项目成本控制方法

建设工程项目成本控制方法主要有三种：成本偏差控制法、赢得值（挣值）法和价值工程法。

（一）成本偏差控制法

成本偏差是指一项活动的预算成本与该活动的实际成本之间的差额。这种方法是以图像分析和因素分析为基础，以计划成本作为参考，分析实际成本和计划成本之间的差异，深入分析出现偏差的原因，从而针对性地制定缩小偏差的方法，最终达到目标成本控制的结果。

成本偏差分为局部成本偏差和累计成本偏差：

(1)局部成本偏差包括项目的月度（或周、天等）核算成本偏差，专业核算成本偏差以及分部分项作业成本偏差等。

(2)累计成本偏差是指已完工程在某一时间点上实际总成本与相应的计划总成本的差异。

（二）赢得值（挣值）法

1. 赢得值法基本概念

赢得值法（Earned Value Management，EMV）是一种能全面衡量工程进度、成本状况的整体方法，其基本要素是用货币量代替工程量来测量工程的进度，它不以投入资金的多少来反映工程的进展，而是以资金已经转化为工程成果的量来衡量，是实现成本、进度一体化管理的有效方法。采用赢得值管理技术对项目的费用、进度综合控制，可以克服过去费用、进度分开控制的缺点：即当费用超支时，很难判断是由于费用超出预算，还是由于进度提前；当费用低于预算时，很难判断是由于费用节省，还是由于进度拖延。引入赢得值管理技术即可定量地判断进度、费用的执行效果。

2. 赢得值法三个基本值

赢得值法进行费用、进度综合分析控制用三个基本值来表示项目的实施状态，并以此预测项目可能的完工时间和完工时的可能成本，三个基本值是计划值 BCWS、赢得值 BCWP、实际成本 ACWP。

(1)计划值 BCWS（Budgeted Cost of Work Scheduled），即计划工作预算成本。也就是说根据批准认可的进度计划和预算到某一时刻点应当完成的工作所需投入资金的累计值，可以理解为“计划要完成多少工作量”。BCWS = 计划工作量 × 计划单价。这个值对衡量项目进度和项目成本都是一个标尺和基准。一般来说，BCWS 在工作实施过程中应保持不变，除非合同有变更。如果合同变更影响了工作的进度和成本，经过批准认可，BCWS 基准也应做相应的更改。按我国的习惯，建设方一般将其称为“计划投资额”，承包商一般将其称为“计划完成产值”。

(2)赢得值 BCWP（Budgeted Cost of Work Performed），即已完工作预算成本。也就是说根据批准认可的预算，到某一时刻点已经完成的工作所需投入资金的累计值（已完成工作的货币体现），可以理解为“已经完成了多少工作量”。BCWP = 已完成工作量 × 计划单价。由于业主正是根据这个值对承包商完成的工程量进行支付，也就是承包商获得（赢得）的金额，故称赢得值（赢得值、挣值）。按照我国的习惯，在建设方的角度赢得值可称为“完成投资额”，在承包商的角度可称为“获得的工程价款”。

(3)实际成本 ACWP（Actual Cost of Work Performed），即已完工作实际成本。也就是说到某一时刻点已完成工作所实际花费的总金额，可以理解为“完成赢得值花费了多少钱”。

ACWP＝已完成工作量×实际单价。按照我国的习惯，在建设方的角度可称为“消耗投资额”，在承包商的角度可称为“实际支出成本”。

3. 赢得值法四个评价指标分析

在三项基本参数的基础上，可以确定赢得值法的四个评价指标，即成本差值 CV、进度差值 SV、成本绩效指数 CPI 和进度绩效指数 SPI，它们也都是时间的函数。

（1）成本差值 CV（Cost Variance）：CV 是某个日期检查点上赢得值 BCWP 与实际值 ACWP 之间的差值，即 CV＝赢得值 BCWP－实际值 ACWP，用来反映项目进展的费用差异。当 CV 为正值时，表示节余，实际成本低于预算成本；当 CV 为负值时，表示超支，实际成本超过预算成本。若在几个不同的检查点都出现此问题，则说明项目成本执行效果不好；CV＝0，实际费用与预算费用相符。

（2）进度差值 SV（Schedule Variance）：SV 是某个日期检查点上赢得值 BCWP 与计划值 BCWS 之间的差值，即 SV＝赢得值 BCWP－计划值 BCWS，用来反映项目进展的进度差异。当 SV 为负值时，表示进度延误；当 SV 为正值时，表示进度提前；SV＝0，进展进度与计划进度相符。

（3）成本绩效指数 CPI（Cost Performance Index）：CPI 是指赢得值与实际值的比值，即 CPI＝BCWP/ACWP。当 CPI＞1 时，表示节余，即实际成本低于预算成本；当 CPI＜1 时，表示超支，即实际成本高于预算成本。

（4）进度绩效指数 SPI（Schedule Performed Index）：SPI 是指赢得值与计划值的比值，即 SPI＝BCWP/BCWS。当 SPI＞1 时，表示进度提前，即实际进度比计划进度快；当 SPI＜1 时，表示进度延误，即实际进度比计划进度拖后。

典型例题

【单选题】某混凝土工程施工情况如下图，清单综合单价为 1 000 元/m^3，按月结算，根据赢得值法，该工程 6 月末进度偏差（SV）是（　　）万元。

项目名称	计划施工/(m^3·月$^{-1}$)	实际施工/(m^3·月$^{-1}$)	工程进度/月								
			1	2	3	4	5	6	7	8	9
A	2 500	2 300									
B	2 600	2 500									
C	3 100	2 900									
D	1 000	1 000									
E	1 200	1 250									

图例:计划进度　　实际进度

A. －215　　B. －200

C. －125　　D. －60

A。**【解析】**进度偏差 SV 是指某个日期检查点上赢得值 BCWP 与计划值 BCWS 之间的差值，即 SV＝赢得值 BCWP－计划值 BCWS＝1 000×（2 300×4＋2 500×2＋1 250）－1 000×（2 500×4＋2 600×2＋1 200×2）＝－2 150 000（元）＝－215（万元）。

4. 赢得值法的应用

使用赢得值法进行成本/进度综合控制，必须定期监控以上三个参数。也就是说，在项目开始之前，先必须为在整个项目工期内如何和何时使用资金做出预算和计划。项目开始后，监督实际成本和工作绩效以确保成本、进度都在控制范围之内。具体步骤如下：

(1)项目预算和计划。首先要制订详细的项目预算，把预算分解到每个工作包(分项工程)，尽量分解到详细的实物工作量层次，为每个工作包建立总预算成本 TBC(Total Budgeted Cost)。项目预算的第二步是将每一 TBC 分配到各工作包的整个工期中去。每期的成本计划依据各工作包的各分项工作量进度计划来确定。当每一工作包所需完成的工程量分配到工期的每个区间(这个区间可定义为工程管理和控制的报表时段)，就能确定何时需用多少预算。这一数字通过截止到某期的过去每期预算成本累加得出，即累计计划预算成本 CBC(Cumulative Budgeted Cost)或 BCWS。

(2)收集实际成本。项目执行过程中，会通过合同委托每一工作包的工作给相关承包商。合同工程量及价格清单形成承付款项。承包商在完成相应工作包的实物工程量以后，会按合同进行进度支付。在项目每期对已发生成本进行汇总，即累计已完工程量与合同单价之积，就形成了累计实际成本 CAC(Cumulative Actual Cost)或 ACWS，为记录项目的实际成本，必须建立及时和定期收集资金实际支出数据的制度，包括收集数据的步骤、报表规范，建立合同执行(成本支出)台账。

(3)计算赢得值(Earned Value)。如前所述，仅监控以上两个参数并不能准确地估计项目的状况，有时甚至会导致错误的结论和决策。赢得值是整个项目期间必须确定的重要参数。对项目每期已完工程量与预算单价之积进行累计，即可确定累计赢得值 CEV(Cumulative Earned Value)或 BCWP，与跟踪项目的实际成本一样重要，也必须建立经常及时地收集数据的相应制度来确定项目每一工作包工作绩效的价值，主要是必须对每一合同的承付项(报价单项)预先对应相应的预算项目，确定其预算单价，通过合同实际工程量完成情况，计算出赢得值，建立概算执行(投资完成)台账。

(4)成本/进度绩效。利用以上几个指标即可以比较分析项目的成本/进度绩效和状况：CEV 与 CAC 实际是在同样进度(相同工作量)下的价值比较，它反映了项目成本控制的状况和效率。以上分析可对整个项目进行，也可针对某一独立的工作包进行。

(5)成本/进度控制。有效成本/进度控制的关键是经常即使地分析成本/进度绩效，及早地发觉成本/进度差异和无效率，以便在情况变坏之前能够采取纠偏措施。要做好成本/进度综合控制，应十分关注 CPI 或 CV 的走势，当 CPI 小于 1 或逐渐变小、CV 为负且绝对值越来越大时，就应该及时制定纠偏措施并加以实施。应集中注意力在那些有负成本差异的工作包或分项工程上，根据 CPI 或 CV 值确定采取纠正措施的优先权，也就是说，CPI 最小或 CV 负值最大的工作包或分项工程应该给予最高优先权。总体进度控制可使用相同原理和方法。

利用赢得值法进行参数分析后，可判断分析应采取的措施，下面以典型例题的形式进行讲解。

典型例题

【单选题】某工程第三个月末时的已完工作实际费用（ACWP）为 1 200 万元、已完工作预算费用（BCWP）为 1 000 万元、计划工作预算费用（BCWS）为 1 500 万元，根据赢得值法判断分析应采取的措施是（　　）。

A. 迅速增加人员投入

B. 增加高效人员投入

C. 抽出部分人员，增加少量骨干人员

D. 用工作效率高的人员更换一批工作效率低的人员

B。【解析】由题可知，BCWS > ACWP > BCWP，应采取的措施为增加高效人员的投入。若 BCWS > BCWP > ACWP，应采取选项 A 的措施；若 ACWP > BCWP > BCWS，应采取选项 C 的措施；若 ACWP > BCWS > BCWP，应采取选项 D 的措施。

（三）价值工程法

1. 价值工程的原理

价值工程是指以产品或作业的功能分析为核心，以提高产品或作业的价值为目的，力求以最低寿命周期成本实现产品或作业使用所要求的必要功能的一项有组织的创造性活动。价值工程涉及价值、功能和寿命周期成本等三个基本要素：价值（V）= 功能（F）/成本（C）。

2. 成本

价值工程中成本是指产品的总成本，即寿命周期成本，也就是该产品从调研、设计、制造、使用直至报废为止的产品寿命周期所花的全部费用。

专家解读

价值工程中产品成本是指产品寿命周期的总成本。产品寿命周期从产品的研制开始算起，包括产品的生产、销售、使用等环节，直至报废的整个时期。在这个时期发生的所有费用与成本，就是价值工程的产品成本。寿命周期费用 = 生产成本 + 使用成本，与一般意义上的成本相比，价值工程的成本最大的区别在于：将消费者或用户的使用成本也算在内。这使得企业在考虑产品成本时，不仅要考虑降低设计与制造成本，还要考虑降低使用成本，从而使消费者或用户既买得合算，又用得合算。

3. 提高价值的途径

根据价值的计算公式，提高产品价值有五种途径：

（1）在提高产品功能的同时，降低产品成本。这样，可使价值大幅度提高，是最理想的提高价值的途径。

（2）提高功能，同时保持成本不变。

（3）在功能不变的情况下，降低成本。

（4）成本稍有增加，同时功能大幅度提高。

（5）功能稍有下降，同时成本大幅度降低。

4. 价值工程的应用

(1)设计阶段的应用。应用价值工程优选施工方案,可使施工过程合理化、科学化,从而提高施工质量、降低消耗,以最低的资源取得最佳的经济效益,以较少的费用完成工程施工任务,可靠地实现工程项目的目标成本。

(2)成本控制中的应用。成本控制对生产经营所消耗的人力资源、物质资源和费用开支进行指导、监督、调节和限制,及时纠正将要发生和已经发生的偏差,把各项生产费用控制在计划成本的范围之内,降低项目成本,提高经济效益,以保证成本目标的实现。

(3)施工阶段的应用。基本思路是在保证施工质量达到设计要求功能的前提下,通过降低成本和缩短施工期限达到提高价值的目的。但需考虑如下几个方面:坚持业主第一的思想;着眼于功能和成本的双重性追求;充分利用资源;追求系统的经济性。

三、人材机费用控制

人工费、材料费控制均可采用"量价分离"的原则进行。人工费主要从降低耗用人工工日、提高劳动效率、加强人工定额管理等方面进行控制;材料费主要从材料价格和材料用量等方面进行控制。施工机械使用费主要从台班单价和台班数量等方面进行控制,下面以典型例题的形式进行讲解。

典型例题

【多选题】下列施工机械使用费控制措施中,属于控制台班数量的有(　　)。

A. 加强施工机械设备内部调配　　B. 加强机械设备配件管理

C. 加强设备租赁计划管理　　D. 提高机械设备利用率

E. 按油料消耗定额控制油料消耗

ACD。【解析】选项A,C,D属于控制台班数量的措施;选项B,E属于控制台班单价的措施。

第四节　成本核算

一、成本核算概述

成本核算应符合的规定有:项目管理机构应根据项目成本管理制度明确项目成本核算的原则、范围、程序、方法、内容、责任及要求,健全项目核算台账;项目管理机构应按规定的会计周期进行项目成本核算;项目成本核算应遵循十项主要原则,包括一贯性原则、及时性原则、相关性原则、分期核算原则、实际成本核算原则、权责发生制原则、划分收益性支出与资本性支出原则、配比原则、重要性原则和谨慎原则。项目管理机构应编制项目成本报告。

成本核算的对象一般为单位工程,也可根据要求灵活划分成本核算对象。成本核算是企业会计核算的重要组成部分,包括两个基本环节,即:计算实际成本额;计算总成本额和单位成本额。竣工工程进行成本核算时，其现场成本应由项目管理机构进行核算，其完全成本应由企业财务部门进行核算。

成本核算可采用表格核算法和会计核算法，下面以典型例题的形式进行讲解。

典型例题

【单选题】关于工程项目成本核算的说法，正确的是（　　）。

A. 成本核算应遵循协调性原则

B. 工程成本核算是企业会计核算的重要组成部分

C. 工程项目内各岗位成本责任核算一般采用业务核算法

D. 会计核算法人为控制因素较多、精度不高

B。【解析】项目成本核算应遵循的原则不包括协调性原则。故选项A错误。表格核算法是指对施工项目内部各环节进行成本核算，简单易懂，方便操作，精度不高，但实用性强，工程项目内各岗位成本责任核算一般采用表格核算法。故选项C错误。会计核算法的优点是人为控制因素较小、较为科学严密，并且覆盖面广，是项目财务部门较常用的一种核算方法。故选项D错误。

二、成本核算的相关规定

《企业会计准则第15号——建造合同》规定，合同成本应当包括从合同签订开始至合同完成止所发生的、与执行合同有关的直接费用和间接费用。

合同的直接费用应当包括的内容有：耗用的材料费用；耗用的人工费用；耗用的机械使用费；其他直接费用，指其他可以直接计入合同成本的费用。

间接费用是企业下属的施工单位或生产单位为组织和管理施工生产活动所发生的费用。

直接费用在发生时直接计入合同成本，间接费用在资产负债表日按照系统、合理的方法分摊计入合同成本。

合同完成后处置残余物资取得的收益等与合同有关的零星收益，应当冲减合同成本。

合同成本不包括应当计入当期损益的管理费用、销售费用和财务费用。因订立合同而发生的有关费用，应当直接计入当期损益。

典型例题

【单选题】某施工单位为订立某工程项目建造合同共发生差旅费、投标费50万元。该项目工程完工时共发生人工费600万元，差旅费5万元，管理人员工资98万元，材料采购及保管费15万元，根据《企业会计准则第15号——建造合同》，间接费用是（　　）万元。

A. 50　　　　B. 103

C. 55　　　　D. 70

B。【解析】本题的间接费用为：98 + 5 = 103（万元）。

典型例题

【单选题】根据《财政部关于印发〈企业产品成本核算制度〉(试行)的通知》,下列工程成本费用中,属于其他直接费用的是(　　)。

A. 有助于工程形成的其他材料费

B. 为管理工程施工所发生的费用

C. 工程定位复测费

D. 企业管理人员的差旅交通费

C。【解析】根据《财政部关于印发〈企业产品成本核算制度〉(试行)的通知》,其他直接费用,是指施工过程中发生的材料搬运费、材料装卸保管费、燃料动力费、临时设施摊销费、生产工具用具使用费、检验试验费、工程定位复测费、工程点交费、场地清理费,以及能够单独区分和可靠计量的为订立建造承包合同而发生的差旅费、投标费等费用。

三、成本核算的程序

成本核算的程序,下面以典型例题的形式进行讲解。

典型例题

【单选题】施工项目成本核算的程序中,将每个月应计入工程成本的生产费用,在各个成本对象之间进行分配和归集,计算各工程成本后需进行的工作是(　　)。

A. 对未完成工程进行盘点,确定本期已完工程实际成本

B. 对所发生的费用进行审核,确定应计入成本的费用和期间费用

C. 将应计入工程成本的各项费用,区分计入本月或其他月份的工程成本

D. 将已完成工程成本转入工程结算成本

A。【解析】施工项目成本核算的程序为:对所发生的费用进行审核,确定应计入成本的费用和期间费用→将应计入工程成本的各项费用,区分计入本月或其他月份的工程成本→将每个月应计入工程成本的生产费用,在各个成本对象之间进行分配和归集,计算各工程成本→对未完成工程进行盘点,确定本期已完工程实际成本→将已完成工程成本转入工程结算成本。

第五节　成本分析和成本考核

一、成本分析

成本分析程序是实施成本管理的重要过程,组织只有按照规定程序实施成本分析,才能有效保证成本分析结果的准确性和完整性。

项目成本分析依据应包括的内容为：项目成本计划；项目成本核算资料；项目的会计核算、统计核算和业务核算的资料。其中，统计核算可以计算项目当前实际成本，并可以确定变动速度和预测成本发展趋势。

成本分析宜包括的内容为：时间节点成本分析；工作任务分解单元成本分析；组织单元成本分析；单项指标成本分析；综合项目成本分析。

成本分析应遵循的步骤为：选择成本分析方法；收集成本信息；进行成本数据处理；分析成本形成原因；确定成本结果。

成本分析方法需满足项目成本分析的内在需求，包括：

(1)基本方法。比较法、因素分析法、差额分析法和比率法。

(2)综合成本分析方法。分部分项成本分析、年季月(或周、旬等)度成本分析、竣工成本分析。其中，月(季)度成本分析时，发现属于预算定额规定的“政策性”亏损，则应采取的措施是从控制支出着手，把超支额压缩到最低限度；竣工成本分析可以全面了解单位工程的成本构成和降低成本来源。

(3)其他方法。如工期成本分析、资金成本分析、成本盈亏异常分析等专项成本分析。工期成本分析常采用比较法进行分析；资金成本分析常采用“成本支出率”指标进行分析；成本盈亏异常分析常采用“三同步”检查方法进行分析。

典型例题

【多选题】关于分部分项工程成本分析的说法，正确的有(　　)。

A. 分部分项工程成本分析的对象为已完分部分项工程

B. 分部分项工程成本分析是施工项目成本分析的基础

C. 必须对施工项目的所有分部分项工程进行成本分析

D. 主要分部分项工程要做到从开工到竣工进行系统的成本分析

E. 分部分项工程成本分析是定期的中间成本分析

ABD。【解析】主要分部分项工程必须进行成本分析，对于一些工程量小、成本较少的工程，可以不进行成本分析。故选项C错误。月(季)度成本分析是定期的中间成本分析。故选项E错误。

【单选题】施工项目年度成本分析的内容，除了月(季)度成本分析的6个方面以外，重点是(　　)。

A. 针对下一年度施工进展情况，制定切实可行的成本管理措施

B. 通过对技术组织措施执行效果的分析，寻求更加有效的节约途径

C. 通过实际成本与计划成本的对比，分析成本降低水平

D. 通过实际成本与目标成本的对比，分析目标成本控制措施落实情况

A。【解析】施工项目年度成本分析的内容除了月(季)度成本分析的六个方面以外，重点是针对下一年度施工进展情况，制定切实可行的成本管理措施。选项B,C,D属于月(季)度成本分析的内容。

二、项目成本分析方法

建设工程项目成本分析方法主要包括对比分析法、因素分析法、差额计算法和比率法。

（一）对比分析法

对比分析法是贯彻量价分离原则，根据实际成本指标与不同时期的指标进行对比，来揭示差异，分析差异产生原因的一种方法。在对比分析中，可采取实际指标与计划指标对比，本期实际与上期（或上年同期，历史最好水平）实际指标对比，本期实际指标与国内外同类型企业的先进指标对比等形式。通过对比分析，可一般地了解企业成本的升降情况及其发展趋势，查明原因，找出差距，提出进一步改进的措施。在采用对比分析时，应注意本期实际指标与对比指标的可比性，以使比较的结果更能说明问题，揭示的差异才能符合实际。若不可比，则可能使分析的结果不准确，甚至可能得出与实际情况完全不同的相反的结论。

（二）因素分析法

因素分析法也称连锁置换法、连环替代法。它是确定引起某经济指标变动的各个因素影响程度的一种计算方法。这种分析方法是在计算某一因素对一个经济指标的影响时，假定只有这个因素在变动而其他因素不变；确定各个因素替代顺序（一般为先实物量后价值量，先绝对值后相对值），然后按照这一顺序替代计算；把这个指标与该因素替代前的指标相比较，确定该因素变动所造成的影响。

因素分析法适用范围：在几个相互联系的因素共同影响着某一指标的情况下，可应用这一方法来计算各个因素对经济指标发生变动的影响程度。

采用因素分析法的程序如下：

（1）将要分析的某项经济指标分解为若干个因素的乘积。

（2）计算经济指标的实际数与基期数（如计划数、上期数等），从而形成两个指标体系。

（3）确定各因素的替代顺序。替代的顺序一般是先替代数量指标，后替代质量指标；先替代实物量指标，后替代货币量指标；先替代主要指标，后替代次要指标。

（4）计算替代指标。其方法是以基期数为基础，用实际指标体系中的各个因素，逐步顺序地替换。

（5）计算各因素变动对经济指标的影响程度。其方法是将每次替代所得到的结果与这一因素替代前的结果进行比较，得到的差额就是这一因素变动对经济指标的影响程度。

（6）将各因素变动对经济指标影响程度的数额相加，应与该项经济指标实际数与基期数的差额（即分析对象）相等。

（三）差额计算法

差额计算法也称绝对分析法，就是直接利用各因素的预算（计划）与实际的差异来按顺序计算，确定其变动对分析对象的影响程度。它是从连环替代法简化而成的一种分析方法的特殊形式，是利用各个因素的比较值与基准值之间的差额，来计算各因素对分析指标的影响。它通过分析财务报表中有关科目的绝对数值的大小，据此判断发行公司的财务状况和经营成果。

（四）比率法

比率法是指采用两指标间的比率进行分析的方法，常见的比率法有以下几种：

1. 相关比率法

相关比率法是通过计算两个不同类但具有一定依存关系的项目之间的比例，来揭示它们之间的内在结构关系，通常反映财务报表和项目的横向关系。

2. 构成比率法

构成比率法又称比重分析法或结构对比分析法。通过构成比率，可以考察成本总量的构成情况及各成本项目占成本总量的比重，同时也可看出量、本、利的比例关系（即预算成本、实际成本和降低成本的比例关系），从而为寻求降低成本的途径指明方向。计算公式如下：

构成比率 = 某一组部分数额/总体数额

3. 动态比率法

动态比率法包括环比指数法和基期指数法。环比指数是指对比基期随报告期（计算期）的变动而相应变动的指数，如月环比价格指数的基期为上月；以上年同期（月指数为上年同月，季指数为上年同季）为基期的指数，叫作年（月、季）距环比指数。基期指数是指相对于报告期而言一开始的价格指数，一般为 100，是各时期均以前一期价格为基础计算的造价指数。

三、成本偏差分析方法

成本偏差分析可以应用横道图、表格法和赢得值曲线。

（一）横道图

横道图是用横线表示的工作（或工序）置于时间坐标之上，用以表示整个计划中各项工作（或工序）的起始时间和持续时间的工序流程图。

横道图简单直观，便于了解项目的项目成本概况，但这种方法的信息量较少，主要反映累计偏差和局部偏差，因而其应用有一定的局限性，通常应用在项目的较高管理层。

（二）表格法

表格法是指充分利用各类办公软件的表格功能，将成本项目编码、费用指标和偏差数值汇总到表格中，对各项数据进行运算对比，进行偏差分析的一种常用方法。其反映的信息量大，可利用计算机进行表格处理，使用较方便、灵活，且适用性很强。

（三）赢得值曲线

根据《建设项目工程总承包管理规范》（GB/T 50358—2017），在项目实施过程中，以上三个参数可以形成三条曲线，即 BCWS、BCWP、ACWP 曲线，如图 2-3 所示。

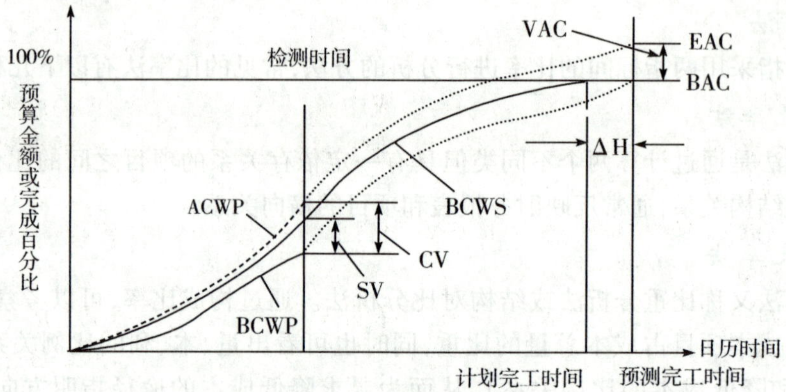

图 2-3　赢得值曲线

图 2-3 中,CV = BCWP - ACWP,由于两项参数均以已完工作为计算基准,因此两项参数之差,反映项目进展的费用偏差。

CV = 0,表示实际消耗费用与预算费用相符。

CV > 0,表示实际消耗费用低于预算费用。

CV < 0,表示实际消耗费用高于预算费用,即超预算。

SV = BCWP - BCWS,由于两项参数均以预算值作为计算基准,因此两者之差,反映项目进展的进度偏差。

SV = 0,表示实际进度符合计划进度。

SV > 0,表示实际进度比计划进度提前。

SV < 0,表示实际进度比计划进度拖后。

采用赢得值管理技术进行费用、进度综合控制,还可以根据当前的进度、费用偏差情况,通过原因分析,对趋势进行预测,预测项目结束时的进度、费用情况。

BAC 为项目完工预算。

EAC 为预测的项目完工估算。

VAC 为预测项目完工时的费用偏差。

VAC = BAC - EAC。

典型例题

【多选题】关于施工成本偏差分析表达方法的说法,正确的有(　　)。

A. 横道图法形象、直观,一目了然

B. 表格法反映的信息量大

C. 横道图法不适用于项目的较高管理层

D. 表格法具有灵活、适用性强的优点

E. 曲线法能够直接用于定量分析

ABD。【解析】横道图法通常在项目的较高管理层应用。故选项 C 错误。曲线法难以直接用于定量分析,只能对定量分析起到一定指导作用。故选项 E 错误。

四、成本考核

成本考核是指施工项目完成后，对成本形成中各级责任人成本管理的成绩或失误进行的总结和评价。成本考核是实现成本目标责任制的保证和实现决策目标的重要手段。

成本考核应符合下列要求：

（1）组织应根据项目成本管理制度，确定项目成本考核目的、时间、范围、对象、方式、依据、指标、组织领导、评价与奖惩原则。

（2）组织应以项目成本降低额、项目成本降低率作为对项目管理机构成本考核主要指标，两者为一般施工单位常见的成本考核内容。其他项目相关方可以参照或采用其他成本考核指标。

（3）组织应对项目管理机构的成本和效益进行全面评价、考核与奖惩。

（4）项目管理机构应根据项目管理成本考核结果对相关人员进行奖惩。

典型例题

【多选题】项目成本考核的主要指标有（　　）。

A. 项目生产总成本　　B. 项目成本降低额

C. 项目成本降低率　　D. 生产能力利用率

E. 劳动力不均衡系数

BC。【解析】项目成本考核实现成本目标责任制的保证和实现决策目标的重要手段。组织应以项目成本降低额、项目成本降低率作为项目管理机构成本考核的主要指标。

第三章 建设工程项目进度控制

第一节 建设工程项目进度控制与进度计划系统

一、建设工程项目进度管理一般规定

组织应建立项目进度管理制度，明确进度管理程序，规定进度管理职责及工作要求。进度管理制度包括进度管理内容、程序、进度管理的部门和岗位职责及工作具体要求。

项目进度管理应遵循的程序为：编制进度计划；进度计划交底，落实管理责任；实施进度计划；进行进度控制和变更管理。

二、建设工程项目进度计划

项目进度计划分别由不同的项目管理组织，如建设单位、施工单位、勘察设计单位、监理单位等编制，其内部相关成员均需承担相应进度管理责任。

项目进度计划编制依据应包括：合同文件和相关要求；项目管理规划文件；资源条件、内部与外部约束条件。

组织应提出项目控制性进度计划。项目管理机构应根据组织的控制性进度计划，编制项目的作业性进度计划。

专家解读

控制性进度计划可包括：项目总进度计划；分阶段进度计划；子项目进度计划和单体进度计划；年（季）度计划。作业性进度计划可包括：分部分项工程进度计划；月（周）进度计划。各类进度计划应包括：编制说明；进度安排；资源需求计划；进度保证措施。

编制进度计划应遵循下列步骤：

(1)确定进度计划目标。

(2)进行工作结构分解与工作活动定义。

(3)确定工作之间的顺序关系。

(4)估算各项工作投入的资源。

(5)估算工作的持续时间。

(6)编制进度图(表)。

(7)编制资源需求计划。

(8)审批并发布。

编制进度计划应根据需要选用的方法有:里程碑表;工作量表;横道计划;网络计划。项目进度计划应按有关规定经批准后实施。

项目进度计划实施前,应由负责人向执行者交底、落实进度责任;进度计划执行者应制定实施计划的措施。

三、建设工程项目进度控制

(一)建设工程项目进度控制概述

项目进度控制是以项目进度计划为控制基准,通过定期对进度绩效的测量,计算进度偏差,并对偏差原因进行分析,采取相应的纠正措施。当项目范围发生较大变化,或出现重大进度偏差时,经过批准可调整进度计划。项目进度控制应遵循下列步骤:

(1)熟悉进度计划的目标、顺序、步骤、数量、时间和技术要求。

(2)实施跟踪检查,进行数据记录与统计。

(3)将实际数据与计划目标对照,分析计划执行情况。

(4)采取纠偏措施,确保各项计划目标实现。

项目管理机构应确保进度工作界面的合理衔接,使协调工作符合提高效率和效益的需求。需要进行协调的进度工作界面包括设计与采购、采购与施工、施工与设计、施工与试运行、设计与试运行、采购与施工等接口。

项目管理机构的进度控制过程应符合下列规定:

(1)将关键线路上的各项活动过程和主要影响因素作为项目进度控制的重点。

(2)对项目进度有影响的相关方的活动进行跟踪协调。

项目管理机构应按规定的统计周期,检查进度计划并保存相关记录。进度计划检查应包括:工作完成数量;工作时间的执行情况;工作顺序的执行情况;资源使用及其与进度计划的匹配情况;前次检查提出问题的整改情况。

专家解读

进度计划检查记录可选用的方法有:用文字记录;在计划图(表)上记录;用切割线记录;用“S”形曲线或“香蕉”曲线记录;用实际进度前锋线记录。实际进度前锋线是指在时标网络计划图上,将检查时刻各项工作的实际进度所达到的前锋点连接而成的折线。

进度计划检查后,项目管理机构应编制进度管理报告并向相关方发布。进度管理报告应包括:进度执行情况的综合描述;实际进度与计划进度对比;进度计划执行中的问题及其原因分析;进度计划执行情况对质量、安全、成本、环境的影响分析;已经采取及拟采取的措施;对未来计划进度的预测;需协调解决的问题。

（二）建设工程项目进度控制的任务

项目进度控制的任务主要包括勘察设计方进度控制、业主方进度控制、施工方进度控制和供货方进度控制的任务。

（1）勘察设计方进度控制的任务。勘察设计方进度控制的任务主要是根据勘察设计委托合同对勘察设计工作的进度进行控制。除此之外，勘察设计方应在履行合同义务的基础上，应尽可能地使勘察设计进度与其他工作进度相协调，包括招标进度、施工进度、物资采购进度等。在国际上，勘察设计进度计划主要是指各勘察设计阶段的勘察设计图纸的出图计划。

（2）业主方进度控制的任务。业主方进度控制的任务是对项目设计阶段、施工阶段、物资采购阶段、项目动用前准备阶段的进度进行控制，即对整个项目实施阶段的进度进行控制。

（3）施工方进度控制的任务。施工方进度控制的任务主要是根据施工委托合同对施工进度进行控制（在保证工程质量的前提下）。施工方应根据施工进度控制的需要和项目特点，编制不同深度和不同周期的进度计划，包括指导性进度计划、控制性进度计划、实施性进度计划、年度施工进度计划、季度施工进度计划、月度施工进度计划及旬施工进度计划等。

（4）供货方进度控制的任务。供货方进度控制的任务主要是根据供货合同对供货进度进行控制，包括采购、加工制造、运输等。

（三）建设工程项目进度控制的内涵

为有效控制施工进度，施工方管理人员应深化理解进度控制的内涵，其主要内容包括：

（1）如何确定工程进度目标。

（2）影响项目进度目标实现的因素。

（3）影响施工进度目标实现的因素。

（4）施工方在项目进度目标实现过程中的作用和地位。

（5）施工进度控制的基本理论、手段、方法和措施。

（6）工程质量与进度之间关系的处理等。

专家解读

项目进度控制的过程是动态的，包括3个步骤：（1）分析论证进度目标。（2）编制进度计划。（3）进度计划的跟踪检查与调整。

四、建设工程项目进度计划系统

进度计划系统由多个进度计划组成，该系统是逐步形成的，不存在相对的控制性、实施性。

根据不同用途和需要，进度计划系统可以分为不同类型。

（1）按照不同功能，进度计划系统包括指导性进度计划、实施性进度计划和控制性进度计划等。

(2)按照不同深度,进度计划系统包括总进度计划、项目子系统进度计划和项目子系统中的单项工程(如主体工程)进度计划等。

(3)按照不同周期,进度计划系统包括5年建设进度计划和年、季、月、旬、周进度计划等。

(4)按照不同项目参与方,进度计划系统包括设计方编制的设计进度计划、业主方编制的整个项目实施进度计划、施工进度计划、设备安装进度计划、采购和供货进度计划。

五、建设工程项目进度变更管理

项目管理机构应根据进度管理报告提供的信息,纠正进度计划执行中的偏差,对进度计划进行变更调整。产生进度变更(如延误)后,受损方可按合同及有关索赔规定向责任方进行索赔。进度变更(如延误)索赔应由发起索赔方提交工期影响分析报告,以得到批准确认的进度计划为基准申请索赔。

进度计划变更可包括:工程量或工作量;工作的起止时间;工作关系;资源供应。

项目管理机构应识别进度计划变更风险,并在进度计划变更前制定预防风险的措施:组织措施;技术措施;经济措施;沟通协调措施。

当采取措施后仍不能实现原目标时,项目管理机构应变更进度计划,并报原计划审批部门批准。项目管理机构进度计划的变更控制应符合下列规定:

(1)调整相关资源供应计划,并与相关方进行沟通。

(2)变更计划的实施应与组织管理规定及相关合同要求一致。

第二节　建设工程项目总进度目标的论证

项目总进度目标是指整个工程项目的进度目标,在实施阶段对项目的目标进行控制是项目管理的主要任务。若采用建设项目工程总承包模式,则项目总进度目标的控制是业主方与工程总承包方的任务。

根据历年考试,为便于记忆,下面通过典型例题对项目总进度实施阶段的内容及项目总进度目标论证的工作步骤进行讲解。

典型例题

【多选题】在建设工程项目的实施阶段,项目总进度包括(　　)。

A. 招标进度　　B. 设计进度

C. 设计前准备阶段的进度　　D. 工程物资采购进度

E. 施工组织进度

ABCD。【解析】项目总进度在实施阶段的内容除了包括选项A,B,C,D外,还包括:施工前准备阶段进度;工程施工及设备安装阶段进度;项目动用前准备阶段进度。

典型例题

【单选题】关于建设工程项目总进度目标论证工作顺序的说法，正确的是(　　)。

A. 先进行计划系统结构分析，后进行项目工作编码

B. 先进行项目工作编码，后进行项目结构分析

C. 先编制总进度计划，后编制各层进度计划

D. 先进行项目结构分析，后进行资料收集

A。【解析】项目总进度目标论证工作顺序：资料收集→分析项目结构→分析计划系统结构→项目工作编码→编制各层进度计划→编制总进度计划→调整进度计划→无法实现进度目标，报告项目决策者。

【多选题】关于建设工程项目总进度目标论证的说法，正确的有(　　)。

A. 总进度目标的论证涉及工程实施条件分析

B. 总进度目标的论证是项目决策阶段的策划工作

C. 总进度目标的论证应分析实施阶段各项工作之间的逻辑关系

D. 论证前宜收集类似项目的进度资料

E. 分析论证总进度目标实现的可能性在项目实施过程中进行

AD。【解析】总进度目标不只是进行策划工作，还涉及工程实施条件的分析和总进度规划的编制工作。故选项 B 错误。建设工程项目总进度目标论证是分析和论证项目实施阶段各项工作的进度，以及各工作进展的相互关系。故选项 C 错误。建设工程项目总进度目标是在决策阶段项目定义时确定的，其主要任务是对项目目标在实施阶段进行控制，应在建设工程项目总进度目标控制前对项目总进度目标实现的可能性进行分析论证。故选项 E 错误。

第三节　建设工程项目进度计划的编制和调整方法

施工企业为有序、高效地组织施工生产，实施在建项目的施工进度管理与控制，施工进度计划的编制应是先导。为有效履行工程项目承包合同，完成工程各项目标，提高企业经济效益，各在建项目必须实行施工进度计划的动态管理模式并形成进度监控动态循环系统。

一、项目进度计划概述

(一)项目进度计划的概念

项目进度计划是指反映项目中各项工作的开展顺序、活动间的逻辑关系、活动开始完成时间及项目工期的计划，以确保项目按期完成。

(二)项目进度计划的目的

项目进度计划的编制目的主要包括以下方面：

(1)保证各部门、个人和各项活动间最大限度的协作和配合；协调项目的资源，以保证项目的顺利实施。

(2)对项目所需的费用进行准确的估计,并进行资金的筹集和合理调配及使用;作好项目实施前的各项准备工作,包括人力、设备、材料和"三通一平"等。

(3)对项目进行有效的控制。

(4)提高工作效率,实现项目目标。

二、建设工程项目进度计划编制

(一)编制依据

建设工程项目进度计划编制的依据主要包括以下方面:

(1)工程项目承包合同及招标投标书。

(2)工程项目全部设计施工图纸及变更洽商。

(3)工程项目所在地区位置的自然条件和技术经济条件。

(4)工程项目设计概算和预算资料、劳动定额及机械台班定额等。

(5)工程项目拟采用的主要施工方案及措施、施工顺序、流水段划分等。

(6)工程项目需用的主要资源。包括劳动力状况、机具设备能力、物资供应来源条件等。

(7)建设方及上级主管部门对施工的要求。

(8)现行规范、规程和技术经济指标等有关技术规定。

(二)编制步骤

建设工程项目进度计划编制的步骤如下:

(1)根据独立交工系统的先后顺序,明确划分建设工程项目的施工阶段;按照施工部署要求,合理确定各阶段各个单项工程的开、竣工日期。

(2)分解单项工程,列出每个单项工程的单位工程和每个单位工程的分部工程。

(3)计算每个单项工程、单位工程和分部工程的工程量。

(4)确定单项工程、单位工程和分部工程的持续时间。

(5)编制初始施工总进度计划。为了使施工总进度计划清楚明了,可分级编制,例如,按单项工程编制一级计划;按各单项工程中的单位工程和分部工程编制二级计划;按单位工程的分部工程和分项工程编制三级计划;大的分部工程可编制四级计划,具体到分项工程。

(6)进行综合平衡后,绘制正式施工总进度计划图。

专家解读

季度、月、周进度计划以总进度计划为依据。

三、建设工程项目进度表达形式

(一)重大里程碑计划

对于一般项目而言,都要有里程碑计划。里程碑计划是根据客户的需求和合同条款要求,根据自己的经验及对项目进行充分分析的基础上确定项目总的粗线条的时间进度安排。主要用于项目的招投标管理、项目的谈判、用于指导项目详细进度计划的制定、主管领导的项目控制等。

(二)甘特图

甘特图,也叫横道图或条形图,它早在20世纪初期就开始应用和流行,主要用于项目计划和项目进度的安排。在甘特图中项目活动在左侧列出,时间在图表右侧顶部列出。图中的横道线显示了每项活动的开始时间和结束时间，横道线的长度等于活动的时间长短。

如果一个项目需要一年以上的时间才能完成，选择“周”时间单位可能更合适；如果一个项目需要一个月时间才能完成，选择“日”时间单位比较合适。横道图具体内容见本章第四节相关知识点。

（三）网络计划技术

网络计划技术是指网络计划的编制、计算、应用等全过程的理论、方法和实践活动的总称。

网络计划技术是在网络图上加上工作的时间参数等而编制的进度计划。

采用网络图表达各项工作的先后顺序和相互关系，逻辑严密，活动安排紧凑，管理重点突出，有利于计划的优化。

网络计划技术具体内容见本章第四节相关知识点。

（四）垂直图

垂直图采用直角坐标系表示，纵向为日期，横向为里程或位置；表达分项工程施工进度、工程量；进行施工组织平面示意，用曲线反映工程资源平衡情况。垂直图弥补了横道图的不足。但垂直图不反映完成某项工作提前或滞后对整个计划的影响程度；不能明确表示主要工程、关键工序；不能直观地评定计划安排的优劣；不适合电子计算机运用。

（五）横道图法

1. 表达内容和特点

横道图内容包括项目、工程量表格和指示图表几大部分。它准确表达施工过程、施工期限、施工队、施工段别、劳动量、阶段工期、总工期等，反映分部、分项工程之间的关系。

2. 横道图实例

横道图实例如图 3-1 所示。

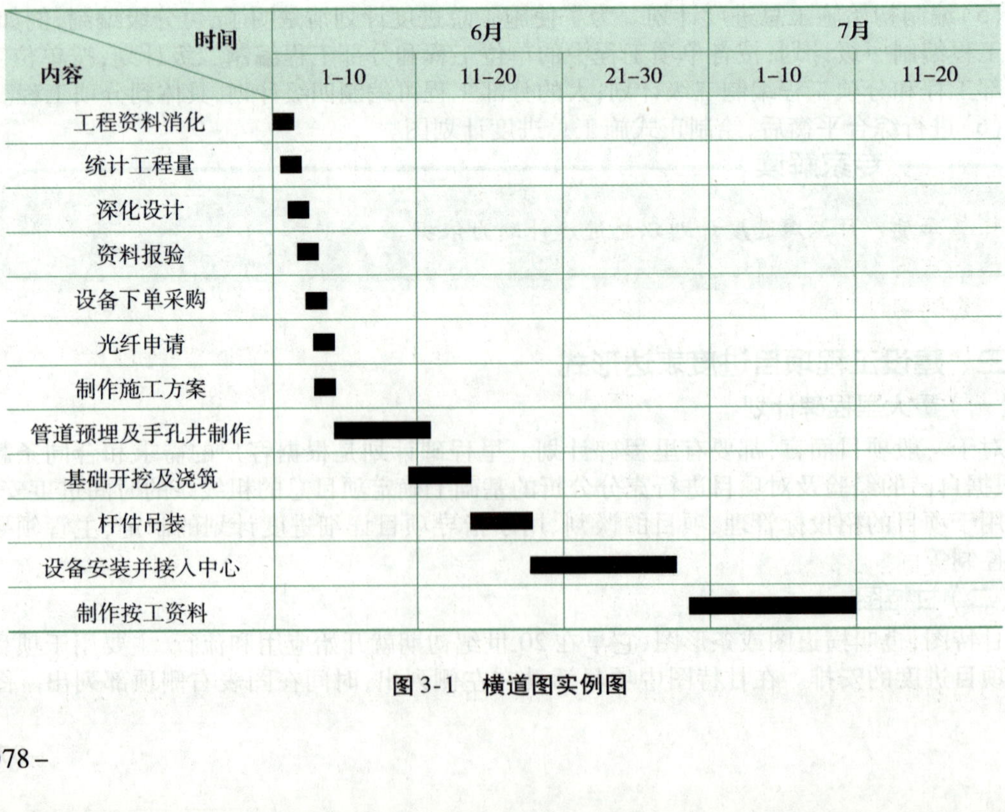

图 3-1　横道图实例图

3. 横道图优缺点

横道图简单、明了、直观、易懂;各项工作的起点、延续时间、工作进度、总工期一目了然;流水情况表示清楚,资源需求量计算便于据图叠加。

横道图是工程实践中最常用的一种进度图,但表达上仍然存在不足:不能反映各工作间的联系与制约关系,分项工程之间的关系不明确;不能表示施工日期和施工地点;不能具体反映工程数量实际分布;不能反映哪些工作是主要的、关键的,看不出计划的潜力,仅仅反映了平均施工强度。因此横道图只能用手工方式进行,其工作量较大,难以适应大的进度计划系统。

典型例题

【单选题】关于横道图进度计划特点的说法,正确的是(　　)。

A. 可以识别计划的关键工作　　B. 不能表达工作逻辑关系

C. 调整计划的工作量较大　　D. 可以计算工作时差

C。【解析】横道图是工程实践中最常用的一种进度图,简单、直观,表中进度线与时间对应,易看懂编制者的意图。横道图能简单反映一些工作之间的逻辑关系,但无法表达清楚,同样也难以进行时间参数的计算,调整计划时不太方便,工作量较大。

四、建设工程项目进度计划的优化

合理、完善的进度计划首先应根据工程实际情况划分项目细目,然后准确计算工程量、劳动量,并计算生产周期。运用进度图直观表示计划情况,最后注意在应用中滚动调整。施工进度计划编制与执行是一个完整、反复、变化的动态过程,必须在初步完成之后、实施之前、实施过程、阶段完成后等全过程进行必要的检查、调整。

五、工程网络计划技术

工程网络计划技术是应用网络图的形式表述一项工程的各个施工过程的顺序及它们之间的相互关系,经过计算分析,找出决定工期的关键工序和关键线路,通过不断改善网络图,得到最优方案,力求以最小的消耗取得最大效益。

工程网络计划技术能够组成有机的整体,明确反映各工序间的制约与依赖关系;能找出关键工作和关键线路,便于管理人员抓主要矛盾;便于资源调整和利用计算机管理和优化。但工程网络计划技术不能清晰地反映流水情况、资源需要量的变化情况。

(一)工程网络计划技术术语

工作:计划任务按需要粗细程度划分而成的,消耗时间或资源的一个子项目或子任务。

虚工作:既不耗用时间,也不耗用资源的虚拟的工作。在双代号网络计划中,虚工作表示前后工作之间的逻辑关系;在单代号网络计划中,虚工作表示虚拟的起始工作或结束工作。

箭线:网络图中一端带箭头的实线。双代号网络计划中,箭线表示一项工作;在单代号计划中,箭线表示工作之间的逻辑关系。箭线的水平投影方向不能从右往左。

节点:网络图中箭线端部的圆圈或其他形状的封闭图形。在双代号网络计划中,表示工作开始或完成的时刻；在单代号计划中，表示一项工作或虚工作。

虚拟节点：在单代号网络图中，当有多项起始工作或多项结束工作时，为便于计算而虚设的起点节点或终点节点的统称。

网络图：由箭线和节点组成的，用来表示工作流程的有向、有序网状图形。

双代号网络图：以箭线及其两端节点的编号表示工作的网络图。

单代号网络图：以节点及该节点的编号表示工作，以箭线表示工作之间逻辑关系的网络图。

网络计划：在网络图上加注工作的时间参数而变成的进度计划。

单代号搭接网络计划：单代号网络计划中，前后工作之间可能有多种时距关系的肯定型网络计划。

双代号时标网络计划：以时间坐标单位为尺度，表示箭线长度的双代号网络计划。

紧前工作：紧排在本工作之前的工作。

紧后工作：紧排在本工作之后的工作。

线路：网络图中从起点节点开始，沿箭线方向连续通过一系列箭线（或虚箭线）与节点，最后达到终点节点所经过的通路。

回路：从一个节点出发沿箭线方向又回到该节点的线路。

工作持续时间：一项工作从开始到完成的时间。

最早开始时间：在紧前工作和有关时限约束下，工作有可能开始的最早时刻。

最早完成时间：在紧前工作和有关时限约束下，工作有可能完成的最早时刻。

最迟开始时间：在不影响任务按期完成和有关时限约束下，工作最迟必须开始的时刻。

最迟完成时间：在不影响任务按期完成和有关时限约束下，工作最迟必须完成的时刻。

节点最早时间：双代号网计划中，以该节点为开始节点的各项工作的最早开始时间。

节点最迟时间：双代号网计划中，以该节点为完成节点的各项工作的最迟完成时间。

时距：单代号搭接网络计划中，工作之间不同顺序关系所决定的各种时间差值。

计算工期：根据网络计划时间参数计算所得的工期。

自由时差：在不影响其紧后工作最早开始和有关时限的前提下，一项工作可以利用的机动时间。

总时差：在不影响工期和有关时限的前提下，一项工作可以利用的机动时间。

关键工作：网络计划中机动时间最少的工作。

关键线路：双代号网络计划中，由关键工作组成的线路或总持续时间最长的线路；单代号网络计划中，由关键工作组成，且关键工作之间的间隔时间为零的线路或总持续时间最长的线路。

（二）单代号网络计划

单代号网络图，又称节点式网络图，是由一个圆圈表示一项工作，箭线表示该工作与其他工作的相互关系的网状图。

1. 一般规定

（1）单代号网络图中，工作之间的逻辑关系应以箭线表示，如图 3-2 所示。箭线应画成水平直线、折线或斜线。箭线水平投影的方向应自左向右。

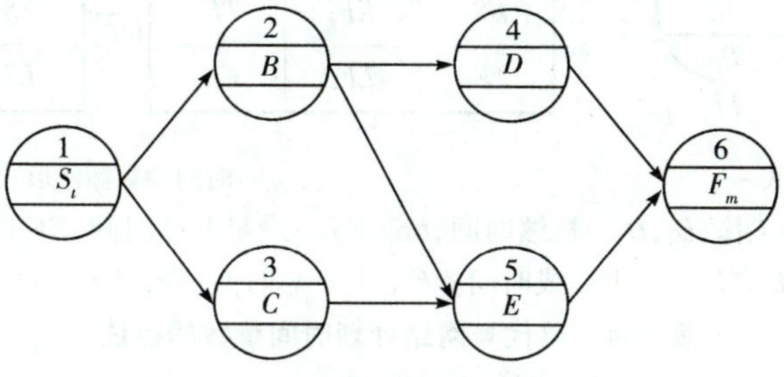

图 3-2　单代号网络图

(2)单代号网络图中,工作应以圆圈或矩形表示。

(3)单代号网络图的节点应编号。编号应标注在节点内,其号码可间断,但不得重复。箭线的箭尾节点编号应小于箭头节点编号。一项工作应有唯一的一个编号。

(4)单代号网络计划中,一项工作应包括节点编号、工作名称、持续时间,如图 3-3 所示。

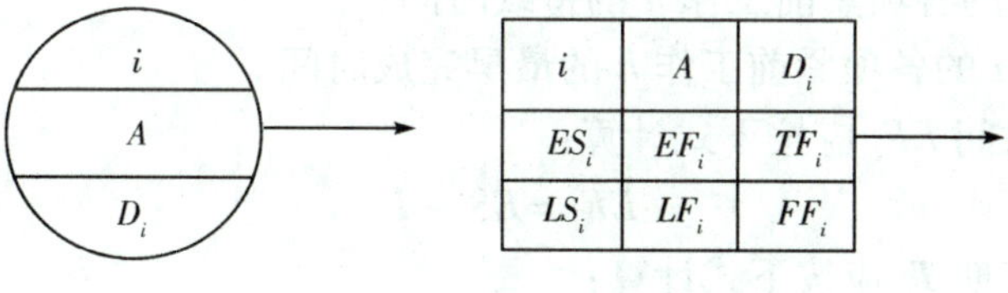

(a)圆节点表示方法　　(b)矩形节点表示方法

图 3-3　单代号网络中工作表示

(5)工作之间的逻辑关系应包括工艺关系和组织关系,在网络图中应表现为工作之间的先后顺序。

2. 绘图规则

(1)单代号网络图应正确表达工作之间已定的逻辑关系。

(2)单代号网络图中,不得出现回路。

(3)单代号网络图中,不得出现带双向箭头或无箭头的连线。

(4)单代号网络图中,不得出现没有箭头节点或没有箭尾节点的箭线。

(5)绘制网络图时,箭线不宜交叉;当交叉不可避免时,可用过桥法或指向法绘制。

(6)单代号网络图中应只有一个起点节点;当网络图中有多项起点节点或多项终点节点时,应在网络图的两端分别设置一项虚拟节点,作为该网络图的起点节点和终点节点。

3. 时间参数计算

单代号网络计划的时间参数计算应在确定各项工作持续时间之后进行;单代号网络计划的时间参数应分别标注(图 3-4);工作最早开始时间的计算应符合下列规定:

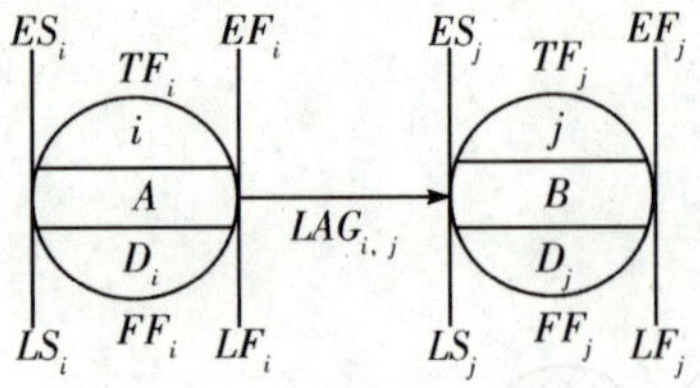

(a)时间参数标注形式一

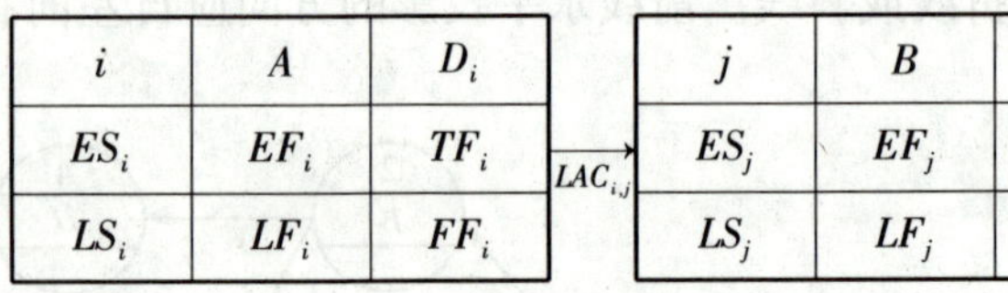

(b)时间参数标注形式二

i,j—节点编号;A,B—工作;D_j,D_i—持续时间;ES_i,ES_j—最早开始时间;EF_i,EF_j—最早完成时间;LS_i,LS_j—最迟开始时间;LF_i,LF_j—最迟完成时间;TF_i,TF_j—总时差;FF_i,FF_j—自由时差;$LAG_{i,j}$—间隔时间。

图3-4　单代号网络计划时间参数的标注

工作 i 的最早开始时间 ES_i 应从网络计划的起点节点开始顺着箭线方向依次逐项计算。

当起点节点 i 的最早开始时间 ES_i 无规定时,应按下式结算:

$$ES_i = 0$$

其他工作 i 的最早开始时间 ES_i 应按下式计算:

$$ES_i = \max\{ES_h + D_h\} = \max\{EF_h\}$$

式中　ES_h——工作 i 的各项紧前工作 h 的最早开始时间;

D_h——工作 i 的各项紧前工作 h 的持续时间;

EF_h——工作 i 的各项紧前工作 h 的最早完成时间。

工作最早完成时间 EF_i 应按下式计算:

$$EF_i = ES_i + D_i$$

网络计划计算工期 T_c 应按下式计算:

$$T_c = EF_n$$

式中　EF_n——终点节点 n 的最早完成时间。

网络计划的计划工期(T_p 是指在要求工期和计算工期的基础上综合考虑需要和可能而确定的工期),应按下列情况确定:当已规定要求工期(T_t 是指任务委托人所提出的指令性工期)时,$T_p \leqslant T_t$;当未规定要求工期(T_c)时,$T_p = T_c$。

相邻两项工作 i 和 j 之间的间隔时间($LAG_{i,j}$)的计算应符合下列规定。

(1)当终点节点为虚拟节点时,其间隔时间应按下式计算:

$$LAG_{i,n} = T_p - EF_i$$

(2)其他节点之间的间隔时间应按下式计算:

$$LAG_{i,j} = ES_j - EF_i$$

工作总时差的计算应符合下列规定:

(1)工作 i 的总时差(TF_i)应从网络计划的终点节点开始,逆着箭线方向依次逐项计算;

(2)终点节点所代表工作 n 的总时差(TF_n)应按下式计算:

$$TF_n = T_p - EF_n$$

(3)其他工作 i 的总时差(TF_i)应按下式计算:

$$TF_i = \min\{TF_j + LAG_{i,j}\}$$

工作自由时差的计算应符合下列规定:

(1)终点节点所代表的工作 n 的自由时差(FF_n)应按下式计算:

$$FF_n = T_p - EF_n$$

(2)其他工作 i 的自由时差(FF_i)应按下式计算:

$$FF_i = \min\{LAG_{i,j}\}$$

工作最迟完成时间的计算应符合下列规定:

终点节点所代表的工作 n 的最迟完成时间(LF_n)应按下式计算:

$$LF_n = T_p$$

其他工作 i 的最迟完成时间(LF_i)应按下列公式计算:

$$LF_i = \min\{LS_j\}$$

或 $$LF_i = EF_i + TF_i$$

式中　LS_j——工作 i 的各项紧后工作 j 的最迟开始时间。

工作 i 的最迟开始时间(LS_i)应按下列公式:

$$LS_i = LF_i - D_i$$

或 $$LS_i = ES_i + TF_i$$

4. 单代号搭接网络计划

单代号网络计划中,工作的时距应标注在箭线旁,节点的标注应与单代号网络相同,如图 3-5 所示。

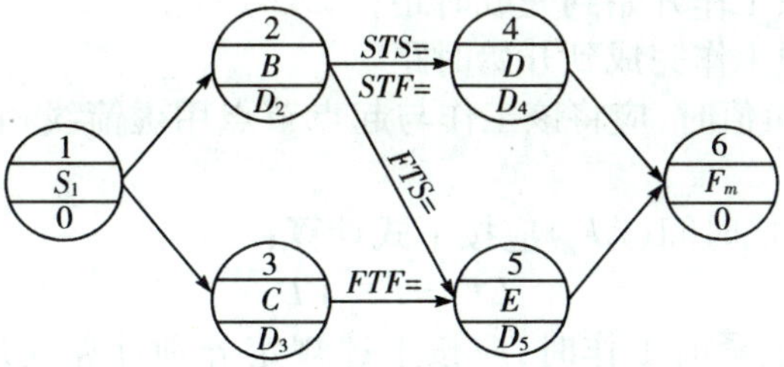

1,2,3,4,5,6—节点编号;B,C,D,E—工作;S_i—虚拟起点节点;E_n—虚拟终点节点;
D_2,D_3,D_4,D_5—持续时间;STS—开始到开始时距;STF—开始到完成时距;FTS—完成到开始时距;
FTF—完成到完成时距。

图 3-5　单代号搭接网络计划

单代号搭接网络图的绘制时,应以时距表示搭接关系。单代号搭接网络计划时间参数计算,应在确定工作持续时间和工作之间的时距之后进行。

单代号搭接网络计划中的时间参数应分别标准如图 3-6 所示。

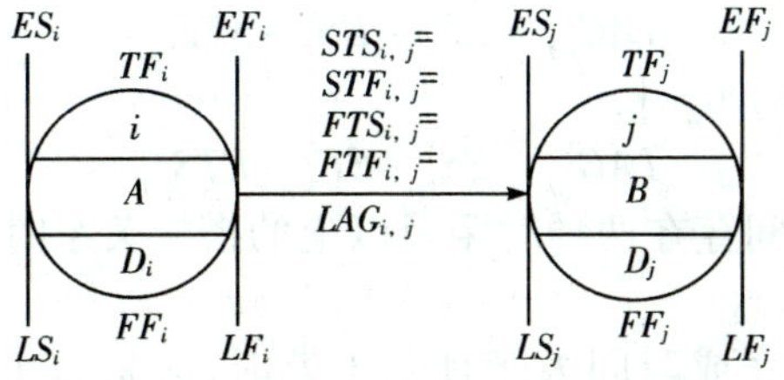

图 3-6　单代号搭接网络计划时间参数标注形式

工作最早开始时间的计算应符合下列规定：

(1)计算工作最早开始时间应从起点节点开始依次进行，只有紧前工作计算完毕，才能计算本工作：计算工作最早开始时间应按下列步骤进行：凡与起点节点相连的工作，最早开始时间应按下式计算：

$$ES_i = 0$$

其他工作 j 的最早开始时间，应根据时距按下列公式计算：

i,j 两项工作的时距为 $STS_{i,j}$ 时，

$$ES_j = ES_i + STS_{i,j}$$

i,j 两项工作的时距为 $FTF_{i,j}$ 时，

$$ES_j = ES_i + D_i + FTF_{i,j} - D_j = EF_i + FTF_{i,j} - D_j$$

i,j 两项工作的时距为 $STF_{i,j}$ 时，

$$ES_j = ES_i + STF_{i,j} - D_j$$

i,j 两项工作的时距为 $FTS_{i,j}$ 时，

$$ES_j = ES_i + D_i + FTS_{i,j} = EF_i + FTS_{i,j}$$

式中 ES_j——工作 i 的紧后工作的最早开始时间；

D_i, D_j——i,j 两项工作的持续时间；

$STS_{i,j}$——i,j 两项工作开始到开始时距；

$FTF_{i,j}$——i,j 两项工作完成到完成时距；

$STF_{i,j}$——i,j 两项工作开始到完成时距；

$FTS_{i,j}$——i,j 两项工作完成到开始时距。

当最早开始时间为负值时，应将该工作与起点节点用虚箭线相连接，并取其时距(STS)为零。

(2)工作 j 的最早完成时间(EF_j)应按下式计算：

$$EF_j = ES_j + D_j$$

当有两项或两项以上紧前工作时，应按上述规定分别计算其最早开始时间，并取最大值。当中间工作的最早完成时间大于终点节点的最早完成时间时，应将该工作与终点节点用虚箭线相连接，并取其时距(FTF)为零。

搭接网络计划计算工期(T_c)应为终点节点的最早完成时间。

相邻两项工作 i 和 j 之间在满足时距外，间隔时间($LAG_{i,j}$)应按下列公式计算：

i,j 两项工作的时距为 $STS_{i,j}$ 时，

$$LAG_{i,j} = ES_j - ES_i - STS_{i,j}$$

i,j 两项工作的时距为 $FTF_{i,j}$ 时，

$$LAG_{i,j} = EF_j - EF_i - FTF_{i,j}$$

i,j 两项工作的时距为 $STF_{i,j}$ 时，

$$LAG_{i,j} = EF_j - ES_i - STF_{i,j}$$

i,j 两项工作的时距为 $FTS_{i,j}$ 时，

$$LAG_{i,j} = ES_j - EF_i - FTS_{i,j}$$

(3)当相邻两项工作之间存在两种时距及以上的搭接关系时，应分别计算出间隔时间并取最小值。

(4)当某项工作的最迟完成时间大于计划工期时，应将该工作与终点节点用虚箭线相连，并重新计算其最迟完成时间。

5. 关键工作和关键线路

总时差最小的工作应确定为关键工作。

自始至终全部由关键工作组成且关键工作间的间隔时间为零的线路或总持续时间最长的线路确定为关键线路，并宜用粗线、双线或彩色线标注。

6. 单代号网络图例题

某基础分三段施工，挖土 12 d，垫层 6 d，砌基础 9 d，回填 3 d，绘制单代号网络图。

各工作名称及紧前、紧后工作表，如表 3-2 所示。

表 3-2　各工作名称及紧前、紧后工作表

工作名称	紧前工作	紧后工作
1	—	2,3
2	1	4,5
3	1	5,6
4	2	7
5	2,3	7,8
6	3	8,9
7	4,5	10
8	5,6	10,11
9	6	11
10	7,8	12
11	8,9	12
12	10,11	—

首先设一起点节点，然后根据所列紧前、紧后关系，从左向右进行绘制，最后设一终点节点，如图 3-7 所示。

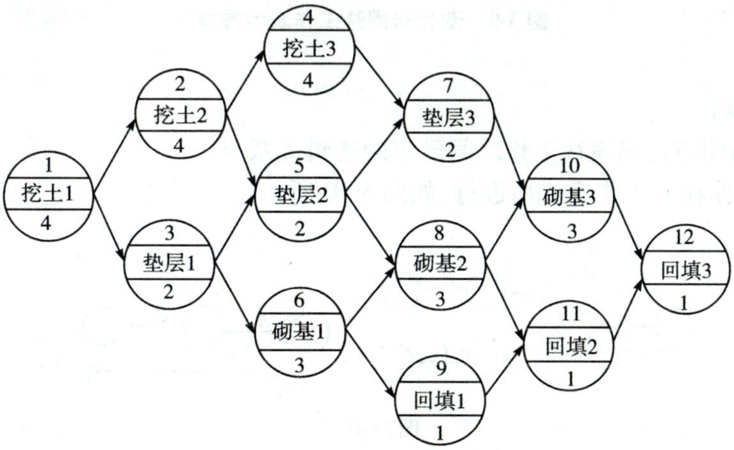

图 3-7　单代号网络图例题

（三）双代号网络计划

双代号网络图：又称箭线式网络图，两个圆圈和一个箭线表示一项工作的网状图。

1. 一般规定

双代号网络图中，工作应以箭线表示（图 3-8）。箭线应画成水平直线、垂直直线或折线，水平直线投影的方向应自左向右。

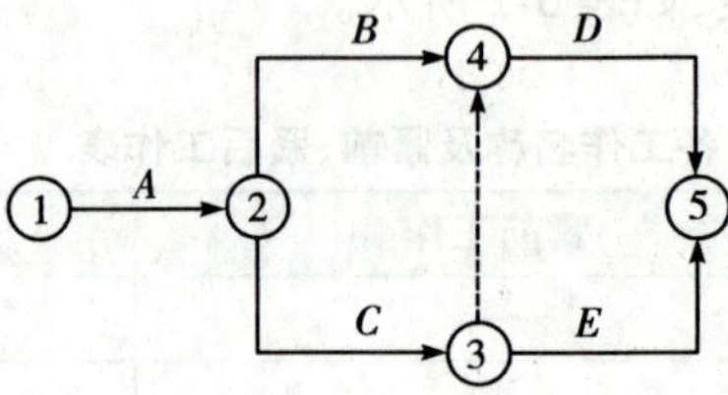

①，②，③，④，⑤，⑥—网络图的节点；A，B，C，D，E，F—工作。

图 3-8　双代号网络图

双代号网络图的节点应用圆圈表示，并应在圆圈内编号。节点编号顺序应从左至右、从小到大，可不连续，但严禁重复。

双代号网络图中，一项工作应只有唯一的一条箭线和相应的一对节点编号，箭尾的节点编号应小于箭头的节点编号。

双代号网络图中，虚工作应以虚箭线表示，虚箭线既不占用时间，也不消耗资源，主要起到联系、断路、区分的作用；实工作应以实箭线表示，实箭线要占用时间，多数还要消耗资源。

双代号网络计划中，工作名称应标注在箭线上方，持续时间应标注在箭线下方（图 3-9）。

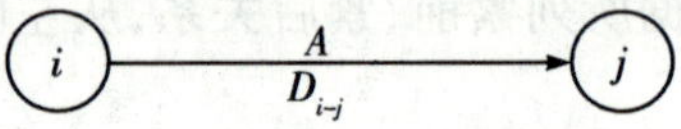

A—工作；D_{i-j}—持续时间。

图 3-9　双代号网络工作表示方法

2. 绘图规则

双代号网络图应正确表达工作之间已定的逻辑关系。

（1）B，D 工作在 A 工作完成后进行，如图 3-10 所示。

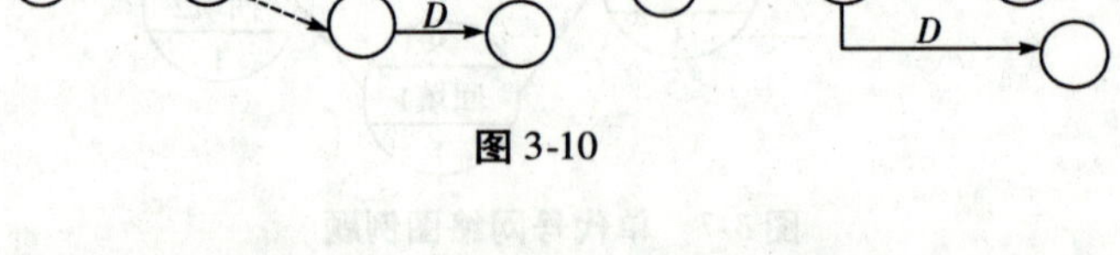

图 3-10

(2)A,B 均完成后进行 C,如图 3-11 所示。

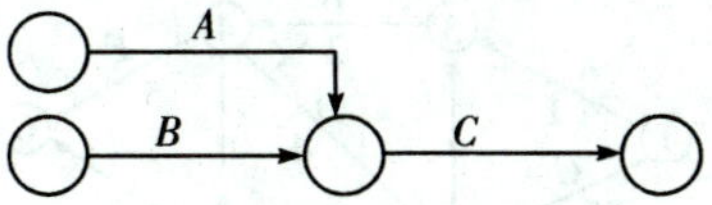

图 3-11

(3)A,B 均完成后进行 C,D,如图 3-12 所示。

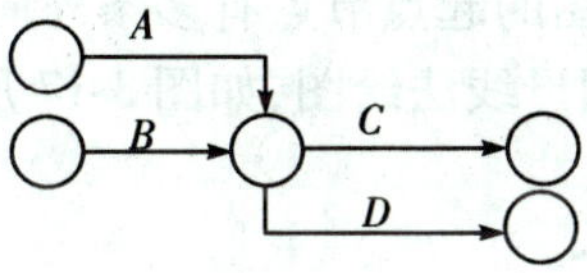

图 3-12

(4)A 完成后进行 B;C,B 均完成后进行 D,如图 3-13 所示。

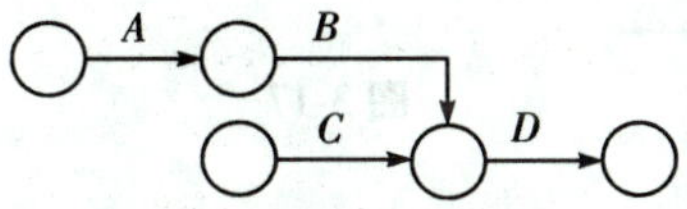

图 3-13

(5)A 完成后进行 C,A,B 均完成后进行 D,如图 3-14 所示。

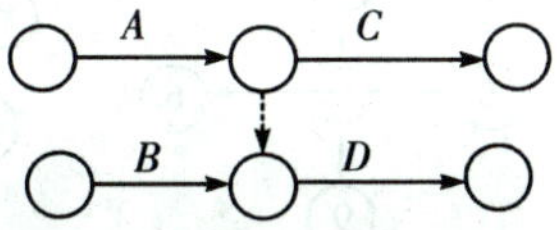

图 3-14

(6)A,B 均完成后进行 D;A,B,C 均完成后进行 E;D,E 均完成后进行 F,如图 3-15 所示。

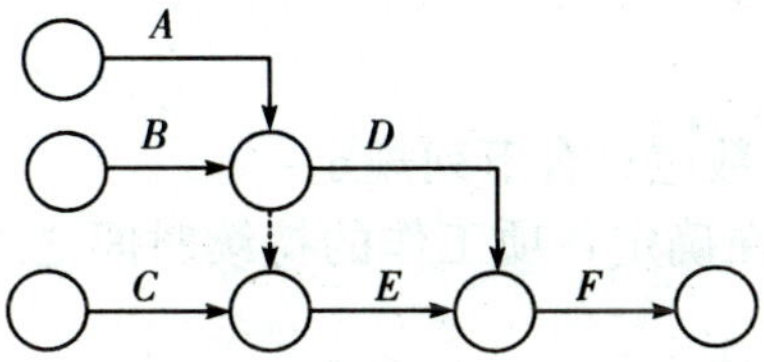

图 3-15

双代号网络图中，不得出现回路，如图 3-16 所示。

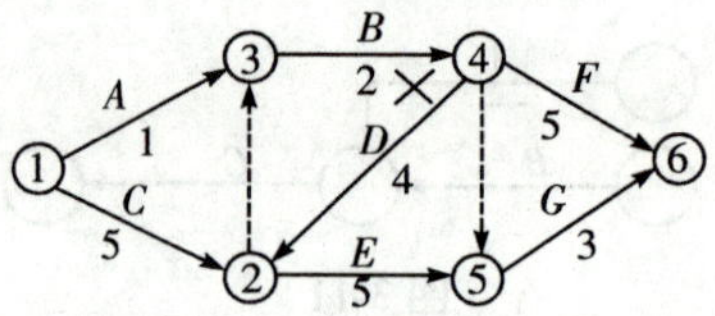

图 3-16

双代号网络图中，不得出现带双向箭头或无箭头的连线，不得出现没有箭头节点或没有箭尾节点的箭线。当双代号网络图的起点节点有多条外向箭线或终点节点有多条内向箭线时，对起点节点和终点节点可使用母线法绘图，如图 3-17 所示。

图 3-17

绘制网络图时，箭线不宜交叉；当交叉不可避免时，可用过桥法、断线法或指向法，如图 3-18 所示。

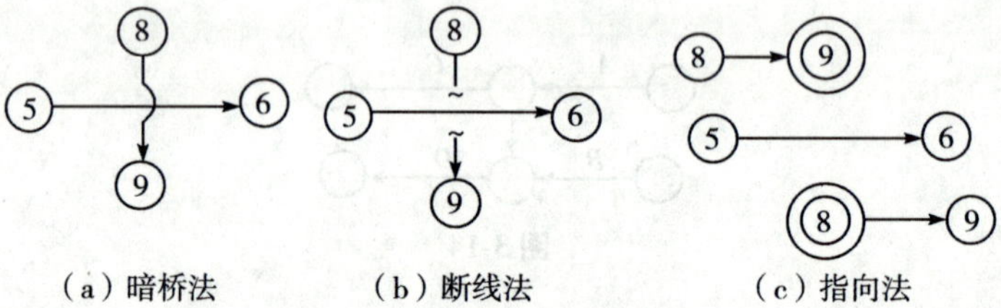

图 3-18

双代号网络图中应只有一个起点节点；在不分期完成任务的网络图中，应只有一个终点节点；其他所有节点均应是中间节点。

3. 时间参数计算

按工作计算法计算时间参数应符合下列规定：

(1) 计算工作时间参数应在确定各项工作的持续时间之后进行。虚工作可视同工作进行计算，其持续时间应为零。

(2) 工作时间参数的计算结果应分别标注（图 3-19）。

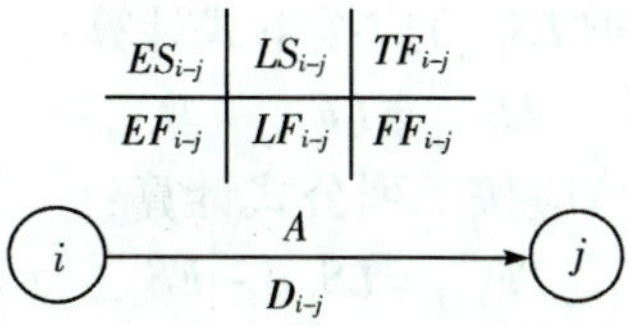

ES_{i-j}—工作最早开始时间；EF_{i-j}—工作最早完成时间；LS_{i-j}—工作最迟开始时间；
LF_{i-j}—工作最迟完成时间；TF_{i-j}—总时差；FF_{i-j}—自由时差；A—工作；D_{i-j}—持续时间。

图 3-19　工作计算法的标注

(3)工作最早开始时间的计算应符合下列规定：

工作 $i-j$ 的最早开始时间(ES_{i-j})应从网络计划的起点节点开始顺着箭线方向依次逐项计算。

以起点节点 i 为箭尾节点的工作 $i-j$，当未规定其最早开始时间时应按下式计算：

$$ES_{i-j}=0$$

式中　ES_{i-j}——工作 $i-j$ 的最早开始时间。

其他工作的最早开始时间(ES_{i-j})应按下式计算：

$$ES_{i-j}=\max\{ES_{h-i}+D_{h-i}\}$$

式中　D_{h-i}——工作 $i-j$ 的各项紧前工作 $h-i$ 的持续时间；

ES_{h-i}——工作 $i-j$ 的各项紧前工作 $h-i$ 的最早开始时间。

工作 $i-j$ 的最早完成时间(EF_{i-j})应按下式计算：

$$EF_{i-j}=ES_{i-j}+D_{i-j}$$

网络计划的计算工期 T_c 应按下式计算：

$$T_c=\max\{EF_{i-n}\}$$

式中　EF_{i-n}——以终点节点($j=n$)为箭头节点的工作 $i-n$ 的最早完成时间。

网络计划的计划工期(T_p)应按下列情况确定。

当已规定要求工期(T_t)时：

$$T_p\leq T_c$$

当未规定要求工期(T_t)时：

$$T_p=T_c$$

(4)工作最迟完成时间的计算应符合下列规定：

工作 $i-j$ 的最迟完成时间(LF_{i-j})应从网络计划的终点节点开始，逆着箭线方向依次逐项计算。

以终点节点($j=n$)为箭头节点的工作，最迟完成时间(LF_{i-n})应按下式计算：

$$LF_{i-n}=T_p$$

其他工作的最迟完成时间(LF_{i-j})应按下式计算：

$$LF_{i-j}=\min\{LF_{j-k}-D_{j-k}\}$$

式中　LF_{j-k}——工作 $i-j$ 的各项紧后工作 $j-k$ 的最迟完成时间；

D_{j-k}——工作 $i-j$ 的各项紧后工作 $j-k$ 的持续时间。

(5)工作 $i-j$ 的最迟开始时间(LS_{i-j})应按下式计算:

$$LS_{i-j}=LF_{i-j}-D_{i-j}$$

(6)工作 $i-j$ 的总时差(TF_{i-j})应按下列公式计算:

$$TF_{i-j}=LS_{i-j}-ES_{i-j}$$

或

$$TF_{i-j}=LF_{i-j}-EF_{i-j}$$

(7)工作 $i-j$ 的自由时差(FF_{i-j})的计算应符合下列规定。

当工作 $i-j$ 有紧后工作 $j-k$ 时,其自由时差应按下式计算:

$$FF_{i-j}=\min\{ES_{j-k}\}-EF_{i-j}$$

式中 ES_{j-k}——工作 $i-j$ 的紧后工作 $j-k$ 的最早开始时间。

以终点节点($j=n$)为箭头节点的工作,其自由时差应按下式计算:

$$FF_{i-n}=T_p-EF_{i-m}$$

按节点计算法计算时间参数应符合下列规定。

节点时间参数计算结果应分别标注,如图 3-20 所示。

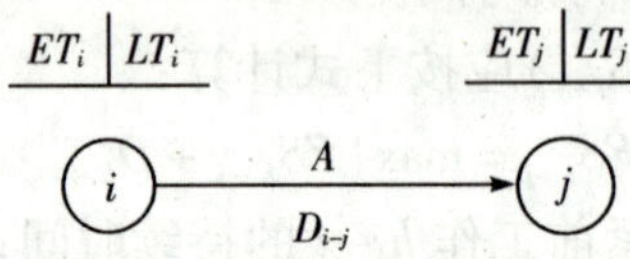

ET_i—节点 i 最早时间;LT_i—节点 i 最迟时间;ET_j—节点 j 最早时间;
LT_j—节点 j 最迟时间;A—工作;D_{i-j}—持续时间。

图 3-20 节点计算法的标准

节点最早时间的计算应符合下列规定:节点 i 的最早开始时间(ET_i),应从网络计划的起点节点开始,顺着箭线方向依次逐项计算;起点节点 i 的最早时间,当未规定最早时间时,应按下式计算:

$$ET_i=0(i=0)$$

其他节点 j 的最早时间(ET_j)应按下式计算:

$$ET_i=\max\{ET_i+D_{i-j}\}$$

式中 D_{i-j}——工作 $i-j$ 的持续时间。

网络计划的计算工期(T_c)应按下式计算:

$$T_c=ET_n$$

式中 ET_n——终点节点 n 的最早时间。

节点最迟时间的计算应符合下列规定:

节点 i 最迟时间(LT_i)应从网络计划的终点节点开始,逆着箭线方向依次逐项计算;终点节点 n 的最迟时间(LT_n)应按下式计算:

$$LT_n=T_p$$

其他节点的最迟时间(LT_i)应按下式计算:

$$LT_i=\min\{LT_j-D_{i-j}\}$$

式中 LT_j——工作 $i-j$ 的箭头节点 j 的最迟时间。

工作 $i-j$ 的最早开始时间(ES_{i-j})应按下式计算：

$$ES_{i-j}=ET_i$$

工作 $i-j$ 的最早完成时间(EF_{i-j})应按下式计算：

$$EF_{i-j}=ET_i+D_{i-j}$$

工作 $i-j$ 的最迟完成时间(LF_{i-j})应按下式计算：

$$LF_{i-j}=LT_j$$

工作 $i-j$ 的最迟开始时间(LS_{i-j})应按下式计算：

$$LS_{i-j}=LT_j-D_{i-j}$$

工作 $i-j$ 的总时差(TF_{i-j})应按下式计算：

$$TF_{i-j}=LT_j-ET_i-D_{i-j}$$

工作 $i-j$ 的自由时差(FF_{i-j})应按下式计算：

$$FF_{i-j}=ET_j-ET_i-D_{i-j}$$

典型例题

【多选题】某双代号网络计划如下图，关于工作时间参数的说法，正确的有(　　)。

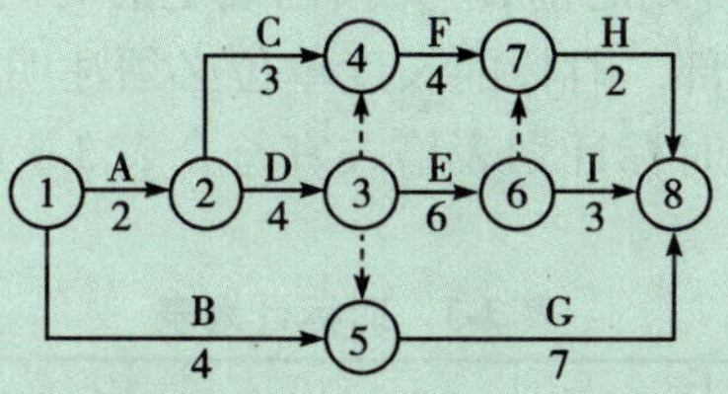

A. 工作 B 的最迟完成时间是第 8 天

B. 工作 C 的最迟开始时间是第 7 天

C. 工作 F 的自由时差是 1 天

D. 工作 G 的总时差是 2 天

E. 工作 H 的最早开始时间是第 13 天

AD。【解析】根据题干，各工作时间参数计算如下图。

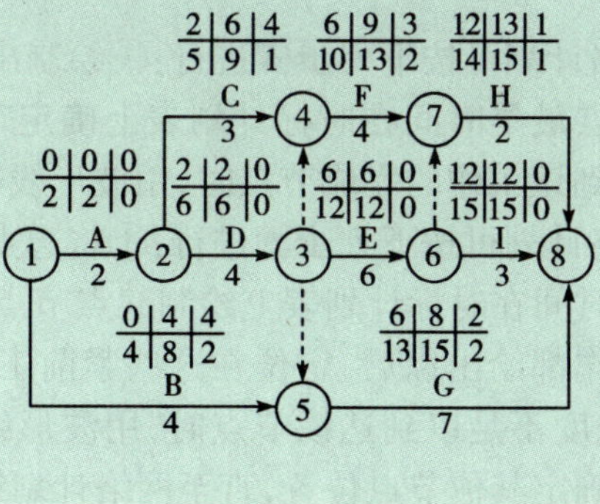

4. 双代号时标网络计划

双代号时标网络计划是指以水平时间坐标为尺度表示工作时间的网络计划。

双代号时标网络计划清楚地标明计划的时间进程，便于使用；直接显示各项工作的开始时间、完成时间、自由时差、关键线路；易于确定同一时间的资源需要量；手绘图及修改比较麻烦。

在时标网络计划中,以实箭线表示工作,实箭线的水平投影长度表示该工作的持续时间;以虚箭线表示虚工作,由于虚工作的持续时间为零,故虚箭线只能垂直画;以波形线表示工作与其紧后工作之间的时间间隔(以终点节点为完成节点的工作除外,当计划工期等于计算工期时,工作箭线中波形线的水平投影长度表示其自由时差)。

双代号时标网络计划应符合下列规定:

(1)双代号时标网络计划应以水平时间坐标为尺度表示工作时间,时标的时间单位应根据需要在编制网络计划之前确定,可为小时、天、周、旬、月、季或年。

(2)双代号时标网络计划应以实箭线表示工作,以虚箭线表示虚工作,以波形线表示工作的自由时差。

(3)双代号时标网络计划中所有符号在时间坐标上的水平投影位置,都必须与其时间参数相对应,节点中心必须对准相应的时标位置。虚工作必须以垂直方向的虚箭线表示,有自由时差时应用波形线表示。

双代号时标网络计划的编制应符合下列规定:

(1)双代号时标网络计划宜按最早时间编制。

(2)编制双代号时标网络计划之前,应先按已确定的时间单位绘出时标计划表。时标可标注在时标计划表的顶部或底部。时标的长度单位必须注明。可在顶部时标之上或底部时标之下加注日历的对应时间。时标计划表格式宜符合表3-3的规定。

表3-3　时标计划表

计算坐标体系	0	1	2	3	4	5		…		n
工作日坐标体系	0	1	2	3	4	5				n
日历坐标体系										
时标网络计划										

注:时标计划表中部的刻度线宜为细线。为使图面清晰,此线也可不画或少画。

(3)间接法绘制时标网络计划可按下列步骤进行:①绘制出无时标网络计划。②计算各节点的最早时间。③根据节点最早时间在时标计划表上确定节点的位置。④按要求连线,某些T作箭线长度不足以达到该工作的完成节点时,用波形线补足。

(4)直接法绘制时标网络计划可按下列步骤进行:①将起点节点定位在时标计划表的起始刻度线上。②按工作持续时间在时标计划表上绘制起点节点的外向箭线。③其他工作的开始节点必须在所有紧前工作都绘出以后,定位在这些紧前工作最早完成时间最大值的时间刻度上;某些工作的箭线长度不足以到达该节点时,用波形线补足;箭头画在波形线与节点连接处。④从左至右依次确定其他节点位置,直至网络计划终点节点,绘图完成。

(5)双代号时标网络计划时间参数的确定应符合下列规定:①双代号时标网络计划的计算工期,应为计算坐标体系中终点节点与起点节点所在位置的时标值之差。②按最早时间绘制的双代号时标网络计划,箭尾节点中心所对应的时标值为工作的最早开始时间;当箭线不存在波形线时,箭头节点中心所对应的时标值为下作的最早完成时间;当箭线存在波形线时，箭线实线部分的右端点所对应的时标值为工作的最早完成时间。③工作的自由时差应为工作的箭线中波形线部分在坐标轴上的水平投影长度。④双代号时标网络计划工作总时差的计算应自右向左进行，并应符合下列规定：以终点节点($j=n$)为箭头节点的工作，总时差(TF_{i-j})应按下式计算：

$$TF_{i-j}=T_p-EF_{i-n}$$

其他工作 $i-j$ 的总时差应按下式计算：

$$TF_{i-j}=\min\{TF_{j-k}+FF_{i-j}\}$$

式中　TF_{j-k}——工作 $i-j$ 的紧后工作 $j-k$ 的总时差。

(6)双代号时标网络计划中工作的最迟开始时间和最迟完成时间，应按下列公式计算：

$$LS_{i-j}=ES_{i-j}+TF_{i-j}$$
$$LF_{i-j}=EF_{i-j}+TF_{i-j}$$

5. 关键工作和关键线路

(1)总时差最少的工作应为关键工作。

(2)自始至终全部由关键工作组成的线路或线路上各工作持续时间之和最长的线路应为关键线路，并宜用粗线、双线或彩色线标注。

(3)当不需要计算各项工作的时间参数，只确定网络计划的计算工期或关键线路时，可采用节点标号法，计算出各节点的最早时间。从而快速确定计算工期和关键线路：①按上述规定计算各节点的最早时间(ET_j)，即节点标号值。②用节点标号值及其源节点对节点进行双标号；当有多个源节点时，应将所有源节点标注出来。③网络计划的计算工期(T_c)即为网络计划终点节点的标号值，并可按下式计算：

$$T_c=ET_n$$

式中　ET_n——终点节点 n 的最早时间。

按已标注出的各节点标号值的来源，从终点节点向起点节点逆向搜索，标号值最大的节点相连，即可确定关键线路。

六、网络计划技术优化

网络计划的优化目标应包括工期目标、费用目标和资源目标。优化目标应按计划项目的需要和条件选定。网络计划的优化应按选定目标，在满足既定约束条件下，通过不断改进网络计划，寻求满意方案。编制完成的网络计划应满足预定的目标要求，否则应做出调整。当经多次修改方案和调整计划均不能达到预定目标时，对预定目标应重新审定。网络计划的优化不得影响工程的质量和安全。

七、网络计划实施与控制

(一)一般规定

对网络计划的实施应进行定期检查。检查周期的长短应根据计划工期的长短和管理的需要由项目经理决定。

当网络计划检查与计划发生偏差，应采取相应措施进行纠偏，使计划得以实现。采取措施仍不能纠偏时,应对网络计划进行调整。调整后应形成新的网络计划,并应按新计划执行。

(二)网络计划检查

施工进度检查是计划控制必要的前提。在计划实施过程中,施工管理人员对进度进行跟踪检查,主要是收集实际进度数据,进行统计整理,进而汇编为进度报告,为进一步分析评价、调整控制提供有力的依据。

1. 进度检查的表现形式

(1)形象进度图。形象进度图是一种比较直观的进度跟踪表现形式,主要有以下两种形式:①平面形象进度图。平面形象进度图是以施工图为基型,按不同专业将施工项目分为不同的施工段,将每段各工序的施工时间标注上去,并用不同颜色区分开。②垂直进度图反映各专业完成工作量的累计百分比,根据每月完成工作量统计表而绘制。

(2)施工日报与施工日志。施工日报是每日施工项目的报表,分别提供给监理工程师、项目经理及有关部门参考。另外,监理工程师填写各专业汇总报告,由承包商项目经理签认。

施工日志是变更项目的每日报表。施工日志应当提交监理工程师签认。施工日报及施工日志均为索赔与反索赔的依据。对于小型变更项目,施工日志一般直接作为价格结算依据;对于大型变更项目,一般需要重新报价,但也必须每日填写施工日志,作为索赔附件。

(3)统计报表。统计报表主要有月累计完成工作量统计表、月度人工统计表、材料进场统计表、设备使用统计表、变更项目统计表、分报状况统计表、安全事故统计表等。

(4)进度照片。每月必须对主要工程区段的进展情况进行拍摄,并提交监理工程师。进度照片必须标注拍摄日期、拍摄内容及位置等。

(5)进度会议纪要。进度会议有三类:一类为总进度会议;第二类为监理工程师组织的会议,包括月进度会议、主要单位工程进度会议、进度计划会议、工地会议、安全会议等;第三类为项目经理部会议,包括周进度会议、分包商会议、安全会议、质量会议等。各类会议的纪要均作为进度控制、索赔与反索赔的依据。

(6)月进度报告。月进度报告是各种进度检查结果的汇总报告,主要功能是反映工程进度、质量、成本及安全等方面的实际状况和发展趋势。

月进度报告每月必须按时提交监理。它是进度评价及判断是否调整总进度计划的最重要依据。编制该报告是进度检查最重要的环节之一。

2. 网络计划实际执行情况收集记录方法

(1)当采用时标网络计划时,绘制实际进度前锋线记录计划的实际执行情况。前锋线可用特别线型标画;不同检查时刻绘制的相邻前锋线可采用点画或不同颜色标画。

(2)当采用非时标网络计划时,宜在网络图上直接用文字、数字,或列表记录计划的实际执行情况。

(3)网络计划检查的内容:关键工作进度;非关键工作进度及尚可利用的时差;关键线路的变化。

(4)网络计划检查判断:①计划进度与实际进度严重不符时,应对网络计划进行调整。②对时标网络计划,利用已画出的实际进度前锋线,分析计划执行情况及其变化趋势,对未来的进度作出预测判断,找出偏离计划目标的原因。③对非时标网络计划,按表3-4的规定记录计划的实施情况，并对计划中的未完工作进行计算判断。

表 3-4　网络计划检查结果分析表

工作编号	工作名称	检查时尚需作业时间	按计划最迟完成前尚需时间	总时差		自由时差		情况分析
				原有	目前尚有	原有	目前尚有	
6—8	H	3	4	2	1	2	1	拖后1周，但不影响工期

3. 网络计划执行情况的检查与分析

网络计划执行情况的检查与分析，可采用进度偏差（SV）和进度绩效指数（SPI）。

$$SV = BCWP - BCWS$$

式中　SV——进度偏差；

BCWP——已完工作预算费用；

BCWS——计划工作预算费用。

当进度偏差（SV）为负值时，进度延误；当进度偏差（SV）为正值时，进度提前。

$$SPI = \frac{BCWP}{BCWS}$$

式中　SPI——进度绩效指数。

当进度绩效指数 SPI 小于 1 时，进度延误；当进度绩效指数 SPI 大于 1 时，进度提前。

4. 网络计划调整

施工总进度计划调整的目的是：根据实际进度数据，对网络计划作必要的修正，使之符合变化了的实际情况，使得项目目标能够顺利实现。总进度计划调整完成后，应与活动搭接关系分析报告、偏差报告一起提交监理工程师，后两者均为总计划派生报告。当调整获得监理认可后，总进度调整计划方可作为进一步计划与控制的依据。活动搭接关系分析报告、偏差报告一起提交监理工程师，后两者均为总计划派生报告。当调整获得监理认可后，总进度调整计划方可作为进一步计划与控制的依据。

（1）网络计划调整内容。主要包括：调整关键线路的长度；利用时差调整非关键工作的开始时间、完成时间或工作持续时间；增、减工作项目；调整逻辑关系；重新估计某些工作的持续时间；对资源的投入作相应调整。

（2）调整关键线路方法。①当关键线路的实际进度比计划进度拖后时，应在尚未完成的关键工作中，选择资源强度小或费用低的工作缩短其持续时间，并重新计算未完成部分的时间参数，将其作为一个新计划实施。②当关键线路的实际进度比计划进度提前时，若不拟提前工期，应选用资源占用量大或者直接费用高的后续关键工作，适当延长其持续时间，以降低其资源强度或费用；当确定要提前完成计划时，应将计划尚未完成的部分作为一个新计划，重新确定关键工作的持续时间，按新计划实施。

(3)调整非关键线路方法。非关键工作时差的调整应在其时差的范围内进行,以便更充分地利用资源、降低成本或满足施工的需要。每一次调整后都必须重新计算时间参数,观察该调整对计划全局的影响。可采用以下几种调整方法:将工作在其最早开始时间与最迟开始时间范围内移动;延长工作的持续时间;缩短工作的持续时间。

(4)增、减工作项目时的调整方法。增、减工作项目时应符合下列规定:不打乱原网络计划总的逻辑关系,只对局部逻辑关系进行调整;在增减工作后应重新计算时间参数,分析对原网络计划的影响。当对工期有影响时,应采取调整措施,以保证计划工期不变。

(5)调整逻辑关系。逻辑关系的调整只有当实际情况要求改变施工方法或组织方法时才可进行。调整时应避免影响原定计划工期和其他工作的顺利进行。

(6)调整工作的持续时间。当发现某些工作的原持续时间估计有误或实现条件不充分时,应重新估算其持续时间,并重新计算时间参数,尽量使原计划工期不受影响。

(7)调整资源的投入。当资源供应发生异常时,应采用资源优化方法对计划进行调整,或采取应急措施,使其对工期的影响最小。

网络计划的调整,可以定期进行,亦可根据计划检查的结果在必要时进行。

第四节　建设工程项目进度控制的措施

工程项目的进度控制是指对工程项目各建设阶段的工作内容、工作程序、持续时间和逻辑关系编制计划。并在该计划付诸实施的过程中,经常检查实际进度是否按计划要求进行。对出现的偏差分析原因,采取补救措施,或者调整、修改原计划,直至工程竣工,交付使用。

一、建设工程项目进度控制的任务和内容

(一)施工项目进度控制的主要任务

施工项目进度控制的主要任务包括:

(1)编制施工总进度计划并控制其执行,按期完成整个施工项目的任务。

(2)编制单位工程施工进度计划并控制其执行,按期完成单位工程的施工任务。

(3)编制分部分项工程施工进度计划,并控制其执行,按期完成分部分项工程的施工任务。

(4)编制季度、月(旬)作业计划,并控制其执行,完成规定的目标等。

(二)施工项目进度控制的内容

1.施工前进度控制

(1)确定进度控制的工作内容和特点,控制方法和具体措施,进度目标实现的风险分析,以及还有哪些尚待解决的问题。

(2)编制施工组织总进度计划,对工程准备工作及各项任务做出时间上的安排。

(3)编制工程进度计划,重点考虑的内容有:所动用的人力和施工设备是否能满足完成

计划工程量的需要；基本工作程序是否合理、实用；施工设备是否配套，规模和技术状态是否良好；如何规划运输通道；工人的工作能力如何；工作空间分析；预留足够的清理现场时间，材料、劳动力的供应计划是否符合进度计划的要求；分包工程计划；临时工程计划；竣工、验收计划；可能影响进度的施工环境和技术问题。

（4）编制年度、季度、月度工程计划。

2. 施工过程中进度控制

（1）定期收集数据，预测施工进度的发展趋势，实行进度控制。进度控制的周期应根据计划的内容和管理目的来确定。

（2）随时掌握各施工过程持续时间的变化情况以及设计变更等引起的施工内容的增减，施工内部条件与外部条件的变化等，及时分析研究，采取相应措施。

（3）及时做好各项施工准备，加强作业管理和调度。在各施工过程开始之前，应对施工技术物资供应，施工环境等做好充分准备。应不断提高劳动生产率，减轻劳动强度，提高施工质量，节省费用，做好各项作业的技术培训与指导工作。

3. 施工后进度控制

施工后进度控制是指完成工程后的进度控制工作，包括：组织工程验收；处理工程索赔；工程进度资料整理、归类、编目和建档等。

二、建设工程项目进度控制的措施

进度控制所采取的措施主要有组织措施、技术措施、合同措施（可归入管理措施）、经济措施和管理措施等。组织协调是实现有效进度控制的关键。与建设项目进度有关的单位较多，如果不能有效地与这些单位做好协调，进度控制将十分困难。

（1）组织措施，就是建立进度控制的组织系统，落实各层次的控制人员及其职责分工，建立各种有关进度控制的制度和程序。如落实各层次的进度控制的人员，具体任务和工作责任；建立进度控制的组织系统；按照施工项目的结构、进展的阶段或合同结构等进行项目分解，确定其进度目标，建立目标控制体系；确定进度控制工作制度，如检查时间、方法、协调会议时间、参加人员等；对影响进度的因素分析和预测。

（2）技术措施，就是采用先进的进度计划编制技术，采用先进的控制方法与手段保证进度控制有效进行。建设工程项目进度控制的技术措施涉及对实现进度目标有利的设计技术和施工技术的选用。

（3）合同措施，就是采用有利于进度目标实现的合同模式，通过签订合同明确进度控制责任，加强合同管理，以合同管理为手段保证进度目标的实现。

（4）经济措施，就是保证进度计划实现所需资金，采取对工期提前给予奖励、对工期延误给予惩罚等措施。建设工程项目进度控制的经济措施涉及资金需求计划、资金供应的条件和经济激励措施等。

（5）管理措施，就是通过内部管理提高进度控制水平，通过管理消除或减轻各种因素对进度的影响。进度控制在管理方面存在的问题主要有：缺乏动态控制的观念，即不重视进度计划的调整；缺乏进度计划比选的观念；缺乏进度计划系统的观念，即在同一项目不同进度计划之间的关联性不够。建设工程项目进度控制的管理措施涉及管理的思想、管理的方法、管理的手段、承发包模式、合同管理和风险管理等。

典型例题

【多选题】下列项目进度控制的措施中,与工程设计技术有关的措施有(　　)。

A. 组织工程设计方案的评审与选用

B. 分析施工组织设计对进度的影响

C. 寻求设计变更加快施工进度的可能

D. 重视信息技术在进度控制中的应用

E. 改变施工机械设计,提高机械效率

ACE。【解析】选项 A,C,E 属于技术措施;选项 B 属于组织措施;选项 D 属于管理措施。

【单选题】下列建设工程项目进度控制措施中,属于经济措施的是(　　)。

A. 增加进度控制的岗位和人员

B. 编制资源需求计划

C. 比较分析工程物资的采购模式

D. 分析施工技术的先进性和经济合理性

B。【解析】选项 A 属于组织措施;选项 B 属于经济措施;选项 C 属于管理措施;选项 D 属于技术措施。

第四章 建设工程项目质量控制

第一节 建设工程项目质量控制的内涵

一、项目质量控制要求

质量控制是一个动态的过程,需根据实际情况的变化,采取适当的措施。质量控制需注意有关过程的接口,例如设计与施工的接口,施工总承包与分包的接口及施工与试运行的接口,单位工程、分部分项、检验批的接口等。

质量控制需要建立在真实可靠的数据基础上,包括采用适当的统计技术。数据信息也包括发包人及其他相关方对是否满足其要求的感受信息。为了及时获得信息,应当确定获得和利用数据信息的方法。

组织需比较和分析所获取的数据,比较、分析既包括对产品要求得比较分析,也包括对质量管理体系适宜性和有效性的证实。

分析的结果需提出有关发包人及其他相关方满意以及与产品要求是否符合的评价、项目实施过程的特性和趋势、采取预防措施的机会以及有关供方(分包、供货方等)的信息,并基于以上分析结果,提出对不合格的处置和有关的预防措施。

工程开工前需根据工程合同、工程特点、体量、规模及企业自身经营发展理念等确定项目创优的目标。项目质量创优的工程还应符合优质工程申报条件。

项目质量创优需注重事前策划、细部处理、深化设计和技术创新。施工质量策划确定项目施工质量目标、措施和主要技术管理程序,同时制定施工分项分部工程的质量控制标准,为施工质量提供控制依据。

项目质量创优不是组织必须实施的工作,是组织根据合同要求或组织的承诺实施的一种特殊质量管理行为,其工程质量结果一般应高于国家规定的合格标准。

项目质量控制是指对于项目质量实施过程的监督和管理工作,这包括项目质量的事前控制、事中控制和事后控制的项目质量管理控制工作。实施项目的质量控制就是监视项目的具体结果,判断其是否符合相关的质量标准,并确定消除产生不良结果原因的途径。也就是说,项目质量控制是确保项目质量得以圆满实现的过程。项目质量控制应确保下列内容满足规定要求:实施过程的各种输入;实施过程控制点的设置;实施过程的输出;各个实施过程之间的接口。

二、项目质量控制流程

项目管理机构应在质量控制过程中,跟踪、收集、整理实际数据,与质量要求进行比较,分析偏差,采取措施予以纠正和处置,并对处置效果复查。质量控制活动的流程为:设定目标→测量检查→评价分析→纠正偏差。

设计质量控制应包括的流程为:按照设计合同要求进行设计策划;根据设计需求确定设计输入;实施设计活动并进行设计评审;验证和确认设计输出;实施设计变更控制。

采购质量控制应包括的流程为:确定采购程序;明确采购要求;选择合格的供应单位;实施采购合同控制;进行进货检验及问题处置。

施工质量控制应包括下列流程:施工质量目标分解;施工技术交底与工序控制;施工质量偏差控制;产品或服务的验证、评价和防护。

项目质量创优控制宜符合下列规定:明确质量创优目标和创优计划;精心策划和系统管理;制定高于国家标准的控制准则;确保工程创优资料和相关证据的管理水平。

专家解读

工程开工前需根据工程合同、工程特点、体量、规模及企业自身经营发展理念等确定项目创优的目标。项目质量创优的工程还应符合优质工程申报条件。

项目质量创优需注重事前策划、细部处理、深化设计和技术创新。施工质量策划确定项目施工质量目标、措施和主要技术管理程序,同时制定施工分项分部工程的质量控制标准,为施工质量提供控制依据。

分包的质量控制应纳入项目质量控制范围,分包人应按分包合同的约定对其分包的工程质量向项目管理机构负责。

三、质量检查与处置

项目管理机构应根据项目管理策划要求实施检验和监测,并按照规定配备检验和监测设备。

专家解读

检验和监测设备的控制包括下列内容:确定设备的型号、数量;明确相关工作过程;制定质量保证措施。

对项目质量计划设置的质量控制点,项目管理机构应按规定进行检验和监测。质量控制点可包括下列内容:

(1)对施工质量有重要影响的关键质量特性、关键部位或重要影响因素。

(2)工艺上有严格要求,对下道工序的活动有重要影响的关键质量特性、部位。

(3)严重影响项目质量的材料质量和性能。

(4)影响下道工序质量的技术间歇时间(由于工艺、技术等原因引起的等待时间,称为工艺、技术间隙时间)。

(5)与施工质量密切相关的技术参数。

(6)容易出现质量通病的部位。

(7)紧缺工程材料、构配件和工程设备或可能对生产安排有严重影响的关键项目。

(8)隐蔽工程验收。

项目管理机构对不合格品控制应符合下列规定:

(1)对检验和监测中发现的不合格品,按规定进行标识、记录、评价、隔离,防止非预期的使用或交付。

(2)采用返修、加固、返工、让步接受和报废措施,对不合格品进行处置。

四、质量改进

项目管理机构是质量改进的主要实施者,项目管理机构按组织要求定期进行质量分析,提出持续改进的措施,将有助于管理层了解、促进项目管理机构的质量改进工作。组织可采取质量方针、目标、审核结果、数据分析、纠正预防措施以及管理评审等持续改进质量措施,确保管理的有效性。

质量改进是质量管理的一部分,就是在整个组织内部采取的旨在提高活动和过程的效益和效率的各种措施,它的主要目的是增强满足质量要求的能力,质量改进应是持续的,如图 4-1 所示。

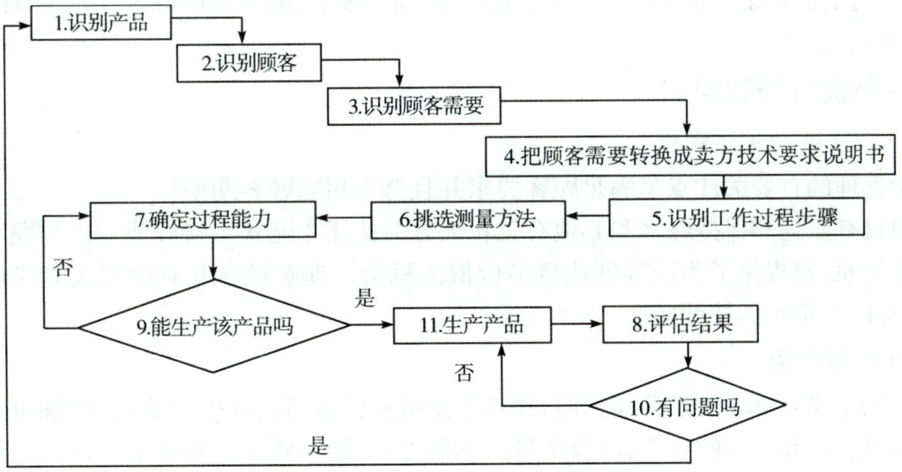

图 4-1　全面质量管理持续改进示意图

五、质量管理的基本概念

根据《质量管理体系 基础和术语》(GB/T 19000—2016),相关质量管理的基本概念如下。

（一）质量

一个关注质量的组织倡导一种通过满足顾客和其他有关相关方的需求和期望来实现其价值的文化，这种文化将反映在其行为、态度、活动和过程中。

组织的产品和服务质量取决于满足顾客的能力，以及对有关相关方的有意和无意的影响。

产品和服务的质量不仅包括其预期的功能和性能，而且还涉及顾客对其价值和受益的感知。

（二）质量管理体系

质量管理体系包括组织确定其目标以及为获得期望的结果确定其过程和所需资源的活动。质量管理体系管理相互作用的过程和所需的资源，以向有关相关方提供价值并实现结果。质量管理体系能够使最高管理者通过考虑其决策的长期和短期影响而优化资源的利用。质量管理体系给出了在提供产品和服务方面，针对预期和非预期的结果确定所采取措施的方法。

（三）组织环境

理解组织环境是一个过程。这个过程确定了影响组织的宗旨、目标和可持续性的各种因素。它既需要考虑内部因素，例如：组织的价值观、文化、知识和绩效，还需要考虑外部因素，例如法律、技术，竞争、市场、文化、社会和经济环境。

组织的宗旨可被表述为包括其愿景、使命、方针和目标。

（四）相关方

相关方的概念扩展了仅关注顾客的观点，而考虑所有有关相关方是至关重要的。

识别相关方是理解组织环境的过程的组成部分。有关相关方是指若其需求和期望未能满足，将对组织的持续发展产生重大风险的那些相关方。为降低这些风险，组织需确定向有关相关方提供何种必要的结果。组织的成功，有赖于吸引、赢得和保持有关相关方的支持。

六、质量管理的原则

（一）以顾客为关注焦点

质量管理的首要关注点是满足顾客要求并且努力超越顾客期望。

组织只有赢得和保持顾客和其他有关相关方的信任才能获得持续成功。与顾客相互作用的每个方面，都提供了为顾客创造更多价值的机会。理解顾客和其他相关方当前和未来的需求，有助于组织的持续成功。

（二）领导作用

各级领导建立统一的宗旨和方向，并创造全员积极参与实现组织的质量目标的条件。

统一的宗旨和方向的建立，以及全员的积极参与，能够使组织将战略、方针、过程和资源协调一致，以实现其目标。

（三）全员积极参与

整个组织内各级胜任、经授权并积极参与的人员，是提高组织创造和提供价值能力的必要条件。为了有效和高效地管理组织，各级人员得到尊重并参与其中是极其重要的。通过表彰、授权和提高能力，促进在实现组织的质量目标过程中的全员积极参与。

（四）过程方法

将活动作为相互关联、功能连贯的过程组成的体系来理解和管理时，可更加有效和高效地得到一致的、可预知的结果。质量管理体系是由相互关联的过程所组成。理解体系是如何产生结果的，能够使组织尽可能地完善其体系并优化其绩效。

（五）改进

成功的组织持续关注改进。改进对于组织保持当前的绩效水平，对其内、外部条件的变化做出反应，并创造新的机会，都是非常必要的。

（六）循证决策

基于数据和信息的分析和评价的决策，更有可能产生期望的结果。

决策是一个复杂的过程，并且总是包含某些不确定性。它经常涉及多种类型和来源的输入及其理解，而这些理解可能是主观的。重要的是理解因果关系和潜在的非预期后果。对事实、证据和数据的分析可导致决策更加客观、可信。

（七）关系管理

为了持续成功，组织需要管理与有关相关方（如供方）的关系。有关相关方影响组织的绩效。当组织管理与所有相关方的关系，以尽可能有效地发挥其在组织绩效方面的作用时，持续成功更有可能实现。对供方及合作伙伴网络的关系管理是尤为重要的。

典型例题

【多选题】根据《质量管理体系 基础和术语》，质量管理原则包括（　　）。

A. 以顾客为关注焦点　　B. 循证决策

C. 全员积极参与　　D. 关系管理

E. 全要素控制

ABCD。【解析】《质量管理体系 基础和术语》中，提出质量管理 7 项原则，主要包括：以顾客为关注焦点；领导作用；循证决策；全员积极参与；关系管理；过程方法；改进等。

七、建设工程质量管理的责任和义务

（一）建设单位的质量责任和义务

建设单位的质量责任和义务，如下所述：

（1）建设单位应当将工程发包给具有相应资质等级的单位。建设单位不得将建设工程肢解发包。

（2）建设单位应当依法对工程建设项目的勘察、设计、施工、监理以及与工程建设有关的重要设备、材料等的采购进行招标。

（3）建设单位必须向有关的勘察、设计、施工、工程监理等单位提供与建设工程有关的原始资料。原始资料必须真实、准确、齐全。

（4）建设工程发包单位，不得迫使承包方以低于成本的价格竞标，不得任意压缩合理工期。建设单位不得明示或者暗示设计单位或者施工单位违反工程建设强制性标准，降低建设工程质量。

(5)施工图设计文件审查的具体办法,由国务院建设行政主管部门、国务院其他有关部门制定。施工图设计文件未经审查批准的,不得使用。

(6)实行监理的建设工程,建设单位应当委托具有相应资质等级的工程监理单位进行监理,也可以委托具有工程监理相应资质等级并与被监理工程的施工承包单位没有隶属关系或者其他利害关系的该工程的设计单位进行监理。

专家解读

下列建设工程必须实行监理:国家重点建设工程;大中型公用事业工程;成片开发建设的住宅小区工程;利用外国政府或者国际组织贷款、援助资金的工程;国家规定必须实行监理的其他工程。

(7)建设单位在开工前,应当按照国家有关规定办理工程质量监督手续,工程质量监督手续可以与施工许可证或者开工报告合并办理。

(8)按照合同约定,由建设单位采购建筑材料、建筑构配件和设备的,建设单位应当保证建筑材料、建筑构配件和设备符合设计文件和合同要求。建设单位不得明示或者暗示施工单位使用不合格的建筑材料、建筑构配件和设备。

(9)涉及建筑主体和承重结构变动的装修工程,建设单位应当在施工前委托原设计单位或者具有相应资质等级的设计单位提出设计方案;没有设计方案的,不得施工。房屋建筑使用者在装修过程中,不得擅自变动房屋建筑主体和承重结构。

(10)建设单位收到建设工程竣工报告后,应当组织设计、施工、工程监理等有关单位进行竣工验收。

专家解读

建设工程竣工验收应当具备下列条件:完成建设工程设计和合同约定的各项内容;有完整的技术档案和施工管理资料;有工程使用的主要建筑材料、建筑构配件和设备的进场试验报告;有勘察、设计、施工、工程监理等单位分别签署的质量合格文件;有施工单位签署的工程保修书。建设工程经验收合格的,方可交付使用。

(11)建设单位应当严格按照国家有关档案管理的规定,及时收集、整理建设项目各环节的文件资料,建立、健全建设项目档案,并在建设工程竣工验收后,及时向建设行政主管部门或者其他有关部门移交建设项目档案。

(二)勘察、设计单位的质量责任和义务

勘察、设计单位的质量责任和义务,如下所述:

(1)从事建设工程勘察、设计的单位应当依法取得相应等级的资质证书,并在其资质等级许可的范围内承揽工程。禁止勘察、设计单位超越其资质等级许可的范围或者以其他勘察、设计单位的名义承揽工程。禁止勘察、设计单位允许其他单位或者个人以本单位的名义承揽工程。勘察、设计单位不得转包或者违法分包所承揽的工程。

(2)勘察、设计单位必须按照工程建设强制性标准进行勘察、设计,并对其勘察、设计的质量负责。注册建筑师、注册结构工程师等注册执业人员应当在设计文件上签字,对设计文件负责。

(3)勘察单位提供的地质、测量、水文等勘察成果必须真实、准确。

(4)设计单位应当根据勘察成果文件进行建设工程设计。设计文件应当符合国家规定的设计深度要求,注明工程合理使用年限。

(5)设计单位在设计文件中选用的建筑材料、建筑构配件和设备,应当注明规格、型号、性能等技术指标,其质量要求必须符合国家规定的标准。除有特殊要求的建筑材料、专用设备、工艺生产线等外,设计单位不得指定生产厂、供应商。

(6)设计单位应当就审查合格的施工图设计文件向施工单位作出详细说明。

(7)设计单位应当参与建设工程质量事故分析,并对因设计造成的质量事故,提出相应的技术处理方案。

典型例题

【单选题】根据《建筑法》和《建设工程质量管理条例》,设计单位的质量责任和义务是(　　)。

A. 按设计要求检验商品混凝土质量

B. 将施工图设计文件上报有关部门审查

C. 向施工单位提供设计原始资料

D. 参与建设工程质量事故分析

D。**【解析】**设计单位的质量责任和义务中,设计单位应当参与建设工程质量事故分析,并对因设计造成的质量事故,提出相应的技术处理方案。设计单位应当就审查合格的施工图设计文件向施工单位作出详细说明。选项A属于施工单位的质量责任和义务;选项B,C属于建设单位的质量责任与义务。

(三)施工单位的质量责任和义务

施工单位的质量责任和义务,如下所述:

(1)施工单位应当依法取得相应等级的资质证书,并在其资质等级许可的范围内承揽工程。禁止施工单位超越本单位资质等级许可的业务范围或者以其他施工单位的名义承揽工程。禁止施工单位允许其他单位或者个人以本单位的名义承揽工程。施工单位不得转包或者违法分包工程。

(2)施工单位对建设工程的施工质量负责。施工单位应当建立质量责任制,确定工程项目的项目经理、技术负责人和施工管理负责人。建设工程实行总承包的,总承包单位应当对全部建设工程质量负责;建设工程勘察、设计、施工、设备采购的一项或者多项实行总承包的,总承包单位应当对其承包的建设工程或者采购设备的质量负责。

(3)总承包单位依法将建设工程分包给其他单位的,分包单位应当按照分包合同的约定对其分包工程的质量向总承包单位负责,总承包单位与分包单位对分包工程的质量承担连带责任。

(4)施工单位必须按照工程设计图纸和施工技术标准施工,不得擅自修改工程设计,不得偷工减料。施工单位在施工过程中发现设计文件和图纸有差错的,应当及时提出意见和建议。

(5)施工单位必须按照工程设计要求、施工技术标准和合同约定,对建筑材料、建筑构配件、设备和商品混凝土进行检验,检验应当有书面记录和专人签字;未经检验或者检验不合格的,不得使用。

(6)施工单位必须建立、健全施工质量的检验制度,严格工序管理,作好隐蔽工程的质量检查和记录。隐蔽工程在隐蔽前,施工单位应当通知建设单位和建设工程质量监督机构。

(7)施工人员对涉及结构安全的试块、试件以及有关材料,应当在建设单位或者工程监理单位监督下现场取样,并送具有相应资质等级的质量检测单位进行检测。

(8)施工单位对施工中出现质量问题的建设工程或者竣工验收不合格的建设工程,应当负责返修。

(9)施工单位应当建立、健全教育培训制度,加强对职工的教育培训;未经教育培训或者考核不合格的人员,不得上岗作业。

(四)工程监理单位的质量责任和义务

工程监理单位的质量责任和义务,如下所述:

(1)工程监理单位应当依法取得相应等级的资质证书,并在其资质等级许可的范围内承担工程监理业务。禁止工程监理单位超越本单位资质等级许可的范围或者以其他工程监理单位的名义承担工程监理业务。禁止工程监理单位允许其他单位或者个人以本单位的名义承担工程监理业务。工程监理单位不得转让工程监理业务。

(2)工程监理单位与被监理工程的施工承包单位以及建筑材料、建筑构配件和设备供应单位有隶属关系或者其他利害关系的,不得承担该项建设工程的监理业务。

(3)工程监理单位应当依照法律、法规以及有关技术标准、设计文件和建设工程承包合同,代表建设单位对施工质量实施监理,并对施工质量承担监理责任。

(4)工程监理单位应当选派具备相应资格的总监理工程师和监理工程师进驻施工现场。未经监理工程师签字,建筑材料、建筑构配件和设备不得在工程上使用或者安装,施工单位不得进行下一道工序的施工。未经总监理工程师签字,建设单位不拨付工程款,不进行竣工验收。

(5)监理工程师应当按照工程监理规范的要求,采取旁站、巡视和平行检验等形式,对建设工程实施监理。

(五)建设工程质量保修

建设工程承包单位在向建设单位提交工程竣工验收报告时,应当向建设单位出具质量保修书。质量保修书中应当明确建设工程的保修范围、保修期限和保修责任等。

在正常使用条件下,建设工程的最低保修期限为:

(1)基础设施工程、房屋建筑的地基基础工程和主体结构工程,为设计文件规定的该工程的合理使用年限。

(2)屋面防水工程、有防水要求的卫生间、房间和外墙面的防渗漏,为5年。

(3)供热与供冷系统,为2个采暖期、供冷期。

(4)电气管线、给排水管道、设备安装和装修工程,为2年。

其他项目的保修期限由发包方与承包方约定。建设工程的保修期,自竣工验收合格之日起计算。建设工程在保修范围和保修期限内发生质量问题的,施工单位应当履行保修义务,并对造成的损失承担赔偿责任。

建设工程在超过合理使用年限后需要继续使用的,产权所有人应当委托具有相应资质等级的勘察、设计单位鉴定,并根据鉴定结果采取加固、维修等措施,重新界定使用期。

典型例题

【单选题】根据《建设工程质量管理条例》,在正常使用条件下,设备安装和装修工程的质量保修期为(　　)年。

A. 1　　B. 2

C. 3　　D. 4

B。【解析】《建设工程质量管理条例》第四十条规定,在正常使用条件下,建设工程的最低保修期限为:(1)基础设施工程、房屋建筑的地基基础工程和主体结构工程,为设计文件规定的该工程的合理使用年限。(2)屋面防水工程、有防水要求的卫生间、房间和外墙面的防渗漏,为5年。(3)供热与供冷系统,为2个采暖期、供冷期。(4)电气管线、给排水管道、设备安装和装修工程,为2年。其他项目的保修期限由发包方与承包方约定。

八、建设工程项目质量风险管理

质量风险管理是一个系统化的过程,是对产品在整个生命周期过程中,对风险的识别、衡量、控制以及评价的过程。产品的生命周期包括产品从最初的研究、生产、市场销售一直到最终从市场消失的全部过程。

质量风险管理是一个组织机构为识别、量化和降低会影响质量的产品、操作、供应商和供应链的风险而创建的合作解决途径,其集合了领导力、业务流程、文化和技术能力。质量风险管理是管理方针、规程和实践的系统应用,用来分析、评价和控制在整个产品生命周期的风险。

(一)一般规定

组织应建立风险管理制度,明确各层次管理人员的风险管理责任,管理各种不确定因素对项目的影响。风险包括负面(不利)风险和正面(有利)风险。负面风险往往是威胁,正面风险往往是机遇。

项目风险管理应包括下列程序:风险识别;风险评估;风险应对;风险监控。它们既是风险管理的内容,也是风险管理的基本步骤和过程。

(二)建设工程项目质量风险识别

风险识别是指风险管理部门运用一定的方法,系统地、连续地认识所面临的各种风险以及分析风险事故发生的潜在原因的行为。一般性风险识别方法包括保险调查法、保单对照法以及资产损失分析法等。个性化的风险识别方法有财务报表分析法及流程图分析法等。

项目管理机构应在项目实施前识别实施过程中的各种风险。项目质量风险根据风险对项目目标实现的影响来源，一般可分为技术、经济、环境及政治、行政、国际和社会等方面；项目质量风险根据风险产生的原因，一般可分为管理风险、技术风险、自然风险和环境风险；项目质量风险根据风险损失责任承担者，一般可分为勘察设计方风险、施工方风险、业主方风险和监理方风险。

典型例题

【单选题】下列项目质量风险中，属于管理风险的是（ ）。

A. 项目采用了不够成熟的新材料　　B. 项目组织结构不合理

C. 项目场地周边发生滑坡　　D. 项目现场存在严重的水污染

B。【解析】管理风险具体体现在工程项目质量责任单位组织结构体系不合理、工作流程混乱、制度不健全、管理者能力或者责任心不强等方面。选项 A 属于技术风险；选项 C 属于自然风险；选项 D 属于环境风险。

项目管理机构应进行下列风险识别：

（1）工程本身条件及约定条件。约定条件是指项目合同双方共同规定的要求，包括合同条件、责权利分配、项目变更规定等。

（2）自然条件与社会条件。

（3）市场情况。

（4）项目相关方的影响。

（5）项目管理团队的能力。

识别项目风险应遵循的程序为：收集与风险有关的信息；确定风险因素；编制项目风险识别报告。

项目风险识别报告应由编制人签字确认，并经批准后发布。项目风险识别报告应包括的内容有：风险源的类型、数量；风险发生的可能性；风险可能发生的部位及风险的相关特征。

（三）建设工程项目质量风险评估

风险等级评估指通过风险因素形成风险概率的估计和对发生风险后可能造成的损失量或效益水平的估计。主要通过分析已经得到的有关信息，结合管理人员的经验对损失量进行综合判断。通常采用专家预测、趋势外推法预测、敏感性分析和盈亏平衡分析、决策树等方法。

风险评估应采取定性与定量相结合的方法进行。通常根据该风险事件的严重性、发生概率和检测概率进行汇总分析。针对不同的事件按照德尔菲法的方式进行专家打分，结合企业内部可以承受的水平，确定一个承受值，将相应的得分相乘，可以确定每一个风险事件的风险水平，进而确定其风险等级。企业可以按照已识别出的风险控制项目为主线，进行风险程度的评价。

（四）建设工程项目质量风险应对

负面风险是对项目实施过程不利的风险因素，需要进行风险控制和预防。正面风险是对项目实施过程有利的正面风险因素，需要进行鼓励和强化。

1. 负面风险的应对策略

（1）风险规避。风险规避是指当工程项目风险潜在威胁发生可能性太大，不利后果也太严重，又无其他策略可用时，主动放弃项目或改变项目目标与行动方案，从而规避风险的一种策略。如承包方通过风险评价后发现投某一标中标的可能性较小，且即使中标，也存在亏损的风险，此时，就应放弃投该标，以回避亏本的经济风险。

（2）风险减轻。风险减轻又称为风险缓解，目标是降低风险发生的可能性或减少后果的不利影响，具体目标是什么，需要在很大程度上看风险是已知的、可预测的还是不可预测的。

对已知的风险，项目管理者可在很大程度上加以控制。例如，若已发现工程进度出现了滞后的风险，则可以通过压缩关键线路上的活动时间，改变活动的逻辑关系等措施来减轻工程项目的风险；某承包单位在施工中有针对性地制定和落实施工质量保证措施来降低质量事故发生的概率。

可预测或不可预测的风险是项目管理人员难以控制的风险，直接动用项目资源一般难以收到好的效果，必须进行深入细致的调查研究，减少其不确定性和潜在损失。

（3）风险转移。减少后仍存在的风险可被转移或分担给项目外部有偿地进行处理的某方。但是彻底转移风险几乎是不可能的，并且当风险被转移或分担时，可能会引入新的风险。

风险转移的目的不是降低风险发生的概率和不利后果的大小，而是借用合同等手段，在风险一旦发生时将损失的一部分转移到第三方身上。实施转移风险策略应注意以下情况：必须让承担风险者得到相应的回报；对于具体的风险，谁最具有管理能力就转移给谁。转移工程项目风险最常见的方式有分包、保险和担保。

（4）风险自留。有些时候项目管理者可以把风险事件的不利后果自愿接受下来，即为自留风险或风险自留。自愿接受风险，有主动和被动之分。在风险管理计划阶段已对一些风险有了准备，所以当风险事件发生时，马上执行应急计划，这是主动接受。如在水电工程施工导流设计中，对可能出现的超标准洪水一般有对策措施，当这种超标准洪水出现时，采取相应措施就能消除风险。被动接受风险是指当风险事件造成的后果不大，不会影响大局时，项目管理者列了一笔费用，如对材料涨价的风险，一般项目均准备有一笔费用来应对。

专家解读

风险控制应采用经济、可行、积极的处置措施规避、减少、隔离、转移风险，具体应采用风险规避、风险转移、风险缓解、风险自留、风险利用等方法。

风险控制应符合下列要求：损失大、概率大的灾难性风险，应采取风险规避；损失小、概率大的风险，宜采取风险缓解；损失大、概率小的风险，宜采用保险或合同条款将责任进行风险转移；损失小、概率小的风险，宜采用风险自留；有利于工程项目目标的风险，宜采用风险利用。

采用工程保险等方法转移剩余风险时，工程保险不应被作为唯一减轻或降低风险的应对措施。

2. 正面风险的应对策略

(1)为确保机会的实现,消除该机会实现的不确定性。

(2)将正面风险的责任分配给最能为组织获取利益机会的一方。

(3)针对正面风险或机会的驱动因素,采取措施提高机遇发生的概率。

应对措施是应对策略的具体化,需具有可操作性,包括技术、管理、经济等方面的内容。

3. 质量风险管理措施

质量管理的发展经历了质量检验阶段、统计质量阶段和全面质量管理阶段。事实证明全面质量管理能够最大限度地保证产品质量。在防范产品质量风险时,应该实施全面风险管理。

全面风险管理应由企业董事会、管理层和所有员工共同参与。管理目标是把风险控制在企业承受范围之内,将风险意识转化为全体员工的共同认识和自觉行动。

全面风险管理需要风险管理专业人才参与,应用系统科学的方法来保证实施,确保所有主要风险都得到识别,让识别出来的风险都得到尽可能有效地控制。

(五)建设工程项目质量风险评审与监视

1. 持续性

风险评审与监视的主要目的是识别新出现的风险,并确保风险处理(风险处理是指修正风险的措施选择与实施过程,风险处理措施可以包括规避、选择、转移或控制风险)保持有效。风险管理过程的有效性也应当进行评审。

项目生命周期内的风险评审可确保相关的文件、标准、程序和记录单的更新和保持。

风险监视应当在项目生命周期内持续进行。它应当包括对项目预算、项目系统与来自项目的其他输入的检查。主要监视活动可在项目活动的关键阶段或项目环境发生重大改变时进行。

2. 项目后续工作

项目完成后,应当进行风险评审以确保风险管理过程的有效性,并决定未来项目中该过程如何改进。多数情况下都可以总结出经验,其要点应当予以提炼并纳入到程序和过程之中。

第二节 建设工程项目质量控制体系

建设工程项目质量管理与控制体系涉及建设单位、监理单位、勘察设计单位和施工单位等多方主体,应善于应用有效理论成果来分析建设工程项目质量问题的影响因素、表现形式和存在原因,采用调查研究、理论联系实际的方法,引入质量管理 PDCA 循环理论,推行 TQC 全面质量管理方法,建立健全建设工程项目质量控制体系,不断提高建筑工程质量。

一、项目质量控制体系的建立和运行

项目质量控制体系与项目质量管理体系在控制目标、服务范围、建立目的、评价方式、作用时效等方面均不同。其中，在评价和诊断项目质量控制体系的有效性时，一般由项目管理的组织者进行。

建设工程项目质量控制体系的建立程序为：建立系统质量控制网络→制定质量控制制度→分析质量控制界面→编制质量控制计划。

提示

历年考试中会考查建设工程项目质量控制体系的建立程序。

建设工程项目质量控制体系的运行，实质上就是系统功能的发挥过程，也是质量活动职能和效果的控制过程。质量控制系统要能有效地运行，还有赖于系统内部的运行环境和运行机制的完善。其中，运行环境包括项目的合同结构，质量管理的人员、物资配置，质量管理的组织制度等。

二、运用基本概念和原则建立质量管理体系

（一）质量管理体系模式

1. 总则

组织具有与人相同的许多特性，是一个具有生存和学习能力的社会有机体。两者都具有适应的能力，并且由相互作用的系统、过程和活动组成。为了适应变化的环境，均需要具备应变能力。组织经常通过创新实现突破性改进。组织的质量管理体系模式可以表明，不是所有的体系、过程和活动都可以被预先确定。因此，在复杂的组织环境中，其质量管理体系需要具有灵活性和适应性。

2. 体系

组织试图理解内外部环境，以识别有关相关方的需求和期望。这些信息被用于质量管理体系的建立，从而实现组织的可持续发展。一个过程的输出可成为其他过程的输入，并联结成整个网络。虽然不同组织的质量管理体系，通常看起来是由相类似的过程所组成，但每个组织及其质量管理体系都是独特的。

3. 过程

组织拥有可被确定、测量和改进的过程。这些过程相互作用以产生与组织的目标相一致的结果，并跨越职能界限。某些过程可能是关键的，而另外一些则不是。过程具有相互关联的活动和输入，以实现输出。

4. 活动

组织的人员在过程中协调配合，开展他们的日常活动。依靠对组织目标的理解，某些活动可被预先规定。而另外一些活动则是由于对外界刺激的反应，来确定其性质并予以执行。

（二）质量管理体系的建立

质量管理体系是通过周期性改进，随着时间的推移而进化的动态系统。无论其是否经过正式策划，每个组织都有质量管理活动。确定组织中现存的活动和这些活动对组织环境的适宜性是必要的。《质量管理体系 基础和术语》(GB/T 19000)和《质量管理体系 要求》

(GB/T 19001)及《追求组织的持续成功 质量管理方法》(GB/T 19004)一起,可用于帮助组织建立一个完善的质量管理体系。

正规的质量管理体系为策划、完成、监视和改进质量管理活动的绩效提供了框架。质量管理体系无须复杂化,而是要准确地反映组织的需求。

质量管理体系策划不是一劳永逸的,而是一个持续的过程。质量管理体系的计划随着组织的学习和环境的变化而逐渐完善。计划要考虑组织的所有质量活动,并确保覆盖《质量管理体系 基础和术语》(GB/T 19000)的全部指南和《质量管理体系 要求》(GB/T 19001)的要求。该计划经批准后实施。

定期监视和评价质量管理体系的计划的执行情况及其绩效状况,对组织来说是非常重要的。经过深思熟虑的指标,更有利于监视和评价活动的开展。

审核是一种评价质量管理体系有效性的方法,以识别风险和确定是否满足要求。为了有效地进行审核,需要收集有形和无形的证据。在对所收集的证据进行分析的基础上,采取纠正和改进的措施。所获取的知识可能会带来创新,使质量管理体系的绩效达到更高的水平。

(三)质量管理体系标准、其他管理体系和卓越模式

全国质量管理和质量保证标准化技术委员会(SAC/TC 151)起草的质量管理体系标准、其他管理体系标准以及组织卓越模式中表述的质量管理体系方法是基于普遍的原则,这些方法均能够帮助组织识别风险和机遇并包含改进指南。在当前的环境中,许多因素,例如:创新、道德、诚信和声誉均可作为质量管理体系的参数。有关质量管理标准(如:GB/T 19001),环境管理标准(如:GB/T 24001)和能源管理标准(如:GB/T 23331),以及其他管理标准和组织卓越模式已经涉及了这些问题。

全国质量管理和质量保证标准化技术委员会(SAC/TC151)起草的质量管理体系标准为质量管理体系提供了一套综合要求和指南。《质量管理体系 要求》(GB/T 19001)为质量管理体系规定了要求,《追求组织的持续成功 质量管理方法》(GB/T 19004)在质量管理体系更宽范围的目标下,为持续成功和改进绩效提供了指南。质量管理体系的指南包括:(GB/T 19010)、(GB/T 19012)、(GB/T 19013)、(GB /Z 27907)、(ISO 100081)、(GB/T 19022)和(GB/T 19011)。质量管理体系技术支持指南包括:(GB/T 19015)、(GB/T 19016)、GB/T 19017)、(GB/T 19024)、(GB/T 19025)、(ISO 100181)和(GB/T 19029)。支持质量管理体系的技术文件包括:(GB/T 19023)和(GB /Z 19027)。某些特定行业的标准也提供了质量管理体系的要求,如:(GB/T 18305)。

组织的管理体系中具有不同作用的部分,包括其质量管理体系,可以整合成为一个单一的管理体系。当质量管理体系与其他管理体系整合后,与组织的质量、成长、资金、营利、环境、职业健康和安全、能源、安保等方面有关的目标、过程和资源,可以更加有效和高效地实现和应用。组织可以依据若干个标准的要求,如(GB/T 19001)、(GB/T 24001)、(GB/T 22080)和(GB/T 23331)对其管理体系进行一体化审核。注:ISO 手册《管理体系标准的一体化应用》可提供帮助。

三、质量管理体系的运行

（一）质量管理体系的策划与准备

1. 教育培训、统一认识

对组织进行三级贯彻：管理层明确管理层领导在质量管理体系建设中的关键地位和主导作用。内审员真正掌握和理解 ISO 9000 族标准的知识，有利于不断发现问题、解决问题。执行层针对有关作业人员，一般在质量管理体系文件发布后。任务分配、权限赋予、责任承担。

2. 组织落实，拟订计划

分三个层次成立一个精干的工作班子：

（1）第一层次。成立一个以最高管理者为组长，管理者代表为副组长的质量管理体系建设小组。

（2）第二层次。成立由各职能部门领导参加的工作班子。实施质量管理体系的规划。

（3）第三层次。成立文件编写工作小组。

3. 现状调查和分析

现状调查和分析的主要内容包括：产品特点分析；体系情况分析；组织机构分析；基础设施和工作环境分析；人员情况分析；管理基础工作情况分析。

4. 调整组织结构，配备资源

分配各职能部门相应的工作职责和权限。关于相应的硬件、软件和人员配备，根据需要进行适当的调配和充实。

5. 确定质量方针、制定质量目标

制定质量方针、建立质量目标是最高管理者的职责。

（二）质量管理体系文件的编制

质量体系文件的编写方法如下。

1. 自上而下依次展开的编写方法

按质量方针、质量目标、质量手册、质量程序文件、作业指导书、质量记录的顺序编写。此方法利于上一层次文件与下一层次文件的衔接、对文件编写人员（特别是手册编写人员）的要求较高，此方法使文件编写所需时间较长、必然会伴随着反复修改。

2. 自下而上的编写方法

按基础文件、程序文件、质量手册的顺序编写。此方法适用于原质量管理基础较好的组织，如无文件总体方案设计指导易出现混乱。

3. 从程序文件开始，向两边扩展的编写方法

先编写程序文件，再开始手册和基础性文件的编写。此方法的实质是从分析活动，确定活动程序开始，有利于 ISO 9000 标准的要求与组织的实际紧密结合，可缩短文件编写时间。

（三）质量管理体系的试运行

在质量体系试运行过程中，要重点抓好以下工作：

（1）有针对性地宣传和贯彻质量体系文件。使全体职工认识到新建立或完善的质量体

系是对过去质量体系的变革，是为了向国际标准接轨，要适应这种变革就必须认真学习、贯彻质量体系文件。

(2)反复实践、磨合调整。实践是检验真理的唯一标准。体系文件通过试运行必然会出现一些问题，全体职工应将从实践中出现的问题和改进意见如实反映给有关部门，以便采取纠正措施。

(3)将体系试运行中暴露出的问题(如体系设计不周、项目不全等)进行协调、改进。

(4)加强信息管理与内部沟通。不仅是体系试运行本身的需要，也是保证试运行成功的关键。所有与质量活动有关的人员都应按体系文件要求，做好质量信息的收集、分析、传递、反馈、处理和归档等工作。

四、质量管理体系的审核和认证

(一)质量管理体系的审核

质量体系审核在体系建立的初始阶段往往更加重要。在这一阶段，质量体系审核的重点，主要是验证和确认体系文件的适用性和有效性。

审核与评审的主要内容一般包括：

(1)规定的质量方针和质量目标是否可行。

(2)体系文件是否覆盖了所有主要质量活动，各文件之间的接口是否清楚。

(3)组织结构能否满足质量体系运行的需要，各部门、各岗位的质量职责是否明确。

(4)质量体系要素的选择是否合理。

(5)规定的质量记录是否能起到见证作用。

(6)所有职工是否养成了按体系文件操作或工作的习惯，执行情况如何。

该阶段体系审核的特点是：

(1)体系正常运行时的体系审核，重点在符合性，在试运行阶段，通常是将符合性与适用性结合起来进行。

(2)为使问题尽可能地在试运行阶段暴露无遗，除组织审核组进行正式审核外，还应有广大职工的参与，鼓励他们通过试运行的实践，发现和提出问题。

(3)在试运行的每一阶段结束后，一般应正式安排一次审核，以便及时对发现的问题进行纠正，对一些重大问题也可根据需要，适时地组织审核。

(4)在试运行中要对所有要素审核覆盖一遍。

(5)充分考虑对产品的保证作用。

(6)在内部审核的基础上，由最高管理者组织一次体系评审。

质量体系是在不断改进中行以完善的，质量体系进入正常运行后，仍然要采取内部审核，管理评审等各种手段以使质量体系能够保持和不断完善。

(二)质量管理体系的认证

质量管理体系认证是指由取得质量管理体系认证资格的第三方认证机构，依据正式发布的质量管理体系标准，对企业的质量管理体系实施评定，评定合格的由第三方机构颁发质量管理体系认证证书，并给予注册公布，以证明企业质量管理和质量保证能力符合相应标准或有能力按规定的质量要求提供产品的活动。质量管理体系认证的程序为：申请、受理→检查与评定（审核）→审批与注册发证。

质量管理体系获准认证后，其有效期为3年，且需进行每年一次的定期和不定期监督检查。

若质量管理体系更换或有效期届满未重新申请时，企业可提出注销认证（自愿行为）；若认证有效期内，体系认证标准变更、证书持有人变更或认证范围变更，则企业可重新换证；若发现质量管理体系严重不符合要求，应采取认证暂停的警告措施，在认证暂停期间仍不整改，则应撤销认证。

专家解读

企业质量管理体系可简化总结为图4-2，以帮助记忆。

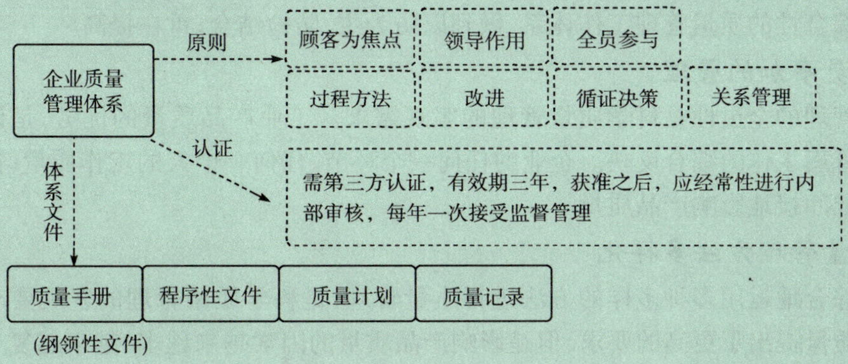

图4-2　质量管理体系框架图

典型例题

【多选题】建筑施工企业进行质量管理体系认证的程序包括（　　）。

A. 培训　　B. 申请和受理

C. 定期监督检查　　D. 审核

E. 审批与注册发证

BDE。【解析】质量管理体系认证的程序包括：(1)申请、受理。(2)检查与评定（审核）。(3)审批与注册发证。

五、全面质量管理

（一）全面质量管理的内涵

全面质量管理，即TQC（Total Quality Control），是指一个组织以质量为中心，以全员参与为基础，目的在于通过让顾客满意和相关方（本组织所有者、员工、供方、合作伙伴或社会）受益而达到长期成功的一种管理途径。在全面质量管理中，质量这个概念和全部管理目标的实现有关。

（二）全面质量管理的特点

全面质量管理具有“三全、一多样”的特点。

1. 全面质量的管理

质量管理的对象不限于狭义的产品质量，而是扩大到工作质量、一切质量，即广义的质量。不仅要保证产品（工程）质量，还要保证低消耗、低成本、按期交货、服务质量等，以及对质量管理的各项工作质量实行全面的综合管理。

2. 全过程的管理

全过程的管理包括从市场调查、设计、生产、销售，直至售后服务等过程的质量管理。产品质量有一个产生、形成和实现的过程，要保证产品质量，不仅要搞好生产制造过程的质量管理，还要搞好设计和使用过程的质量管理，对产品质量形成的全过程各个环节加以管理，形成一个综合性的质量管理工作体系，做到以防为主，防检结合，重在提高。

3. 全员参加的管理

质量管理的全员性是科学质量管理的客观需求。工业产品质量的优劣，是许多生产环节和各项管理工作的综合反映。企业的任何一个环节、任何一个人的工作质量，都会不同程度地直接或间接地影响产品质量。

4. 质量管理方法多样化

全面综合地运用多种多样的方法进行质量管理，是科学质量管理的客观要求，目前，时代对产品质量提出了更高的要求，但是影响产品质量的因素越来越多、越来越复杂。要把如此多的影响因素系统控制起来，加以管理，单靠数理统计方法是不可能实现的，必须根据不同情况，区别不同的影响因素，灵活运用多种现代化管理手段和措施进行综合管理。

（三）PDCA 循环（戴明环）的基本内涵

PDCA 循环是从戴明环发展而来，具有严密的逻辑性。企业进行全面质量管理的基本方法是 PDCA 循环，PDCA 是计划（Plan）、实施（Do）、检查（Check）、处理（Action）的简称，是全面质量管理反复经过的四个阶段（内含八个步骤）。

1. 计划 P（Plan）

可以理解为质量计划阶段，明确目标并制订实现目标的行动方案。具体步骤是：分析现状，找出问题；找出造成问题的原因；找出其中的主要原因；针对主要原因，制定措施计划表。本阶段要明确 6 个问题，即“5W1H”：为何制定此计划（Why）；计划的目标是什么（What）；何处执行此计划（Where）；何时执行此计划（When）；何人执行此计划（Who）；如何执行此计划（How）。

2. 实施 D（Do）

实施包含两个环节，即计划行动方案的交底和按计划规定的方法与要求展开工程作业技术活动。

3. 检查 C（Check）

检查指对计划实施过程进行各种检查，包括作业者自检，互检和专职管理者专检。

4. 处置 A（Action）

对于质量检查所发现的质量问题或质量不合格，及时进行原因分析，采取必要的措施，予以纠正，保持质量形成的受控状态；不能做标准化处理的，转入下一轮循环。

PDCA 循环的过程，就是企业在认识问题和解决问题中使质量和质量管理水平不断呈阶梯状上升的过程，可用图 4-3 至图 4-5 来阐述循环的过程。

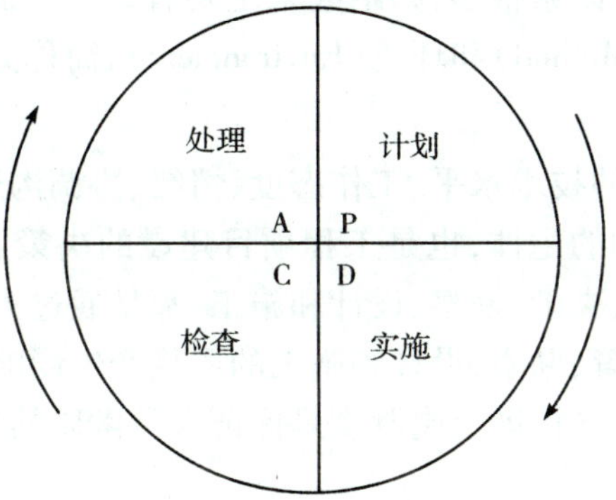

图 4-3　PDCA 循环

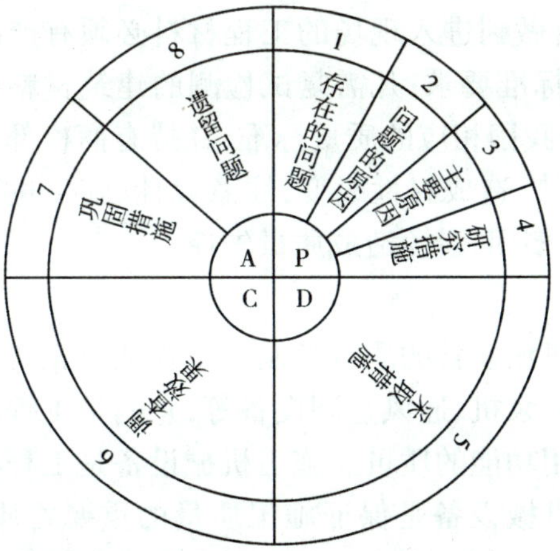

图 4-4　PDCA 循环的 8 个步骤图

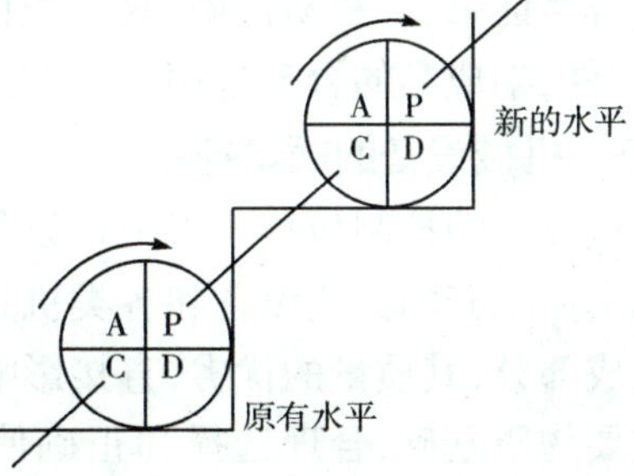

图 4-5　不断上升的循环

PDCA 循环的特点：

（1）大环套小环，相互衔接，互相促进。PDCA 循环是一个不断上升的循环，如同爬楼梯，螺旋式上升，使其 4 个阶段周而复始地循环，每循环一次就上升一个台阶，即一次循环解决了一些问题，使质量水平有了提高，下一次循环是在提高了的基础上进行，如此循环，使质量水平不断上升。

（2）PDCA 循环的关键在 A 阶段，对于质量管理来说，经验和教训是宝贵的，总结经验和教训，形成一定的标准、制度或规定，能使工作做得更好，使质量水平不断提高。

第三节 建设工程项目施工质量控制

一、生产要素的质量控制

建设工程项目质量影响因素很多，归纳起来主要有5个方面，即人（Man）、材料（Material）、机械（Machine）、方法（Method）和环境（Environment），简称为4M1E因素。

（一）人的质量控制

人是最关键的因素，人的技术水平、工作态度、情绪、协调沟通能力对项目质量产生重要的影响。人是生产经营活动的主体，也是工程项目建设的决策者、管理者和操作者，工程建设的全过程，如项目的规划、决策、勘察、设计和施工，都是通过人来完成的。人员的素质，都将直接或间接地对规划、决策、勘察、设计和施工的质量产生影响。因此，建筑行业实行经营资质管理和各类专业从业人员持证上岗制度是保证人员素质的重要管理措施。

（二）材料的质量控制

材料的质量控制包括原材料、成品、半成品、构配件等的质量控制。材料质量控制是工程质量的基础，材料质量不符合要求，工程质量就不可能符合标准。所以加强材料的质量控制，是提高工程质量的重要保证。材料的控制要做到进入现场的工程材料必须有产品合格证或质量保证书、性能检测报告，并能符合设计标准要求；凡需复试检测的建筑材料必须复试合格才能使用；使用进口的工程材料必须符合我国相应的质量标准，并持有商检部门签发的商检合格证书；严禁易污染、易反应的材料混放，造成材性蜕变；注意设计、施工过程对材料、构配件、半成品的合理选用，严禁混用、少用、多用，避免造成质量失控。

（三）机械设备的质量控制

机械设备的控制包括工程项目设备和施工机械设备的质量控制。工程项目设备是指组成工程实体配套的工艺设备和各类机具，如电梯、泵机、通风空调设备等，它们是工程项目的重要组成部分，其质量的优劣，直接影响工程使用功能的质量。施工机械设备是工程项目实施的重要物质基础，合理选择和正确使用施工机械设备是保证施工质量的重要物质基础。因此，必须对工程项目设备和施工机械设备的购置、检查验收、安装质量和试车运转加以控制，确保工程项目质量目标的实现。

提示

历年考试会考查机械设备质量控制的具体措施。例如，混凝土预制构件吊运时需考虑的质量控制措施包括：选择符合环保要求的吊装机械设备；按照构件尺寸、重量选择吊具；计算确定构件的吊点数量、位置；控制吊索水平夹角不应小于45°等。

（四）施工方法的质量控制

施工方法的控制主要包括施工技术方案、施工工艺、施工技术措施等方面的控制。采用科学合理的施工方法有利于保证工程的质量。对施工方法的控制，重点应做好以下几个方面的工作:首先,施工方案应随工程的进展而不断细化和深化;其次,在选择施工方案时,对主要的施工项目要事先拟订几个可行的方案,找出主要矛盾,明确各方案的优缺点,通过反复论证和比较,选出最佳方案;此外,对主要项目、关键部位和难度较大的项目,如新结构、新材料、大跨度、高大结构部位等,制订方案是应充分考虑到可能发生的施工质量问题及处理的方法。

(五)环境因素的质量控制

环境因素的控制主要包括现场自然环境条件、施工质量管理环境和施工作业环境的控制。环境因素对工程质量的影响经常是复杂多变的,而且具有不确定性,因此事先必须要进行深入的调查研究,提前采取措施,充分做好各种准备工作。为减少环境因素对施工质量的不利影响,施工企业主要采取风险控制的方法。

1. 现场自然环境条件的控制

现场自然环境条件主要指工程地质、水文、气象、周边建筑、地下管道线路及其他不可抗力因素等。在编制施工方案、施工计划和措施时,应从自然环境的特点和规律出发,制定切实可行且具有针对性的技术方案和施工对策,防止地下水、地面水对施工的影响,保证周围建筑和地下管线的安全。从实际条件出发做好冬雨期施工项目的安排和防范措施,加强环境保护和建设公害的治理。

2. 施工质量管理环境的控制

施工质量管理环境主要指施工单位质量保证体系、质量管理制度等。根据发承包的合同结构,理顺各参建施工单位之间的管理关系,建立现场施工组织系统和质量管理的综合运行机制,保证质量保证体系处于良好的状态。

3. 施工作业环境的控制

施工作业环境主要指施工现场的水电供应、施工照明、通风、安全防护设施、施工场地空间条件和通道、交通运输和道路条件等施工条件。这些条件是否良好直接影响到施工能否顺利进行。施工时应做好施工平面图合理规划和管理,规范施工现场的机械设备、材料构件、道路管线和各种大型设施的布置,落实好现场各种安全防护措施,做出明确标志,保证施工道路的畅通,采取特殊环境下施工作业的通风、照明措施。

典型例题

【多选题】施工生产要素是施工质量形成的物质基础。施工生产要素的质量控制内容包括(　　)。

A. 施工人员　　B. 施工机械
C. 施工环境　　D. 设计资料
E. 材料设备

ABCE。【解析】施工生产要素的质量控制内容包括:(1)人的质量控制。(2)机械设备的质量控制。(3)环境因素的质量控制。(4)施工方法的质量控制。(5)材料的质量控制。故选项D错误。

二、施工质量控制计划

（一）建筑工程施工质量控制的主要方面

用于建筑工程的主要材料、半成品、成品、建筑构配件、器具和设备的进场检验和重要建筑材料、产品的复验。为把握重点环节，要求对涉及安全、节能、环境保护和主要使用功能的重要材料、产品进行复验，体现了以人为本、节能、环保的理念和原则。

为保障工程整体质量，应控制每道工序的质量。目前各专业的施工技术规范正在编制，并陆续实施，施工单位可按照执行。考虑到企业标准的控制指标应严格于行业和国家标准指标，鼓励有能力的施工单位编制企业标准，并按照企业标准的要求控制每道工序的施工质量。施工单位完成每道工序后，除了自检、专职质量检查员检查外，还应进行工序交接检查，上道工序应满足下道工序的施工条件和要求；同样相关专业工序之间也应进行交接检验，使各工序之间和各相关专业工程之间形成有机的整体。

工序是建筑工程施工的基本组成部分，一个检验批可能由一道或多道工序组成。根据目前的验收要求，监理单位对工程质量控制到检验批，对工序的质量一般由施工单位通过自检予以控制，但为保证工程质量，对监理单位有要求的重要工序，应经监理工程师检查认可，才能进行下道工序施工。

（二）施工质量控制主要环节

施工质量控制的中心任务是要通过建立健全有效的质量监督工作体系来确保工程质量达到合同规定的标准和等级要求。根据工程质量形成的时间阶段，施工质量控制又可分为质量的事前控制、事中控制和事后控制。其中，工作的重点应是质量的事前控制。

1. 质量事前控制

事前控制又称为预先控制或事先控制，即在投入阶段所进行的控制，实质上是一种预防性控制。如质量预控就属于事前控制。质量事前控制主要工作程序包括：

（1）确定质量标准，明确质量要求。

（2）建立本项目的质量监理控制体系。

（3）施工场地质检验收。

（4）建立完善质量保证体系。

（5）检查工程使用的原材料、半成品。

（6）施工机械的质量控制。

（7）审查施工组织设计或施工方案。

2. 质量事中控制

事中控制也称为过程控制，即在转化阶段所进行的控制。如工序质量控制就属于过程控制。质量事中控制主要工作程序包括：

（1）施工工艺过程质量控制。现场检查、旁站、量测、试验。

（2）工序交接检查。坚持上道工序不经检查验收不准进行下道工序的原则，检验合格后签署认可才能进行下道工序。

（3）隐蔽工程检查验收。

（4）做好设计变更及技术核定的处理工作。

(5)工程质量事故处理。分析质量事故的原因、责任;审核、批准处理工程质量事故的技术措施或方案;检查处理措施的效果。

(6)进行质量、技术鉴定。

(7)建立质量监理日志。

(8)组织现场质量协调会。

事中控制虽然包含自控和他人监控两大环节,但其关键还是增强质量意识,发挥操作者自我约束自我控制,即坚持质量标准是根本的,监控或他人控制是必要的补充,没有前者或用后者取代前者都是不正确的。

3. 质量事后控制

事后控制即在输出阶段所进行的控制,如项目交验阶段所进行的质量控制,这种控制实质上是一种合格控制,是对质量活动结果的评价和对质量偏差的纠正。

质量事后控制主要工作程序包括:

(1)组织试车运转。

(2)组织单位、单项工程竣工验收。

(3)组织对工程项目进行质量评定。

(4)审核竣工图及其他技术文件资料,搞好工程竣工验收。

(5)整理工程技术文件资料并编目建档。

(三)施工质量验收主要规定

建筑工程的施工质量控制应符合下列规定:

(1)建筑工程采用的主要材料、半成品、成品、建筑构配件、器具和设备应进行进场检验。凡涉及安全、节能、环境保护和主要使用功能的重要材料、产品,应按各专业工程施工规范、验收规范和设计文件等规定进行复验,并应经监理工程师检查认可。

(2)各施工工序应按施工技术标准进行质量控制,每道施工工序完成后,经施工单位自检符合规定后,才能进行下道工序施工。各专业工种之间的相关工序应进行交接检验,并应记录。

(3)对于监理单位提出检查要求的重要工序,应经监理工程师检查认可,才能进行下道工序施工。

符合下列条件之一时,可按相关专业验收规范的规定适当调整抽样复验、试验数量,调整后的抽样复验、试验方案应由施工单位编制,并报监理单位审核确认:

(1)同一项目中由相同施工单位施工的多个单位工程,使用同一生产厂家的同品种、同规格、同批次的材料、构配件、设备。

(2)同一施工单位在现场加工的成品、半成品、构配件用于同一项目中的多个单位工程。

(3)在同一项目中,针对同一抽样对象已有检验成果可以重复利用。

当专业验收规范对工程中的验收项目未作出相应规定时,应由建设单位组织监理、设计、施工等相关单位制定专项验收要求。涉及安全、节能、环境保护等项目的专项验收要求应由建设单位组织专家论证。

建筑工程施工质量应按下列要求进行验收:

(1)工程质量验收均应在施工单位自检合格的基础上进行。

(2)参加工程施工质量验收的各方人员应具备相应的资格。

(3)检验批的质量应按主控项目和一般项目验收。

(4)对涉及结构安全、节能、环境保护和主要使用功能的试块、试件及材料，应在进场时或施工中按规定进行见证检验。

(5)隐蔽工程在隐蔽前应由施工单位通知监理单位进行验收，并应形成验收文件，验收合格后方可继续施工。

(6)对涉及结构安全、节能、环境保护和使用功能的重要分部工程，应在验收前按规定进行抽样检验及监测。

(7)工程的观感质量应由验收人员现场检查，并应共同确认。

专家解读

检验批：按相同的生产条件或按规定的方式汇总起来供抽样检验用的，由一定数量样本组成的检验体。

建筑工程施工质量验收合格应符合下列规定：

(1)符合工程勘察、设计文件的要求。

(2)符合《建筑工程施工质量验收统一标准》(GB 50300)和相关专业验收规范的规定。

检验批的质量检验，可根据检验项目的特点在下列抽样方案中选取：

(1)计量、计数或计量－计数的抽样方案。

(2)一次、二次或多次抽样方案。

(3)对重要的检验项目，当有简易快速的检验方法时，选用全数检验方案。

(4)根据生产连续性和生产控制稳定性情况，采用调整型抽样方案。

(5)经实践证明有效的抽样方案。

检验批抽样样本应随机抽取，满足分布均匀、具有代表性的要求，抽样数量应符合有关专业验收规范的规定。当采用计数抽样时，最小抽样数量应符合表4-1的要求。明显不合格的个体可不纳入检验批，但应进行处理，使其满足有关专业验收规范的规定，对处理的情况应予以记录并重新验收。

表4-1　检验批最小抽样数量

检验批的容量	最小抽样数量	检验批的容量	最小抽样数量
2～15	2	151～280	13
16～25	3	281～500	20
26～90	5	501～1 200	32
91～150	8	1 201～3 200	50

计量抽样的错判概率 α 和漏判概率 β 可按下列规定采取：

(1)主控项目，对应于合格质量水平的 α 和 β 均不宜超过5%。

(2)一般项目，对应于合格质量水平的 α 不宜超过5%，β 不宜超过10%。

三、施工质量的准备阶段控制

施工准备阶段的质量控制是指项目正式施工活动开始前，对各项准备工作及影响质量的各因素和有关方面进行的质量控制。施工准备是为保证施工生产正常进行而必须事先做好的工作。施工准备工作不仅在工程开工前要做好，而且应贯穿于整个施工过程。施工准备的基本任务就是为施工项目建立一切必要的施工条件，确保施工生产顺利进行，确保工程质量符合要求。

（一）质量教育与培训阶段的质量控制

通过教育培训和其他措施提高员工的能力，增强质量和顾客意识，使员工满足所从事的质量工作对能力的要求。

项目领导班子应着重以下几方面的培训：质量意识教育；充分理解和掌握质量方针和目标；质量管理体系有关方面的内容；质量保持和持续改进意识。

可以通过面试、笔试、实际操作等方式检查培训的有效性。还应保留员工的教育、培训及技能认可的记录。

（二）技术资料、文件准备的质量控制

1. 自然条件及技术经济条件调查资料

施工项目所在地的自然条件及技术经济条件调查资料。对施工项目所在地的自然条件和技术经济条件的调查，是为了选择施工技术与组织方案收集基础资料，并以此作为施工准备工作的依据。具体需要收集的资料有：地形与环境条件、地质条件、地震级别、工程水文地质情况，气象条件以及当地水、电、能源供应条件，交通运输条件，材料供应条件等。

2. 施工组织设计

施工组织设计是指导施工准备和组织施工的全面性技术经济文件。对施工组织设计，要进行两方面的控制：一是选定施工方案后，制定施工进度时，必须考虑施工顺序、施工流向，主要分部分项工程的施工方法，特殊项目的施工方法和技术措施能否保证工程质量；二是制定施工方案时，必须进行技术经济比较，使工程项目满足符合性、有效性和可靠性要求，取得施工工期短、成本低、安全生产、效益好的经济质量。

3. 相关法律、法规文件及质量验收标准

国家及政府有关部门颁布的有关质量管理方面的法律、法规文件及质量验收标准。质量管理方面的法律、法规，规定了工程建设参与各方的质量责任和义务，质量管理体系建立的要求、标准，质量问题处理的要求、质量验收标准等，以上是进行质量控制的重要依据。

4. 工程测量控制资料

施工现场的原始基准点、基准线、参考标高及施工控制网等数据资料，是施工之前进行质量控制的一项基础工作，这些数据资料是进行工程测量控制的重要内容。工程测量控制属于现场施工准备工作，现场准备工作还包括计量控制和施工平面图控制。施工单位应复核测量控制点，复核结果需上报监理工程师进行审核，审核合格、批准后方可建立施工测量控制网。

（三）设计交底和图纸审核的质量控制

设计图纸是进行质量控制的重要依据，为使施工单位熟悉有关的设计图纸，充分了解拟建项目的特点、设计意图和工艺与质量要求，减少图纸的差错，消灭图纸中的质量隐患，要做好设计交底和图纸审核工作。

1. 设计交底

设计交底工程施工前，由设计单位向施工单位有关人员进行设计交底，其主要内容包括：

（1）地形、地貌、水文气象、工程地质及水文地质等自然条件。

（2）施工图设计依据。初步设计文件，规划、环境等要求，设计规范。

（3）设计意图。设计思想、设计方案比较、基础处理方案、结构设计意图、设备安装和调试要求、施工进度安排等。

（4）施工注意事项。对基础处理的要求，对建筑材料的要求，采用新结构、新工艺的要求，施工组织和技术保证措施等。

交底后，由施工单位提出图纸中的问题和疑点，以及要解决的技术难题。经协商研究，拟定出解决办法。技术交底符合下列规定：

（1）单位工程、分部工程和分项工程开工前，项目技术负责人向承担施工的负责人或分包人进行书面技术交底。技术交底资料办理签字手续并归档。

（2）在施工过程中，项目技术负责人对发包人或监理工程师提出的有关施工方案、技术措施及设计变更的要求，在执行前向执行人员进行书面技术交底。

2. 图纸审核

图纸审核是设计单位和施工单位进行质量控制的重要手段，也是使施工单位通过审查熟悉设计图纸，了解设计意图和关键部位的工程质量要求，发现和减少设计差错，保证工程质量的重要方法。图纸审核的主要内容包括：

（1）对设计者的资质进行认定。

（2）设计是否满足抗震、防火、环境卫生等要求。

（3）图纸与说明是否齐全。

（4）图纸中有无遗漏、差错或相互矛盾之处，图纸表示方法是否清楚并符合标准要求。

（5）地质及水文地质等资料是否充分、可靠。

（6）所需材料来源有无保证，能否替代。

（7）施工工艺、方法是否合理，是否切合实际，是否便于施工，能否保证质量要求。

（8）施工图及说明书中涉及的各种标准、图册、规范、规程等，施工单位是否具备等。

（四）材料准备阶段的质量控制

入场的建筑材料均应进行现场验收，凡涉及工程安全和使用功能的有关材料，应按各类施工质量验收规范文件进行复验，并应经监理工程师（建设单位技术负责人）检查认可，把好原材料的质量控制关口。

1. 把好采购订货关

施工单位应制定合理的材料采购计划，在充分掌握市场信息的基础上，优选材料，严格执行供应商资格审查制度，确保订货质量。

2. 把好进场检验关

施工单位必须对水泥物理性能、钢筋力学性能、混凝土砂浆强度进行进场抽样检查或试验，并对砂石、混凝土外加剂、沥青及混合料、防水涂料等进行常规检查。

3. 把好存储和使用关

施工单位必须加强材料进场后的存储和使用管理，既要做到调度合理，又要避免材料大量积压现场，减少无序堆放，在材料使用上要先进先出，正确使用。在材料使用过程中要及时质检监督，避免因材料变质而降低工程质量甚至引发质量事故。

（五）施工机械设备的质量控制

施工机械设备的质量控制，目的是使施工机械设备的类型、性能、参数等与施工现场的实际条件、施工工艺和技术要求等因素相匹配，满足施工生产的实际要求，其质量控制主要从选型、主要性能参数指标的确定和使用操作要求上开展。

1. 机械设备选型

机械设备的选择应按技术先进、适用、经济、安全、操作简便的原则进行，选型的施工机械应符合施工现场需求，故设备选型前要进行充分的需求分析。

2. 确定主要性能参数指标

主要性能参数是选择机械设备的重要依据，其参数指标必须满足施工的需要以及保证质量，只有正确确定主要的性能参数，才能保证施工的正常进行，才能得以避免质量安全事故。

3. 使用操作符合要求

合理使用机械设备，正确进行操作，是保证项目施工质量的重要环节。应坚持持证上岗和人机固定的原则，实行定人、定岗、定机的使用管理制度，严格操作技术规程和安全规程，做好例行保养，防止出现质量安全事故，确保施工质量达标。

四、工程设计质量管理

（一）工程设计的基本过程

工程设计是指根据建设工程的要求，对建设工程所需的技术、经济、资源、环境等条件进行综合分析、论证，编制建设工程设计文件的活动。

工程设计文件包括施工图纸、图纸会审记录、设计变更单以及工程洽商记录单等，设计文件是工程施工的重要依据。项目技术负责人负责项目设计文件的管理工作，工程规模较大时，项目经理部应配备专人协助管理。

工程设计的基本过程包括下列内容：研究合同，确定功能和性能要求；收集设计基础资料并确定设计输入；评审并确定设计方案；提出或接收相关专业的设计条件；工程计算；设计文件编制、校对、审核；设计文件会签；设计文件审定（批准）；设计修改和变更；施工现场服务；编制工程总结报告。

（二）工程设计投标

工程设计投标应严格按照招标文件的要求编制标书，并在规定时间内递送或上传招标系统。工程设计投标书一般包括以下内容:设计综合说明书;方案设计指标及图纸;建设工期;施工技术要求及施工组织方案;投资估算及分析;设计进度计划;设计报价;设计模型或沙盘。

(三)工程设计质量管理的依据

工程设计质量管理的依据包括:

(1)工程建设领域及质量管理相关法律法规,如市政、环保、土地、规划、质量监督检验、投资等方面的法律法规。

(2)工程建设领域的规范、标准、规程、定额类文件。

(3)工程项目审批文件、报告。

(4)工程项目设计准备文件,如设计大纲、设计合同、设计监理大纲等。

(5)工程建设中和建成后形成的各类技术、经济、资源类数据和资料等。

(四)影响工程设计质量的主要因素

1. 人的质量控制

综合考虑设计单位各级领导人员、各专业技术、经济专业人员的技术素质、业务能力和设计经验、专业配置、人才结构等因素。

2. 物的质量控制

对原材料、预制件、机械设备等的选择是否合理、安全,符合质量要求。

3. 信息质量的控制

信息质量是工程设计质量的基础,对设计信息质量的控制主要包括:设计数据的质量、工艺技术标准规程等的采用是否符合设计的整体要求;总体设计方案和专业设计方案是否具有适用性、可靠性、协调性;设计指令和决策是否权威可靠等。

4. 设计经济质量的控制

设计经济质量的控制包括两方面内容:

(1)工程设计的经济、社会、环境影响要确定是否能满足国家政策、法律法规的规定。

(2)工程设计单位的激励分配机制是否能充分激发设计人员的创造性和积极性。

5. 设计环境因素的质量控制

工程建设财政、金融政策,业主方投资环境,项目所处市场环境,技术发展趋势,项目所在自然地质环境,规划布局,社会人文环境,都将对工程设计质量产生不同程度的影响。

6. 设计单位的质量体系控制

工程设计单位需要有健全的质量体系,能对设计质量进行全过程管理。

(五)工程设计风险管理

工程设计风险包括设计范围、进度、时间、质量、变更管理、法律风险、保密性、安全责任、信息安全、职业健康与环境等诸多方面。

对工程设计风险要进行定性和定量分析,定量分析时需同时满足四个条件:风险的影响或发生概率可以加以量化处理;风险的影响结果和风险评估指标之间存在一定的因果关系;风险影响结果和评估指标之间的关系可以转化为数学语言;相关数据可以被检测、测量或获得。

(六)设计技术交底

在工程正式组织施工之前,为使施工方(项目技术负责人)掌握设计图纸,深刻领悟工程特点和设计意图,熟悉关键工程部位的质量要求,减少图纸差错,提高工程质量,业主方或监理方应组织施工单位进行设计技术交底。

(七)图纸会审管理

项目技术负责人应负责图纸会审工作,提前与建设单位和设计单位联系,确定图纸会审时间。图纸会审应在开工前进行。如施工图纸在开工前未全部到齐,可先进行分部工程图纸会审。

图纸会审的一般程序:建设方或监理方主持人发言→设计方图纸交底→施工方、监理方代表提问题→逐条研究→形成会审记录文件→签字、盖章后生效。

项目技术负责人应在建设单位提供图纸后,组织项目管理人员、作业层骨干认真学习,了解建设规模、设计意图及质量和技术标准,明确工艺流程等。项目技术负责人在正式进行图纸会审前,应组织项目内部、施工队进行图纸预审,收集各方审核意见,统一施工思路。

项目技术负责人组织各专业人员对施工图纸进行预审,以土建专业为主,和其他专业核对图纸,提出问题,消除差错,协商配合施工事宜等。项目技术负责人和各专业技术人员做好记录,整理一式四份,提前送建设单位、监理单位和设计单位,另一份自存作为正式会审的记录原件。对于"重、大、特、新"项目,项目技术负责人应通知企业技术部门参加图纸预审和图纸会审。项目技术负责人应参与组织图纸会审工作,并组织项目经理部相关人员参加图纸会审。

图纸会审一般应由业主组织。正式图纸会审应在开工前进行,项目技术负责人应主动与建设单位联系确定会审时间。项目经理、项目技术负责人应参加正式会审。一级及以上建筑工程的图纸会审,公司总工程师和技术主管部门相关人员应参加。

建筑工程图纸会审内容包括:

(1)设计是否符合国家的技术经济政策和《工程建设标准强制性条文》,图纸是否为正式图纸。

(2)设计单位是否具备相应的设计资质,图纸是否有注册建筑师、注册结构工程师签章等。

(3)屋面、地下防水等级和结构抗震等级,是否符合规范、规程和当地要求。

(4)有无特殊的施工要求,技术上有无困难,能否保证安全施工。

(5)使用的新材料和特殊材料规格品种能否满足。

(6)设计是否符合施工技术装备条件。

(7)建筑、结构、水、电、通风及设备安装等专业之间有无重大矛盾。

(8)图纸及说明是否齐全、明确,施工图中所列标准是否具备,是否有作废版本。

(9)总图与施工图坐标、标高、图纸尺寸、管线、道路等交叉连接是否相符。

(10)原地下管网位置与施工图有无矛盾。

(11)地质勘探资料是否齐全,水文地质资料是否符合现场实际;地基处理方法是否合理。

(12)建筑物是否配套,建成后能否使用。

(13)建筑与结构构造是否有不便于施工或有明显的不合理等问题,结构设计有不安全疑问时亦应在会审时提出并备案。

(14)有无合理化建议。

建筑安装工程图纸会审内容包括：

(1)施工图是否符合国家现行的有关技术标准、工程建设标准强制性条文、经济政策等有关规定。

(2)施工的技术设备条件是否满足设计要求，当采取特殊的施工技术措施时，现有的技术力量及现场条件有无困难，能否保证工程质量和安全施工的要求。

(3)有关特殊技术或新材料的要求，其品种、规格、数量能否满足需要及工艺规定要求。

(4)建筑结构与安装工程的设备和管线的接合部位是否符合技术要求。

(5)安装工程各专业之间与建筑、结构专业之间有无重大矛盾。

(6)图纸及说明是否齐全、清楚、明确，图纸上标注的尺寸、坐标、标高及地上、地下工程和道路交汇点等有无遗漏和矛盾。

项目技术负责人在图纸会审后，负责对图纸会审记录的整理。项目技术负责人会同其他专业负责人负责对图纸会审记录、整理，记录表格按当地建设主管部门规定的统一格式填写。会审记录整理时应留足合同要求竣工资料的份数，并至少保留一份原件(用碳素笔书写或正式打印)。整理后的会审记录经设计单位、建设(或监理)单位和施工单位技术部门各方签字盖章后生效。

(八)设计变更单和技术核定单管理

设计变更单和技术核定单管理是施工单位在施工过程中的一项重要技术管理工作，项目技术负责人应重点负责设计变更单和技术核定单的管理，保证项目施工的顺利进行。

设计变更单管理流程：设计单位填写设计变更单→建设(监理)单位审核→设计变更单签收→设计变更单发放→设计变更单登记台账→设计变更单资料存档。

技术核定单管理流程：施工单位填写技术核定单→监理单位审核审批→设计单位审核审批→建设单位审核→技术核定单发放→技术核定单登记台账→技术核定单资料存档。

(九)工程设计质量与施工质量的协调

设计阶段质量控制的主要任务，就是对设计过程的目标进行有效控制，业主方提出的总投资、总进度和质量目标进行充分论证的前提下，应根据总目标的要求编制对应的计划，拟定设计大纲，明确设计的质量标准。

就工程设计质量与施工质量的协调关系而言，追求质量的合理化，就是在一定投资预算下，设计方能达到业主方所需求的最佳功能和质量水准。设计质量标准并不是越高越好，实际上是通过对项目质量目标及水平的控制，从而达到对项目投资的控制。

五、施工质量的过程控制

(一)施工质量工序控制

建筑工程项目是由多个施工工序构成，各个工序的施工质量会对建筑工程整体施工质量造成影响，若其中一个工序施工质量不合格，便会对后续工序的施工造成不利影响；并且当前建筑工程中的许多施工质量问题是由于施工顺序安排不当、工序搭接不合理等原因造成的，可见，加强建筑工程的施工工序质量控制的意义重大，施工质量的过程控制，必须以工序质量控制为基础和核心。建筑工程施工工序质量控制主要包括建筑工程施工工序活动条件的控制和建筑工程施工工序活动效果的控制两个方面。

建筑工程施工工序质量控制，是企业中最高频、最大量的质量管理活动，是企业实现质量目标的基本保证。建筑工程施工工序就是生产和检验材料、零部件、各分部、分项工程的具体阶段。实施建筑工程施工工序活动质量监控应主次分明，关键清晰，完善质量手段（巡查、抽检、测试、质量监督等），持续改进质量体系和质量检查制度。

建筑工程施工工序活动条件的控制主要是指对影响建筑工程施工工序质量的各因素进行控制。影响施工项目的工程质量因素很多，可以归结为常见的五大方面，即人、材料、机械、方法和环境，控制这些因素的依据包括工程项目人力资源标准、工程设计质量标准、工程材料质量验收标准、机械设备性能标准及安全操作规程、施工工艺设计及组织等。

首先，应制定建筑工程施工工序质量控制计划，要明确质量控制工作程序和质量检查制度。其次，要设置建筑工程施工工序活动质量控制点，进行预控，控制点设置原则将在下节内容中讲述。

具体控制步骤如下：

（1）实测。采用必要的检测手段，对样品进行检验，测定其质量特性指标。

（2）分析。即对检测数据进行整理、分析、找出规律。

（3）判断。判断该工序质量是否达到了规定的标准。

（4）纠正或认可。如果未达到，应采取措施纠正；如果符合要求则予以确认。

工序质量控制应达到全面、实时、有效的效果。要实现这一控制目标，务必在控制过程中实现事前、事中、事后全过程有效监控，并在控制过程中适时采取管理、组织、技术等方面措施，如在检查过程中推行多级检查及交叉检查制度。

多级检查制度是指操作班组自检、质检员检查、下道工序操作者的核检、监理工程师的验收检查。

各类施工规范及验收规范均含有类似工序验收规定：

（1）施工单位施工前应编制施工方案，并进行技术及安全交底，施工单位应按施工技术标准做好各道工序的质量控制与检验，每道工序完成后应进行工序质量检验和工序间的交接检验，并形成记录。

（2）相关各专业工种之间交接时，应进行检验，并经监理工程师签证后方可进入下道工序。当某道工序不满足质量和下道工序的施工要求时，不得进行下道工序的施工。

（3）对于隐蔽工程，应及时进行检验并形成记录，检验合格后方可继续施工。

施工过程质量检测试验的主要参数，下面以典型例题的形式进行讲解。

典型例题

【单选题】对水泥土墙支护施工过程质量进行检测试验的主要参数是（　　）。

A. 抗拔力　　　　B. 完整性

C. 抗渗性　　　　D. 锁定力

B。【解析】对水泥土墙支护施工过程质量进行检测试验的主要参数有墙身完整性、墙体强度；对土钉墙支护施工过程质量进行检测试验的主要参数是抗拔力；对混凝土施工过程质量进行检测试验的主要参数有抗渗性、试件强度等；对锚杆、锚索支护施工过程质量进行检测试验的主要参数是锁定力。

（二）施工质量的自控

1. 施工质量自控制度

施工方要面向业主方满意度去履行质量管理责任，施工质量的自控是确保工程质量的关键所在，其主体是施工方自身。根据工程实践经验，常用的施工质量自控制度有：质量挂牌制度、质量样板制度、每月质量讲评制度、质量例会制度、质量会诊制度、质量三检制度。质量三检制度是指自检、互检、专检。质量例会可分为周例会、月例会和质量专题会等。质量挂牌制度包括技术交底挂牌、施工部位挂牌、操作管理制度挂牌以及成品、半成品挂牌制度。质量讲评制度是指工程施工过程中发生质量问题事前和事中，按照质量事故防控措施预案，由工程部组织技术、质量、分包单位及班组人员到现场针对特定对象进行讲评，对质量控制点重点讲解，及时纠正问题，指导施工班组按标准化、规范化施工，讲评过程应记录完整有效。

2. 作业技术交底

技术交底是一项经常性的工作，等同于企业管理标准中的作业指导书，是具体指导施工活动的操作性技术文件。项目技术负责人在各分部分项工程施工前，应向项目经理部各管理人员、作业层骨干等进行交底。技术交底管理流程：制定交底计划→编制技术交底，编制人签字→技术交底审核，审核人签字→进行交底→接受人签字→实施→交底记录存档。

项目技术负责人应负责项目的技术交底工作，落实对项目实现逐级交底，保证各工序施工前各项交底清晰，各级管理人员能清楚自身负责的工作内容和要求，各操作人员能清楚所操作工序的工艺、质量、安全等要求及其标准。

项目实施过程中，项目技术负责人应对下列内容进行技术交底：

（1）设计文件重点及设计变更洽商情况；设计修改、变更的具体内容或应注意的关键部位。

（2）施工技术关键性的问题，新操作方法和有关技术规定，拟采取的技术组织措施，主要施工方法和施工程序安排。

（3）各种材料的品种、规格、等级及要求，材料的试验、检验项目。

（4）施工图纸上必须注意的尺寸，如轴线、标高、预留孔洞、预埋件镶入构件的位置、规格、大小、数量等；混凝土、砂浆、防水、保温、耐火、耐酸、防腐蚀材料等的配合比和技术要求。

（5）总分包配合协作的要求，土建和安装交叉作业的要求。

（6）国家、建设单位及企业对该工程的工期、质量、成本、安全等的要求。

（7）保证进度、质量、安全、成本的技术组织措施。

（8）需要做样板的项目（砌筑工程、装饰工程、楼地面工程、门窗工程、特殊材料的模板工程等），应明确样板间，样板选择应具有代表性，不同材料应分别有样板，交底中对各细部处理有详细的大样图。

各施工工长（或专业工程师）在各工序施工前，应向作业层作业人员进行技术交底。技术交底内容包括：

（1）施工准备，包括作业人员、主要材料、主要机具准备和作业条件等。

（2）施工进度要求。

(3)施工工艺,包括工艺流程、施工要点等。

(4)控制要点,包括重点部位和关键环节施工要点、质量通病的预防措施等。

(5)成品保护,包括对上道工序成品的保护措施、对本道工序成品的保护措施等。

(6)质量保证措施。

(7)安全注意事项。

(8)环境保护措施。

(9)质量标准,包括主控项目、一般项目以及质量验收等。

项目技术负责人可通过召集会议形式或现场授课形式进行技术交底,技术交底的内容可纳入施工组织设计、施工方案中,也可单独形成交底文件。

各施工工长应通过书面形式或配以现场口头讲授形式进行技术交底,技术交底的内容应单独形成交底文件。

项目技术负责人应对各施工工长(或专业工程师)的技术交底进行审查,并签字认可。技术负责人应审查技术交底的下列内容:是否符合施工组织设计(施工方案)的要求;是否符合施工图纸的要求;是否符合国家规范、标准和企业操作规程的要求;是否符合合同规定;交底的记录格式是否符合要求。技术交底书面资料至少一式四份,分别由项目技术负责人、交底人(项目施工工长或专业工程师)、施工班组保存,另一份由项目资料员作为竣工资料归档。

项目技术负责人应督促、检查项目资料员收集技术交底资料,交底文件应有交底时间,有交底人、接受人的签字,并经项目技术负责人审批。

(三)施工质量的监控

1.施工质量监控主体

施工质量监控主体是项目监理机构,在监理工作中,要采取巡视、旁站和平行检验等方式对工程进行质量控制,要依据《建设工程质量管理条例》《建设工程监理规范》的要求,结合工程项目实际制定监理方案。

巡视是指项目监理机构对施工现场进行的定期或不定期的检查活动。

旁站是指项目监理机构对工程的关键部位或关键工序的施工质量进行的监督活动。

平行检验是指项目监理机构在施工单位自检的同时,按有关规定和建设工程监理合同约定对同一检验项目进行的检测试验活动。平行检验作为工程建设监理的一种形式在质量过程控制中处于重要的位置。

平行检验及旁站检查是监理工程师在施工阶段工程监理中实施质量控制的重要手段之一,也为竣工阶段组织工程预验收及编写工程质量评估报告和建设单位组织竣工验收提供验收依据。通过平行检验及旁站检查能及时发现问题、及时解决问题,防止有些问题积重难返,造成不必要的损失。

2.现场质量检查方法

按质量检查的程度,即检查对象被检验的数量划分,可有以下几类:

(1)全数检查。主要是用于关键工序部位或隐蔽工程,以及那些在技术规程、质量检验验收标准或设计文件中有明确规定应进行全数检查的对象。例如,对安装模板的稳定性、刚度、强度、结构物轮廓尺寸等的检验。

(2)抽样检查。对于主要的建筑材料、半成品或工程产品等,由于数量大,通常大多采取抽样检查。抽样检查具有检验数量少,比较经济,检验所需时间较少等优点。

(3)免检。就是在某种情况下,可以免去质量检验过程。如对于实践证明其产品质量长期稳定、质量保证资料齐全者可考虑采取免检。

对于现场所用原材料、半成品、工序过程或工程产品质量进行检验的方法,一般可分为三类,即:目测法、量测法以及试验法。

(1)目测法。目测法即凭借感官进行检查,也可以叫作观感检验。这类方法主要是根据质量要求,采用看、摸、敲、照等手法对检查对象进行检查。“看”就是对质量标准进行外观目测。“摸”就是手感检查,主要用于装饰工程的某些项目工程。“敲”就是运用工具进行听感检查,墙面、地面是否空鼓,玻璃压条不实的颤动等。“照”就是对于光线较暗的地方用反光或灯光照射检查。

(2)量测法。量测法就是利用量测工具或计量仪表,通过实际量测结果与规定的质量标准或规范的要求相对照,从而判断质量是否符合要求。检查手段有:靠、吊、量、套。“靠”是用直尺检查诸如地面、墙面的平整度等。“吊”是指用线锤检查垂直度。“量”是指用测量工具和仪表或红外线来检查断面尺寸,轴线,标高,角度等的偏差。“套”是指以方尺套方辅以塞尺,检查诸如踏角线的垂直度、预制构件的方正,门窗口及构件的对角线等。

(3)试验法。试验法是利用理化试验或借助专门仪器判断检验对象质量是否符合要求。①理化试验。常用的理化试验包括力学性能检验和化学成分及含量测定等方面。力学性能检验一般包括抗拉强度、抗压强度等的测定。化学成分检验一般包括微量元素含量等的测定。②无损检验。借助专门的仪器、仪表等手段在不损伤被探测物的情况下了解被探测物的质量情况。如超声波探伤仪、磁粉探伤仪等。超声波探伤设备应具有测厚功能,探伤设备应具有缺陷标记和记录功能。

典型例题

【单选题】对装饰工程的水磨石、面砖、石材饰面等现场检查时,均应进行敲击检查其铺设质量。该方法属于现场质量检查方法中的(　　)。

A. 实测法　　　　B. 目测法

C. 记录法　　　　D. 试验法

B。**【解析】**现场质量检查方法包括目测法、实测法及试验法。目测法是借助感官进行检查,包括“看、摸、敲、照”。题干中的敲击检查属于目测法中的“敲”。

3. 见证取样管理制度

见证取样检测工作是指在新建、扩建、改建的房屋建筑和市政基础设施工程施工现场,在建设单位或监理单位人员的见证下,由施工单位的取样人员按照有关工程建设标准的规定,对涉及工程结构安全、节能环保和主要使用功能的试块、试件及材料进行随机取样,并送至具备相应检测资质的工程质量检测机构进行检测的活动。

房屋建筑和市政基础设施工程涉及结构安全、节能环保、主要使用功能的试块、试件、建筑材料及构配件应全部实行见证取样检测。工程开工前施工单位项目技术负责人要组织制定见证取样和送检计划,并报监理单位审核通过后实施。

(四)隐蔽工程验收

隐蔽工程验收合格后,由监理人员和工程分管人员签署隐蔽工程验收记录后,施工单位方可进行下一程序施工。隐蔽工程验收不合格的,经整改后必须重新验收,合格后方可签署隐蔽工程验收记录,进行下一程序的施工。

1. 隐蔽工程验收程序

(1)验收程序。

承包人隐蔽工程完成自检→隐蔽工程验收申报→通知监理(甲方)检查→隐蔽前相关试验→试验合格(不合格退回上一步)→办理隐蔽工程合格签证→隐蔽→完成。

(2)承包人自检。

工程具备隐蔽条件或达到专用条款约定的中间验收部位,承包人应对照施工设计、施工规范进行自检,并在隐蔽或中间验收前48小时以书面形式通知工程师验收。通知包括隐蔽和中间验收的内容、验收时间和地点。

(3)共同检验。

隐蔽工程验收应由监理工程师组织。接到承包人的请求验收通知后,应在通知约定时间组织相关人员与承包人共同检查或试验。检测结果表明质量验收合格,经工程师在验收记录上签字后,承包人方可进行工程隐蔽和继续施工。验收不合格,承包人应在工程师限定的时间内修改后重新验收。

(4)重新检验。

无论工程师是否参加了验收,当其对某部分工程质量有怀疑,均可要求承包人重新检验。承包人接到通知后,应按要求进行剥离或开孔,并在检验后重新覆盖或修复。

(5)工程验收合格。

没有按隐蔽工程专项要求办理验收的项目,建设单位不办理工程验收。

2. 隐蔽工程验收项目

主要的隐蔽工程验收项目包括建筑地基基础工程、主体结构工程、建筑装饰装修工程、建筑屋面工程等。

(五)成品质量保护

工程项目成品质量保护一般包括材料运输阶段的保护和施工过程中的保护,具体采用的手段包括采用保护膜覆盖、遮挡、软包、封闭隔离等。

以装配式混凝土为例,《装配式混凝土建筑技术标准》(GB/T 51231)中关于成品保护有如下规定:

(1)交叉作业时,应做好工序交接,不得对已完成工序的成品、半成品造成破坏。

(2)在装配式混凝土建筑施工全过程中,应采取防止预制构件及预制构件上的建筑附件、预埋件、预埋吊件等损伤或污染的保护措施。

(3)预制构件饰面砖、石材、涂刷、门窗等处宜采用贴膜保护或其他专业材料保护。安装完成后,门窗框应采用槽型木框保护。

(4)连接止水条、高低口、墙体转角等薄弱部位,应采用定型保护垫块或专用式套件作加强保护。

(5)预制楼梯饰面应采用铺设木板或其他覆盖形式的成品保护措施。楼梯安装后,踏步口宜铺设木条或其他覆盖形式保护。

(6)遇有大风、大雨、大雪等恶劣天气时,应采取有效措施对存放预制构件成品进行保护。

(7)装配式混凝土建筑的预制构件和部品在安装施工过程、施工完成后,不应受到施工机具碰撞。

(8)施工梯架、工程用的物料等不得支撑、顶压或斜靠在部品上。

(9)当进行混凝土地面等施工时,应防止物料污染、损坏预制构件和部品表面。

六、施工质量控制点设置与管理

质量控制点是指对工程质量的性能、安全、寿命、可靠性等有严重影响的关键部位或下道工序有严重影响的关键工序。在全面质量控制(指工程质量和工作质量的全面控制)的过程中,生产阶段的工序质量是全面质量管理的主要阶段,必须认真设置质量控制点,抓好施工阶段的工序质量控制。

(一)设置质量控制点的目的

设置质量控制点的目的是使工序处于良好的控制状态,对工程项目的重点控制对象或重点建设进程,实施有效的质量控制。设置质量控制点,实施跟踪控制是工程质量控制的有效手段。在工程项目进行的不同阶段,依据项目的实际情况,设置不同的质量控制点,通过对控制点的设置,将工程质量总目标分解为各控制点的分目标,以便通过对各控制点分目标的控制,来实现对工程质量总目标的控制。

(二)设置质量控制点的作用

设置质量控制点的作用包括:

(1)设置质量控制点,可以将复杂的工程质量总目标分解为一系列简单分项的目标控制。

(2)由于质量控制点目标单一,且干扰因素便于测定,有利于监理工程师和承建单位的质量控制人员制订、实施纠偏措施和控制对策。

(3)通过对下层质量控制点质量目标的实现,对上层质量控制点质量目标提供保证,从而可以保证上层质量控制点质量目标的实现,直到工程质量总目标的最终实现。

(4)有利于监理工程师和承建单位的质量控制人员检测分项控制目标,计算分项控制目标与实际标准值的偏差。

(5)有利于监理工程师和承建单位的质量控制人员及时分析和掌握质量控制点所处的环境因素,易于分析各种干扰条件对有关分项目标产生的影响及其影响程序的测定。

设置质量控制点的多少会对项目有一定的影响,粒度较大,项目不容易控制,粒度较小,工作量会增加。

(三)质量控制点设置原则

1. 质量控制点应突出重点

在项目的各项工作中的各阶段环节中,对项目质量的影响程度不一样,我们应当对容易引起质量问题的环节进行重点关注，质量控制设置在工程的关键时刻和关键部位，有利于控制影响系统质量的关键因素。

2. 质量控制点应当易于纠偏

质量控制点应设置在系统质量目标偏差易于测定的关键活动和关键时刻，有利于监理工程师及时发现质量偏差，也有利于承建单位质量控制人员及时制订纠偏措施。比如在综合布线隐蔽工程施工的时候，监理机构应当采取旁站的方法来开展监理工作，在墙上预埋线槽或管道时，应当在线槽或管道开挖时进行检查，检查承建单位是否按照规范进行施工，在线槽或管道掩埋之前，监理工程师还要检查线槽或管道的质量是否符合要求，如果不符合要求，监理应责令返工。如果监理工程师在线槽开挖和掩埋前没有对线槽的施工过程和质量进行检查，而是在预埋线槽和管道后进行检查，即使监理工程师能发现问题，也能指出问题所在，势必对工程进度、成本造成影响或使工作量增大。

3. 质量控制点应有利于参与工程建设的三方共同从事工程质量的控制活动

工程建设单位、承建单位和监理单位可根据各自质量控制特点建立不同的质量控制点。三方可根据项目的具体情况，协商确定共同的质量控制点，并制订各自的质量控制措施。

4. 保持控制点的设置应灵活性和动态性

质量控制点在项目实施中，并不是一成不变的。在项目实施过程中，我们应该根据项目建设的实际情况，对已设立的质量控制点随时进行必要的调整，以达到对工程总目标的全过程、全方位的控制，保证对工程项目总目标的实现。

（四）工序的质量控制点设置

1. 质量控制点设置考虑的因素

下列影响因素应列为工序的质量控制点：

(1)施工过程中的关键工序或环节以及隐蔽工程。

(2)施工中的薄弱环节，或质量不稳定的工序、部位或对象。

(3)对后续工程施工和后续工序质量或安全有重大影响的工序、部位。

(4)采用新技术、新工艺、新材料、新结构的部位或环节。

(5)对紧缺物资有严重影响的关键项目。

(6)施工上无足够把握的、施工条件困难的或技术难度大的工序或环节。

典型例题

【多选题】质量控制点应选择(　　)的对象进行设置。

A. 技术要求高　　B. 施工难度大

C. 劳动强度大　　D. 对工程质量影响大

E. 发生质量问题时危害大

ABDE。【解析】质量控制点应选择施工难度较大并且技术条件要求高的、又对工程质量影响较大，或者质量出现问题时产生的危害比较大的对象设置。

2. 质量控制点的主要控制对象

质量控制点的控制对象视工程项目的重要性、复杂性、精确性、质量标准和要求而定，可能是结构复杂的某一工程项目，技术要求高、施工难度大的某一结构构件或分项、分部工程，也可能是影响质量关键的某一环节中的某一工序或若干工序。无论是操作、材料、机械设备、施工顺序、技术参数、自然条件、工程环境等，均可作为质量控制点来设置，主要是视其对质量特征影响的大小及危害程度而定。

(1)人的行为。

某些工序或操作重点应控制人的行为，避免人的失误造成质量问题。如对高空作业、危险作业，重型构件吊装或多机抬吊，动作复杂而快速运转的机械操作，精密度和操作要求高的工序，技术难度大的工序等，都应从人的生理缺陷、心理活动、技术能力、思想素质等方面对操作者进行全面考核。事前还必须反复交底，提醒注意事项，以免产生错误行为和违纪违章现象。

(2)物的状态。

在某些工序或操作中，应以物的状态作为控制的重点。如计量不准与计量设备、仪表有关；也就是说，根据不同工序的特点，有的应以控制机具设备为重点，有的应以防止失稳、倾覆、过热、腐蚀等危险源为重点。材料的质量和性能是直接影响工程质量的主要因素，尤其是某些工序，更应将材料质量和性能作为控制的重点。如石油沥青卷材，只能用石油沥青冷底子油和石油沥青胶铺贴，不能用焦油沥青冷底子油或焦油沥青胶铺贴，否则就会影响质量。

(3)施工顺序及关键操作。

有些工序或操作，必须严格控制相互之间的先后顺序。如装配式混凝土结构预制构件的吊装工序中吊点、吊具、吊索的设置。

(4)技术间歇。

有些工序之间的技术间歇时间性很强，如不严格控制会影响质量。如分层浇筑混凝土，必须待下层混凝土未初凝时将上层混凝土浇完。

(5)质量通病。

常见的质量通病，如渗水、漏水、起壳、起砂、裂缝等，都与工序操作有关，均应事先研究对策，提出预防措施。

(6)新工艺、新技术、新材料应用。

新工艺、新技术、新材料虽已通过鉴定、试验，但施工操作人员缺乏经验，又是初次进行施工时，必须对其工序操作作为重点严加控制。

(7)质量不稳定、质量问题较多的工序。

通过质量数据统计，表明质量波动、不合格率较高的工序，应作为质量控制点设置。

(8)特殊土地基和特种结构。

应特别控制特殊土地基的处理及技术难度大的重点部位和施工环节，如膨胀土、红黏土、湿陷性黄土等；高耸结构、大跨度结构等。

(9)施工工法。

施工工法会对质量产生重大影响，如升板法施工中提升差的控制问题，预防群柱失稳问题，液压滑模施工中支承杆失稳问题，混凝土被拉裂和坍塌问题，建筑物倾斜和扭转问题，大模板施工中模板的稳定和组装问题等，均是质量控制的重点。

链接

历年考试中会考查质量控制点中“见证点”“待检点”的内容。“见证点”包括重要部位施工、压力容器特种作业、预应力施工工艺等专门工艺；“待检点”包括隐蔽工程等。

（五）质量控制点的实施程序

工序质量控制点分A，B，C三个等级。A级：重要质量控制点，是确保工程质量的关键。该控制点的工程质量须经业主项目部、监理公司、承包方等三方确认达到认可的标准后，才能转入下一道工序施工。被设定为停检点的工程质量须通知质量监督站检查核实。B级：较重要的质量控制点，该控制点的工程质量需经监理公司、施工承包方两方专业人员确认。C级：一般质量控制点，为施工承包方质量检查部门进行自行检查、全过程质量控制（指根据工程质量的形成规律，从源头抓起，全过程推进）。项目质量控制点的设立必须由业主项目部、监理公司、施工方、质监站等共同讨论并会签后执行。

其中A级质量控制点，由施工、监理、业主各方质检人员检查确认。B级质量控制点，由施工、监理双方质检人员检查确认。C级质量控制点，由施工方质检人员检查确认。

对各工序质量控制点进行检查时，施工单位均应提供必要的见证资料和有关的自检记录。必须进行联合检查的质量控制点，未经联合检查各方签字不得进行下一工序施工：

（1）工序施工完成后或隐蔽前，施工单位应进行自检、互检、专检（“三检”制度），专职质量检查人员确认合格并签证后，C级质量控制点检查随即完成。

（2）对A，B级质量控制点，专职质量检查人员填写《工程质量报验单》提前24小时送达专业监理工程师，A级质量控制点同时送达业主有关人员。

（3）有关各方按《工程质量报验单》上注明的时间和地点联合进行检查，确认合格，专业监理工程师和业主有关人员签证，A，B级质量控制点检查完成。若确认不合格，施工单位须实施不合格品控制程序，并在处置完毕后重新报验。

第四节　建设工程项目施工质量验收

一、施工质量验收的基本要求

《建筑工程施工质量验收统一标准》（GB 50300）中关于建筑工程施工质量验收的基本要求如下：

（1）工程质量验收的前提条件为施工单位自检合格，验收时施工单位对自检中发现的问题已完成整改。

（2）参加工程施工质量验收的各方人员资格包括岗位、专业和技术职称等要求，具体要求应符合国家、行业和地方有关法律、法规及标准、规范的规定，尚无规定时可由参加验收的单位协商确定。

(3)主控项目和一般项目的划分应符合各专业验收规范的规定。

(4)见证检验的项目、内容、程序、抽样数量等应符合国家、行业和地方有关规范的规定。

(5)考虑到隐蔽工程在隐蔽后难以检验,因此隐蔽工程在隐蔽前应进行验收,验收合格后方可继续施工。

(6)抽样检验的范围,不仅包括涉及结构安全和使用功能的分部工程,还包括涉及节能、环境保护等的分部工程,具体内容可由各专业验收规范确定,抽样检验和实体检验结果应符合有关专业验收规范的规定。

(7)观感质量可通过观察和简单的测试确定,观感质量的综合评价结果应由验收各方共同确认并达成一致。对影响观感及使用功能或质量评价为差的项目应进行返修。

二、工程质量检查与验收一般要求

《工程建设施工企业质量管理规范》(GB/T 50430)中工程质量检查与验收的一般要求,如下所述。

(一)一般规定

施工企业应建立并实施质量检查与验收管理制度,明确各管理层次对工程质量检查与验收的职责和程序,并对检查、验收、检测设备管理、质量问题与事故处理作出规定。

施工企业应对工程质量检查与验收活动进行策划,内容包括检查和验收的依据、内容、步骤、对象、人员、职责、时间、抽样、方法和记录。实施工程质量检查、验收、检测和相关资料管理的人员应具备相应资格和能力。

(二)检查

项目部应根据工程质量检查策划的安排,对工程质量实施检查,跟踪整改情况,并保存相应的检查记录。施工企业应实施工程质量检查,并对项目部的工程质量检查活动进行监控。

(三)验收

施工企业应按设计文件和质量验收标准、规范、规程实施质量内部验收。过程验收和竣工验收应符合要求,项目部应在自检合格后报验。未经验收或验收不合格的工程不得转入下道工序或交付。

施工企业应参加发包方组织的工程竣工验收,并对验收过程发现的质量问题进行整改。施工企业应按建设工程竣工档案资料归档的相关要求,收集、整理工程竣工资料。工程竣工验收后,按合同要求向相关方移交工程竣工档案资料。

(四)检测设备管理

根据工程质量检查和验收需要,施工企业应确定和配备相应的检测设备。

施工企业对检测设备的管理应符合下列规定:应根据需要采购或租赁检测设备,并对检测设备供应方进行评价;应在使用前对检测设备进行检查验收;应按规定的周期检定或校准检测设备,标识相应状态,确保其在有效期内使用,并保存检定或校准记录;应对国家或地方没有校准标准的检测设备制定相应的校准依据;应对检测设备进行维护和保养,在使用期间保持其完好状态;应在发现检测设备失准时评价和记录已测结果的有效性,并对检测设备产生的质量问题采取适当措施;对应用于质量检测的计算机软件在使用前的确认与再确认进行要求。

（五）质量问题与事故处理

施工企业应对工程质量问题进行分析处理。发生质量事故时，应报告相关方，并配合事故调查处理。

施工企业应对影响工程结构安全和使用功能的质量问题，制定专项整改方案，并经相关方确认后实施。质量问题的整改处理结果应进行检查。施工企业应明确和实施质量事故责任追究的流程和方法。施工企业应保存质量问题和事故处理相关记录，作为工程质量改进的信息。

三、建筑工程施工过程的质量验收

（一）建筑工程质量验收的划分

建筑工程施工质量验收应划分为单位工程、分部工程、分项工程和检验批。

单位工程应按下列原则划分：

（1）具备独立施工条件并能形成独立使用功能的建筑物或构筑物为一个单位工程。

（2）对于规模较大的单位工程，可将其能形成独立使用功能的部分划分为一个子单位工程。

分部工程应按下列原则划分：

（1）可按专业性质、工程部位确定。

（2）当分部工程较大或较复杂时，可按材料种类、施工特点、施工程序、专业系统及类别将分部工程划分为若干子分部工程。

分项工程可按主要工种、材料、施工工艺、设备类别进行划分。

检验批可根据施工、质量控制和专业验收的需要，按工程量、楼层、施工段、变形缝进行划分。

建筑工程的分部工程、分项工程划分宜按《建筑工程施工质量验收统一标准》（GB 50300）附录 B 采用。

施工前，应由施工单位制定分项工程和检验批的划分方案，并由监理单位审核。对于《建筑工程施工质量验收统一标准》（GB 50300）附录 B 及相关专业验收规范未涵盖的分项工程和检验批，可由建设单位组织监理、施工等单位协商确定。

室外工程可根据专业类别和工程规模按《建筑工程施工质量验收统一标准》（GB 50300）附录 C 的规定划分子单位工程、分部工程和分项工程。

（二）建筑工程质量验收

检验批质量验收合格应符合下列规定：

（1）主控项目的质量经抽样检验均应合格。

（2）一般项目的质量经抽样检验合格。当采用计数抽样时，合格点率应符合有关专业验收规范的规定，且不得存在严重缺陷。对于计数抽样的一般项目，正常检验一次抽样、二次抽样可按《建筑工程施工质量验收统一标准》（GB 50300）附录 D 判定。

（3）具有完整的施工操作依据、质量验收记录。

分项工程质量验收合格应符合下列规定：

（1）所含检验批的质量均应验收合格。

（2）所含检验批的质量验收记录应完整。

分部工程质量验收合格应符合下列规定：

（1）所含分项工程的质量均应验收合格。

（2）质量控制资料应完整。

(3)有关安全、节能、环境保护和主要使用功能的抽样检验结果应符合相应规定。

(4)观感质量应符合要求。

单位工程质量验收合格应符合下列规定:

(1)所含分部工程的质量均应验收合格。

(2)质量控制资料应完整。

(3)所含分部工程中有关安全、节能、环境保护和主要使用功能的检验资料应完整。

(4)主要使用功能的抽查结果应符合相关专业验收规范的规定。

(5)观感质量应符合要求。

建筑工程施工质量验收记录可按下列规定填写:

(1)检验批质量验收记录可按《建筑工程施工质量验收统一标准》(GB 50300)附录 E 填写,填写时应具有现场验收检查原始记录。

(2)分项工程质量验收记录可按《建筑工程施工质量验收统一标准》(GB 50300)附录 F 填写。

(3)分部工程质量验收记录可按《建筑工程施工质量验收统一标准》(GB 50300)附录 G 填写。

(4)单位工程质量竣工验收记录、质量控制资料核查记录、安全和功能检验资料核查及主要功能抽查记录、观感质量检查记录应按《建筑工程施工质量验收统一标准》(GB 50300)附录 H 填写。

当建筑工程施工质量不符合要求时,应按下列规定进行处理:

(1)经返工或返修的检验批,应重新进行验收。

(2)经有资质的检测机构检测鉴定能够达到设计要求的检验批,应予以验收。

(3)经有资质的检测机构检测鉴定达不到设计要求、但经原设计单位核算认可能够满足安全和使用功能的检验批,可予以验收。

(4)经返修或加固处理的分项、分部工程,满足安全及使用功能要求时,可按技术处理方案和协商文件的要求予以验收。

工程质量控制资料应齐全完整。当部分资料缺失时,应委托有资质的检测机构按有关标准进行相应的实体检验或抽样试验。

经返修或加固处理仍不能满足安全或重要使用要求的分部工程及单位工程,严禁验收。

(三)建筑工程质量验收的程序和组织

检验批应由专业监理工程师组织施工单位项目专业质量检查员、专业工长等进行验收。分项工程应由专业监理工程师组织施工单位项目专业技术负责人等进行验收。分部工程应由总监理工程师组织施工单位项目负责人和项目技术负责人等进行验收。

勘察、设计单位项目负责人和施工单位技术、质量部门负责人应参加地基与基础分部工程的验收。设计单位项目负责人和施工单位技术、质量部门负责人应参加主体结构、节能分部工程的验收。

单位工程中的分包工程完工后,分包单位应对所承包的工程项目进行自检,并应按规定程序进行验收。验收时,总包单位应派人参加。分包单位应将所分包工程的质量控制资料整理完整,并移交给总包单位。

单位工程完工后,施工单位应组织有关人员进行自检。总监理工程师应组织各专业监理工程师对工程质量进行竣工预验收。存在施工质量问题时,应由施工单位整改。整改完毕后,由施工单位向建设单位提交工程竣工报告,申请工程竣工验收。

建设单位收到工程竣工报告后,应由建设单位项目负责人组织监理、施工、设计、勘察等单位项目负责人进行单位工程验收。

四、竣工质量验收

《房屋建筑和市政基础设施工程竣工验收规定》(建质〔2013〕171 号)规定,工程竣工验收由建设单位负责组织实施。

(一)竣工验收的条件

工程符合下列要求方可进行竣工验收:

(1)完成工程设计和合同约定的各项内容。

(2)施工单位在工程完工后对工程质量进行了检查,确认工程质量符合有关法律、法规和工程建设强制性标准,符合设计文件及合同要求,并提出工程竣工报告。工程竣工报告应经项目经理和施工单位有关负责人审核签字。

(3)对于委托监理的工程项目,监理单位对工程进行了质量评估,具有完整的监理资料,并提出工程质量评估报告。工程质量评估报告应经总监理工程师和监理单位有关负责人审核签字。

(4)勘察、设计单位对勘察、设计文件及施工过程中由设计单位签署的设计变更通知书进行了检查,并提出质量检查报告。质量检查报告应经该项目勘察、设计负责人和勘察、设计单位有关负责人审核签字。

(5)有完整的技术档案和施工管理资料。

(6)有工程使用的主要建筑材料、建筑构配件和设备的进场试验报告,以及工程质量检测和功能性试验资料。

(7)建设单位已按合同约定支付工程款。

(8)有施工单位签署的工程质量保修书。

(9)对于住宅工程,进行分户验收并验收合格(分户验收由建设单位组织),建设单位按户出具《住宅工程质量分户验收表》。

(10)建设主管部门及工程质量监督机构责令整改的问题全部整改完毕。

(11)法律、法规规定的其他条件。

提示

《建设工程质量管理条例》将竣工验收的条件简化为 5 条,具体内容见第四章第一节中“七、建设工程质量管理的责任和义务”的相关内容。

(二)竣工验收的流程

工程竣工验收应当按以下程序进行:

(1)工程完工后,施工单位向建设单位提交工程竣工报告,申请工程竣工验收。实行监理的工程,工程竣工报告须经总监理工程师签署意见。

(2)建设单位收到工程竣工报告后,对符合竣工验收要求的工程,组织勘察、设计、施工、监理等单位组成验收组,制定验收方案。对于重大工程和技术复杂工程,根据需要可邀请有关专家参加验收组。

(3)建设单位应当在工程竣工验收 7 个工作日前将验收的时间、地点及验收组名单书面通知负责监督该工程的工程质量监督机构。

(4)建设单位组织工程竣工验收。①建设、勘察、设计、施工、监理单位分别汇报工程合同履约情况和在工程建设各个环节执行法律、法规和工程建设强制性标准的情况。②审阅建设、勘察、设计、施工、监理单位的工程档案资料。③实地查验工程质量。④对工程勘察、设计、施工、设备安装质量和各管理环节等方面作出全面评价，形成经验收组人员签署的工程竣工验收意见。

参与工程竣工验收的建设、勘察、设计、施工、监理等各方不能形成一致意见时，应当协商提出解决的方法，待意见一致后，重新组织工程竣工验收。

（三）竣工验收报告

工程竣工验收合格后，建设单位应当及时提出工程竣工验收报告。工程竣工验收报告主要包括工程概况，建设单位执行基本建设程序情况，对工程勘察、设计、施工、监理等方面的评价，工程竣工验收时间、程序、内容和组织形式，工程竣工验收意见等内容。

专家解读

工程竣工验收报告还应附有的文件有：

（1）施工许可证。

（2）施工图设计文件审查意见。

（3）竣工验收条件审核签字等规定的文件。

（4）验收组人员签署的工程竣工验收意见。

（5）法规、规章规定的其他有关文件。

（四）竣工验收的监督和备案

负责监督该工程的工程质量监督机构应当对工程竣工验收的组织形式、验收程序、执行验收标准等情况进行现场监督，发现有违反建设工程质量管理规定行为的，责令改正，并将对工程竣工验收的监督情况作为工程质量监督报告的重要内容。

建设单位应当自工程竣工验收合格之日起15日内，依照《房屋建筑和市政基础设施工程竣工验收备案管理办法》（住房和城乡建设部令第2号）的规定，向工程所在地的县级以上地方人民政府建设主管部门备案。

专家解读

建设单位办理工程竣工验收备案应当提交下列文件：

（1）工程竣工验收备案表。

（2）工程竣工验收报告。竣工验收报告应当包括工程报建日期，施工许可证号，施工图设计文件审查意见，勘察、设计、施工、工程监理等单位分别签署的质量合格文件及验收人员签署的竣工验收原始文件，市政基础设施的有关质量检测和功能性试验资料以及备案机关认为需要提供的有关资料。

（3）法律、行政法规规定应当由规划、环保等部门出具的认可文件或者准许使用文件。

（4）法律规定应当由公安消防部门出具的对大型的人员密集场所和其他特殊建设工程验收合格的证明文件。

（5）施工单位签署的工程质量保修书。

（6）法规、规章规定必须提供的其他文件。

住宅工程还应当提交《住宅质量保证书》和《住宅使用说明书》。

备案机关收到建设单位报送的竣工验收备案文件，验收文件齐全后，应当在工程竣工验收备案表上签署文件收讫。工程竣工验收备案表一式两份，一份由建设单位保存，一份留备案机关存档。

工程质量监督机构应当在工程竣工验收之日起5日内，向备案机关提交工程质量监督报告。

备案机关发现建设单位在竣工验收过程中有违反国家有关建设工程质量管理规定行为的，应当在收讫竣工验收备案文件15日内，责令停止使用，重新组织竣工验收。

建设单位在工程竣工验收合格之日起15日内未办理工程竣工验收备案的，备案机关责令限期改正，处20万元以上50万元以下罚款。

建设单位将备案机关决定重新组织竣工验收的工程，在重新组织竣工验收前，擅自使用的，备案机关责令停止使用，处工程合同价款2%以上4%以下罚款。

建设单位采用虚假证明文件办理工程竣工验收备案的，工程竣工验收无效，备案机关责令停止使用，重新组织竣工验收，处20万元以上50万元以下罚款；构成犯罪的，依法追究刑事责任。

备案机关决定重新组织竣工验收并责令停止使用的工程，建设单位在备案之前已投入使用或者建设单位擅自继续使用造成使用人损失的，由建设单位依法承担赔偿责任。

竣工验收备案文件齐全，备案机关及其工作人员不办理备案手续的，由有关机关责令改正，对直接责任人员给予行政处分。

典型例题

【单选题】建设单位应当自建设工程竣工验收合格之日起(　　)日内，向相关部门备案。

A. 7　　B. 10

C. 15　　D. 30

C。**【解析】**建设单位应当自工程竣工验收合格之日起15日内，向工程所在地的县级以上地方人民政府建设主管部门备案。

五、装配式混凝土建筑施工质量验收

（一）装配式混凝土建筑施工质量验收一般要求

装配式混凝土建筑施工应按现行国家标准《建筑工程施工质量验收统一标准》(GB 50300)的有关规定进行单位工程、分部工程、分项工程和检验批的划分和质量验收。

装配式混凝土建筑的装饰装修、机电安装等分部工程应按国家现行有关标准进行质量验收。

装配式混凝土结构工程应按混凝土结构子分部工程进行验收，装配式混凝土结构部分应按混凝土结构子分部工程的分项工程验收，混凝土结构子分部中其他分项工程应符合现行国家标准《混凝土结构工程施工质量验收规范》(GB 50204)的有关规定。

装配式混凝土结构工程施工用的原材料、部品、构配件均应按检验批进行进场验收。

装配式混凝土结构连接节点及叠合构件浇筑混凝土前，应进行隐蔽工程验收。隐蔽工程验收应包括下列主要内容：

(1)混凝土粗糙面的质量，键槽的尺寸、数量、位置。

(2)钢筋的牌号、规格、数量、位置、间距，箍筋弯钩的弯折角度及平直段长度。

(3)钢筋的连接方式、接头位置、接头数量、接头面积百分率、搭接长度、锚固方式及锚固长度。

(4)预埋件、预留管线的规格、数量、位置。

(5)预制混凝土构件接缝处防水、防火等构造做法。

(6)保温及其节点施工。

(7)其他隐蔽项目。

混凝土结构子分部工程验收时，除应符合现行国家标准《混凝土结构工程施工质量验收规范》(GB 50204)的有关规定提供文件和记录外，尚应提供下列文件和记录：

(1)工程设计文件、预制构件安装施工图和加工制作详图。

(2)预制构件、主要材料及配件的质量证明文件、进场验收记录、抽样复验报告。

(3)预制构件安装施工记录。

(4)钢筋套筒灌浆形式检验报告、工艺检验报告和施工检验记录，浆锚搭接连接的施工检验记录。

(5)后浇混凝土部位的隐蔽工程检查验收文件。

(6)后浇混凝土、灌浆料、坐浆材料强度检测报告。

(7)外墙防水施工质量检验记录。

(8)装配式结构分项工程质量验收文件。

(9)装配式工程的重大质量问题的处理方案和验收记录。

(10)装配式工程的其他文件和记录。

(二)装配式混凝土结构的后浇混凝土部位隐蔽工程验收

《装配式混凝土结构技术规程》(JGJ 1)规定，装配式结构的后浇混凝土部位在浇筑前应进行隐蔽工程验收。验收项目应包括下列内容：

(1)钢筋的牌号、规格、数量、位置、间距等。

(2)纵向受力钢筋的连接方式、接头位置、接头数量、接头面积百分率、搭接长度等。

(3)纵向受力钢筋的锚固方式及长度。

(4)箍筋、横向钢筋的牌号、规格、数量、位置、间距，箍筋弯钩的弯折角度及平直段长度。

(5)预埋件的规格、数量、位置。

(6)混凝土粗糙面的质量，键槽的规格、数量、位置。

(7)预留管线、线盒等的规格、数量、位置及固定措施。

(三)装配式混凝土建筑设备与管线安装质量验收

根据《装配式钢结构建筑技术标准》(GB/T 51232—2016)，装配式混凝土建筑设备与管线安装质量验收的相关规定如下。

1. 预制构件质量验收

(1)主控项目。专业企业生产的预制构件,进场时应检查质量证明文件。检验方法:检查质量证明文件或质量验收记录。

梁板类简支受弯预制构件进场时应进行结构性能检验,并应符合下列规定:①结构性能检验应符合国家现行有关标准的有关规定及设计的要求,检验要求和试验方法应符合现行国家标准《混凝土结构工程施工质量验收规范》(GB 50204)的有关规定。②钢筋混凝土构件和允许出现裂缝的预应力混凝土构件应进行承载力、挠度和裂缝宽度检验;不允许出现裂缝的预应力混凝土构件应进行承载力、挠度和抗裂检验。③对大型构件及有可靠应用经验的构件,可只进行裂缝宽度、抗裂和挠度检验。④对使用数量较少的构件,当能提供可靠依据时,可不进行结构性能检验。⑤对多个工程共同使用的同类型预制构件,结构性能检验可共同委托,其结果对多个工程共同有效。

对于不可单独使用的叠合板预制底板,可不进行结构性能检验。对叠合梁构件,是否进行结构性能检验、结构性能检验的方式应根据设计要求确定。之外的其他预制构件,除设计有专门要求外,进场时可不做结构性能检验。不做结构性能检验的预制构件,应采取下列措施:①施工单位或监理单位代表应驻厂监督生产过程。②当无驻厂监督时,预制构件进场时应对其主要受力钢筋数量、规格、间距、保护层厚度及混凝土强度等进行实体检验。检验数量应符合相关要求,同一类型预制构件不超过 1 000 个为一批,每批随机抽取 1 个构件进行结构性能检验。检验方法主要是通过检查结构性能检验报告或实体检验报告。注:"同类型"是指同一钢种、同一混凝土强度等级、同一生产工艺和同一结构形式。抽取预制构件时,宜从设计荷载最大、受力最不利或生产数量最多的预制构件中抽取。

预制构件的混凝土外观质量不应有严重缺陷,且不应有影响结构性能和安装、使用功能的尺寸偏差。检查数量:全数检查。检验方法:观察、尺量;检查处理记录。

预制构件表面预贴饰面砖、石材等饰面与混凝土的黏结性能应符合设计和国家现行有关标准的规定。检查数量:按批检查。检验方法:检查拉拔强度检验报告。

(2)一般项目。预制构件外观质量不应有一般缺陷,对出现的一般缺陷应要求构件生产单位按技术处理方案进行处理,并重新检查验收。

预制构件粗糙面的外观质量、键槽的外观质量和数量应符合设计要求。预制构件表面预贴饰面砖、石材等饰面及装饰混凝土饰面的外观质量应符合设计要求或国家现行有关标准的规定。预制构件上的预埋件、预留插筋、预留孔洞、预埋管线等规格型号、数量应符合设计要求。

预制板类、墙板类、梁柱类构件外形尺寸偏差和检验方法应分别符合相关规定。检查数量:按照进场检验批,同一规格(品种)的构件每次抽检数量不应少于该规格(品种)数量的 5% 且不少于 3 件。

装饰构件的装饰外观尺寸偏差和检验方法应符合设计要求;当设计无具体要求时,应符合相关规定。检查数量:按照进场检验批,同一规格(品种)的构件每次抽检数量不应少于该规格(品种)数量的 10% 且不少于 5 件。

2. 预制构件安装与连接

(1)主控项目。预制构件临时固定措施应符合设计、专项施工方案要求及国家现行有关标准的规定。检验方法:观察检查,检查施工方案、施工记录或设计文件。

装配式结构采用后浇混凝土连接时,构件连接处后浇混凝土的强度应符合设计要求。检验方法:应符合现行国家标准《混凝土强度检验评定标准》(GB/T 50107)的有关规定。

钢筋采用套筒灌浆连接、浆锚搭接连接时,灌浆应饱满、密实,所有出口均应出浆。检验方法:检查灌浆施工质量检查记录、有关检验报告。

钢筋套筒灌浆连接及浆锚搭接连接用的灌浆料强度应符合国家现行有关标准的规定及设计要求。检查数量:按批检验,以每层为一检验批;每工作班应制作1组且每层不应少于3组40 mm×40 mm×160 mm的长方体试件,标准养护28天后进行抗压强度试验。检验方法:检查灌浆料强度试验报告及评定记录。

预制构件底部接缝坐浆强度应满足设计要求。检查数量:按批检验,以每层为一检验批;每工作班同一配合比应制作1组且每层不应少于3组边长为70.7 mm的立方体试件,标准养护28天后进行抗压强度试验。检验方法:检查坐浆材料强度试验报告及评定记录。

(2)部品安装。装配式混凝土建筑的部品验收应分层分阶段开展。

部品质量验收应根据工程实际情况检查下列文件和记录:施工图或竣工图、性能试验报告、设计说明及其他设计文件;部品和配套材料的出厂合格证、进场验收记录;施工安装记录;隐蔽工程验收记录;施工过程中重大技术问题的处理文件、工作记录和工程变更记录。

部品验收分部分项划分应满足国家现行相关标准要求,检验批划分应符合下列规定:相同材料、工艺和施工条件的外围护部品每1 000 m^2 应划分为一个检验批,不足1 000 m^2 也应划分为一个检验批;每个检验批每100 m^2 应至少抽查一处,每处不得小于10 m^2;住宅建筑装配式内装工程应进行分户验收,划分为一个检验批;公共建筑装配式内装工程应按照功能区间进行分段验收,划分为一个检验批;对于异形、多专业综合或有特殊要求的部品,国家现行相关标准未作出规定时,检验批的划分可根据部品的结构、工艺特点及工程规模,由建设单位组织监理单位和施工单位协商确定。

外围护部品应在验收前完成下列性能的试验和测试:抗风压性能、层间变形性能、耐撞击性能、耐火极限等实验室检测;连接件材性、锚栓拉拔强度等现场检测。

外围护部品验收根据工程实际情况进行下列现场试验和测试:饰面砖(板)的黏结强度测试;板接缝及外门窗安装部位的现场淋水试验;现场隔声测试;现场传热系数测试。

外围护部品应完成下列隐蔽项目的现场验收:预埋件;与主体结构的连接节点;与主体结构之间的封堵构造节点;变形缝及墙面转角处的构造节点;防雷装置;防火构造。

屋面应按现行国家标准《屋面工程质量验收规范》(GB 50207)的规定进行验收。

外围护系统的保温和隔热工程质量验收应按现行国家标准《建筑节能工程施工质量验收规范》(GB 50411)的规定执行。

幕墙应按现行行业标准《玻璃幕墙工程技术规范》(JGJ 102)、《金属与石材幕墙工程技术规范》(JGJ 133)和《人造板材幕墙工程技术规范》(JGJ 336)的规定进行验收。

外围护系统的门窗工程、涂饰工程应按现行国家标准《建筑装饰装修工程质量验收规范》(GB 50210)的规定进行验收。

木骨架组合外墙系统应按现行国家标准《木骨架组合墙体技术规范》(GB/T 50361)的规定进行验收。

蒸压加气混凝土外墙板应按现行行业标准《蒸压加气混凝土建筑应用技术规程》(JGJ/T 17)的规定进行验收。

内装工程应按国家现行标准《建筑装饰装修工程质量验收规范》(GB 50210)、《建筑轻质条板隔墙技术规程》(JGJ/T 157)和《公共建筑吊顶工程技术规程》(JGJ 345)的有关规定进行验收。

室内环境的质量验收应在内装工程完成后进行,并应符合现行国家标准《民用建筑工程室内环境污染控制规范》(GB 50325)的有关规定。

3. 设备与管线安装

装配式混凝土建筑中涉及建筑给水排水及供暖、通风与空调、建筑电气、智能建筑、建筑节能、电梯等安装的施工质量验收应按其对应的分部工程进行验收。

给水排水及采暖工程的分部工程、分项工程、检验批质量验收等应符合现行国家标准《建筑给水排水及采暖工程施工质量验收规范》(GB 50242)的有关规定。

电气工程的分部工程、分项工程、检验批质量验收等应符合现行国家标准《建筑电气工程施工质量验收规范》(GB 50303)及《火灾自动报警系统施工及验收规范》(GB 50166)的有关规定。

通风与空调工程的分部工程、分项工程、检验批质量验收等应符合现行国家标准《通风与空调工程施工质量验收规范》(GB 50243)的有关规定。

智能建筑的分部工程、分项工程、检验批质量验收等除应符合《装配式钢结构建筑技术标准》(GB/T 51232—2016)外,尚应符合现行国家标准《智能建筑工程质量验收规范》(GB 50339)的有关规定。

电梯工程的分部工程、分项工程、检验批质量验收等应符合现行国家标准《电梯工程施工质量验收规范》(GB 50310)的有关规定。

建筑节能工程的分部工程、分项工程、检验批质量验收等应符合现行国家标准《建筑节能工程施工质量验收规范》(GB 50411)的有关规定。

第五节　施工质量不合格的处理

一、工程质量术语

本部分质量术语结合《质量管理体系 基础和术语》(GB/T 19000—2016)来阐释。

(一)合格

符合,满足要求。

注:这是 ISO/IEC 导则第 1 部分 ISO 补充规定的附件 SL 中给出的 ISO 管理体系标准中的通用术语及核心定义之一。

(二)不合格

不符合,未满足要求,即工程产品未满足某项规定的要求。

注:这是 ISO/IEC 导则第 1 部分 ISO 补充规定的附件 SL 中给出的 ISO 管理体系标准中的通用术语及核心定义之一。

(三) 缺陷

与预期或规定用途有关的不合格。

注 1:区分缺陷与不合格的概念是重要的,这是因为其中有法律内涵,特别是与产品和服务责任问题有关。

注 2:顾客希望的预期用途可能受供方所提供的信息的性质影响,如操作或维护说明。

(四) 质量问题

凡是工程质量不合格,必须进行返修、加固或报废处理,由此造成直接经济损失低于规定限额的称为质量问题。

(五) 质量事故

由于建设、勘察、设计、施工、监理等单位违反工程质量有关法律法规和工程建设标准,使工程产生结构安全、重要使用功能等方面的质量缺陷,造成人身伤亡或者重大经济损失的称为质量事故。

(六) 返工

为使不合格产品或服务符合要求而对其采取的措施。

注:返工可影响或改变不合格的产品或服务的某些部分。

(七) 返修

为使不合格产品或服务满足预期用途而对其采取的措施。

注 1:不合格的产品或服务的成功返修未必能使产品符合要求。返修可能需要连同让步。

注 2:返修包括对以前是合格的产品或服务,为重新使用所采取的修复措施,如作为维修的一部分。

注 3:返修可影响或改变不合格的产品或服务的某些部分。

(八) 报废

为避免不合格产品或服务原有的预期使用而对其采取的措施。

示例:回收、销毁。

注:对不合格服务的情况,通过终止服务来避免其使用。

典型例题

【单选题】根据《质量管理体系 基础和术语》,"凡工程产品没有满足某个与预期或规定用途有关的要求"称为(　　)。

A. 质量问题　　B. 质量事故

C. 质量不合格　　D. 质量缺陷

D。**【解析】**根据《质量管理体系 基础和术语》,质量缺陷是指与预期或规定用途有关的不合格。

二、工程质量事故的分类

工程质量事故，是指由于建设、勘察、设计、施工、监理等单位违反工程质量有关法律法规和工程建设标准，使工程产生结构安全、重要使用功能等方面的质量缺陷，造成人身伤亡或者重大经济损失的事故。

根据工程质量事故造成的人员伤亡或者直接经济损失，工程质量事故分为 4 个等级：

(1)特别重大事故，是指造成 30 人以上死亡，或者 100 人以上重伤，或者 1 亿元以上直接经济损失的事故。

(2)重大事故，是指造成 10 人以上 30 人以下死亡，或者 50 人以上 100 人以下重伤，或者 5 000 万元以上 1 亿元以下直接经济损失的事故。

(3)较大事故，是指造成 3 人以上 10 人以下死亡，或者 10 人以上 50 人以下重伤，或者 1 000万元以上 5 000 万元以下直接经济损失的事故。

(4)一般事故，是指造成 3 人以下死亡，或者 10 人以下重伤，或者 100 万元以上 1 000 万元以下直接经济损失的事故。

上述等级划分所称的“以上”包括本数，所称的“以下”不包括本数。

根据工程质量事故性质可分为倒塌事故、开裂事故、错位偏差事故、地基工程事故、基础工程事故、结构或构件承载力不足事故、功能事故及其他事故。

根据工程质量事故责任可分为操作责任事故（工人失误）、指导责任事故（管理人员的失误）、自然灾害事故（不可抗力）。操作责任事故主要是指操作工人不严格按施工规范、标准进行施工造成质量事故；指导责任事故主要是指工程负责人在指导方面的失误而导致的质量事故，如不按规范指导施工、随意压缩工期、降低工程质量标准造成的质量事故；自然灾害事故主要是指发生台风、暴雨、地震、洪水等造成质量事故。

根据工程质量事故原因可分为管理原因，技术原因，社会、经济原因及其他原因等质量事故。管理原因质量事故主要是指因管理体系、措施、检验制度等存在缺陷造成的质量事故；技术原因质量事故主要是指因项目勘察、设计、施工中技术、工艺、设计、方法、方案中存在失误等造成的质量事故；社会、经济原因质量事故主要是指因盲目追求利润、恶意竞标、随意变更设计方案、偷工减料等造成的质量事故；其他原因质量事故主要是指因人为事故、自然灾害等不可抗力造成的质量事故。

三、工程质量事故报告

以下内容主要参考住房城乡建设部《关于做好房屋建筑和市政基础设施工程质量事故报告和调查处理工作的通知》。

工程质量事故发生后，事故现场有关人员应当立即向工程建设单位负责人报告；工程建设单位负责人接到报告后，应于 1 小时内向事故发生地县级以上人民政府住房和城乡建设主管部门及有关部门报告。

情况紧急时，事故现场有关人员可直接向事故发生地县级以上人民政府住房和城乡建设主管部门报告。

提示

《建设工程质量管理条例》中关于质量事故报告的规定与上述内容不太相同，具体规定见本章第七节相关内容。考试时需根据试题依据的法规文件进行作答。

住房和城乡建设主管部门接到事故报告后,应当依照下列规定上报事故情况,并同时通知公安、监察机关等有关部门:

(1)较大、重大及特别重大事故逐级上报至国务院住房和城乡建设主管部门,一般事故逐级上报至省级人民政府住房和城乡建设主管部门,必要时可以越级上报事故情况。

(2)住房和城乡建设主管部门上报事故情况,应当同时报告本级人民政府;国务院住房和城乡建设主管部门接到重大和特别重大事故的报告后,应当立即报告国务院。

(3)住房和城乡建设主管部门逐级上报事故情况时,每级上报时间不得超过2小时。

(4)事故报告应包括:①事故发生的时间、地点、工程项目名称、工程各参建单位名称。②事故发生的简要经过、伤亡人数(包括下落不明的人数)和初步估计的直接经济损失。③事故的初步原因。④事故发生后采取的措施及事故控制情况。⑤事故报告单位、联系人及联系方式。⑥其他应当报告的情况。

事故报告后出现新情况,以及事故发生之日起30日内伤亡人数发生变化的,应当及时补报。

四、工程质量事故调查

(一)质量事故调查职责

住房和城乡建设主管部门应当按照有关人民政府的授权或委托,组织或参与事故调查组对事故进行调查,并履行下列职责:

(1)核实事故基本情况,包括事故发生的经过、人员伤亡情况及直接经济损失。

(2)核查事故项目基本情况,包括项目履行法定建设程序情况、工程各参建单位履行职责的情况。

(3)依据国家有关法律法规和工程建设标准分析事故的直接原因和间接原因,必要时组织对事故项目进行检测鉴定和专家技术论证。

(4)认定事故的性质和事故责任。

(5)依照国家有关法律法规提出对事故责任单位和责任人员的处理建议。

(6)总结事故教训,提出防范和整改措施。

(7)提交事故调查报告。

(二)事故调查报告

事故调查报告应当包括的内容有:事故项目及各参建单位概况;事故发生经过和事故救援情况;事故造成的人员伤亡和直接经济损失;事故项目有关质量检测报告和技术分析报告;事故发生的原因和事故性质;事故责任的认定和事故责任者的处理建议;事故防范和整改措施。

事故调查报告应当附具有关证据材料。事故调查组成员应当在事故调查报告上签名。

五、工程质量事故处理

住房和城乡建设主管部门应当依据有关人民政府对事故调查报告的批复和有关法律法规的规定,对事故相关责任者实施行政处罚。处罚权限不属本级住房和城乡建设主管部门的,应当在收到事故调查报告批复后15个工作日内,将事故调查报告(附具有关证据材料)、结案批复、本级住房和城乡建设主管部门对有关责任者的处理建议等转送有权限的住房和城乡建设主管部门。

住房和城乡建设主管部门应当依据有关法律法规的规定，对事故负有责任的建设、勘察、设计、施工、监理等单位和施工图审查、质量检测等有关单位分别给予罚款、停业整顿、降低资质等级、吊销资质证书其中一项或多项处罚，对事故负有责任的注册执业人员分别给予罚款、停止执业、吊销执业资格证书、终身不予注册其中一项或多项处罚。

施工质量事故调查处理的一般程序为：对事故进行报告→对事故进行调查→对事故发生原因进行分析→确实事故处理的方案→根据方案对事故进行处理→对事故所做的处理结果进行鉴定验收→提交完整的事故处理报告。工程质量事故处理流程如图 4-6 所示。

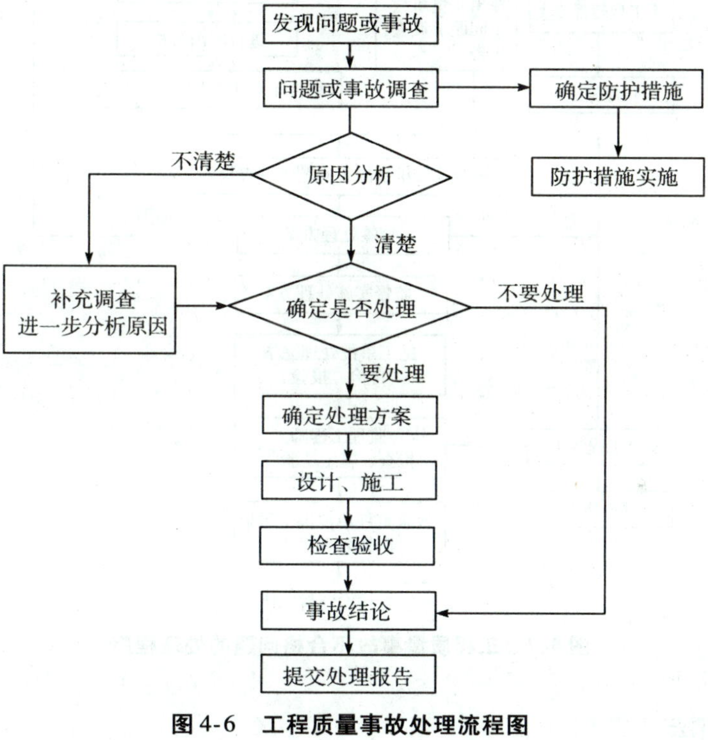

图 4-6　工程质量事故处理流程图

典型例题

【**单选题**】根据施工质量事故调查处理的一般程序，事故处理的最后一步工作是(　　)。

A. 提出事故鉴定结论　　B. 提交事故处理结果

C. 提交事故处理报告　　D. 提出事故处理方案

C。【**解析**】施工质量事故调查处理的程序为：(1)对事故进行报告。(2)对事故进行调查。(3)对事故发生原因进行分析。(4)确定事故处理的方案。(5)根据方案对事故进行处理。(6)对事故所做的处理结果进行鉴定验收。(7)提交完整的事故处理报告。

六、工程质量不合格问题的处理

（一）处理程序

工程质量事故不合格问题的处理程序如图4-7所示。

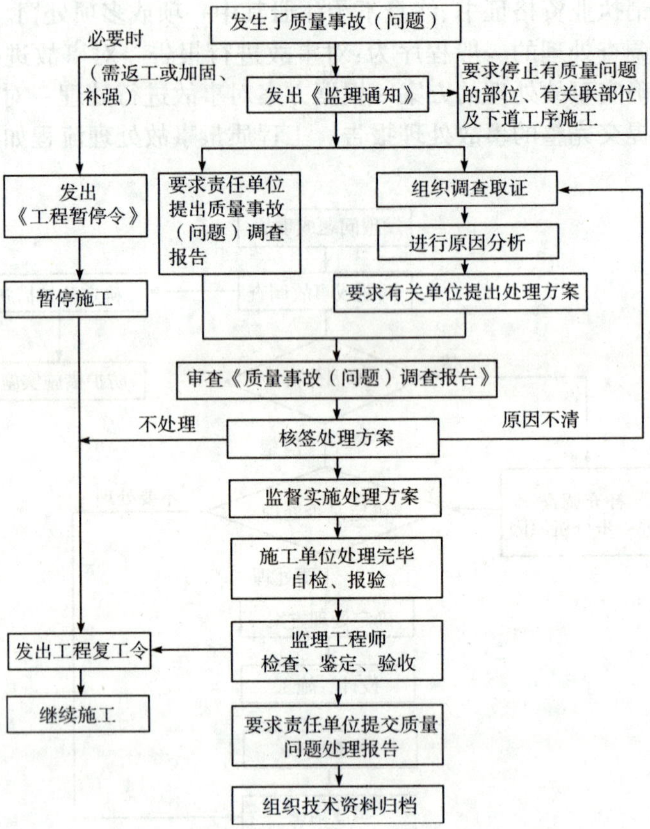

图4-7　工程质量事故不合格问题的处理程序

（二）处理方法

工程质量处理的目的是消除质量隐患，以达到建筑物的安全可靠和正常使用各项功能及寿命要求，并保证施工的正常进行。

1. 加固处理

对需要加固补强的质量问题，或质量问题的存在影响下道工序和分项工程的质量时，应签发《工程暂停令》，指令施工单位停止有质量问题部位和与其有关联部位及下道工序的施工。必要时，应要求施工单位采取防护措施，责成施工单位写出质量问题调查报告，由设计单位提出处理方案，并征得建设单位同意，批复承包单位处理。处理结果应重新进行验收。

以混凝土结构加固为例，《混凝土结构加固设计规范》（GB 50367）规定，可以采用增大截面加固法、置换混凝土加固法、体外预应力加固法、外包型钢加固法、粘贴钢板加固法、粘贴纤维复合材加固法、预应力碳纤维复合板加固法、增设支点加固法等方法加固结构。

2. 返修处理

当发生工程质量问题时，监理工程师首先应判断其严重程度。对可以通过返修或返工弥补的质量问题可签发《监理通知》，责成施工单位写出质量问题调查报告，提出处理方案，填写《监理通知回复单》报监理工程师审核后，批复承包单位处理，必要时应经建设单位和设计单位认可，处理结果应重新进行验收。

返修是最常用的一类处理方案。通常当工程的某个检验批、分项或分部的质量虽未达到规定的规范、标准或设计要求，存在一定缺陷，但通过修补或更换器具、设备后还可达到要求的标准，又不影响使用功能和外观要求，在此情况下，可以进行修补处理。

返修处理可根据缺陷的不同，使用不同的返修方法，包括灌浆修补法、表面密封法、嵌缝封闭法等（下面以典型例题的形式进行讲解）。

3. 返工处理

当工程质量未达到规定的标准和要求，存在的严重质量问题，对结构的使用和安全构成重大影响，且又无法通过修补处理的情况下，可对检验批、分项工程、分部工程甚至整个工程返工处理。

4. 不做专门处理

某些工程质量问题虽然不符合规定的要求和标准构成质量事故，但视其严重情况，经过分析、论证，以及经过法定检测单位鉴定和设计等有关单位认可，对工程或结构使用及安全影响不大，也可不做专门处理。

通常可不做专门处理的几种情况：不影响结构安全和正常使用；有些质量问题，经过后续工序可以弥补；经法定检测单位鉴定合格；出现的质量问题，经检测鉴定达不到设计要求，但经原设计单位核算，仍能满足结构安全和使用功能。

5. 限制使用

当存在以下条件时，可以做出限制使用的决定：事故已排除，可以继续施工；隐患已消除，结构安全有保证；经修补处理后，完全能够满足使用要求；基本上满足使用要求，但使用时应有附加限制条件，例如限制荷载等；对耐久性的结论；对建筑物外观影响的结论；对短期内难以作出结论的，可提出进一步观测检验意见。

6. 报废不予验收

对所有质量事故无论经过技术处理，通过检查鉴定验收还是不需专门处理的，均应有明确的书面结论。

对于处理后符合《建筑工程施工质量验收统一标准》（GB 50300）规定的，监理工程师应予以验收、确认，并应注明责任方主要承担的经济责任。对经加固补强或返工处理仍不能满足安全使用要求的分部工程、单位（子单位）工程，应拒绝验收。

典型例题

【单选题】某混凝土结构出现宽度为 0.5 mm 的裂缝且裂缝深度较深，应采用的处理方法是（　　）。

A. 灌浆修补法　　　　B. 表面密封法

C. 嵌缝封闭法　　　　D. 粘钢加固法

A。【解析】若混凝土结构出现宽度为 0.5 mm 的裂缝且裂缝深度较深，应采用的处理方法是灌浆修补法；若出现宽度较小（小于 0.2 mm）的裂缝，应采用选项 B 的处理方法；若出现宽度较大（大于 0.3 mm）但裂缝深度较浅的裂缝，应采用选项 C 的处理方法。

七、工程质量事故产生的原因

（一）三违行为广泛存在

工程质量事故产生的根本原因是本质不安全，反映出来的行为结果是三违行为，即：

(1)违反建筑法、安全法等共同性标准。

(2)违反国家标准、行业标准等专有技术性标准。

(3)违反工程合同、勘察设计文件等建设工程专用性标准。

《建设工程质量管理条例》明确规定，从事建设工程活动，必须严格执行基本建设程序，坚持先勘察、后设计、再施工的原则。但是，违反基本建设程序的现象屡禁不止，如“七无”工程，即无立项、无报建、无开工许可、无招投标、无资质、无监理、无验收；“三边”工程，即边勘察、边设计、边施工。这样的工程往往因腐败现象、地方保护以及项目业主为利润违规修改设计、降低标准，使工程质量失控。

我国已发布几千项工程建设类标准规范，涉及工程勘察、规划、设计、施工、安全、质量、职业卫生、验收评审等各个环节。然而，这些写在纸上的标准很多根本没有真正落实到每一个环节。

（二）工程勘查不到位、结果失真，或违背自然环境因素

地质勘查过程中钻孔间距太大，不能反映实际地质情况；勘察过程走过场，勘察报告不准确，不详细，未能查明诸如孔洞、墓穴、软质土层等地层特征，致使地基基础设计时采用不正确的方案，造成地基不均匀沉降、结构失稳、上部结构开裂甚至倒塌。

（三）设计标准低、存在缺陷或严重差错

结构方案不正确，计算简图与结构实际受力不符；荷载或内力分析计算有误；忽视构造要求，沉降缝、伸缩缝设置不符合要求；有些结构的抗倾覆、抗滑移未做验算，有的盲目套用图纸；有的建筑本体设计标准低，后期装修却大量增加载荷。这些都是导致工程质量事故的直接原因。

（四）施工技术水准、管理不到位

施工人员不具备上岗操作的技术资质，无证上岗；不按照图样施工，不遵守会审纪要、设计变更及其他技术核定制度和管理制度，任性施工、野蛮施工；施工管理、组织、技术措施不当，违章作业；不重视工序的质检和验收，强行赶进度，赶工期；使用不合格的工程材料、半成品、构件、设备等，或使用不当。

（五）项目监理“监而不理”或“不监不理”

监理的责任是“三控两管一协调”，即控制工程的造价、质量和进度；管理合同和信息；协调参建各方关系，是保证工程质量的重要一环。监理失控的原因，一方面是监理人员的素质、业务水平、责任心差，发现不了问题；另一方面是监理人员为利益和“饭碗”，对业主和施工方不规范行为姑息妥协。这也反映出目前我国对工程监理人员缺乏监督考评机制和监理人员、机构缺少应有的权威。

八、工程质量事故分析

工程质量事故分析的基本步骤为：细致进行现场调查研究，掌握全部实况要素；收集调

查有关的全部设计和施工资料，分析摸清所在环境条件和情况；找出产生质量问题的所在因素；分析、比较、判断、找到最可能原因；进行必要的计算分析模拟试验予以论证确认。

九、工程质量事故的预防措施

工程质量事故的预防主要从以下措施入手：完善建筑安全管理体制；严格执行标准法，应用共同性标准、专有技术性标准、建设工程专用性标准，控制建筑材料及制品的质量；提高建筑工人安全文化素质；强化从业人员管理，加强个人执业资格，弱化企业资质；选择正确的施工顺序；加大安全管理与环境管理投入；选择可靠承包商；新技术应用，提高施工安全性；对设计进行必要的审查复核；推广建筑行业安全保险。

第六节　数理统计方法在工程质量管理中的应用

项目质量管理的一个重要问题，就是能及时发现项目实施过程、项目系统等是否存在异常，以便及时采用对策加以纠正，故而需要多种质量管理工具的使用，常用的质量管理工具有直方图法、分层法、因果分析法、排列图法等。

一、直方图法

直方图也叫质量分布图，是能根据项目质量特性分析情况分析质量偏差原因进行适当调整的图形工具。通过定期（每周、旬、月、季、年等）采集一批质量数据，将数据在其存在的范围分成若干区间，计算数据落入各个区间的频率并列出频数表，然后根据频数表（以组距为底边，以频数为高度）绘制成的图，分析其图形及其与标准界限的关系，做出判断。主要判断依据是直方图的形状在正常与异常状态的表现，进而判断过程是否出现异常。

（一）直方图的用途

（1）绘制直方图，可以显示不同的设备、操作者、物料、操作方法、环境等因素对于质量影响的差异程度。

（2）将直方图的形状与典型的各种直方图的分布形状进行对比，可以大致看出产品的质量分布状态，分析质量问题的原因和采取的措施。

（3）将直方图和产品的规格相比较，可以掌握过程加工的质量状况。

（4）通过直方图可以进行过程能力指数的调查。

（二）直方图的方法步骤

（1）收集数据。

（2）找出数据中的最大值，最小值和极差。

（3）确定组数。

（4）求出组距（h）。

（5）确定组界。

(6)计算各组的组中值。

(7)统计各组频数。

(8)画直方图。

(三)直方图形状分析

直方图的分布形状及分布区间宽窄取决于质量特性统计数据的平均值、标准偏差。项目质量的正常直方图呈正态分布,其形状特点是中间高、两边低、呈对称,如图 4-8 所示,反映项目生产过程质量处于正常稳定状态。异常直方图呈偏态分布,常见的有折齿型、孤岛型、双峰型、陡壁型,如图 4-9 所示。

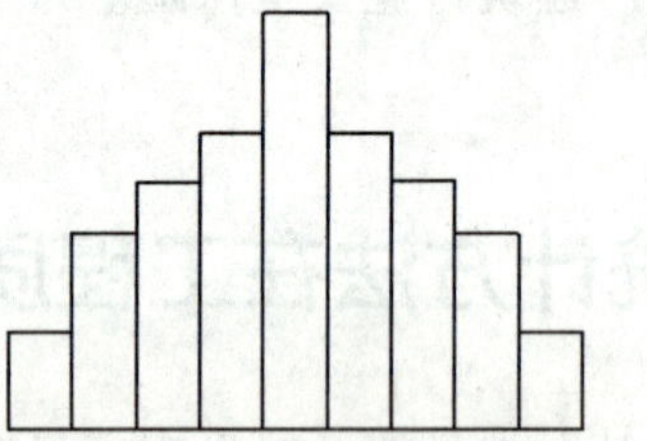

图 4-8 正常型直方图

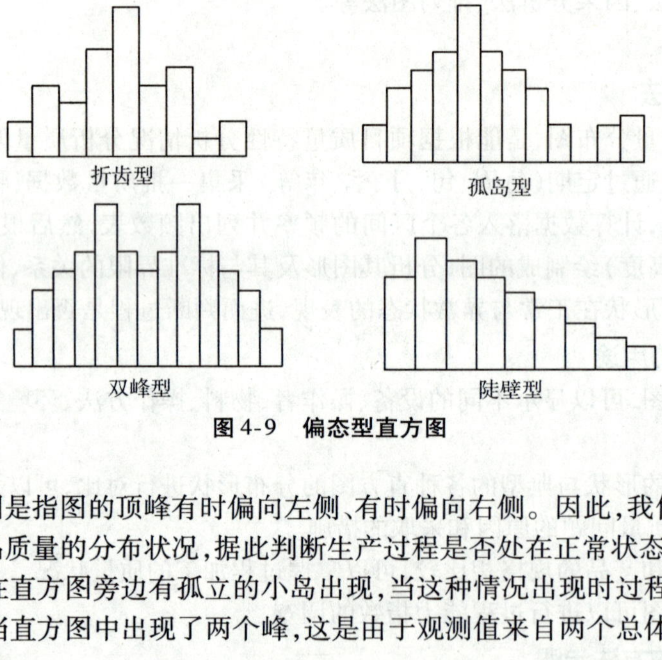

图 4-9 偏态型直方图

偏态型直方图是指图的顶峰有时偏向左侧、有时偏向右侧。因此,我们使用直方图的目的是为了研究产品质量的分布状况,据此判断生产过程是否处在正常状态。

(1)孤岛型,在直方图旁边有孤立的小岛出现,当这种情况出现时过程中有异常原因。

(2)双峰型,当直方图中出现了两个峰,这是由于观测值来自两个总体、两个分布的数据混合在一起造成的。

(3)折齿型,当直方图出现凹凸不平的形状,这是由于作图时数据分组太多,测量仪器误差过大或观测数据不准确等造成的,此时应重新收集数据和整理数据。

(4)陡壁型,当直方图像高山的陡壁向一边倾斜时,通常表现在产品质量较差时,为了符合标准的产品,需要进行全数检查,以剔除不合格品。

二、分层法

分层法是将收集来的数据，按不同情况和不同条件分组，每组叫作一层。所以，分层法又称为分类法或分组法。分层的方法很多，可按班次、日期分类；按操作者、操作方法、检测方法分类；可按设备型号、施工方法分类；可按使用的材料规格、型号、供料单位分类等。分层法一般用于将原始数据进行分门别类，使人们能从不同角度分析产品质量问题和影响因素。

对工程质量状况的调查和质量问题的分析，必须分门别类地进行，以便准确有效地找出问题及其原因之所在。

分层法已经在各个行业、各类型企业得到广泛应用，分层法可以通过表格来表示，也可以通过图形来表示。分层法的具体应用步骤为收集数据、选择分层标志、处理分层数据、按层归类、画图分析。

分层标志多种多样，常用的分层标志有人机料法环，即：人（年龄、性别、级别等）、机（设备类型、新旧程度、不同生产线、工装夹具等）、料（产地、批号、制造厂、规格、成分等）、法（工艺要求、操作参数、操作方法、生产速度等）、环（照明度、清洁度、温度、湿度等）。

分层标志还可以使用时间（年、月、日、早、中、晚等）、地点（导致产品不合格的部位）、方位（顶部、底部、四个方位）、尺寸性状（尺寸大的零件、形状复杂的零件）、种类（不同过程的产品）等要素。

三、因果分析图法

（一）因果分析法基本概念

因果分析图法又称特性要因图或鱼刺图，能系统地分析和寻找某一具体问题可能的原因，找出关键原因，作为制定质量改进措施的重点考虑对象，是用来寻找质量问题产生原因（最主要）的有效工具。因果分析图的做法是：首先明确质量特性结果，绘出质量特性的主干线。也就是明确制作什么质量的因果图，把它写在右边，从左向右画上带箭头的框线。然后分析确定可以影响质量特性的大原因（大枝），一般有人员、机械、材料、方法和环境五个方面，如人员的分工、培训、技术交底等属于人员方面的原因；搅拌机、振捣器等的失修、损坏属于机械方面的原因；水泥、砂石等质量问题属于材料方面的原因；计量、养护、振捣等属于方法方面的原因；温度等属于环境方面的原因。再进一步分析确定影响质量的中、小和更小原因，即画出中小细枝（图 4-10）。

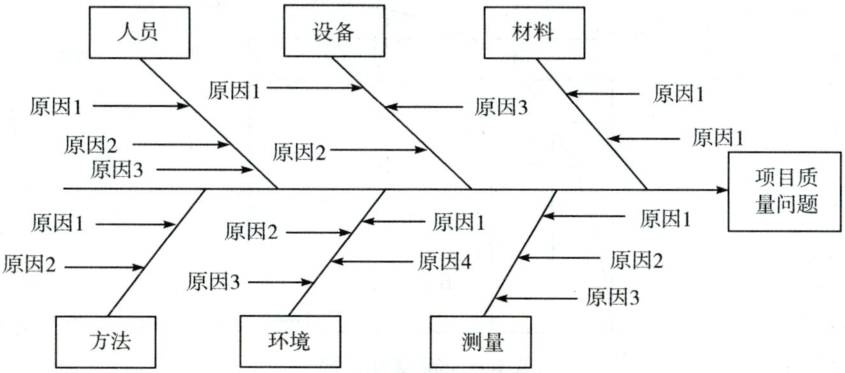

图 4-10　因果图的应用示意图

（二）因果分析法的作图步骤

(1)确定分析对象。把次要分析的质量特性问题，填入主干线箭头指向的方块中。

(2)记录分析意见。把各种针对质量特性问题所提出的各种原因，用长短不等的箭线排列在主干线的两侧。属于大原因的，用较长的箭头指向主干线。属于某大原因内次一级的中原因，用缩短的箭线指向该大原因的箭线。属于小原因的箭线指向与它关联的中原因的箭线。

(3)检查有无遗漏。对所分析的种种原因要检查，查看有无遗漏，若有可及时补上。

(4)记上必要事项。注明绘图者、参加讨论分析人员、时间等可供参考事项。

（三）因果分析法作图注意事项

所要分析的质量特性问题，应提前尽量具体明确且有针对性；要广泛征集意见，一般是以召开各种质量分析会形式，共同分析、整理出因果分析图；原因的分析，应细致到能采取具体措施为止；大原因不一定是主要原因，主要原因可用与会者投票表决的办法确定，一般可以确定 3 ~ 5 项；对关键因素采取措施后，再用排列图等方法来检查其效果。

四、排列图法

（一）原理

排列图法又叫主次因素分析图法或帕累托图法。帕累托图是用于帮助确认问题和对问题进行排序的柱状图。柱状图描述的变量根据发生的频率排序。

根据美国质量管理专家朱兰博士分析，帕累托 80/20 原理是关键的少数和无关紧要的多数，寻找影响质量主要问题的工具。具体而言，帕累托图法则是指在任何大系统中，约 80% 的结果是由该系统中约 20% 的变量产生的。

横坐标表示影响质量的各种因素或项目，按影响程度，从左到右依次排列，矩形的高度示意某个因素的影响大小；左纵坐标表示频数（件数、金额、工时等）；右纵坐标表示频率（以百分比表示），即某因素发生的累计频率（图 4-11）。

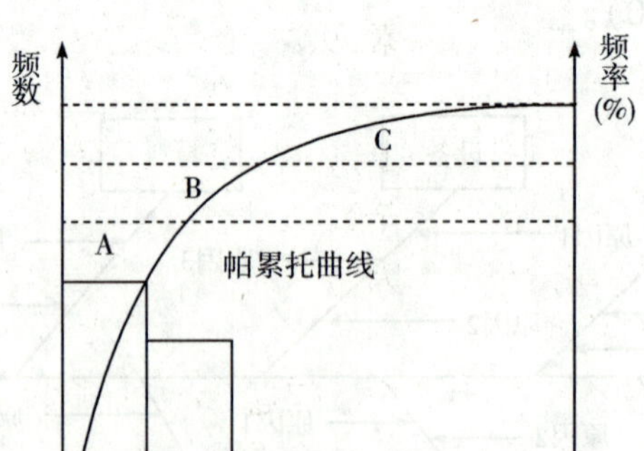

图 4-11　帕累托曲线

习惯上通常将影响因素分为三类:A 类是指累计频率 0 ~80% 范围内的有关因素,这是影响质量的主要因素。B 类是指累计频率在 80% ~90% 范围内的因素,是次要因素。C 类是指累计频率在 90% ~100% 范围内的因素,是一般因素。

(二)排列图的绘制步骤

(1)绘制横坐标。根据已经收集的项目质量数据,确定分类角度,如项目产品不良情况,将横坐标按项目数等分,并按项目频数由大到小顺序从左至右排列。

(2)绘制纵坐标。整理数据,绘制两条纵坐标,左侧的纵坐标表示项目不合格点数即频数,右侧的纵坐标表示累计频数。

(3)绘制频数矩形。将不良项目的数据在横坐标上化成并列矩形,并记下相应名称。

(4)绘制频率曲线。从横坐标左端点开始,依次连接各项目矩形右边线及所对应的累计频率值的交点,所得的曲线即为累计频率曲线。

(5)记录必要事项。将项目名称、排列图标题、收集数据的方法和时间等必要事项记录在图上。

(6)分析影响因素。运用排列图分析影响项目产品质量的主次因素,根据排列图分析结果,制定改进措施并实施,并跟踪数据绘制排列图,与项目质量改进前排列图进行比较,评估项目质量改进效果。

(三)排列图的观察分析

排列图的观察分析,目的主要是找出关键的少数。一般前 2 项或前 3 项(累计频率约 80%)为 A 类,是主要问题。累计频率约 80% 到 90% 之间的为 B 类,是次要项;累计频率约 90% 到 100% 之间的为 C 类,是一般项。其中,A 类应作为主要分析的对象,对其采取必要的措施,以求解决问题。

(四)排列图作图注意事项

(1)做好因素的分类。在做排列图时,不仅是为了找出某项特定产品的质量问题,而且要在合理分类的基础上,分别找出各类的主要矛盾及其相关关系。

(2)主要因素设置不能过多。主要因素以 2 项为宜,最多不超过 3 项。当财务措施解决了这些主要因素之后,原先作为次要的因素,则上升为主要因素,可以通过做排列图来分析处理。

(3)数据要充足。为找出影响产品质量因素的规律,必须收集充足的数据,以便从大量数据汇总找出统计规律。当件数不多时,最好进行全面分析,必要时也可采用随机抽样分析法。

(4)适当合并一般因素。不太重要的因素可以列出很多项,为简化作图,常将这些因素合并为其他项,放在横坐标的末端。

(5)合理选择计量单位。对于同一项质量问题,由于计量单位不同,主次因素的排列顺序有所不同,哪一种计量单位能更好反映质量问题的实质,便采用哪一种。

(6)重新画排列图。在采取措施之后,为验证其实施效果,还要重新画排列图,以便进行比较。

第七节　建设工程项目质量的政府监督

一、《建设工程质量管理条例》相关规定

县级以上地方人民政府建设行政主管部门和其他有关部门应当加强对有关建设工程质量的法律、法规和强制性标准执行情况的监督检查。

县级以上人民政府建设行政主管部门和其他有关部门履行监督职责时，有权采取下列措施：

(1)要求被检查的单位提供有关工程质量的文件和资料。

(2)进入被检查单位的施工现场进行检查。

(3)发现有影响工程质量的问题时，责令改正。

建设单位应当自建设工程竣工验收合格之日起15日内，将建设工程竣工验收报告和规划、应急消防、生态环境等部门出具的认可文件或者准许使用文件报建设行政主管部门或者其他有关部门备案。建设行政主管部门或者其他有关部门发现建设单位在验收过程中有违反国家有关建设质量规定行为的，责令停止使用，重新组织竣工验收。

有关单位和个人对县级以上人民政府建设行政主管部门和其他有关部门进行的监督检查应当支持配合，不得拒绝或者阻碍建设工程质量监督检查人员依法执行职务。

供水、供电、供气、应急消防等部门或者单位不得明示或者暗示建设单位、施工单位购买其指定的生产供应单位的建筑材料、建筑构配件和设备。

建设工程发生质量事故，有关单位应当在24小时内向当地建设行政主管部门和其他有关部门报告。对重大质量事故，事故发生地的建设行政主管部门和其他有关部门应当按照事故类别和等级向当地人民政府和上级建设行政主管部门和其他有关部门报告。特别重大质量事故的调查程序按照国务院有关规定办理。

任何单位和个人对建设工程的质量事故、质量缺陷都有权检举、控告、投诉。

建设单位将建设工程发包给不具有相应资质等级的勘察、设计、施工单位或者委托给不具有相应资质等级的工程监理单位的，责令改正，处50万元以上100万元以下的罚款。

建议单位将建设工程肢解发包的，责令改正，处工程合同价款1%以下的罚款；对全部或者部分使用国有资金的项目，可以暂停项目执行或者暂停资金拨付。

建设单位有下列行为之一的，责令改正，处20万元以上50万元以下的罚款：

(1)迫使承包方以低于成本的价格竞标的。

(2)任意压缩合同工期的。

(3)明示或者暗示设计单位或者施工单位违反工程建设强制性标准，降低工程质量的。

(4)施工图设计文件未经审查或者审查不合格，擅自施工的。

(5)建设项目必须实行工程监理而未实行工程监理的。

(6)未按照国家规定办理工程质量监督手续的。

(7)明示或者暗示施工单位使用不合格的建筑材料、建筑构配件和设备的。

(8)未按照国家规定将竣工验收报告、有关认可文件或者准许使用文件报送备案的。

建设单位未取得施工许可证或者开工报告未经批准，擅自施工的，责令停止施工，限期改正，处工程合同价款1%以上2%以下的罚款。

建设单位有下列行为之一的，责令改正，处工程合同价款2%以上4%以下的罚款；造成

损失的,依法承担赔偿责任:

(1)未组织竣工验收,擅自交付使用的。

(2)验收不合格,擅自交付使用的。

(3)对不合格的建设工程按照合格工程验收的。

建设工程竣工验收后,建设单位未向建设行政主管部门或者其他有关部门移交建设工程项目档案的,责令改正,处1万元以上10万元以下的罚款。

勘察、设计、施工、工程监理单位超越本单位资质等级承揽工程的,责令停止违法行为,对勘察、设计单位或者工程监理单位处合同约定的勘察费、设计费或者监理酬金1倍以上2倍以下的罚款;对施工单位处工程合同价款2%以上4%以下的罚款,可以责令停业整顿,降低资质等级;情节严重的,吊销资质证书;有违法所得的,予以没收。未取得资质证书承揽工程的,予以取缔,依照上述规定处以罚款;有违法所得的,予以没收。以欺骗手段取得资质证书承揽工程的,吊销资质证书。依照上述规定处以罚款;有违法所得的,予以没收。

勘察、设计、施工、工程监理单位允许其他单位或者个人以本单位名义承揽工程的,责令改正,没收违反所得,对勘察、设计单位和工程监理处合同约定的勘察费、设计费和监理酬金1倍以上2倍以下的罚款;对施工单位处工程合同价款2%以上4%以下的罚款,可以责令停业整顿,降低资质等级;情节严重的,吊销资质证书。

承包单位将承包的工程转包或者违法分包的,责令改正,没收违法所得,对勘察、设计单位处合同约定的勘察费、设计费的25%以上50%以下的罚款;对施工单位处工程合同价款0.5%以上1%以下的罚款;可以责令停业整顿,降低资质等级;情节严重的,吊销资质证书。工程监理单位转让工程监理业务的,责令改正,没收违法所得,处合同约定的监理酬金25%以上50%以下的罚款;可以责令停业整顿,降低资质等级;情节严重的,吊销资质证书。

有下列行为之一的,责令改正,处10万元以上30万元以下的罚款:

(1)勘察单位未按照工程建设强制性标准进行勘察的。

(2)设计单位未根据勘察成果文件进行工程设计的。

(3)设计单位指定建筑材料、建筑构配件的生产厂、供应商的。

(4)设计单位未按照工程建设强制性标准进行设计的;有上述所列行为,造成工程质量事故的,责令停业整顿,降低资质等级;情节严重的,吊销资质证书;造成损失的,依法承担赔偿责任。

施工单位在施工中偷工减料的,使用不合格的建筑材料、建筑构配件和设备的,或者有不按照工程设计图纸或者施工技术标准施工的其他行为的责令改正,处工程合同价款2%以上4%以下的罚款;造成建设工程质量不符合规定的质量标准的,负责返工、修理,并赔偿因此造成的损失;情节严重的,责令停业整顿,降低资质等级或者吊销资质证书。

施工单位未对建筑材料、建筑构配件、设备和商品混凝土进行检验,或者未对涉及结构安全的试块、试件以及有关材料取样检测的,责令改正,处10万元以上20万元以下的罚款;情节严重的,责令停业整顿,降低资质等级或者吊销资质证书;造成损失的,依法承担赔偿责任。

施工单位不履行保修义务或者拖延履行保修义务的,责令改正,处10万元以上20万元以下的罚款,并对在保修期内因质量缺陷造成的损失承担赔偿责任。

工程监理单位有下列行为之一的,责令改正,处50万元以上100万元以下的罚款,降低

资质等级或者吊销资质证书;有违法所得的,予以没收;造成损失的,承担连带赔偿责任:

(1)与建设单位或者施工单位串通,弄虚作假、降低工程质量的。

(2)将不合格的建筑工程、建筑材料、建筑构配件和设备按照合格签字的。

工程监理单位与被监理工程的施工承包单位以及建筑材料、建筑构配件和设备供应单位有隶属关系或者其他利害关系承担该项建设工程的监理业务,责令改正,处5万元以上10万元以下的罚款,降低资质等级或者吊销资质证书;有违法所得的,予以没收。

涉及建筑主体或者承重结构变动的装修工程,没有设计方案擅自施工的,责令改正,处50万元以上100万元以下的罚款;房屋建筑使用者在装修过程中擅自变动房屋建筑主体和承重结构的,责令改正,处5万元以上10万元以上的罚款。有上述所列行为的,造成损失的,依法承担赔偿责任。

发生重大工程质量事故隐瞒不报、谎报或者拖延报告期限的,对直接负责的主管人员和其他责任人员依法给予行政处分。

供水、供电、供气、公安消防等部门或者单位明示或者暗示建设单位或者施工单位购买其指定的生产供应单位的建筑材料、建筑购配件的,责令改正。

注册建筑师、注册结构工程师、监理工程师等注册执业人员因过错造成质量事故的,责令停止执业1年;造成重大质量事故的,吊销执业资格证书,5年内不予注册;情节特别恶劣的,终身不予注册。

依照条例规定,给予单位罚款处罚的,对单位直接负责的主管人员和其他直接责任人员处单位罚款数额5%以上10%以下的罚款。

建设单位、设计单位、施工单位、工程监理单位违反国家规定,降低工程质量标准,造成重大安全事故,构成犯罪的,对直接责任人员依法追究刑事责任。

本条例规定的责令停业整顿,降低资质等级和吊销资质证书的行政处罚,由颁发资质证书的机关决定;其他行政处罚,由建设行政主管部门或者其他有关部门依照法定职权决定。依照本条例规定被吊销资质证书的,由工商行政主管部门吊销其营业执照。

国家机关工作人员在建设工程中质量监督管理工作中玩忽职守、滥用职权、徇私舞弊,构成犯罪的,依法追究刑事责任;尚不构成犯罪的,依法给予行政处分。

建设、勘察、设计、施工、工程监理单位的工作人员因调动工作、退休等原因离开单位后,被发现在该单位工作期间违反国家有关建设工程质量管理规定,造成重大质量事故的,仍应当依法追究法律责任。

肢解发包是指建设单位将应当由一个承包单位完成的建设工程分解成若干部分发包给不同的承包单位的行为。

违法分包是指下列行为:

(1)总承包单位将建设工程分包给不具备相应资质条件的单位的。

(2)建设工程总承包合同中未有约定,又未经建设单位认可,承包单位将其承包的部分建设工程交由其他单位完成的。

(3)施工总承包单位将建设工程主体结构的施工分包给其他单位的。

(4)分包单位将其承包的建设工程再分包的。

转包是指承包单位承包建设工程后,不履行合同约定的责任和义务,将其承包的全部建设工程转给其他人或者将其承包的全部建设工程肢解以后分包的名义分别转给其他单位承包的行为。

本条例规定的罚款和没收的违法所得,必须全部上缴国库。

抢险救灾及其他临时性房屋建筑和农民自建底层住宅的建设活动,不适用《建设工程质量管理条例》。

军事建设工程的管理,按照中央军事委员会的有关规定执行。

建设单位、设计单位、施工单位、工程监理单位违反国家规定,降低工程标准,造成重大安全事故的,对直接责任人员处5年以下有期徒刑或者拘役,并处罚金;后果特别严重的,处5年以上10年以下有期徒刑,并处罚金。

二、《房屋建筑和市政基础设施工程质量监督管理规定》相关规定

为了加强房屋建筑和市政基础设施工程质量的监督,保护人民生命和财产安全,规范住房和城乡建设主管部门及工程质量监督机构(以下简称主管部门)的质量监督行为,根据《中华人民共和国建筑法》《建设工程质量管理条例》等有关法律、行政法规,制定《房屋建筑和市政基础设施工程质量监督管理规定》。

在中华人民共和国境内主管部门实施对新建、扩建、改建房屋建筑和市政基础设施工程质量监督管理的,适用《房屋建筑和市政基础设施工程质量监督管理规定》。

国务院住房和城乡建设主管部门负责全国房屋建筑和市政基础设施工程(以下简称工程)质量监督管理工作。县级以上地方人民政府建设主管部门负责本行政区域内工程质量监督管理工作。工程质量监督管理的具体工作可以由县级以上地方人民政府建设主管部门委托所属的工程质量监督机构(以下简称监督机构)实施。

工程质量监督管理是指主管部门依据有关法律法规和工程建设强制性标准,对工程实体质量和工程建设、勘察、设计、施工、监理单位(以下简称工程质量责任主体)和质量检测等单位的工程质量行为实施监督。工程实体质量监督,是指主管部门对涉及工程主体结构安全、主要使用功能的工程实体质量情况实施监督。工程质量行为监督,是指主管部门对工程质量责任主体和质量检测等单位履行法定质量责任和义务的情况实施监督。

链接

工程项目质量监督可采用"双随机、一公开"方法,"双随机"是指建立随机抽取检查对象、随机选派执法检查人员,严格限制监管部门自由裁量权;"一公开"是指抽查情况及查处结果及时向社会公开。

工程质量监督管理应当包括下列内容:

(1)执行法律法规和工程建设强制性标准的情况。

(2)抽查涉及工程主体结构安全和主要使用功能的工程实体质量。

(3)抽查工程质量责任主体和质量检测等单位的工程质量行为。

(4)抽查主要建筑材料、建筑构配件的质量。

(5)对工程竣工验收进行监督。

(6)组织或者参与工程质量事故的调查处理。

(7)定期对本地区工程质量状况进行统计分析。

(8)依法对违法违规行为实施处罚。

对工程项目实施质量监督,应当依照下列程序进行:

(1)受理建设单位办理质量监督手续。

(2)制订工作计划并组织实施。

(3)对工程实体质量、工程质量责任主体和质量检测等单位的工程质量行为进行抽查、抽测。

(4)监督工程竣工验收,重点对验收的组织形式、程序等是否符合有关规定进行监督。

(5)形成工程质量监督报告。

(6)建立工程质量监督档案。

工程竣工验收合格后,建设单位应当在建筑物明显部位设置永久性标牌,载明建设、勘察、设计、施工、监理单位等工程质量责任主体的名称和主要责任人姓名。

主管部门实施监督检查时,有权采取下列措施:

(1)要求被检查单位提供有关工程质量的文件和资料。

(2)进入被检查单位的施工现场进行检查。

(3)发现有影响工程质量的问题时,责令改正。

县级以上地方人民政府建设主管部门应当根据本地区的工程质量状况,逐步建立工程质量信用档案。

县级以上地方人民政府建设主管部门应当将工程质量监督中发现的涉及主体结构安全和主要使用功能的工程质量问题及整改情况,及时向社会公布。

省、自治区、直辖市人民政府建设主管部门应当按照国家有关规定,对本行政区域内监督机构每3年进行一次考核。监督机构经考核合格后,方可依法对工程实施质量监督,并对工程质量监督承担监督责任。

监督机构应当具备下列条件:

(1)具有符合规定条件的监督人员。人员数量由县级以上地方人民政府建设主管部门根据实际需要确定。监督人员应当占监督机构总人数的75%以上。

(2)有固定的工作场所和满足工程质量监督检查工作需要的仪器、设备和工具等。

(3)有健全的质量监督工作制度,具备与质量监督工作相适应的信息化管理条件。

监督人员应当具备下列条件:

(1)具有工程类专业大学专科以上学历或者工程类执业注册资格。

(2)具有3年以上工程质量管理或者设计、施工、监理等工作经历。

(3)熟悉掌握相关法律法规和工程建设强制性标准。

(4)具有一定的组织协调能力和良好职业道德。监督人员符合上述条件经考核合格后,方可从事工程质量监督工作。

监督机构可以聘请中级职称以上的工程类专业技术人员协助实施工程质量监督。

省、自治区、直辖市人民政府建设主管部门应当每2年对监督人员进行一次岗位考核,每年进行一次法律法规、业务知识培训,并适时组织开展继续教育培训。

国务院住房和城乡建设主管部门对监督机构和监督人员的考核情况进行监督抽查。

主管部门工作人员玩忽职守、滥用职权、徇私舞弊,构成犯罪的,依法追究刑事责任;尚不构成犯罪的,依法给予行政处分。

抢险救灾工程、临时性房屋建筑工程和农民自建低层住宅工程,不适用《房屋建筑和市政基础设施工程质量监督管理规定》。

省、自治区、直辖市人民政府建设主管部门可以根据本规定制定具体实施办法。

第五章 建设工程职业健康安全与环境管理

第一节 职业健康安全管理体系与环境管理体系

一、职业健康安全的基本概念

（一）劳动保护（职业安全与健康）

劳动保护是指为了保护劳动者在劳动生产过程中的安全、健康，在改善劳动条件、预防工伤事故及职业病、实现劳逸结合和女职工、未成年工的特殊保护等方面所采取的各种组织措施和技术措施的总称，也称为职业安全与健康。

（二）危险源

危险源是指可能导致伤害和（或）健康损害的根源、状态或行为，或其组合。

（三）健康损害

健康损害是指可确认的、由工作活动和（或）工作相关状况引起或加重的身体或精神的不良状态。

（四）伤亡事故

伤亡事故是指企业职工在生产劳动过程中，发生的人身伤害、急性中毒事故。

（五）职业病

职业病是指职工在生产环境中由于接触工业毒物、不良气象条件、生物因素、不合理的劳动组织以及一般卫生条件恶劣等职业性毒害而引起的疾病。

（六）职业健康安全

职业健康安全是指影响或可能影响工作场所内的员工或其他工作人员（包括临时工和承包方员工）、访问者或其他人员的健康安全的条件和因素。

（七）职业健康安全目标

职业健康安全目标是指组织为实际与职业健康安全方针相一致的特定结果而制定的目标。

二、职业健康安全管理体系

组织应根据本标准的要求建立、实施、保持并持续改进职业健康安全管理体系,包括所需的过程及其相互作用。

(一)职业健康安全管理体系的目的

职业健康安全管理体系的作用是为管理职业健康安全风险和机遇提供一个框架。职业健康安全管理体系的目的和预期结果是防止工作人员造成与工作相关的伤害和健康损害,并提供健康安全的工作场所;因此,对组织而言,采取有效的预防和保护措施以消除危险源和最大限度地降低职业健康安全风险至关重要。

组织通过其职业健康安全管理体系应用这些措施时,能够提高其职业健康安全绩效。如果及早采取措施以把握改进职业健康安全绩效的机会,职业健康安全管理体系将会更加有效和高效。

实施符合本标准的职业健康安全管理体系,能使组织管理其职业健康安全风险并提升其职业健康安全绩效。职业健康安全管理体系可有助于组织满足法律法规要求和其他要求。

(二)职业健康安全管理体系的成功因素

对组织而言,实施职业健康安全管理体系是一项战略和经营决策。职业健康安全管理体系的成功取决于领导作用、承诺以及组织各层次和职能的参与。

职业健康安全管理体系的实施和保持,其有效性和实现预期结果的能力取决于诸多关键因素。这些关键因素可包括:

(1)最高管理者的领导作用、承诺、职责和担当。

(2)最高管理者在组织内建立、引导和促进支持实现职业健康安全管理体系预期结果的文化。

(3)沟通。

(4)工作人员及其代表(若有)的协商和参与。

(5)为保持职业健康安全管理体系而所需的资源配置。

(6)符合组织总体战略目标和方向的职业健康安全方针。

(7)辨识危险源、控制职业健康安全风险和利用职业健康安全机遇的有效过程。

(8)为提升职业健康安全绩效而对职业健康安全管理体系绩效的持续监视和评价。

(9)将职业健康安全管理体系融入组织的业务过程。

(10)符合职业健康安全方针并必须考虑组织的危险源、职业健康安全风险和职业健康安全机遇的职业健康安全目标。

(11)符合法律法规要求和其他要求。

三、职业健康安全管理体系的建立和运行

(一)概述

职业健康安全管理体系的方法是基于"策划→实施→检查→改进(PDCA)"的概念(图 5-1)。PDCA 概念是一个迭代过程,可被组织用于实现持续改进。它可应用于管理体系及其每个单独的要素,具体如下:

策划:确定和评价职业健康安全风险、职业健康安全机遇以及其他风险和其他机遇,制

定职业健康安全目标并建立所需的过程，以实现与组织职业健康安全方针相一致的结果。

实施：实施所策划的过程。

检查：依据职业健康安全方针和目标，对活动和过程进行监视和测量，并报告结果。

改进：采取措施持续改进职业健康安全绩效，以实现预期结果。

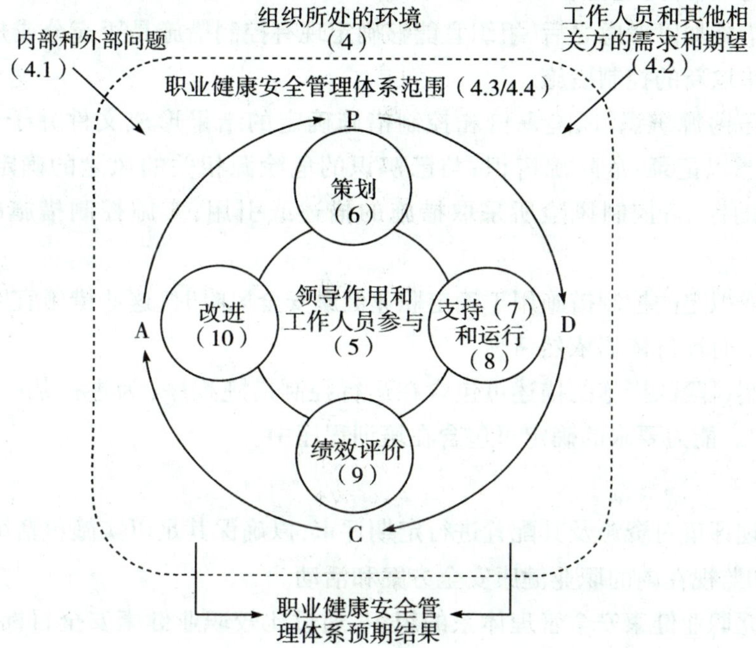

图 5-1　职业健康安全管理体系框架与 PDCA 之间的关系

（二）初始评审

初始评审的目的是为了考虑组织面临的所有职业健康安全风险，以作为建立职业健康安全管理体系的基础。

初始评审将为组织规划职业健康安全管理体系实施方案和确定职业健康安全管理体系改进的优先顺序提供信息。

在初始评审中，组织宜考虑但不限于以下各项：法律法规和其他要求；职业健康安全危险源的辨识和组织所面临风险的评估；职业健康安全评价；现有体系、惯例、过程（一组将输入转换为输出的相互关联或相互作用的活动）和程序的检查；职业健康安全改进措施的评估；对以往的事件、健康损害相关工作、意外事件和紧急情况的调查反馈的评估；相关管理体系和可利用的资源。

适于初始评审的方法可包括：使用检查表、面谈、直接检查和测量；依组织活动的性质而使用以往管理体系审核或其他评审的结果；使用与工作人员、承包方或其他有关的外部相关方协商的结果。

如果组织已存有危险源辨识和风险评价的过程，则宜对照《职业健康安全管理体系 要求及使用指南》（GB/T 45001）的要求评审其充分性。

（三）策划

危险源有可能导致人身伤害或健康损害，因此，在评价与危险源相关的风险之前，必须首先辨识危险源。如果对危险源未采取控制措施或现有控制措施仍不充分，则宜按照控制措施的层级选择顺序要求实施有效的控制措施。风险评价的结果使组织能够对降低风险的可选方案加以比较，并为进行有效的风险管理确定资源配置的优先顺序。在完成风险评价和对现有控制措施加以考虑之后，组织宜能够确定现有控制措施是否充分或是否需要改进，或者是否需要采取新的控制措施。

组织宜将危险源辨识、风险评价和控制措施确定的结果形成文件并予以保存。下列类型的信息宜予以记录：危险源辨识；与已辨识的危险源相关的风险的确定；与危险源相关的风险水平的标示；控制风险所采取措施的描述或引用；实施控制措施的能力要求的确定。

当现有的或拟定的控制措施用于确定职业健康安全风险时，这些措施宜明确形成文件，以便在后续评审时评价依据依然清晰。

监视和控制风险的措施的描述可包含在运行控制措施程序（为进行某项活动或过程所规定的途径）中。能力要求的确定可包含在培训程序中。

（四）运行

宜通过管理评审对资源及其配置进行定期评审，以确保其足以实施包括绩效测量（确定数值的过程）和监视在内的职业健康安全方案和活动。

对于已建立职业健康安全管理体系的组织，通过比较职业健康安全目标计划与实际结果，至少可对资源的充分性进行部分评估。在评估资源的充分性时，还宜考虑到计划的改变和（或）新的项目和运行的出现。

组织应确定那些与已辨识的、需实施必要控制措施的危险源相关的运行和活动，以管理职业健康安全风险。

对于这些运行和活动，组织应实施并保持：

（1）适合组织及其活动的运行控制措施；组织应把这些运行控制措施纳入其总体的职业健康安全管理体系之中。

（2）与采购的货物、设备和服务相关的控制措施。

（3）与进入工作场所（组织控制下的一个人需要在的或是因工作的原因需要去的地方）的承包方和访问者相关的控制措施。

（4）形成文件的程序，以避免因其缺乏而可能偏离职业健康安全方针和目标。

（5）规定的运行准则，以避免因其缺乏而可能偏离职业健康安全方针和目标。

（五）绩效测量和监视

作为组织总体管理体系所必需的组成部分，组织宜有一套对其职业健康安全绩效进行例行测量和监视的系统方法。监视包括信息的收集，例如：通过使用经确认适合其目的的设备或技术来测量和观察随时间变化的信息。测量既可定量，也可定性。

（六）审核

审核是指为获得“审核证据”并对其进行客观的评价，以确定满足“审核准则”的程度所进行的系统的、独立的并形成文件的过程。内部审核由组织自己实施或以组织的名义由外部其他方实施。独立的过程包括对确保客观性和公正性的要求。审核证据包括与审核准则相关且可验证的记录，事实陈述或其他信息；而审核准则是指与审核证据进行比较时作为参照的一组方针、程序或要求，《质量管理体系 要求》（GB/T 19001）管理体系审核指南对它们进行了定义。

组织可运用审核来评审和评估其职业健康安全管理体系的绩效和有效性。组织宜建立职业健康安全管理体系内部审核方案，以评审其职业健康安全管理体系对《职业健康安全管理体系 要求及使用指南》（GB/T 45001—2020）的符合性（满足要求与否）。

组织宜选定内部或外部人员来执行所策划的职业健康安全管理体系审核，以确定其职业健康安全管理体系是否得到适当实施和保持。所选定的执行职业健康安全管理体系审核的人员宜有能力胜任，其挑选方式宜确保审核过程的客观和公正。

（七）管理评审

最高管理者应按计划的时间间隔，对组织的职业健康安全管理体系进行评审，以确保其持续适宜性、充分性和有效性。评审应包括评价改进的可能性和对职业健康安全管理体系进行修改的需求，包括对职业健康安全方针和职业健康安全目标的修改需求。应保存管理评审记录。

专家解读

管理评审宜重点关注关于以下各方面的职业健康安全管理体系总体绩效：适宜性（有赖于组织的规模、风险的性质等，体系是否适合于组织）；充分性（体系是否充分强调组织的职业健康安全方针和目标）；有效性（体系是否正在实现所预期的结果）。

典型例题

【单选题】企业最高管理者按计划的时间间隔对职业健康安全管理体系进行评价，称为（　　）。

A. 初始状态评审　　B. 管理评审

C. 内部审核　　D. 合规性评价

B。【解析】管理评审是指最高管理者按计划的时间间隔，对组织的职业健康安全管理体系进行评审，以确保其持续适宜性、充分性和有效性。

四、《环境管理体系 要求及使用指南》结构

《环境管理体系 要求及使用指南》结构，如表 5-1 所示。

表 5-1 《环境管理体系 要求及使用指南》结构

1. 范围		
2. 规范性引用文件		
3. 术语和定义	3.1 与组织和领导作用有关的术语	
	3.2 与策划有关的术语	
	3.3 与支持和运行有关的术语	
	3.4 与绩效评价和改进有关的术语	
4. 组织所处的环境	4.1 理解组织及所处的环境	
	4.2 理解相关方的需求和期望	
	4.3 确定环境管理体系的范围	
	4.4 环境管理体系	
5. 领导作用	5.1 领导作用与承诺	
	5.2 环境方针	
	5.3 组织的角色、职权和权限	
6. 策划	6.1 应对风险和机遇的措施	6.1.1 总则
		6.1.2 环境因素
		6.1.3 合规义务
		6.1.4 措施的策划
	6.2 环境目标及其实现的策划	6.2.1 环境目标
		6.2.2 实现环境目标的措施的策划
7. 支持	7.1 资源	
	7.2 能力	
	7.3 意识	
	7.4 信息交流	7.4.1 总则
		7.4.2 内部信息交流
		7.4.3 外部信息交流
	7.5 文件化信息	7.5.1 总则
		7.5.2 创建和更新
		7.5.3 文件化信息的控制
8. 运行	8.1 运行策划和控制	
	8.2 应急准备和响应	

（续表）

9. 绩效评价	9.1 监视、测量、分析和评价	9.1.1 总则
		9.1.2 合规性评价
	9.2 内部审核	9.2.1 总则
		9.2.2 内部审核方案
	9.3 管理评审	
10. 改进	10.1 总则	
	10.2 不符合和纠正措施	
	10.3 持续改进	

五、环境管理体系的目的

环境管理的体系方法可向最高管理者提供信息，通过下列途径以获得长期成功，并为促进可持续发展创建可选方案：预防或减轻不利环境影响以保护环境；减轻环境状况对组织的潜在不利影响；帮助组织履行合规义务；提升环境绩效；运用生命周期观点，控制或影响组织的产品和服务的设计、制造、交付、消费和处置的方式，能够防止环境影响被无意地转移到生命周期的其他阶段；实施环境友好的且可巩固组织市场地位的可选方案，以获得财务和运营收益；与有关的相关方沟通环境信息。

六、成功因素

环境管理体系的成功实施取决于最高管理者领导下的组织各层次和职能的承诺。组织可利用机遇（一种或多种可能导致职业健康安全绩效改进的情形），尤其是那些具有战略和竞争意义的机遇，预防或减轻不利的环境影响，增强有益的环境影响。

通过将环境管理融入组织的业务过程、战略方向或决策制定过程，与其他业务的优先项相协调，并将环境管理纳入组织的全面管理体系中，最高管理者就能够有效地应对其风险和机遇。

环境管理体系的详略和复杂程度将取决于组织所处的环境、其环境管理体系的范围、其合规义务，及其活动、产品和服务的性质，包括其环境因素和相关的环境影响。

七、策划－实施－检查－改进模式

构成环境管理体系的方法是基于策划、实施、检查与改进（PDCA）的概念，PDCA模式为组织提供了一个循序渐进的过程，用以实现持续改进，该模式可应用于环境管理体系及其每个单独的要素。

（一）策划

建立所需的环境目标和过程，以实现与组织的环境方针相一致的结果。主要内容包括：理解组织及所处的环境，包括相关方的需求和期望；确定范围并实施环境管理体系；确保最高管理者的领导作用和承诺；建立环境方针；分配相关角色的职责和权限；确定环境因素和相关的环境影响;确定并获取合规义务;确定与上述相关的需要应对的风险和机遇;策划应对上述中确定的风险和机遇的措施,并评价这些措施的有效性;建立环境目标,确定参数和过程以实现环境目标。

(二)实施

实施所策划的过程。具体内容包括:制定实施和保持环境管理体系所需的资源;确定人员必需的能力并确保这些人具有所确定的能力和意识;建立、实施和保持内部和外部信息交流所需的过程;确保采用适当的方法创建、更新和控制文件化信息;建立、实施并控制满足环境管理体系要求所需的运行控制过程;确定潜在的紧急情况以及必要的响应。

(三)检查

依据环境方针(包括其承诺)、环境目标和运行准则,对过程进行监视和测量,并报告结果。具体内容包括:监视、测量、分析和评价环境绩效;评价合规义务的履行情况;进行定期的内部审核;评审组织的环境管理体系以确保持续适宜性、充分性和有效性。

(四)改进

采取措施以持续改进,主要包括两个方面:采取措施处理不符合;采取措施持续改进环境管理体系的适宜性、充分性和有效性,以有效提升环境绩效。

图 5-2 展示了《环境管理体系 要求及使用指南》(GB/T 24001—2016)采用的结构如何融入 PDCA 模式,它能够帮助新的和现有的使用者理解系统方法的重要性。

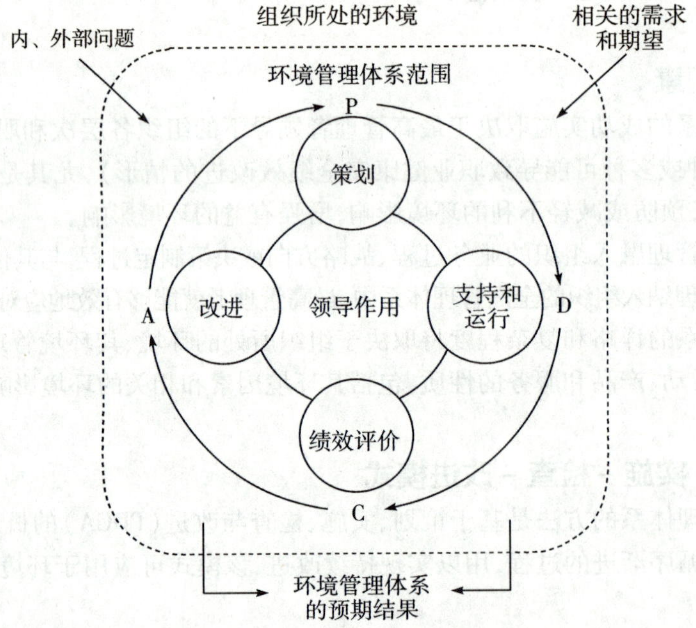

图 5-2 PDCA 与 GB/T 24001 结构之间的关系

环境管理体系应当被视为一种组织框架,应当对其进行持续监视和定期评审,从而为组织提供有效的指导以适应变化的外部和内部问题。

八、领导作用

（一）领导作用与承诺

最高管理者应通过下列方面证实其在环境管理体系方面的领导作用和承诺：对环境管理体系的有效性负责；确保建立环境方针和环境目标，并确保其余组织的战略方向及所处的环境相一致；确保将环境管理体系要求融入组织的业务过程；确保可获得环境管理体系所需的资源；就有效环境管理的重要性和符合环境管理体系要求的重要性进行沟通；确保环境管理体系实现其预期结果；指导并支持员工对环境管理体系的有效性做出贡献；促进持续改进；支持其他相关管理人员在其职责范围内证实其领导作用。

（二）环境方针（意图和方向）

最高管理者应在界定的环境管理体系范围内建立、实施并保持环境方针，环境方针应符合下列要求：适合于组织的宗旨和住所的环境，包括其活动、产品和服务的性质、规模和环境影响；为制定环境目标提供框架；包括保护环境的承诺，其中包含污染预防及其他与组织所处环境有关的特定承诺，保护环境的其他特定承诺可包括资源的可持续利用、减缓和适应气候变化、保护生物多样性和生态系统等；包括履行其合规义务的承诺；包括持续改进环境管理体系以提升环境绩效的承诺。

环境方针应以文件化信息的形式予以保持，并在组织内得到沟通，可为相关方获取。

（三）组织的角色、职责和权限

最高管理者应确保在组织内部分配并沟通相关角色的职责和权限。

最高管理者应对下列事项分配职责和权限：确保环境管理体系符合《环境管理体系 要求及使用指南》（GB/T 24001—2016）的要求；向最高管理者报告环境管理体系的绩效，包括环境绩效。

专家解读

为了证实领导作用和承诺，最高管理者负有环境管理体系有关的特定职责，应当亲自参与或进行指导，最高管理者可向他人委派这些行动的职责，但仍有责任确保这些行动得到实施。

九、环境管理体系的运行

环境管理体系的运行参考《环境管理体系 通用实施指南》（GB/T 24004—2017）、《环境管理体系 要求及使用指南》（GB/T 24001—2016）、《职业健康安全管理体系 要求及使用指南》（BG/T 45001—2020）相关内容。

第二节　建设工程安全生产管理

一、安全生产管理规定

（一）《中华人民共和国建筑法》中安全生产管理规定

《中华人民共和国建筑法》是建设领域的根本大法，建筑法规定，在中华人民共和国境内从事建筑活动，实施对建筑活动的监督管理，应当遵守本法。本法所称建筑活动，是指各类房屋建筑及其附属设施的建造和与其配套的线路、管道、设备的安装活动。

建筑工程安全生产管理必须坚持安全第一、预防为主的方针，建立健全安全生产的责任制度和群防群治制度。建筑工程设计应当符合按照国家规定制定的建筑安全规程和技术规范，保证工程的安全性能。

建筑施工企业在编制施工组织设计时，应当根据建筑工程的特点制定相应的安全技术措施；对专业性较强的工程项目，应当编制专项安全施工组织设计，并采取安全技术措施。

建设单位应当向建筑施工企业提供与施工现场相关的地下管线资料，建筑施工企业应当采取措施加以保护。

有下列情形之一的，建设单位应当按照国家有关规定办理申请批准手续：需要临时占用规划批准范围以外场地的；可能损坏道路、管线、电力、邮电通讯等公共设施的；需要临时停水、停电、中断道路交通的；需要进行爆破作业的；法律、法规规定需要办理报批手续的其他情形。

建设行政主管部门负责建筑安全生产的管理，并依法接受劳动行政主管部门对建筑安全生产的指导和监督。

建筑施工企业必须依法加强对建筑安全生产的管理，执行安全生产责任制度，采取有效措施，防止伤亡和其他安全生产事故的发生。建筑施工企业的法定代表人对本企业的安全生产负责。

施工现场安全由建筑施工企业负责。实行施工总承包的，由总承包单位负责。分包单位向总承包单位负责，服从总承包单位对施工现场的安全生产管理。

建筑施工企业应当建立健全劳动安全生产教育培训制度，加强对职工安全生产的教育培训；未经安全生产教育培训的人员，不得上岗作业。

建筑施工企业应当依法为职工参加工伤保险缴纳工伤保险费。鼓励企业为从事危险作业的职工办理意外伤害保险，支付保险费。

涉及建筑主体和承重结构变动的装修工程，建设单位应当在施工前委托原设计单位或者具有相应资质条件的设计单位提出设计方案；没有设计方案的，不得施工。

房屋拆除应当由具备保证安全条件的建筑施工单位承担，由建筑施工单位负责人对安全负责。

施工中发生事故时，建筑施工企业应当采取紧急措施减少人员伤亡和事故损失，并按照国家有关规定及时向有关部门报告。

（二）危险性较大的分部分项工程对应的安全生产管理规定

1. 现场安全管理

施工单位应当在施工现场显著位置公告危大工程名称、施工时间和具体责任人员，并在危险区域设置安全警示标志。

专项施工方案实施前，编制人员或者项目技术负责人应当向施工现场管理人员进行方案交底。施工现场管理人员应当向作业人员进行安全技术交底，并由双方和项目专职安全生产管理人员共同签字确认。

施工单位应当对危大工程施工作业人员进行登记，项目负责人应当在施工现场履职。项目专职安全生产管理人员应当对专项施工方案实施情况进行现场监督，对未按照专项施工方案施工的，应当要求立即整改，并及时报告项目负责人，项目负责人应当及时组织限期整改。

施工单位应当按照规定对危大工程进行施工监测和安全巡视，发现危及人身安全的紧急情况，应当立即组织作业人员撤离危险区域。

监理单位应当结合危大工程专项施工方案编制监理实施细则，并对危大工程施工实施专项巡视检查。

监理单位发现施工单位未按照专项施工方案施工的，应当要求其进行整改；情节严重的，应当要求其暂停施工，并及时报告建设单位。施工单位拒不整改或者不停止施工的，监理单位应当及时报告建设单位和工程所在地住房城乡建设主管部门。

对于按照规定需要进行第三方监测的危大工程，建设单位应当委托具有相应勘察资质的单位进行监测。

监测单位应当编制监测方案。监测方案由监测单位技术负责人审核签字并加盖单位公章，报送监理单位后方可实施。监测单位应当按照监测方案开展监测，及时向建设单位报送监测成果，并对监测成果负责；发现异常时，及时向建设、设计、施工、监理单位报告，建设单位应当立即组织相关单位采取处置措施。

施工、监理单位应当建立危大工程安全管理档案。施工单位应当将专项施工方案及审核、专家论证、交底、现场检查、验收及整改等相关资料纳入档案管理。

监理单位应当将监理实施细则、专项施工方案审查、专项巡视检查、验收及整改等相关资料纳入档案管理。

2. 法律责任

建设单位有下列行为之一的，责令限期改正，并处 1 万元以上 3 万元以下的罚款；对直接负责的主管人员和其他直接责任人员处 1 000 元以上 5 000 元以下的罚款：

(1)未按照规定提供工程周边环境等资料的。

(2)未按照规定在招标文件中列出危大工程清单的。

(3)未按照施工合同约定及时支付危大工程施工技术措施费或者相应的安全防护文明施工措施费的。

(4)未按照规定委托具有相应勘察资质的单位进行第三方监测的。

(5)未对第三方监测单位报告的异常情况组织采取处置措施的。

勘察单位未在勘察文件中说明地质条件可能造成的工程风险的，责令限期改正，依照《建设工程安全生产管理条例》对其进行处罚；对直接负责的主管人员和其他直接责任人员处 1 000 元以上 5 000 元以下的罚款。

设计单位未在设计文件中注明涉及危大工程的重点部位和环节，未提出保障工程周边环境安全和工程施工安全的意见的，责令限期改正，并处 1 万元以上 3 万元以下的罚款；对直接负责的主管人员和其他直接责任人员处 1 000 元以上 5 000 元以下的罚款。

施工单位未按照规定编制并审核危大工程专项施工方案的，依照《建设工程安全生产管理条例》对单位进行处罚，并暂扣安全生产许可证 30 日；对直接负责的主管人员和其他直接责任人员处1 000元以上5 000元以下的罚款。

施工单位有下列行为之一的，依照《中华人民共和国安全生产法》《建设工程安全生产管理条例》对单位和相关责任人员进行处罚：

(1)未向施工现场管理人员和作业人员进行方案交底和安全技术交底的。

(2)未在施工现场显著位置公告危大工程，并在危险区域设置安全警示标志的。

(3)项目专职安全生产管理人员未对专项施工方案实施情况进行现场监督的。

施工单位有下列行为之一的，责令限期改正，处1万元以上3万元以下的罚款，并暂扣安全生产许可证30日；对直接负责的主管人员和其他直接责任人员处1 000元以上5 000元以下的罚款：

(1)未对超过一定规模的危大工程专项施工方案进行专家论证的。

(2)未根据专家论证报告对超过一定规模的危大工程专项施工方案进行修改，或者未按照本规定重新组织专家论证的。

(3)未严格按照专项施工方案组织施工，或者擅自修改专项施工方案的。

施工单位有下列行为之一的，责令限期改正，并处1万元以上3万元以下的罚款；对直接负责的主管人员和其他直接责任人员处1 000元以上5 000元以下的罚款：

(1)项目负责人未按照规定现场履职或者组织限期整改的。

(2)施工单位未按照规定进行施工监测和安全巡视的。

(3)未按照规定组织危大工程验收的。

(4)发生险情或者事故时，未采取应急处置措施的。

(5)未按照规定建立危大工程安全管理档案的。

二、建设工程安全生产管理制度

(一)安全生产许可证制度

《安全生产许可证条例》第二条规定，国家对矿山企业、建筑施工企业和危险化学品、烟花爆竹、民用爆炸物品生产企业实行安全生产许可制度。企业未取得安全生产许可证的，不得从事生产活动。

1.申请领取安全生产许可证的条件

企业取得安全生产许可证，应当具备下列安全生产条件：建立、健全安全生产责任制，制定完备的安全生产规章制度和操作规程；安全投入符合安全生产要求；设置安全生产管理机构，配备专职安全生产管理人员；主要负责人和安全生产管理人员经考核合格；特种作业人员经有关业务主管部门考核合格，取得特种作业操作资格证书；从业人员经安全生产教育和培训合格；依法参加工伤保险，为从业人员缴纳保险费；厂房、作业场所和安全设施、设备、工艺符合有关安全生产法律、法规、标准和规程的要求；有职业危害防治措施，并为从业人员配备符合国家标准或者行业标准的劳动防护用品；依法进行安全评价；有重大危险源检测、评估、监控措施和应急预案；有生产安全事故应急救援预案、应急救援组织或者应急救援人员，配备必要的应急救援器材、设备；法律、法规规定的其他条件。

专家解读

《中华人民共和国安全生产法》第二十四条规定，矿山、金属冶炼、建筑施工、运输单位和危险物品的生产、经营、储存、装卸单位，应当设置安全生产管理机构或者配备专职安全生产管理人员。前款规定以外的其他生产经营单位，从业人员超过100人的，应当设置安全生产管理机构或者配备专职安全生产管理人员；从业人员在100人以下的，应当配备专职或者兼职的安全生产管理人员。第二十七条规定，危险物品的生产、储存、装卸单位以及矿山、金属冶炼单位应当有注册安全工程师从事安全生产管理工作。鼓励其他生产经营单位聘用注册安全工程师从事安全生产管理工作。

《企业安全生产责任体系五落实五到位规定》(安监总办〔2015〕27号)第四条指出，必须落实安全管理力量，依法设置安全生产管理机构，配齐配强注册安全工程师等专业安全管理人员。落实企业安全生产主体责任，需要企业内部组织架构和人员配备上对安全生产工作予以保障。

安全生产管理机构和安全生产管理人员，是企业开展安全生产管理工作的具体执行者，在企业安全生产中发挥着不可或缺的作用。分析近年来发生的事故，企业没有设置相应的安全生产管理机构或者配备必要的安全生产管理人员，是重要原因之一。因此，对一些危险性较大行业的企业或者从业人员较多的企业，必须设置专门从事安全生产管理的机构或配置专职安全生产管理人员，确保企业日常安全生产工作时时有人抓、事事有人管。

2. 安全生产许可证的申请

企业进行生产前，应当向安全生产许可证颁发管理机关申请领取安全生产许可证，并提供相关文件、资料。安全生产许可证颁发管理机关应当自收到申请之日起45日内审查完毕，经审查符合规定的安全生产条件的，颁发安全生产许可证；不符合规定的安全生产条件的，不予颁发安全生产许可证，书面通知企业并说明理由。

安全生产许可证的有效期为3年。安全生产许可证有效期满需要延期的，企业应当于期满前3个月向原安全生产许可证颁发管理机关办理延期手续。企业在安全生产许可证有效期内，严格遵守有关安全生产的法律法规，未发生死亡事故的，安全生产许可证有效期届满时，经原安全生产许可证颁发管理机关同意，不再审查，安全生产许可证有效期延期3年。

(二)安全生产责任制度

1. 安全生产责任制度的内涵和意义

习近平总书记强调，要抓紧建立健全“党政同责、一岗双责、齐抓共管”的安全生产责任体系，把安全责任落实到岗位、落实到人头，坚持“管行业必须管安全，管业务必须管安全，管生产经营必须管安全”；所有企业必须认真履行安全生产主体责任，做到安全投入到位、安全培训到位、基础管理到位、应急救援到位。

企业全员安全生产责任制是由企业根据安全生产法律法规和相关标准要求，在生产经营活动中，根据企业岗位的性质、特点和具体工作内容，明确所有层级、各类岗位从业人员的安全生产责任,通过加强教育培训、强化管理考核和严格奖惩等方式,建立起安全生产工作“层层负责、人人有责、各负其责”的工作体系。

全面加强企业全员安全生产责任制工作,是推动企业落实安全生产主体责任的重要抓手,有利于减少企业“三违”现象(违章指挥、违章作业、违反劳动纪律)的发生,有利于降低因人的不安全行为造成的生产安全事故,对解决企业安全生产责任传导不力问题,维护广大从业人员的生命安全和职业健康具有重要意义。

2. 建立健全企业全员安全生产责任制

企业主要负责人负责建立、健全企业的全员安全生产责任制。企业要按照《中华人民共和国安全生产法》《中华人民共和国职业病防治法》等法律法规规定,参照《企业安全生产标准化基本规范》(GB/T 33000—2016)和《企业安全生产责任体系五落实五到位规定》(安监总办〔2015〕27 号)等有关要求,结合企业自身实际,明确从主要负责人到一线从业人员(含劳务派遣人员、实习学生等)的安全生产责任、责任范围和考核标准。生产经营单位的主要负责人是本单位安全生产第一责任人,对本单位的安全生产工作全面负责。其他负责人对职责范围内的安全生产工作负责。

企业要建立健全安全生产责任制管理考核制度,对全员安全生产责任制落实情况进行考核管理。要健全激励约束机制,通过奖励主动落实、全面落实责任,惩处不落实责任、部分落实责任,不断激发全员参与安全生产工作的积极性和主动性,形成良好的安全文化氛围。

3. 加强对企业全员安全生产责任制的监督检查

地方各级负有应急管理职责的部门要按照“管行业必须管安全、管业务必须管安全、管生产经营必须管安全”和“谁主管、谁负责”的要求,切实履行应急管理职责,加强对企业建立和落实全员安全生产责任制工作的指导督促和监督检查。监督检查的内容主要包括:

(1)企业全员安全生产责任制建立情况。包括:是否建立了涵盖所有层级和所有岗位的安全生产责任制;是否明确了安全生产责任范围;是否认真贯彻执行《企业安全生产责任体系五落实五到位规定》等。

(2)企业安全生产责任制公示情况。包括:是否在适当位置进行了公示;相关的安全生产责任制内容是否符合要求等。

(3)企业全员安全生产责任制教育培训情况。包括:是否制定了培训计划、方案;是否按照规定对所有岗位从业人员(含劳务派遣人员、实习学生等)进行了安全生产责任制教育培训;是否如实记录相关教育培训情况等。

(4)企业全员安全生产责任制考核情况。包括:是否建立了企业全员安全生产责任制考核制度;是否将企业全员安全生产责任制度考核贯彻落实到位等。

4. 施工单位的安全责任

施工单位从事建设工程的新建、扩建、改建和拆除等活动,应当具备国家规定的注册资本、专业技术人员、技术装备和安全生产等条件,依法取得相应等级的资质证书,并在其资质等级许可的范围内承揽工程。

施工单位主要负责人依法对本单位的安全生产工作全面负责。施工单位应当建立健全安全生产责任制度和安全生产教育培训制度,制定安全生产规章制度和操作规程,保证本单位安全生产条件所需资金的投入,对所承担的建设工程进行定期和专项安全检查,并做好安全检查记录。

施工单位的项目负责人应当由取得相应执业资格的人员担任，对建设工程项目的安全施工负责，落实安全生产责任制度、安全生产规章制度和操作规程，确保安全生产费用的有效使用，并根据工程的特点组织制定安全施工措施，消除安全事故隐患，及时、如实报告生产安全事故。

施工单位对列入建设工程概算的安全作业环境及安全施工措施所需费用，应当用于施工安全防护用具及设施的采购和更新、安全施工措施的落实、安全生产条件的改善，不得挪作他用。

施工单位应当设立安全生产管理机构，配备专职安全生产管理人员。专职安全生产管理人员负责对安全生产进行现场监督检查。发现安全事故隐患，应当及时向项目负责人和安全生产管理机构报告；对违章指挥、违章操作的，应当立即制止。

建筑施工企业安全生产管理机构专职安全生产管理人员的配备应满足下列要求，并应根据企业经营规模、设备管理和生产需要予以增加：建筑施工总承包资质序列企业：特级资质不少于6人；一级资质不少于4人；二级和二级以下资质企业不少于3人。建筑施工专业承包资质序列企业：一级资质不少于3人；二级和二级以下资质企业不少于2人。建筑施工劳务分包资质序列企业：不少于2人。建筑施工企业的分公司、区域公司等较大的分支机构应依据实际生产情况配备不少于2人的专职安全生产管理人员。

总承包单位配备项目专职安全生产管理人员应当满足下列要求：①建筑工程、装修工程按照建筑面积配备：1万 m^2 以下的工程不少于1人；1万～5万 m^2 的工程不少于2人；5万 m^2 及以上的工程不少于3人，且按专业配备专职安全生产管理人员。②土木工程、线路管道、设备安装工程按照工程合同价配备：5 000万元以下的工程不少于1人；5 000万～1亿元的工程不少于2人；1亿元及以上的工程不少于3人，且按专业配备专职安全生产管理人员。

建设工程实行施工总承包的，由总承包单位对施工现场的安全生产负总责。总承包单位应当自行完成建设工程主体结构的施工。

总承包单位依法将建设工程分包给其他单位的，分包合同中应当明确各自的安全生产方面的权利、义务。总承包单位和分包单位对分包工程的安全生产承担连带责任。

分包单位应当服从总承包单位的安全生产管理，分包单位不服从管理导致生产安全事故的，由分包单位承担主要责任。

（三）安全生产教育培训制度

1. 施工单位三类管理人员的考核

（1）三类人员。

三类人员是指建筑施工企业的主要负责人、项目负责人、专职安全生产管理人员。

建筑施工企业主要负责人，是指对本企业日常生产经营活动和安全生产工作全面负责、有生产经营决策权的人员，包括企业法定代表人、经理、企业分管安全生产工作的副经理等。

建筑施工企业项目负责人，是指由企业法定代表人授权，负责建设工程项目管理的负责人等。

建筑施工企业专职安全生产管理人员，是指在企业专职从事安全生产管理工作的人员，包括企业安全生产管理机构的负责人及其工作人员和施工现场专职安全生产管理人员。

(2)考核范围。

《建设工程安全生产管理条例》第三十六条规定,施工单位的主要负责人、项目负责人、专职安全生产管理人员应当经建设行政主管部门或者其他有关部门考核合格后方可任职。

(3)三类人员考核的管理工作及相关要求。

国务院建设行政主管部门负责全国建筑施工企业管理人员安全生产的考核工作,并负责中央管理的建筑施工企业管理人员安全生产考核和发证工作。

省、自治区、直辖市人民政府建设行政主管部门负责本行政区域内中央管理以外的建筑施工企业管理人员安全生产考核和发证工作。

建筑施工企业管理人员应当具备相应文化程度、专业技术职称和一定安全生产工作经历,并经企业年度安全生产教育培训合格后,方可参加建设行政主管部门组织的安全生产考核。

建筑施工企业管理人员安全生产考核内容包括安全生产知识和管理能力。

建筑施工企业管理人员安全生产考核合格证书由国务院建设行政主管部门规定统一的式样。

建筑施工企业管理人员变更姓名和所在法人单位等,应在 1 个月内到原安全生产考核合格证书发证机关办理变更手续。

任何单位和个人不得伪造、转让、冒用建筑施工企业管理人员安全生产考核合格证书。

建筑施工企业管理人员安全生产考核合格证书有效期为 3 年。有效期满需要延期的,应当于期满前 3 个月内向原发证机关申请办理延期手续。

建筑施工企业管理人员在安全生产考核合格证书有效期内,严格遵守安全生产法律法规,认真履行安全生产职责,按规定接受企业年度安全生产教育培训,未发生死亡事故的,安全生产考核合格证书有效期届满时,经原安全生产考核合格证书发证机关同意,不再考核,安全生产考核合格证书有效期延期 3 年。

建设行政主管部门工作人员在建筑施工企业管理人员的安全生产考核、发证和监督检查工作中,不得索取或者接受企业和个人的财物,不得谋取其他利益。

2. 全员安全生产教育培训

全员安全教育内容包括:安全生产法规、政策、方针及意义;正确使用劳动防护用品及保管;安全技术知识;工伤事故的紧急救护及自救措施;安全生产事故案例及教训。

《建设工程安全生产管理条例》规定,施工单位应当对管理人员和作业人员每年至少进行一次安全生产教育培训,其教育培训情况记入个人工作档案。安全生产教育培训考核不合格的人员,不得上岗。

3. 进入新的岗位或者新的施工现场前的安全生产教育培训

《建设工程安全生产管理条例》第三十七条规定,作业人员进入新的岗位或者新的施工现场前,应当接受安全生产教育培训。未经教育培训或者教育培训考核不合格的人员,不得上岗作业。

企业新上岗的从业人员,岗前培训时间不得少于 24 学时。

新员工安全教育形式:新员工安全教育分为三级,也就是厂级安全教育、车间级安全教育、班组级安全教育。

专家解读

厂级安全教育包括国家有关安全生产方针政策和法规、本厂安全生产的一般状况、企业内部特殊危险部位的介绍、一般的机械电气安全知识等；车间级安全教育包括本车间的生产概况、安全生产情况、本车间的劳动纪律和生产规则、安全注意事项、车间的危险部位、危险机电设施、尘毒作业情况以及必须遵守的安全生产规章制度；班组级安全教育包括班组安全生产概况、工作性质和职责范围、岗位工种的工作性质、机电设备的安全操作方法、各种安全防护设施的性质和作用，工作地点的环境卫生、危险因素及控制方法、个人防护用具的使用方法，以及发生事故时的紧急救灾措施等。

典型例题

【单选题】关于安全生产教育培训的说法，正确的是（　　）。

A. 企业新员工按规定经过三级安全教育和实际操作训练后即可上岗

B. 项目级安全教育由企业安全生产管理部门负责人组织实施，安全员协助

C. 班组级安全教育由项目负责人组织实施，安全员协助

D. 企业安全教育培训包括对管理人员、特种作业人员和企业员工的安全教育

D。【解析】企业新员工须按规定通过三级安全教育和实际操作训练，并经考核合格后方可上岗。故选项 A 错误。项目级安全教育，由项目级负责人组织实施，专职或兼职安全员协助。故选项 B 错误。班组级安全教育由班组长组织实施。故选项 C 错误。

4. 采用新技术、新工艺、新设备、新材料前的安全生产教育培训

施工单位在采用新技术、新工艺、新设备、新材料时，应当对作业人员进行相应的安全生产教育培训。

5. 特种作业人员的安全教育培训

（1）特种作业人员应当符合的条件。

《特种作业人员安全技术培训考核管理规定》第四条规定，特种作业人员应当符合下列条件：

①年满 18 周岁，且不超过国家法定退休年龄。

②经社区或者县级以上医疗机构体检健康合格，并无妨碍从事相应特种作业的器质性心脏病、癫痫病、美尼尔氏症、眩晕症、癔病、震颤麻痹症、精神病、痴呆症以及其他疾病和生理缺陷。

③具有初中及以上文化程度。

④具备必要的安全技术知识与技能。

⑤相应特种作业规定的其他条件。

（2）培训。

特种作业人员应当接受与其所从事的特种作业相应的安全技术理论培训和实际操作培

训。已经取得职业高中、技工学校及中专以上学历的毕业生从事与其所学专业相应的特种作业,持学历证明经考核发证机关同意,可以免予相关专业的培训。

从事特种作业人员安全技术培训的机构,必须按照有关规定取得安全生产培训资质证书后,方可从事特种作业人员的安全技术培训。

(3)考核发证。

特种作业人员的考核包括考试和审核两部分。考试由考核发证机关或其委托的单位负责;审核由考核发证机关负责。

特种作业操作证有效期为6年,在全国范围内有效。特种作业操作证由安全监管总局统一式样、标准及编号。

(4)注销。

有下列情形之一的,考核发证机关应当注销特种作业操作证:特种作业人员死亡的;特种作业人员提出注销申请的;特种作业操作证被依法撤销的。

(5)重新考试。

离开特种作业岗位6个月以上的特种作业人员,应当重新进行实际操作考试,经确认合格后方可上岗作业。

(四)安全生产监督检查制度

国务院应急管理部门依照《中华人民共和国安全生产法》的规定,对全国建设工程安全生产工作实施综合监督管理。

县级以上地方各级人民政府应当根据本行政区域内的安全生产状况,组织有关部门按照职责分工,对本行政区域内容易发生重大生产安全事故的生产经营单位进行严格检查。应急管理部门应当按照分类分级监督管理的要求,制定安全生产年度监督检查计划,并按照年度监督检查计划进行监督检查,发现事故隐患,应当及时处理。

负有安全生产监督管理职责的部门依照有关法律、法规的规定,对涉及安全生产的事项需要审查批准(包括批准、核准、许可、注册、认证、颁发证照等,下同)或者验收的,必须严格依照有关法律、法规和国家标准或者行业标准规定的安全生产条件和程序进行审查;不符合有关法律、法规和国家标准或者行业标准规定的安全生产条件的,不得批准或者验收通过。对未依法取得批准或者验收合格的单位擅自从事有关活动的,负责行政审批的部门发现或者接到举报后应当立即予以取缔,并依法予以处理。对已经依法取得批准的单位,负责行政审批的部门发现其不再具备安全生产条件的,应当撤销原批准。

应急管理部门和其他负有安全生产监督管理职责的部门依法开展安全生产行政执法工作,对生产经营单位执行有关安全生产的法律、法规和国家标准或者行业标准的情况进行监督检查,行使以下职权:

(1)进入生产经营单位进行检查,调阅有关资料,向有关单位和人员了解情况。

(2)对检查中发现的安全生产违法行为,当场予以纠正或者要求限期改正;对依法应当给予行政处罚的行为,依照有关法律、行政法规的规定作出行政处罚决定。

(3)对检查中发现的事故隐患,应当责令立即排除;重大事故隐患排除前或者排除过程中无法保证安全的,应当责令从危险区域内撤出作业人员,责令暂时停产停业或者停止使用相关设施、设备;重大事故隐患排除后,经审查同意,方可恢复生产经营和使用。

(4)对有根据认为不符合保障安全生产的国家标准或者行业标准的设施、设备、器材以及违法生产、储存、使用、经营、运输的危险物品予以查封或者扣押,对违法生产、储存、使用、经营危险物品的作业场所予以查封,并依法作出处理决定。

安全生产监督检查人员应当将检查的时间、地点、内容、发现的问题及其处理情况,作出书面记录,并由检查人员和被检查单位的负责人签字;被检查单位的负责人拒绝签字的,检查人员应当将情况记录在案,并向负有安全生产监督管理职责的部门报告。

负有安全生产监督管理职责的部门应当建立安全生产违法行为信息库,如实记录生产经营单位的安全生产违法行为信息;对违法行为情节严重的生产经营单位,应当向社会公告,并通报行业主管部门、投资主管部门、国土资源主管部门、证券监督管理机构以及有关金融机构。

(五)生产安全事故报告与调查处理制度

生产经营单位发生生产安全事故后,事故现场有关人员应当立即报告本单位负责人。

报告事故应当包括的内容有:事故发生单位概况;事故发生的时间、地点以及事故现场情况;事故的简要经过;事故已经造成或者可能造成的伤亡人数(包括下落不明的人数)和初步估计的直接经济损失;已经采取的措施;其他应当报告的情况。

负有安全生产监督管理职责的部门接到事故报告后,应当立即按照国家有关规定上报事故情况。负有应急管理职责的部门和有关地方人民政府对事故情况不得隐瞒不报、谎报或者迟报。

有关地方人民政府和负有安全生产监督管理职责的部门的负责人接到生产安全事故报告后,应当按照生产安全事故安全生产监督救援预案的要求立即赶到事故现场,组织事故抢救。参与事故抢救的部门和单位应当服从统一指挥,加强协同联动,采取有效的应急救援措施,并根据事故救援的需要采取警戒、疏散等措施,防止事故扩大和次生灾害的发生,减少人员伤亡和财产损失。

事故抢救过程中应当采取必要措施,避免或者减少对环境造成的危害。任何单位和个人都应当支持、配合事故抢救,并提供一切便利条件。

特别重大事故由国务院或者国务院授权有关部门组织事故调查组进行调查。重大事故、较大事故、一般事故分别由事故发生地省级人民政府、设区的市级人民政府、县级人民政府负责调查。省级人民政府、设区的市级人民政府、县级人民政府可以直接组织事故调查组进行调查,也可以授权或者委托有关部门组织事故调查组进行调查。

未造成人员伤亡的一般事故,县级人民政府也可以委托事故发生单位组织事故调查组进行调查。上级人民政府认为必要时,可以调查由下级人民政府负责调查的事故。

事故调查报告应当包括下列内容:事故发生单位概况;事故发生经过和事故救援情况;事故造成的人员伤亡和直接经济损失;事故发生的原因和事故性质;事故责任的认定以及对事故责任者的处理建议;事故防范和整改措施。

事故调查报告应当附具有关证据材料。事故调查组成员应当在事故调查报告上签名。

(六)安全生产费用管理制度

建设单位在编制工程概算时,应当确定建设工程安全作业环境及安全施工措施所需费用。施工单位对列入建设工程概算的安全作业环境及安全施工措施所需费用，应当用于施工安全防护用具及设施的采购和更新、安全施工措施的落实、安全生产条件的改善，不得挪作他用。

施工单位应当根据不同施工阶段和周围环境及季节、气候的变化，在施工现场采取相应的安全施工措施。施工现场暂时停止施工的，施工单位应当做好现场防护，所需费用由责任方承担，或者按照合同约定执行。

（七）危险部位警示制度

施工单位应当在施工现场入口处、施工起重机械、临时用电设施、脚手架、出入通道口、楼梯口、电梯井口、孔洞口、桥梁口、隧道口、基坑边沿、爆破物及有害危险气体和液体存放处等危险部位，设置明显的安全警示标志。安全警示标志必须符合国家标准。

（八）工伤保险和意外伤害保险管理制度

《中华人民共和国建筑法》第四十八条规定，建筑施工企业应当依法为职工参加工伤保险缴纳工伤保险费。鼓励企业为从事危险作业的职工办理意外伤害保险，支付保险费。

专家解读

针对工伤保险问题，《中华人民共和国社会保险法》第三十三条规定，职工应当参加工伤保险，由用人单位缴纳工伤保险费，职工不缴纳工伤保险费。《工伤保险条例》对此也有类似规定。依据《安全生产许可证条例》，依法为建筑施工企业职工办理工伤保险，也是建筑施工企业取得安全生产许可证的条件之一。

《建设工程安全生产管理条例》第三十八条规定，施工单位应当为施工现场从事危险作业的人员办理意外伤害保险。意外伤害保险费由施工单位支付。实行施工总承包的，由总承包单位支付意外伤害保险费。意外伤害保险期限自建设工程开工之日起至竣工验收合格止。

专家解读

为施工现场从事危险作业的人员办理意外伤害保险及支付保险费属于国家鼓励行为，但不是法律强制要求。

（九）特种作业人员持证上岗制度

垂直运输机械作业人员、安装拆卸工、爆破作业人员、起重信号工、登高架设作业人员等特种作业人员，必须按照国家有关规定经过专门的安全作业培训，并取得特种作业操作资格证书后，方可上岗作业。

（十）专项施工方案专家论证审查制度

《建设工程安全生产管理条例》第二十六条规定，施工单位应当在施工组织设计中编制安全技术措施和施工现场临时用电方案，对下列达到一定规模的危险性较大的分部分项工程编制专项施工方案，并附具安全验算结果，经施工单位技术负责人、总监理工程师签字后实施，由专职安全生产管理人员进行现场监督：基坑支护与降水工程；土方开挖工程；模板工程；起重吊装工程；脚手架工程；拆除、爆破工程；国务院建设行政主管部门或者其他有关部门规定的其他危险性较大的工程。

对上述所列工程中涉及深基坑、地下暗挖工程、高大模板工程的专项施工方案，施工单位还应当组织专家进行论证、审查。达到一定规模的危险性较大工程的标准，由国务院建设行政主管部门会同国务院其他有关部门制定。

《住房城乡建设部关于开展建筑施工安全专项治理行动的通知》（建质〔2018〕31 号）指出，必须认真执行《危险性较大的分部分项工程安全管理规定》（住房城乡建设部令第 37 号），制定实施细则，组织宣传贯彻。督促工程参建各方主体建立健全危险性较大的分部分项工程（简称危大工程）安全管控体系，编制危大工程专项施工方案，组织专家论证，严格按方案施工。

《危险性较大的分部分项工程安全管理规定》（住建部令第 37 号）指出，危险性较大的分部分项工程（简称“危大工程”），是指房屋建筑和市政基础设施工程在施工过程中，容易导致人员群死群伤或者造成重大经济损失的分部分项工程。

施工单位应当在危大工程施工前组织工程技术人员编制专项施工方案。实行施工总承包的，专项施工方案应当由施工总承包单位组织编制。危大工程实行分包的，专项施工方案可以由相关专业分包单位组织编制。

专项施工方案应当由施工单位技术负责人审核签字、加盖单位公章，并由总监理工程师审查签字、加盖执业印章后方可实施。危大工程实行分包并由分包单位编制专项施工方案的，专项施工方案应当由总承包单位技术负责人及分包单位技术负责人共同审核签字并加盖单位公章。

对于超过一定规模的危大工程，施工单位应当组织召开专家论证会对专项施工方案进行论证。实行施工总承包的，由施工总承包单位组织召开专家论证会。专家论证前专项施工方案应当通过施工单位审核和总监理工程师审查。专家应当从地方人民政府住房城乡建设主管部门建立的专家库中选取，符合专业要求且人数不得少于 5 名。与本工程有利害关系的人员不得以专家身份参加专家论证会。

专家论证会后，应当形成论证报告，对专项施工方案提出通过、修改后通过或者不通过的一致意见。专家对论证报告负责并签字确认。专项施工方案经论证需修改后通过的，施工单位应当根据论证报告修改完善后，重新履行规定的程序。专项施工方案经论证不通过的，施工单位修改后应当按照规定的要求重新组织专家论证。

（十一）“三同时”管理制度

“三同时”管理制度主要的法律法规依据是《中华人民共和国安全生产法》《中华人民共和国劳动法》《建设项目安全设施“三同时”监督管理办法》。

《中华人民共和国安全生产法》第三十一条规定，生产经营单位新建、改建、扩建工程项目（简称建设项目）的安全设施，必须与主体工程同时设计、同时施工、同时投入生产和使用。安全设施投资应当纳入建设项目概算。

劳动安全卫生设施标准必须符合规定，《中华人民共和国劳动法》第五十三条规定，劳动安全卫生设施必须符合国家规定的标准。新建、改建、扩建工程的劳动安全卫生设施必须与主体工程同时设计、同时施工、同时投入生产和使用。

建设项目安全设施，是指生产经营单位在生产经营活动中用于预防生产安全事故的设备、设施、装置、构(建)筑物和其他技术措施的总称。《建设项目安全设施“三同时”监督管理办法》规定，生产经营单位是建设项目安全设施建设的责任主体。建设项目安全设施必须与主体工程同时设计、同时施工、同时投入生产和使用(以下简称“三同时”)。安全设施投资应当纳入建设项目概算。

(十二)安全预评价制度

建设工程项目安全预评价：一般是指在建设工程项目可行性研究阶段，为贯彻“安全第一、预防为主、综合治理”方针，提高建设工程项目本质安全水平，邀请具备国家规定资质的安全评价机构，根据建设工程项目可行性研究报告的内容及相关基础资料，定性、定量分析和预测建设工程项目可能存在的主要危险、有害因素的种类及其危险程度，评价项目建设方案与建筑法、劳动法、安全生产法律、规章、标准、规程等的符合性，并提出科学合理可行的安全对策及建议，做出安全评价结论的活动。

建设工程项目安全预评价评价结论需要明确主要危险、有害因素排序，指出应重点防范的重大灾害事故和重要的安全建议。评价结论应概括评价结果，给出建设工程项目在评价条件下与国家有关法律法规、规章、标准、规程是否符合的结论，并给出建设工程项目危险、有害因素引发各类事故的可能性及其严重程度的预测性结论，明确建设工程项目投产后能否安全运行的结论。

《建设项目安全设施“三同时”监督管理办法》规定，安全设施设计必须符合有关法律、法规、规章和国家标准或者行业标准、技术规范的规定，并尽可能采用先进适用的工艺、技术和可靠的设备、设施。本办法第七条规定的建设项目安全设施设计还应当充分考虑建设项目安全预评价报告提出的安全对策措施。安全设施设计单位、设计人应当对其编制的设计文件负责。

(十三)应急管理制度

国家加强生产安全事故应急能力建设，在重点行业、领域建立应急救援基地和应急救援队伍，鼓励生产经营单位和其他社会力量建立应急救援队伍，配备相应的应急救援装备和物资，提高应急救援的专业化水平。

国务院应急管理部门建立全国统一的生产安全事故应急救援信息系统，国务院有关部门建立健全相关行业、领域的生产安全事故应急救援信息系统。

县级以上地方各级人民政府应当组织有关部门制定本行政区域内生产安全事故应急救援预案，建立应急救援体系。

生产经营单位应当制定本单位生产安全事故应急救援预案，与所在地县级以上地方人民政府组织制定的生产安全事故应急救援预案相衔接，并定期组织演练。

危险物品的生产、经营、储存单位以及矿山、金属冶炼、城市轨道交通运营、建筑施工单位应当建立应急救援组织；生产经营规模较小的，可以不建立应急救援组织，但应当指定兼职的应急救援人员。

危险物品的生产、经营、储存、运输单位以及矿山、金属冶炼、城市轨道交通运营、建筑施工单位应当配备必要的应急救援器材、设备和物资，并进行经常性维护、保养，保证正常运转。

生产经营单位发生生产安全事故，单位负责人接到事故报告后，应当迅速采取有效措施，组织抢救，防止事故扩大，减少人员伤亡和财产损失，并按照国家有关规定立即如实报告当地负有安全生产监督管理职责的部门，不得隐瞒不报、谎报或者迟报，不得故意破坏事故现场、毁灭有关证据。

（十四）安全措施计划制度

安全措施计划是阐明安全管理方针、管理体系、安全制度和安全措施等的文件。安全措施计划包括安全技术措施计划、职业卫生措施计划、安全宣传教育措施计划、辅助用房间及设施计划等。

安全检查措施计划涉及的主要方面包括安全生产责任制、安全生产管理目标、安全生产费用预算与投入、安全教育、危险源辨识与确定、风险评估与分级、风险控制措施、专项施工方案及论证、安全技术交底、安全检查与评审、安全应急管理等。

（十五）严重危及施工安全的工艺、设备、材料淘汰制度

《中华人民共和国安全生产法》第三十八条规定，国家对严重危及生产安全的工艺、设备实行淘汰制度，具体目录由国务院应急管理部门会同国务院有关部门制定并公布。法律、行政法规对目录的制定另有规定的，适用其规定。省、自治区、直辖市人民政府可以根据本地区实际情况制定并公布具体目录，对前款规定以外的危及生产安全的工艺、设备予以淘汰。生产经营单位不得使用应当淘汰的危及生产安全的工艺、设备。

《建设工程安全生产管理条例》第四十五条规定，国家对严重危及施工安全的工艺、设备、材料实行淘汰制度。具体目录由国务院建设行政主管部门会同国务院其他有关部门制定并公布。

（十六）施工起重机械使用检验登记制度

《建设工程安全生产管理条例》第三十五条规定，施工单位在使用施工起重机械和整体提升脚手架、模板等自升式架设设施前，应当组织有关单位进行验收，也可以委托具有相应资质的检验检测机构进行验收；使用承租的机械设备和施工机具及配件的，由施工总承包单位、分包单位、出租单位和安装单位共同进行验收。验收合格的方可使用。

《特种设备安全监察条例》规定的施工起重机械，在验收前应当经有相应资质的检验检测机构监督检验合格。

施工单位应当自施工起重机械和整体提升脚手架、模板等自升式架设设施验收合格之日起 30 日内，向建设行政主管部门或者其他有关部门登记。登记标志应当置于或者附着于该设备的显著位置。

专家解读

施工起重机械属于特种设备。《特种设备安全监察条例》规定，本条例所称特种设备是指涉及生命安全、危险性较大的锅炉、压力容器（含气瓶，下同）、压力管道、电梯、起重机械、客运索道、大型游乐设施和场（厂）内专用机动车辆。

典型例题

【单选题】关于安全生产管理制度的说法，错误的是(　　)。

A. 安全生产许可证的有效期为3年

B. 新员工上岗前应进行进厂、进车间、进班组三级的安全教育

C. 按“三同时”制度要求，安全设施投资应当纳入建设项目概算

D. 特种作业人员离开特种作业岗位3个月后，应当重新进行实际操作考试

D。【解析】《特种作业人员安全技术培训考核管理制度》第三十二条规定，离开特种作业岗位6个月以上的特种作业人员，应当重新进行实际操作考试，经确认合格后方可上岗作业。故选项D错误。

三、安全生产监督检查

(一)建筑施工安全检查管理

安全管理检查评定应符合国家现行有关安全生产的法律、法规、标准的规定。

1. 安全管理检查评定保证项目

安全管理检查评定保证项目应包括：安全生产责任制、施工组织设计及专项施工方案、安全技术交底、安全检查、安全教育、应急救援。

(1)安全生产责任制。

工程项目部应建立以项目经理为第一责任人的各级管理人员安全生产责任制；安全生产责任制应经责任人签字确认；工程项目部应有各工种安全技术操作规程；工程项目部应按规定配备专职安全员；对实行经济承包的工程项目，承包合同中应有安全生产考核指标；工程项目部应制定安全生产资金保障制度；按安全生产资金保障制度，应编制安全资金使用计划，并应按计划实施；工程项目部应制定以伤亡事故控制、现场安全达标、文明施工为主要内容的安全生产管理目标；按安全生产管理目标和项目管理人员的安全生产责任制，应进行安全生产责任目标分解；应建立对安全生产责任制和责任目标的考核制度；按考核制度，应对项目管理人员定期进行考核。

(2)施工组织设计及专项施工方案。

工程项目部在施工前应编制施工组织设计，施工组织设计应针对工程特点、施工工艺制定安全技术措施；危险性较大的分部分项工程应按规定编制安全专项施工方案，专项施工方案应有针对性，并按有关规定进行设计计算；超过一定规模危险性较大的分部分项工程，施工单位应组织专家对专项施工方案进行论证；施工组织设计、专项施工方案，应由有关部门审核，施工单位技术负责人、监理单位项目总监批准；工程项目部应按施工组织设计、专项施工方案组织实施。

(3)安全技术交底。

施工负责人在分派生产任务时，应对相关管理人员、施工作业人员进行书面安全技术交底；安全技术交底应按施工工序、施工部位、施工栋号分部分项进行；安全技术交底应结合施工作业场所状况、特点、工序，对危险因素、施工方案、规范标准、操作规程和应急措施进行交

底;安全技术交底应由交底人、被交底人、专职安全员进行签字确认。

(4)安全检查。

工程项目部应建立安全检查制度;安全检查应由项目负责人组织,专职安全员及相关专业人员参加,定期进行并填写检查记录;对检查中发现的事故隐患应下达隐患整改通知单,定人、定时间、定措施进行整改,重大事故隐患整改后,应由相关部门组织复查。

(5)安全教育。

工程项目部应建立安全教育培训制度;当施工人员入场时,工程项目部应组织进行以国家安全法律法规、企业安全制度、施工现场安全管理规定及各工种安全技术操作规程为主要内容的三级安全教育培训和考核;当施工人员变换工种或采用新技术、新工艺、新设备、新材料施工时,应进行安全教育培训;施工管理人员、专职安全员每年度应进行安全教育培训和考核。

(6)应急救援。

工程项目部应针对工程特点,进行重大危险源的辨识;应制定防触电、防坍塌、防高处坠落、防起重及机械伤害、防火灾、防物体打击等主要内容的专项应急救援预案,并对施工现场易发生重大安全事故的部位、环节进行监控;施工现场应建立应急救援组织,培训、配备应急救援人员,定期组织员工进行应急救援演练;按应急救援预案要求,应配备应急救援器材和设备。

2. 安全管理一般项目的检查评定

一般项目应包括:分包单位安全管理、持证上岗、生产安全事故处理、安全标志。

(1)分包单位安全管理。

总包单位应对承揽分包工程的分包单位进行资质、安全生产许可证和相关人员安全生产资格的审查;当总包单位与分包单位签订分包合同时,应签订安全生产协议书,明确双方的安全责任;分包单位应按规定建立安全机构,配备专职安全员。

(2)持证上岗。

从事建筑施工的项目经理、专职安全员和特种作业人员,必须经行业主管部门培训考核合格,取得相应资格证书,方可上岗作业;项目经理、专职安全员和特种作业人员应持证上岗。

(3)生产安全事故处理。

当施工现场发生生产安全事故时,施工单位应按规定及时报告;施工单位应按规定对生产安全事故进行调查分析,制定防范措施;应依法为施工作业人员办理保险。

(4)安全标志。

施工现场入口处及主要施工区域、危险部位应设置相应的安全警示标志牌;施工现场应绘制安全标志布置图;应根据工程部位和现场设施的变化,调整安全标志牌设置;施工现场应设置重大危险源公示牌。

(二)安全生产监督检查

1. 安全生产监督检查的内容

对项目法人安全生产监督检查内容主要包括:安全生产管理制度建立健全情况;安全生产管理机构设立情况;安全生产责任制建立及落实情况;安全生产例会制度执行情况;保证安全生产措施方案的制定、备案与执行情况;安全生产教育培训情况;施工单位安全生产许可证、"三类人员"安全生产考核合格证及特种作业人员持证上岗等核查情况；安全施工措施费用管理；生产安全事故应急预案管理；安全生产隐患排查和治理；生产安全事故报告、调查和处理等。

建设监理单位安全生产监督检查内容主要包括：工程建设强制性标准执行情况；施工组织设计中的安全技术措施及专项施工方案审查和监督落实情况；安全生产责任制建立及落实情况；监理例会制度、生产安全事故报告制度等执行情况；监理大纲、监理规划、监理细则中有关安全生产措施执行情况等。

施工单位安全生产监督检查内容主要包括：安全生产管理制度建立健全情况；资质等级、安全生产许可证的有效性；安全生产管理机构设立及人员配置；安全生产责任制建立及落实情况；安全生产例会制度、隐患排查制度、事故报告制度和培训制度等执行情况；安全生产操作规程制定及执行情况；"三类人员"安全生产考核合格证及特种作业人员持证上岗情况；劳动防护用品管理制度及执行情况；安全费用的提取及使用情况；生产安全事故应急预案制定及演练情况；生产安全事故处理情况；危险源分类、识别管理及应对措施等。

对施工现场安全生产监督检查内容主要包括：施工支护、脚手架、爆破、吊装、临时用电、安全防护设施和文明施工等情况；安全生产操作规程执行与特种作业人员持证上岗情况；个体防护与劳动防护用品使用情况；应急预案中有关救援设备、物资落实情况；特种设备检验与维护状况；消防设施等落实情况。

2. 年度监督检查计划

(1)编制年度监督检查计划应当综合考虑的因素。

①行政执法人员的数量和能力。

②本部门监督检查职责范围内生产经营单位的数量、分布、生产规模及其安全生产状况。

③重点检查的行业领域及生产经营单位状况。

④道路交通状况以及执法车辆、技术装备配备和执法经费情况。

⑤影响年度监督检查计划执行的其他因素。

(2)年度监督检查计划的主要内容。

①工作目标和主要任务。

②行政执法人员数量和总法定工作日、监督检查工作日、其他执法工作日、非执法工作日。

③重点检查安排：重点检查单位范围、数量、名称、行业领域；在年度监督检查计划中的占比；对有关重点检查单位的计划检查次数；时间安排；其他事项。

④一般检查安排：一般检查单位范围、数量、行业领域；在年度监督检查计划中的占比；时间安排；其他事项。

⑤法定工作日、监督检查工作日、其他执法工作日、非执法工作日测算的说明。

(3)年度监督检查计划的编制程序。

①应急管理部门应当指定一个内设机构负责编制年度监督检查计划。各内设执法机构、专门执法机构根据其职责提出具体年度监督检查计划，由负责编制年度监督检查计划的机构统一审核编制。

②设区的市级、县级应急管理部门初步拟订年度监督检查计划后，应当分别抄报省级、设区的市级应急管理部门征求意见。省级应急管理部门制定年度监督检查计划时，应当听取设区的市级、县级应急管理部门的意见。

③应急管理部门编制的年度监督检查计划，应当经本部门领导集体讨论通过后，报本级人民政府批准。年度监督检查计划经批准后，应当于每年3月底前报上一级应急管理部门备案。

年度监督检查计划报批、备案时，应当一并报送上一个年度监督检查计划的执行情况及相关数据。

④年度监督检查计划批准后，应急管理部门按照有关工作部署组织开展安全生产大检查、专项治理，需对年度监督检查计划作出重大调整的，应当在30日内按照规定重新履行报批和备案手续。

上述重大调整是指有下列情形之一的：重点检查单位的数量减少幅度超过计划10%，或者重点检查单位的范围作出变更的；监督检查单位的数量减少幅度超过计划20%的；其他需要报批的情形。年度监督检查计划作出重大调整的，应当同时核定相应的工作量。

⑤年度监督检查计划进行部分调整或者变更的，应急管理部门应当及时制作有关文件，以存档备查。

（三）危险性较大的分部分项工程监督管理

设区的市级以上地方人民政府住房城乡建设主管部门应当建立专家库，制定专家库管理制度，建立专家诚信档案，并向社会公布，接受社会监督。

县级以上地方人民政府住房城乡建设主管部门或者所属施工安全监督机构，应当根据监督工作计划对危大工程进行抽查。县级以上地方人民政府住房城乡建设主管部门或者所属施工安全监督机构，可以通过政府购买技术服务方式，聘请具有专业技术能力的单位和人员对危大工程进行检查，所需费用向本级财政申请予以保障。

县级以上地方人民政府住房城乡建设主管部门或者所属施工安全监督机构，在监督抽查中发现危大工程存在安全隐患的，应当责令施工单位整改；重大安全事故隐患排除前或者排除过程中无法保证安全的，责令从危险区域内撤出作业人员或者暂时停止施工；对依法应当给予行政处罚的行为，应当依法作出行政处罚决定。

县级以上地方人民政府住房城乡建设主管部门应当将单位和个人的处罚信息纳入建筑施工安全生产不良信用记录。

四、施工现场消防安全管理

燃烧应具备三个基本条件：可燃物、助燃物、火源。

施工现场存有大量的易燃、可燃材料，如竹（木）模板及架料，B2、B3级装饰、保温、防水材料，树脂类防腐材料，油漆及其稀释剂，焊接或气割用的氢气、乙炔等。这些物质的存在，使施工现场具备了燃烧产生的一个必备条件——可燃物。

施工现场动火作业多，如焊接、气割、金属切割、生活用火等，使施工现场具备了燃烧产生的另一个必备条件——火源。

控制可燃物、隔绝助燃物以及消除着火源是防火工作的基本措施。

（一）施工现场防火管理一般规定

易燃易爆危险品库房与在建工程的防火间距不应小于15 m，可燃材料堆场及其加工场、固定动火作业场与在建工程的防火间距不应小于10 m，其他临时用房、临时设施与在建工程的防火间距不应小于6 m。

宿舍、办公用房的建筑构件的燃烧性能等级应为A级。当采用金属夹芯板材时，其芯材的燃烧性能等级应为A级。建筑构件的燃烧性能等级应为A级。当采用金属夹芯板材时，其芯材的燃烧性能等级应为A级。

发电机房、变配电房、厨房操作间、锅炉房、可燃材料库房及易燃易爆危险品库房的建筑构件的燃烧性能等级应为A级。

既有建筑进行扩建、改建施工时，必须明确划分施工区和非施工区。施工区不得营业、使用和居住；非施工区继续营业、使用和居住时，应符合下列规定：

(1)施工区和非施工区之间应采用不开设门、窗、洞口的耐火极限不低于3.0 h的不燃烧体隔墙进行防火分隔（有利于延迟火灾蔓延，为临时用房使用人员赢得宝贵的疏散时间）。

(2)非施工区内的消防设施应完好和有效，疏散通道应保持畅通，并应落实日常值班及消防安全管理制度。

(3)施工区的消防安全应配有专人值守，发生火情应能立即处置。

(4)施工单位应向居住和使用者进行消防宣传教育，告知建筑消防设施、疏散通道的位置及使用方法，同时应组织疏散演练。

(5)外脚手架搭设不应影响安全疏散、消防车正常通行及灭火救援操作，外脚手架搭设长度不应超过该建筑物外立面周长的1/2。

施工现场的消火栓泵应采用专用消防配电线路。专用消防配电线路应自施工现场总配电箱的总断路器上端接入，且应保持不间断供电。临时消防设施应与在建工程的施工同步设置。房屋建筑工程中，临时消防设施的设置与在建工程主体结构施工进度的差距不应超过3层。地下工程的施工作业场所宜配备防毒面具。

依据《中华人民共和国建筑法》《中华人民共和国消防法》《建设工程安全生产管理条例》，施工现场的消防安全管理应由施工单位负责。实行施工总承包时，应由总承包单位负责。分包单位应向总承包单位负责，并应服从总承包单位的管理，同时应承担国家法律、法规规定的消防责任和义务，执行“预防为主、防消结合”的消防工作方针。

监理单位应对施工现场的消防安全管理实施监理。

施工单位应根据建设项目规模、现场消防安全管理的重点，在施工现场建立消防安全管理制度及消防领导小组，并应确定消防安全负责人和消防安全管理人员，同时应落实相关人员的消防安全管理责任，对违反消防条例的有关人员进行严肃处理。

施工单位应针对施工现场可能导致火灾发生的施工作业及其他活动，制订消防安全管理制度。消防安全管理制度应包括下列主要内容：消防安全教育与培训制度；可燃及易燃易爆危险品管理制度；用火、用电、用气管理制度；消防安全检查制度；应急预案演练制度。

施工单位应编制施工现场防火技术方案，并应根据现场情况变化及时对其修改、完善。防火技术方案应包括下列主要内容：施工现场重大火灾危险源辨识；施工现场防火技术措施；临时消防设施、临时疏散设施配备；临时消防设施和消防警示标识布置图。

专家解读

施工现场防火技术措施是指施工人员在具有火灾危险的场所进行施工作业或实施具有火灾危险的工序时，在“人、机、料、环、法”等方面应采取的防火技术措施。

施工单位应编制施工现场灭火及应急疏散预案。灭火及应急疏散预案应包括以下主要内容：应急灭火处置机构及各级人员应急处置职责；报警、接警处置的程序和通讯联络的方式；扑救初起火灾的程序和措施；应急疏散及救援的程序和措施。

施工人员进场时，施工现场的消防安全管理人员应向施工人员进行消防安全教育和培训。消防安全教育和培训应包括以下内容：施工现场消防安全管理制度、防火技术方案、灭火及应急疏散预案的主要内容；施工现场临时消防设施的性能及使用、维护方法；扑灭初起火灾及自救逃生的知识和技能；报警、接警的程序和方法。

施工作业前，施工现场的施工管理人员应向作业人员进行消防安全技术交底。消防安全技术交底应包括以下主要内容：施工过程中可能发生火灾的部位或环节；施工过程应采取的防火措施及应配备的临时消防设施；初起火灾的扑救方法及注意事项；逃生方法及路线。

施工过程中，施工现场的消防安全负责人应定期组织消防安全管理人员对施工现场的消防安全进行检查。施工现场必须有消防平面布置图。消防安全检查应包括以下主要内容：可燃物及易燃易爆危险品的管理是否落实；动火作业的防火措施是否落实；用火、用电、用气是否存在违章操作，电、气焊及保温防水施工是否执行操作规程；临时消防设施是否完好有效；临时消防车道及临时疏散设施是否畅通。

施工单位应依据灭火及应急疏散预案，定期开展灭火及应急疏散的演练。

施工单位应做好并保存施工现场消防安全管理的相关文件和记录，并应建立现场消防安全管理档案。

专家解读

许多位于城区，特别是城区繁华地段的建设工程。体量大、施工场地十分狭小，尤其是在基础工程、地下工程及建筑裙楼的结构施工阶段，因受场地限制而无法设置临时消防车道，也难以设置临时消防救援场地。基于此类实际情况，施工现场的临时消防车道或临时消防救援场地最迟应在基础工程、地下结构工程的土方回填完毕后，在建工程装饰装修工程施工前形成。因为在建工程装饰装修阶段，现场存放的可燃建筑材料多、立体交叉作业多、动火作业多，火灾事故主要发生在此阶段，且危害较大。

（二）可燃物及易燃易爆危险品管理

用于在建工程的保温、防水、装饰及防腐等材料的燃烧性能等级应符合设计要求。

可燃材料及易燃易爆危险品应按计划限量进场。进场后，可燃材料宜存放于库房内，露天存放时，应分类成垛堆放，垛高不应超过 2 m，单垛体积不应超过 50 m^3，垛与垛之间的最小间距不应小于2 m，且应采用不燃或难燃材料覆盖；易燃易爆危险品应分类专库储存，库房内应通风良好，并应设置严禁明火标志。

室内使用油漆及其有机溶剂、乙二胺、冷底子油等易挥发产生易燃气体的物资作业时，应保持良好通风，作业场所严禁明火，并应避免产生静电。注意：乙二胺是一种挥发性很强的化学物质，常用作树脂类防腐蚀材料的固化剂，乙二胺挥发产生的易燃气体在空气中达到一定浓度时，遇明火有爆炸危险。

施工产生的可燃、易燃建筑垃圾或余料，应及时清理。

（三）用火、用电、用气管理

1. 施工现场用火规定

动火作业是指在施工现场进行明火、爆破、焊接、气割或采用酒精炉、煤油炉、喷灯、砂轮、电钻等工具进行可能产生火焰、火花和赤热表面的临时性作业。具体规定如下：

（1）动火作业应办理动火许可证；动火许可证的签发人收到动火申请后，应前往现场查验并确认动火作业的防火措施落实后，再签发动火许可证。

（2）动火操作人员应具有相应资格。

（3）焊接、切割、烘烤或加热等动火作业前，应对作业现场的可燃物进行清理；作业现场及其附近无法移走的可燃物应采用不燃材料对其覆盖或隔离。

（4）施工作业安排时，宜将动火作业安排在使用可燃建筑材料的施工作业前进行。确需在使用可燃建筑材料的施工作业之后进行动火作业时，应采取可靠的防火措施。

（5）裸露的可燃材料上严禁直接进行动火作业。

（6）焊接、切割、烘烤或加热等动火作业应配备灭火器材，并应设置动火监护人进行现场监护，每个动火作业点均应设置1个监护人。

（7）5级（含5级）以上风力时，应停止焊接、切割等室外动火作业；确需动火作业时，应采取可靠的挡风措施。

（8）动火作业后，应对现场进行检查，并应在确认无火灾危险后，动火操作人员再离开。

（9）具有火灾、爆炸危险的场所严禁明火。

（10）施工现场不应采用明火取暖。

（11）厨房操作间炉灶使用完毕后，应将炉火熄灭，排油烟机及油烟管道应定期清理油垢。

2. 施工现场用电规定

（1）施工现场供用电设施的设计、施工、运行和维护应符合现行国家标准《建设工程施工现场供用电安全规范》（GB 50194—2014）的有关规定。

（2）电气线路应具有相应的绝缘强度和机械强度，严禁使用绝缘老化或失去绝缘性能的电气线路，严禁在电气线路上悬挂物品。破损、烧焦的插座、插头应及时更换。

（3）电气设备与可燃、易燃易爆危险品和腐蚀性物品应保持一定的安全距离。

（4）有爆炸和火灾危险的场所，应按危险场所等级选用相应的电气设备。

（5）配电屏上每个电气回路应设置漏电保护器、过载保护器，距配电屏2 m范围内不应堆放可燃物，5 m范围内不应设置可能产生较多易燃、易爆气体、粉尘的作业区。

（6）可燃材料库房不应使用高热灯具，易燃易爆危险品库房内应使用防爆灯具。

(7)普通灯具与易燃物的距离不宜小于300 mm,聚光灯、碘钨灯等高热灯具与易燃物的距离不宜小于500 mm。

(8)电气设备不应超负荷运行或带故障使用。

(9)严禁私自改装现场供用电设施。

(10)应定期对电气设备和线路的运行及维护情况进行检查。

3. 施工现场用气规定

储装气体的罐瓶及其附件应合格、完好和有效;严禁使用减压器及其他附件缺损的氧气瓶,严禁使用乙炔专用减压器、回火防止器及其他附件缺损的乙炔瓶。

气瓶运输、存放、使用时,应符合下列规定:

(1)气瓶应保持直立状态,并采取防倾倒措施,乙炔瓶严禁横躺卧放(为了防止丙酮流出而引起燃烧爆炸)。

(2)严禁碰撞、敲打、抛掷、滚动气瓶。

(3)气瓶应远离火源,与火源的距离不应小于10 m,并应采取避免高温和防止曝晒的措施。

(4)燃气储装瓶罐应设置防静电装置。

气瓶应分类储存,库房内应通风良好;空瓶和实瓶同库存放时,应分开放置,空瓶和实瓶的间距不应小于1.5 m。

气瓶使用时,应符合下列规定:

(1)使用前,应检查气瓶及气瓶附件的完好性,检查连接气路的气密性,并采取避免气体泄漏的措施,严禁使用已老化的橡皮气管。

(2)氧气瓶与乙炔瓶的工作间距不应小于5 m,气瓶与明火作业点的距离不应小于10 m。

(3)冬季使用气瓶,气瓶的瓶阀、减压器等发生冻结时,严禁用火烘烤或用铁器敲击瓶阀,严禁猛拧减压器的调节螺丝。

(4)氧气瓶内剩余气体的压力不应小于0.1 MPa。

(5)气瓶用后应及时归库。

(四)其他防火管理

施工现场的重点防火部位或区域应设置防火警示标识。

施工单位应做好施工现场临时消防设施的日常维护工作,对已失效、损坏或丢失的消防设施应及时更换、修复或补充。

临时消防车道、临时疏散通道、安全出口应保持畅通,不得遮挡、挪动疏散指示标识,不得挪用消防设施。施工期间,不应拆除临时消防设施及临时疏散设施。施工现场严禁吸烟。

五、安全生产管理预警体系

《中华人民共和国突发事件应对法》《国务院关于进一步加强企业安全生产工作的通知》等各类文件,强调要建设更加高效的应急救援体系,并提出了加快国家安全生产应急救援基地建设、建立完善企业安全生产预警机制、完善企业应急预案的三项具体要求。建立完善安全生产预警机制,能为企业及时、有针对性地采取预防措施,降低事故发生,安全生产预警机制对于确保企业安全生产具有特殊的功能和价值。

企业应根据生产经营状况、安全风险管理及隐患排查治理、事故等情况，运用定量或定性的安全生产预测预警技术，建立体现企业安全生产状况及发展趋势的安全生产预测预警体系。

（一）安全生产管理预警体系概念和内容

企业安全生产管理预警系统是指在全面辨识反映企业安全生产状态的指标的基础上，通过隐患排查、风险管理及仪器仪表监控等安全方法及工具，提前发现、分析和判断影响安全生产状态、可能导致事故发生的信息，定量化表示企业生产安全状态，及时发布安全生产预警信息，提醒企业负责人及全体员工注意，使企业及时、有针对性地采取预防措施（为消除潜在不符合或其他不期望潜在情况的原因所采取的措施）控制事态发展，最大限度地降低事故发生概率及后果严重程度，从而形成具有预警能力的安全生产系统。

安全生产管理预警体系一般由内部管理不良预警、外部环境预警、预警信息管理、事故预警四个系统组成，下面以典型例题的形式进行讲解。

典型例题

【单选题】在安全生产管理预警体系中，技术变化的预警属于(　　)系统。

A. 内部管理不良预警　　B. 外部环境预警

C. 预警信息管理　　D. 事故预警

B。**【解析】**外部环境预警系统除了包括选项 B 外，还包括自然环境突变和政策法规变化的预警。内部管理不良预警系统包括质量、设备、人的不安全行为等方面的管理预警。

（二）安全生产管理预警体系的建立

1. 建立原则

安全生产管理预警体系的建立原则主要有：

(1)企业应结合安全生产标准化建设、隐患排查治理体系建设等工作，充分发挥安全生产预警系统对安全生产管理决策的支持作用。

(2)企业应发动全员参与安全生产预警工作，将安全预警工作与日常安全生产管理工作有机结合。

(3)公司每年应至少对预警系统的运行情况总结一次，对预警指标的选取以及预警指数模型进行优化，使之更加符合公司的生产安全状态；当公司预警系统与安全生产实际运行情况出现偏差时，应及时调整预警系统相关指标，并重新调整预警指数模型。

2. 预警指标的选取

企业应建立适应于本企业安全生产状况的预警指标体系，并满足：预警指标应能够描述和表征出某一段时间企业生产安全各个方面的状况及变化趋势，由动态和静态指标相结合；应具有科学性、系统性、动态性、可量化、独立性及可对比性等原则。

企业应选取符合本企业安全生产管理特点的预警指标：

(1)从人、物、环境、管理、事故等 5 个因素进行预警指标初筛；

(2)选取的预警指标应至少包含：事故隐患、安全教育培训、应急演练及生产安全事故等 4 项预警指标；同时，可根据实际情况，增加适应生产安全特点的其他预警指标。

(3)预警指标数据在系统中使用,应进行指标数据量化。量化结果应与最终预警结果趋势相同,指标量化结果和预警结果数值越大,表示危险程度越高,即安全程度越低;数值越小,表示危险程度越低,即安全程度越高。各预警数据采集、数值确定应与预警周期保持一致,企业可根据实际情况选择周或月为预警周期。

3. 预警信息的发布

企业安全生产预警状态应划分为 4 个等级,预警信息发布时,应以横轴表示时间,设定周、月作为预警周期,纵轴表示安全生产预警指数值。通过预警阈值划分区域,将 4 个预警等级设定明显的预警色,分别为:Ⅰ级红色(特别严重),Ⅱ级橙色(严重威胁),Ⅲ级黄色(事故上升),Ⅳ级蓝色(安全)。

根据系统不同时刻的预警指数值,绘出安全生产预警指数图,对超过警戒的预警点,在预警指数图进行报警;同时在预警指数图区域内,将企业安全生产预测值曲线在图形上用其他颜色进行绘制,表征未来时间安全生产状态。

企业至少每个月应生成一次安全生产预警报告,预警报告可分为企业级和车间(分厂)级。预警报告内容至少应包括:安全生产预警指数各指标数据组成,各指标数据分析,预警指数与上周期预警指数值比较分析,本期预警指数分析结果,存在的问题及改进的措施。

4. 信息系统建设

(1)系统信息化建设。

企业应充分发挥信息化手段在安全生产预警系统建设中的作用,建立并使用安全生产预警信息系统,辅助安全生产预警工作在企业的顺利开展。

预警信息系统应至少包含预警指标管理、预警数据采集、预警信息发布、问题整改等必要功能模块,实现预警系统闭环管理,具有使用人性化、数据采集便捷、支持安全决策等特点;提供可配置不同用户使用权限的功能;各功能模块应具备综合查询、录入、修改、删除、数据导出等功能。

(2)数据采集。

企业应建立贯穿班组、车间(分厂)、各部门、企业的数据采集和上报系统,系统中明确各指标项所需录入的数据内容、频次和数据质量要求。数据采集内容应根据各预警指标制定。企业如有条件,可实现安全生产管理信息系统、分布式控制系统(DCS)、在线监控等系统与安全生产预警系统的数据自动对接,实现自动、实时的数据采集,减少人工录入量和提高信息准确程度。

(3)预警信息发布。

根据不同部门及不同管理层级,系统应能自动生成安全生产预警指数图和安全生产预警报告,发布给安全管理机构及各相关部门,辅助企业管理层及各部门的安全管理、决策工作。可通过安全生产预警信息系统、办公自动化系统、电子邮件和短信等多种方式将预警信息发送到领导层、安全预警机构及各相关部门人员。

安全生产预警指数图应采用曲线图的方式呈现,直观表征安全生产现状及发展趋势。当超过某一阈值时,图形可通过信号灯或显著颜色等及时报警。

系统应自动生成安全生产预警报告部分内容,应包含预警指数图、专项数据统计表、统计图形、指标构成、分析描述等，同时对报告分析描述提供人工录入的功能。

(4)问题整改。

企业各部门应在收到预警指数图和预警报告后，及时制定、落实整改措施，完成问题整改，并在系统中及时上报，保证预警系统的闭环管理。

（三）安全生产管理预警体系的运行

安全生产管理预警体系的运行包括监测、识别、诊断、评价4个环节。首先，通过监测环节，将监测信息进行整理、收集后传入识别环节；然后，在识别环节分析监测信息，将事故发生前的征兆和原因进行识别后进入诊断环节；接着，在诊断环节找出事故发生的最主要原因；最后，在评价环节，评价事故状态及发展的趋势。

典型例题

【单选题】安全生产管理预警体系运行中，“找出诸多致灾因素中危险性最高、危险程度最严重的主要因素，并对其成因进行分析”属于(　　)环节的工作。

A. 诊断　　B. 监测

C. 识别　　D. 评价

A。【解析】题干中“找出诸多致灾因素中危险性最高、危险程度最严重的主要因素，并对其成因进行分析”，主要是找出事故发生的最主要原因，应属于诊断环节的工作。

六、施工安全技术

（一）《建设工程安全管理条例》的相关规定

本部分详见本章第二节相关内容。

（二）建筑施工安全技术规划

工程项目开工前应结合工程特点编制建筑施工安全技术规划，确定施工安全目标；规划内容应覆盖施工生产的全过程。

建筑施工安全技术规划编制应依据与工程建设有关的法律法规、国家现行有关标准、工程设计文件、工程施工合同或招标投标文件、工程场地条件和周边环境、与工程有关的资源供应情况、施工技术、施工工艺、材料、设备等。

建筑施工安全技术规划编制应包含工程概况、编制依据、安全目标、组织结构和人力资源、安全技术分析、安全技术控制、安全技术监测与预警、应急救援、安全技术管理、措施与实施方案等。

（三）建筑施工安全技术分析

建筑施工安全技术分析应包括建筑施工危险源辨识、建筑施工安全风险评估和建筑施工安全技术方案分析，并应符合下列规定：危险源辨识应覆盖与建筑施工相关的所有场所、环境、材料、设备、设施、方法、施工过程中的危险源；建筑施工安全风险评估应确定危险源可能产生的生产安全事故的严重性及其影响，确定危险等级；建筑施工安全技术方案应根据危险等级分析安全技术的可靠性，给出安全技术方案实施过程中的控制指标和控制要求。

危险源辨识应根据工程特点明确给出危险源存在的部位、根源、状态和特性。

建筑施工的安全技术分析应在危险源识别和风险评估的基础上,对风险发生的概率及损失程度进行全面分析,评估发生风险的可能性及危害程度,与相关专业的安全指标相比较,以衡量风险的程度,并应采取相应的安全技术措施。

建筑施工安全技术分析应结合工程特点和生产安全事故教训进行。

建筑施工安全技术分析可以分部分项工程为基本单元进行。

建筑施工安全技术方案的制订应符合下列规定:

(1)符合建筑施工危险等级的分级规定,并应有针对危险源及其特征的具体安全技术措施。

(2)按照消除、隔离、减弱、控制危险源的顺序选择安全技术措施。

(3)采用有可靠依据的方法分析确定安全技术方案的可靠性和有效性。

(4)根据施工特点制订安全技术方案实施过程中的控制原则,并明确重点控制与监测部位及要求。

建筑施工安全技术分析应根据工程特点和施工活动情况,采用相应的定性分析和定量分析方法。

对于采用新结构、新材料、新工艺的建筑施工和特殊结构的建筑施工,相关单位的设计文件中应提出保障施工作业人员安全和预防生产安全事故的安全技术措施;制订和实施施工方案时,应有专项施工安全技术分析报告。

建筑施工起重机械、升降机械、高处作业设备、整体升降脚手架以及复杂的模板支撑架等设施的安全技术分析,应结合各自的特点、施工环境、工艺流程,进行安装前、安装过程中和使用后拆除的全过程安全技术分析,提出安全注意事项和安全措施。

建筑施工现场临时用电安全技术分析应对临时用电所采用的系统、设备、防护措施的可靠性和安全度进行全面分析,并宜包括现场勘测结果,拟进入施工现场的用电设备分析及平面布置,确定电源进线、配电室、配电装置的位置及线路走向,进行负荷计算,选择变压器,设计配电系统,设计防雷装置,确定防护措施,制订安全用电措施和电器防火措施,以及其他措施。

(四)建筑施工安全技术监测与预警

建筑施工安全技术监测与预警应根据危险等级分级进行,并满足下列要求:Ⅰ级,采用监测预警技术进行全过程监测控制;Ⅱ级,采用监测预警技术进行局部或分段过程监测控制。

建筑施工安全技术监测方案应依据工程设计要求、地质条件、周边环境、施工方案等因素编制,并应满足下列要求:为建筑施工过程控制及时提供监测信息;能检查安全技术措施的正确性和有效性,监测与控制安全技术措施的实施;为保护周围环境提供依据;为改进安全技术措施提供依据。

检测方案应包括工程概况、监测依据和项目、监测人员配备、检测方法、主要仪器设备及精度、测点布置与保护、监测频率及监测报警值、数据处理和信息反馈、异常情况下的处理措施。

建筑施工安全技术监测可采用仪器监测与巡视检查相结合的方法。

建筑施工安全技术监测所使用的各类仪器设备应满足观测精度和量程的要求,并应符合国家现行有关标准的规定。

建筑施工安全技术监测现场测点布置应符合下列要求:能反映监测对象的实际状态及其变化趋势,并应满足监测控制要求;避开障碍物,便于观测,且标识稳固、明显、结构合理;在监测对象内力和变形变化大的代表性部位及周边重点监护部位,监测点的数量和观测频度应适当加密;对监测点应采取保护措施。

建筑施工安全技术监测预警应依据事前设置的限值确定;监测报警值宜以监测项目的累计变化量和变化速率值进行控制。

建筑施工中涉及安全生产的材料应进行适应性和状态变化监测;对现场抽检有疑问的材料和设备,应由法定专业检测机构进行检测。

(五)建筑施工安全技术措施实施验收

安全技术措施是指运用工程技术手段消除物的不安全因素,实现生产工艺和机械设备等生产条件本质安全的措施。其包括专项安全技术措施、单项的安全技术措施和季节性施工安全技术措施。土方开挖、起重吊装、脚手架、爆破、拆除等结构复杂、危险性大、特性较多的工程都需要编制单项的安全技术措施。安全技术措施编制的步骤为:工作活动分类→危险源辨识→确定风险→评价风险→制定安全技术措施计划→评价安全技术措施计划的充分性。

安全技术措施实施的组织验收应符合下列规定:

(1)应由施工单位组织安全技术措施的实施验收。

(2)安全技术措施实施验收应根据危险等级由相应人员参加,并应符合下列规定:①对危险等级为Ⅰ级的安全技术措施实施验收,参加的人员应包括施工单位技术和安全负责人、项目经理和项目技术负责人及项目安全负责人、项目总监理工程师和专业监理工程师、建设单位项目负责人和技术负责人、勘察设计单位项目技术负责人、涉及的相关参建单位技术负责人。②对危险等级为Ⅱ级的安全技术措施实施验收,参加的人员应包括施工单位技术和安全负责人、项目经理和项目技术负责人及项目安全负责人、项目总监理工程师和专业监理工程师、建设单位项目技术负责人、勘察设计单位项目设计代表、涉及的相关参建单位技术负责人。③危险等级为Ⅲ级的安全技术措施实施验收,参加的人员应包括施工单位项目经理和项目技术负责人、项目安全负责人、项目总监理工程师和专业监理工程师、涉及的相关参建单位的专业技术人员。

(3)实行施工总承包的单位工程,应由总承包单位组织安全技术措施实施验收,相关专业工程的承包单位技术负责人和安全负责人应参加相关专业工程的安全技术措施实施验收。

施工现场安全技术措施实施验收应在实施责任主体单位自行检查评定合格的基础上进行,安全技术措施实施验收应有明确的验收结果意见;当安全技术措施实施验收不合格时,实施责任主体单位应进行整改,并应重新组织验收。

建筑施工安全技术措施实施验收应明确保证项目和一般项目,并应符合相关专业技术标准的规定。

建筑施工安全技术措施实施验收应符合工程勘察设计文件、专项施工方案、安全技术措施实施的要求。

对施工现场涉及建筑施工安全的材料、构配件、设备、设施、机具、吊索具、安全防护用品，应按国家现行有关标准的规定进行安全技术措施实施验收。

机械设备和施工机具使用前应进行交接验收。

施工起重、升降机械和整体提升脚手架、爬模等自升式架设设施安装完毕后，安装单位应自检，出具自检合格证明，并应向施工单位进行安全使用说明，办理交接验收手续。

（六）建筑施工安全技术文件管理

安全技术文件应按建设单位、施工单位、监理单位以及其他单位进行分类，并应满足《建筑施工安全技术统一规范》（GB 50870）附录 A 的规定。

安全技术文件的建档管理应符合下列规定：

（1）安全技术文件建档起止时限，应从工程施工准备阶段到工程竣工验收合格止。

（2）工程建设各参建单位应对安全技术文件进行建档、归档，并应及时向有关单位传递。

（3）建档文件的内容应真实、准确、完整，并应与建设工程安全技术管理活动实际相符合，手续齐全。

安全技术归档文件应符合下列规定：

（1）归档文件应按《建筑施工安全技术统一规范》（GB 50870）附录 A 的范围及内容收集齐全、分类整理、规范装订后归档。

（2）归档文件的立卷，卷内文件排列、案卷的编目、案卷装订宜符合现行国家标准《建设工程文件归档整理规范》（GB/T 50328）的有关规定。

（3）归档文件采用电子文件载体形式的，宜符合现行国家标准《电子文件归档与管理规范》（GB/T 18894）的有关规定。

（4）归档文件应为原件。因各种原因不能使用原件的，应在复印件上加盖原件存放单位的印章，并应有经办人签字及时间。

（5）建设单位、施工单位、监理单位和其他各单位在工程竣工或有关安全技术活动结束后 30 天内，应将安全技术文件交本单位档案室归档，档案保存期不应少于 1 年。

七、施工安全技术交底

（一）施工技术交底与施工安全技术交底

技术交底包括设计技术交底和施工技术交底两部分。设计技术交底是指在建设单位组织下，勘察设计单位根据审核合格的施工图，就设计内容、设计意图和施工注意事项向施工、监理等单位进行说明，解答施工、监理等单位提出的问题。

施工技术交底是施工单位项目总工程师及技术主管人员依据设计文件和设计技术交底纪要，将施工方案及施工工艺、施工进度计划、过程控制及质量标准、作业标准、材料设备及工装配置、安全措施及施工注意事项等向参与施工的技术管理人员和作业人员传达的过程。施工技术交底是施工准备工作不可缺少的一个重要步骤，是项目技术管理的一项主要内容，也是贯彻技术责任制的重要措施。按照管理要求，完善技术交底程序，规范交底内容，及时解决技术交底中存在的问题，切实做好技术交底工作，为建设优质工程、安全工程奠定基础。

施工安全技术交底是指交底方向被交底方对预防和控制生产安全事故发生及减少其危

害的技术措施、施工方法进行说明的技术活动，用于指导建筑施工行为。

（二）《建设工程安全管理条例》的相关规定

建设工程施工前，施工单位负责项目管理的技术人员应当对有关安全施工的技术要求向施工作业班组、作业人员作出详细说明，并由双方签字确认。

（三）安全技术交底要求

建筑施工安全技术管理制度的制订应依据有关法律、法规和国家现行标准要求，明确安全技术管理的权限、程序和时限。建筑施工各有关单位应组织开展分级、分层次的安全技术交底和安全技术实施验收活动，并明确参与交底和验收的技术人员和管理人员。

施工负责人在分派生产任务时，应对相关管理人员、施工作业人员进行书面安全技术交底，并定期向多工种交叉施工作业队伍书面交底。

安全技术交底应按施工工序、施工部位等分部分项进行。

安全技术交底应结合施工作业场所状况、特点、工序，对危险因素、施工方案、规范标准、操作规程和应急措施进行交底。

安全技术交底应由交底人、被交底人、专职安全员进行签字确认。

安全技术交底应依据国家有关法律法规和有关标准、工程设计文件、施工组织设计和安全技术规划、专项施工方案和安全技术措施（优先采用新的安全技术措施）、安全技术管理文件等的要求进行。

安全技术交底应符合下列规定：

（1）安全技术交底的内容应针对施工过程中潜在危险因素和存在问题，明确安全技术措施内容和作业程序要求。

（2）危险等级为Ⅰ级、Ⅱ级的分部分项工程、机械设备及设施安装拆卸的施工作业，应单独进行安全技术交底。

安全技术交底的内容应包括：工程项目概况和分部分项工程项目的概况；施工过程中的危险部位和环节及可能导致生产安全事故的因素；施工过程中应注意的安全事项；施工过程中相应的安全操作规程和标准；事故发生后应采取的急救措施和避险措施。

施工单位应建立分级、分层次的安全技术交底制度。针对“四新”项目必须经过两阶段技术交底。安全技术交底应有书面记录，交底双方应履行签字手续，书面记录应在交底者、被交底者和安全管理者三方留存备查。

八、安全生产事故隐患排查治理

（一）安全生产事故隐患概念与分类

《安全生产事故隐患排查治理暂行规定》中对安全生产事故隐患的定义，安全生产事故隐患是指生产经营单位违反安全生产法律、法规、规章、标准、规程和安全生产管理制度的规定，或者因其他因素在生产经营活动中存在可能导致事故发生的物的危险状态、人的不安全行为和管理上的缺陷。

事故隐患分为一般事故隐患和重大事故隐患。一般事故隐患，是指危害和整改难度较小，发现后能够立即整改排除的隐患。重大事故隐患，是指危害和整改难度较大，应当全部或者局部停产停业，并经过一定时间整改治理方能排除的隐患，或者因外部因素影响致使生产经营单位自身难以排除的隐患。

（二）安全生产事故隐患排查监督管理

安全监管监察部门应当指导、监督生产经营单位按照有关法律、法规、规章、标准和规程的要求，建立健全事故隐患排查治理等各项制度。

安全监管监察部门应当建立事故隐患排查治理监督检查制度，定期组织对生产经营单位事故隐患排查治理情况开展监督检查；应当加强对重点单位的事故隐患排查治理情况的监督检查。对检查过程中发现的重大事故隐患，应当下达整改指令书，并建立信息管理台账。必要时，报告同级人民政府并对重大事故隐患实行挂牌督办。安全监管监察部门应当配合有关部门做好对生产经营单位事故隐患排查治理情况开展的监督检查，依法查处事故隐患排查治理的非法和违法行为及其责任者。安全监管监察部门发现属于其他有关部门职责范围内的重大事故隐患的，应该及时将有关资料移送有管辖权的有关部门，并记录备查。

已经取得安全生产许可证的生产经营单位，在其被挂牌督办的重大事故隐患治理结束前，安全监管监察部门应当加强监督检查。必要时，可以提请原许可证颁发机关依法暂扣其安全生产许可证。

安全监管监察部门应当会同有关部门把重大事故隐患整改纳入重点行业领域的安全专项整治中加以治理，落实相应责任。

对挂牌督办并采取全部或者局部停产停业治理的重大事故隐患，安全监管监察部门收到生产经营单位恢复生产的申请报告后，应当在10日内进行现场审查。审查合格的，对事故隐患进行核销，同意恢复生产经营；审查不合格的，依法责令改正或者下达停产整改指令。对整改无望或者生产经营单位拒不执行整改指令的，依法实施行政处罚；不具备安全生产条件的，依法提请县级以上人民政府按照国务院规定的权限予以关闭。

安全监管监察部门应当每季将本行政区域重大事故隐患的排查治理情况和统计分析表逐级报至省级安全监管监察部门备案。省级安全监管监察部门应当每半年将本行政区域重大事故隐患的排查治理情况和统计分析表报应急管理部备案。

（三）安全生产事故隐患排查治理

1.《安全生产事故隐患排查治理暂行规定》相关规定

生产经营单位应当建立健全事故隐患排查治理制度。

生产经营单位主要负责人对本单位事故隐患排查治理工作全面负责。

各级安全监管监察部门按照职责对所辖区域内生产经营单位排查治理事故隐患工作依法实施综合监督管理；各级人民政府有关部门在各自职责范围内对生产经营单位排查治理事故隐患工作依法实施监督管理。

任何单位和个人发现事故隐患，均有权向安全监管监察部门和有关部门报告。

安全监管监察部门接到事故隐患报告后，应当按照职责分工立即组织核实并予以查处；发现所报告事故隐患应当由其他有关部门处理的，应当立即移送有关部门并记录备查。

2.《企业安全生产标准化基本规范》相关规定

(1)隐患排查。

企业应建立隐患排查治理制度,逐级建立并落实从主要负责人到每位从业人员的隐患排查治理和防控责任制。并按照有关规定组织开展隐患排查治理工作,及时发现并消除隐患,实行隐患闭环管理。

企业应依据有关法律法规、标准规范等,组织制定各部门、岗位、场所、设备设施的隐患排查治理标准或排查清单,明确隐患排查的时限、范围、内容和要求,并组织开展相应的培训。隐患排查的范围应包括所有与生产经营相关的场所、人员、设备设施和活动,包括承包商和供应商等相关服务范围。

企业应按照有关规定,结合安全生产的需要和特点,采用综合检查、专业检查、季节性检查、节假日检查、日常检查等不同方式进行隐患排查。对排查出的隐患,按照隐患的等级进行记录,建立隐患信息档案,并按照职责分工实施监控治理。组织有关人员对本企业可能存在的重大隐患作出认定,并按照有关规定进行管理。

企业应将相关方排查出的隐患统一纳入本企业隐患管理。

(2)隐患治理。

企业应根据隐患排查的结果,制定隐患治理方案,对隐患及时进行治理。

企业应按照责任分工立即或限期组织整改一般隐患。主要负责人应组织制定并实施重大隐患治理方案。治理方案应包括目标和任务、方法和措施、经费和物资、机构和人员、时限和要求、应急预案。

企业在隐患治理过程中,应采取相应的监控防范措施。隐患排除前或排除过程中无法保证安全的,应从危险区域内撤出作业人员,疏散可能危及的人员,设置警戒标志,暂时停产停业或停止使用相关设备、设施。

(四)施工安全生产事故隐患的防范与处理

安全生产事故隐患防范主要包括基坑支护工程,降水工程,土方开挖工程,人工挖(扩)孔桩工程,地下暗挖、顶管及水下作业工程,模板工程和支撑体系,起重吊装和安装拆卸工程,脚手架工程,拆除及爆破工程,现浇混凝土工程,钢结构工程、网架和索膜结构安装工程,预应力工程,建筑幕墙安装工程,以及采用四新技术及尚无相关技术标准的危险性较大的分部分项工程等方面的防范。

1.安全生产事故隐患防范

安全生产事故隐患防范的主要内容有:掌握各工程的安全技术规范,归纳总结安全隐患的主要表现形式,及时发现可能造成安全事故的迹象,抓住安全控制的要点,制定相应的安全控制措施等。

2.安全生产事故隐患对应的不安全因素(成因)

安全生产事故隐患主要涉及人、物、组织管理三个方面。

(1)人的不安全因素。

人的不安全因素主要是指个人在心理、生理和能力等方面的不安全因素,以及人在施工现场的不安全行为。

人的不安全因素是安全生产事故形成的内因。人的因素是人的行为的内因,环境因素是人的行为的外因。

(2)物的不安全状态。

物的不安全状态主要是指设施设备、现场场地环境等表面的缺陷。

(3)管理上的不安全因素。

管理上的不安全因素主要是指对人、物、工作的组织管理不当。例如,管理者让低级别者做高级别的工作,这样很难保证工程质量,也会带来很大的安全隐患。一旦发生问题将得不偿失。实际工作中,这种现象大量存在,却没有得到有效控制。很大原因是存在侥幸心理以及人工成本低。用人单位应加强管理,严格监督检查,消除隐患。

3. 安全生产事故隐患防范的方法

根据施工安全隐患对应的不安全因素分类,采用的防范方法一般包括:对施工人员进行安全意识的培训;对施工机具进行有序监管,投入必要的资源进行保养维护;建立施工现场的安全监督检查机制。

4. 安全生产事故隐患处理

安全事故隐患的治理原则有冗余安全度治理原则、单项隐患综合治理原则、直接隐患与间接隐患并治原则、预防与减灾并重的治理原则、重点治理原则、动态治理原则,下面以典型例题的形式进行讲解。

典型例题

【单选题】施工单位应定期组织事故发生时疏散及抢救方法的训练和演习,这体现了安全隐患治理原则中的(　　)原则。

A. 预防与减灾并重治理　　B. 单项隐患综合治理

C. 冗余安全度治理　　D. 直接与间接隐患并治

A。【解析】预防与减灾并重治理原则是指处理安全隐患时,使事故发生的可能性尽可能地减小,或者不能控制事故的发生,就设法减小事故发生的等级。单项隐患综合治理原则主要从人、机、料、法、环多角度考虑,强调整改,一般在事故发生之后的治理。冗余安全度治理原则主要是设置多道防线,强调的是防,没有发生事故之前的治理。直接与间接隐患并治原则主要是对人、机、环系统等直接隐患与安全管理等间接隐患同时进行治理。本题干内容体现了预防与减灾并重治理原则。

对三级事故隐患,生产经营单位应当在保证安全的前提下,采取措施对施工安全隐患予以排除。

对一级、二级事故隐患,生产经营单位应当按照以下规定处理:

(1)根据需要停止使用相关设施、设备,局部停产停业或者全部停产停业。

(2)组织专业技术人员、专家或者具有相应资质的专业机构进行风险评估,明确事故隐患的现状、产生原因、危害程度、整改难易程度。

(3)根据风险评估结果制定治理方案,明确治理目标、治理措施、责任人员、所需经费和物资条件、时间节点、监控保障和应急措施。

(4)落实治理方案,排除事故隐患。

对确定为重大事故隐患的,生产经营单位应当立即向负有安全生产监管职责的部门报告事故隐患的现状,并及时报送风险评估结果和治理方案。

第三节 建设工程生产安全事故应急预案和事故处理

一、建设工程生产安全事故概述

（一）建设工程生产安全事故分类

根据《生产安全事故报告和调查处理条例》，生产安全事故造成的人员伤亡或者直接经济损失，事故一般分为以下等级：

（1）特别重大事故，是指造成30人以上死亡，或者100人以上重伤（包括急性工业中毒），或者1亿元以上直接经济损失的事故；

（2）重大事故，是指造成10人以上30人以下死亡，或者50人以上100人以下重伤，或者5 000万元以上1亿元以下直接经济损失的事故；

（3）较大事故，是指造成3人以上10人以下死亡，或者10人以上50人以下重伤，或者1 000万元以上5 000万元以下直接经济损失的事故；

（4）一般事故，是指造成3人以下死亡，或者10人以下重伤，或者1 000万元以下直接经济损失的事故。

上述中所称“以上”包含本数，所称“以下”不包含本数。

根据《企业职工伤亡事故分类》（GB 6441）规定，按事故严重程度分类如下：

（1）轻伤事故，指只有轻伤的事故。

（2）重伤事故，指有重伤无死亡的事故。

（3）死亡事故，包括：①重大伤亡事故指一次事故死亡1～2人的事故。②特大伤亡事故指一次事故死亡3人以上的事故（含3人）。

（二）建设工程生产安全事故统计

1. 统计目的

建设工程生产安全事故统计的目的：规范生产安全事故统计工作，及时、全面掌握全国生产安全事故情况，深入分析全国安全生产形势，科学预测全国安全生产发展趋势，为安全生产监管、煤矿安全监察工作提供可靠的信息支持和科学的决策依据。

2. 统计范围

中华人民共和国领域内发生的生产安全事故。

3. 统计内容

主要包括事故发生单位的基本情况、事故造成的死亡人数、受伤人数（含急性工业中毒人数）、单位经济类型、事故类别等。

4. 组织实施

生产安全事故发生地县级以上（“以上”包含本级）应急管理部门对发生的每起生产安全事故按照生产安全事故登记表、生产安全事故伤亡人员登记表，在规定时限内通过“安全生产综合统计信息直报系统”填报。

县级以上应急管理部门接到生产安全事故报告后，除了应按照《生产安全事故报告和调查处理条例》规定的时限，向上级人民政府应急管理部门和负有安全生产监督管理职责的有关部门报告外，应在接到生产安全事故报告后 24 小时内通过“安全生产综合统计信息直报系统”填报事故统计信息；生产安全事故发生 7 日内，应及时补充完善相关信息，并纳入生产安全事故统计；每月 7 日前，完成上月生产安全事故统计数据汇总，生产安全事故发生之日起 30 日内（火灾、道路运输事故自发生之日起 7 日内）伤亡人员发生变化的，应及时补报伤亡人员变化情况。个别事故信息因特殊原因无法及时掌握的，应在事故调查结束后予以完善。

经查实的瞒报、漏报的生产安全事故，应在接到生产安全事故信息通报后 24 小时内，在“安全生产综合统计信息直报系统”中进行填报。

5. 统计分类规定

生产安全事故分为“依法登记注册单位事故”和“其他事故”两类进行统计。依法登记取得营业执照的生产经营单位发生的生产安全事故，纳入“依法登记注册单位事故”统计。从事运输、捕捞等生产经营活动，不需办理营业执照的，以行业准入许可为准，按照“依法登记注册单位事故”进行统计。

不属于以上情形的生产安全事故，纳入“其他事故”统计。

没有造成人员伤亡且直接经济损失小于 100 万元（不含）的生产安全事故，暂不纳入统计。

6. 报送时间

生产安全事故行业统计表、生产安全事故地区统计表为累计报表，各级应急管理部门应在次月 7 日前（12 月份报表，即年报于次年 1 月 10 日前）填报，报上一级应急管理部门。

7. 其他

各级应急管理部门、负有安全生产监督管理责任的部门要严格遵守《中华人民共和国统计法》，按照本统计报表制度的有关规定，真实、准确、完整、及时填报生产安全事故统计报表。对于不报、瞒报、迟报或伪造、篡改数字的要依法追究其责任。

生产安全事故死亡人数、亿元国内生产总值生产安全事故死亡人数、千人生产安全事故死亡人数等将定期向社会公布。国家应急管理部建立健全生产安全事故统计数据修正制度，运用抽样调查等方法开展生产安全事故统计数据核查工作，定期修正并公布生产安全事故统计数据，通报统计工作情况。

二、建设工程生产安全事故应急预案与救援

（一）建设工程生产安全事故应急预案的分类

《生产安全事故应急预案管理办法》第六条规定，生产经营单位应急预案分为综合应急预案、专项应急预案和现场处置方案。

综合应急预案，是指生产经营单位为应对各种生产安全事故而制定的综合性工作方案，是本单位应对生产安全事故的总体工作程序、措施和应急预案体系的总纲。

专项应急预案，是指生产经营单位为应对某一种或者多种类型生产安全事故，或者针对重要生产设施、重大危险源、重大活动防止生产安全事故而制定的专项性工作方案。

现场处置方案，是指生产经营单位根据不同生产安全事故类型，针对具体场所、装置或者设施所制定的应急处置措施。

(二)应急预案的编制

《生产安全事故应急预案管理办法》第八条规定,应急预案的编制应当符合下列基本要求:

(1)有关法律、法规、规章和标准的规定。

(2)本地区、本部门、本单位的安全生产实际情况。

(3)本地区、本部门、本单位的危险性分析情况。

(4)应急组织和人员的职责分工明确,并有具体的落实措施。

(5)有明确、具体的应急程序和处置措施,并与其应急能力相适应。

(6)有明确的应急保障措施,满足本地区、本部门、本单位的应急工作需要。

(7)应急预案基本要素齐全、完整,应急预案附件提供的信息准确。

(8)应急预案内容与相关应急预案相互衔接。

编制应急预案应当成立编制工作小组,由本单位有关负责人任组长,吸收与应急预案有关的职能部门和单位的人员,以及有现场处置经验的人员参加。

编制应急预案前,编制单位应当进行事故风险辨识、评估和应急资源调查。事故风险辨识、评估,是指针对不同事故种类及特点,识别存在的危险危害因素,分析事故可能产生的直接后果以及次生、衍生后果,评估各种后果的危害程度和影响范围,提出防范和控制事故风险措施的过程。应急资源调查,是指全面调查本地区、本单位第一时间可以调用的应急资源状况和合作区域内可以请求援助的应急资源状况,并结合事故风险辨识、评估结论制定应急措施的过程。

生产经营单位应当根据有关法律、法规、规章和相关标准,结合本单位组织管理体系、生产规模和可能发生的事故特点,与相关预案保持衔接,确立本单位的应急预案体系,编制相应的应急预案,并体现自救互救和先期处置等特点。

生产经营单位风险种类多、可能发生多种类型事故的,应当组织编制综合应急预案。

综合应急预案应当规定应急组织机构及其职责、应急预案体系、事故风险描述、预警及信息报告、应急响应、保障措施、应急预案管理等内容。

对于某一种或者多种类型的事故风险,生产经营单位可以编制相应的专项应急预案,或将专项应急预案并入综合应急预案。专项应急预案应当规定应急指挥机构与职责、处置程序和措施等内容。

对于危险性较大的场所、装置或者设施,生产经营单位应当编制现场处置方案。现场处置方案应当规定应急工作职责、应急处置措施和注意事项等内容。事故风险单一、危险性小的生产经营单位,可以只编制现场处置方案。

生产经营单位应急预案应当包括向上级应急管理机构报告的内容、应急组织机构和人员的联系方式、应急物资储备清单等附件信息。附件信息发生变化时,应当及时更新,确保准确有效。

生产经营单位组织应急预案编制过程中,应当根据法律、法规、规章的规定或者实际需要,征求相关应急救援队伍、公民、法人或其他组织的意见。

生产经营单位编制的各类应急预案之间应当相互衔接,并与相关人民政府及其部门、应急救援队伍和涉及的其他单位的应急预案相衔接。

生产经营单位应当在编制应急预案的基础上，针对工作场所、岗位的特点，编制简明、实用、有效的应急处置卡。应急处置卡应当规定重点岗位、人员的应急处置程序和措施，以及相关联络人员和联系方式，便于从业人员携带。

（三）应急预案的评审、公布和备案

矿山、金属冶炼企业和易燃易爆物品、危险化学品的生产、经营（带储存设施的，下同）、储存、运输企业，以及使用危险化学品达到国家规定数量的化工企业、烟花爆竹生产、批发经营企业和中型规模以上的其他生产经营单位，应当对本单位编制的应急预案进行评审，并形成书面评审纪要。上述规定以外的其他生产经营单位可以根据自身需要，对本单位编制的应急预案进行论证。

参加应急预案评审的人员应当包括有关安全生产及应急管理方面的专家。评审人员与所评审应急预案的生产经营单位有利害关系的，应当回避。

应急预案的评审或者论证应当注重基本要素的完整性、组织体系的合理性、应急处置程序和措施的针对性、应急保障措施的可行性、应急预案的衔接性等内容。

生产经营单位的应急预案经评审或者论证后，由本单位主要负责人签署，向本单位从业人员公布，并及时发放到本单位有关部门、岗位和相关应急救援队伍。事故风险可能影响周边其他单位、人员的，生产经营单位应当将有关事故风险的性质、影响范围和应急防范措施告知周边的其他单位和人员。

规定的相关生产经营单位应当在应急预案公布之日起20个工作日内，按照分级属地原则，向县级以上人民政府应急管理部门和其他负有安全生产监督管理职责的部门进行备案，并依法向社会公布。中央企业总部（上市公司）的应急预案，报国务院主管的负有安全生产监督管理职责的部门备案，并抄送应急管理部；其所属单位的应急预案报所在地的省、自治区、直辖市或者设区的市级人民政府主管的负有安全生产监督管理职责的部门备案，并抄送同级人民政府应急管理部门。不属于中央企业的，其中非煤矿山、金属冶炼和危险化学品生产、经营、储存、运输企业，以及使用危险化学品达到国家规定数量的化工企业、烟花爆竹生产、批发经营企业的应急预案，按照隶属关系报所在地县级以上地方人民政府应急管理部门备案；其他生产经营单位应急预案的备案，由省、自治区、直辖市人民政府负有安全生产监督管理职责的部门确定。油气输送管道运营单位的应急预案，除按照规定备案外，还应当抄送所经行政区域的县级人民政府应急管理部门。煤矿企业的应急预案除按照规定备案外，还应当抄送所在地的煤矿安全监察机构。

生产经营单位申报应急预案备案，应当提交下列材料：

（1）应急预案备案申报表。

（2）规定单位应当提供应急预案评审意见。

（3）应急预案电子文档。

（4）风险评估结果和应急资源调查清单。

受理备案登记的负有安全生产监督管理职责的部门应当在5个工作日内对应急预案材料进行核对，材料齐全的，应当予以备案并出具应急预案备案登记表；材料不齐全的，不予备案并一次性告知需要补齐的材料。逾期不予备案又不说明理由的，视为已经备案。对于实

行安全生产许可的生产经营单位，已经进行应急预案备案的，在申请安全生产许可证时，可以不提供相应的应急预案，仅提供应急预案备案登记表。

（四）应急预案的实施

生产经营单位应当组织开展本单位的应急预案、应急知识、自救互救和避险逃生技能的培训活动，使有关人员了解应急预案内容，熟悉应急职责、应急处置程序和措施。应急培训的时间、地点、内容、师资、参加人员和考核结果等情况应当如实记入本单位的安全生产教育和培训档案。

生产经营单位应当制定本单位的应急预案演练计划，根据本单位的事故风险特点，每年至少组织一次综合应急预案演练或者专项应急预案演练，每半年至少组织一次现场处置方案演练。

应急预案演练结束后，应急预案演练组织单位应当对应急预案演练效果进行评估，撰写应急预案演练评估报告，分析存在的问题，并对应急预案提出修订意见。

应急预案编制单位应当建立应急预案定期评估制度，对预案内容的针对性和实用性进行分析，并对应急预案是否需要修订作出结论。

矿山、金属冶炼、建筑施工企业和易燃易爆物品、危险化学品等危险物品的生产、经营、储存、运输企业、使用危险化学品达到国家规定数量的化工企业、烟花爆竹生产、批发经营企业和中型规模以上的其他生产经营单位，应当每三年进行一次应急预案评估。应急预案评估可以邀请相关专业机构或者有关专家、有实际应急救援工作经验的人员参加，必要时可以委托安全生产技术服务机构实施。

有下列情形之一的，应急预案应当及时修订并归档：

(1)依据的法律、法规、规章、标准及上位预案中的有关规定发生重大变化的。

(2)应急指挥机构及其职责发生调整的。

(3)安全生产面临的风险发生重大变化的。

(4)重要应急资源发生重大变化的。

(5)在应急演练和事故应急救援中发现需要修订预案的重大问题的。

(6)编制单位认为应当修订的其他情况。

应急预案修订涉及组织指挥体系与职责、应急处置程序、主要处置措施、应急响应分级等内容变更的，修订工作应当参照规定的应急预案编制程序进行，并按照有关应急预案报备程序重新备案。

生产经营单位应当按照应急预案的规定，落实应急指挥体系、应急救援队伍、应急物资及装备，建立应急物资、装备配备及其使用档案，并对应急物资、装备进行定期检测和维护，使其处于适用状态。

生产经营单位发生事故时，应当第一时间启动应急响应，组织有关力量进行救援，并按照规定将事故信息及应急响应启动情况报告事故发生地县级以上人民政府应急管理部门和其他负有安全生产监督管理职责的部门。

生产安全事故应急处置和应急救援结束后，事故发生单位应当对应急预案实施情况进行总结评估。

企业应按照《生产安全事故应急演练指南》(AQ/T 9007)的规定定期组织公司(厂、矿)、车间(工段、区、队)、班组开展生产安全事故应急演练,做到一线从业人员参与应急演练全覆盖,并按照《生产安全事故应急演练评估规范》(AQ/T 9009)的规定对演练进行总结和评估,根据评估结论和演练发现的问题,修订、完善应急预案,改进应急准备工作。生产经营单位应当根据本单位可能发生的生产安全事故的种类、特点,组织应急预案演练。其中,危险物品的生产、经营、运输、储存单位以及矿山、金属冶炼、城市轨道交通运营、建筑施工单位,应当将演练情况报送所在地县级以上地方人民政府应急管理部门及其他负有安全生产监督管理职责的部门。

典型例题

【多选题】关于生产安全事故应急预案管理的说法,正确的有(   )。

A. 生产经营单位应每半年至少组织 1 次现场处置方案演练

B. 生产经营单位应每年至少组织 1 次综合应急预案演练

C. 地方各级人民政府应急管理部门的应急预案应当报同级人民政府备案

D. 非生产经营单位的应急管理方面的专家均可受邀参加应急方案的评审

E. 施工单位应急预案涉及应急响应等级内容变更的,应重新进行修订

ABCE。【解析】参加应急预案评审的人员应当包括有关安全生产及应急管理方面的专家。评审人员与所评审应急预案的生产经营单位有利害关系的,应当回避。故选项 D 错误。

(五)建筑施工生产安全事故应急救援

建筑施工生产安全事故应急预案应根据施工现场安全管理、工程特点、环境特征和危险等级制订。建筑施工安全应急救援预案应对安全事故的风险特征进行安全技术分析,对可能引发次生灾害的风险,应有预防技术措施。建筑施工生产安全事故应急预案应包括下列内容:

(1)建筑施工中潜在的风险及其类别、危险程度。

(2)发生紧急情况时应急救援组织机构与人员职责分工、权限。

(3)应急救援设备、器材、物资的配置、选择、使用方法和调用程序;为保持其持续的适用性,对应急救援设备、器材、物资进行维护和定期检测的要求。

(4)应急救援技术措施的选择和采用。

(5)与企业内部相关职能部门以及外部(政府、消防、救险、医疗等)相关单位或部门的信息报告、联系方法。

(6)组织抢险急救、现场保护、人员撤离或疏散等活动的具体安排等。

根据建筑施工生产安全事故应急救援预案,应对全体从业人员进行针对性的培训和交底,并组织专项应急救援演练;根据演练的结果对建筑施工生产安全事故应急救援预案的适宜性和可操作性进行评价、修改和完善。发生生产安全事故后,建筑施工企业应当立即启动应急预案,按照国家有关规定报告事故情况,并采取下列应急措施:

(1)迅速控制危险源,组织抢救遇险人员。

(2)停止现场作业,组织现场人员撤离,通知可能受到事故影响的单位与人员。

(3)防止事故危害扩大和发生次生灾害的必要措施。

(4)根据需要请求邻近的应急救援队伍参加救援。

(5)向参加救援的应急救援队伍提供相关技术资料、信息和处置方法。

(6)维护事故现场秩序,保护事故现场并及时收集证据。

(7)法律、法规规定的其他应急措施。

三、建设工程生产安全事故处理

(一)《生产安全事故报告和调查处理条例》相关规定

1. 事故报告

事故发生后,事故现场有关人员应当立即向本单位负责人报告;单位负责人接到报告后,应当于1小时内向事故发生地县级以上人民政府应急管理部门和负有安全生产监督管理职责的有关部门报告。情况紧急时,事故现场有关人员可以直接向事故发生地县级以上人民政府应急管理部门和负有安全生产监督管理职责的有关部门报告。

应急管理部门和负有安全生产监督管理职责的有关部门接到事故报告后,应当依照下列规定上报事故情况,并通知公安机关、劳动保障行政部门、工会和人民检察院:

(1)特别重大事故、重大事故逐级上报至国务院应急管理部门和负有安全生产监督管理职责的有关部门。

(2)较大事故逐级上报至省、自治区、直辖市人民政府应急管理部门和负有安全生产监督管理职责的有关部门。

(3)一般事故上报至设区的市级人民政府应急管理部门和负有安全生产监督管理职责的有关部门。

应急管理部门和负有安全生产监督管理职责的有关部门依照前款规定上报事故情况,应当同时报告本级人民政府。国务院应急管理部门和负有安全生产监督管理职责的有关部门以及省级人民政府接到发生特别重大事故、重大事故的报告后,应当立即报告国务院。必要时,应急管理部门和负有安全生产监督管理职责的有关部门可以越级上报事故情况。

应急管理部门和负有安全生产监督管理职责的有关部门逐级上报事故情况,每级上报的时间不得超过2小时。

报告事故应当包括下列内容:事故发生单位概况;事故发生的时间、地点以及事故现场情况;事故的简要经过;事故已经造成或者可能造成的伤亡人数(包括下落不明的人数)和初步估计的直接经济损失;已经采取的措施;其他应当报告的情况。

事故报告后出现新情况的,应当及时补报。自事故发生之日起30日内,事故造成的伤亡人数发生变化的,应当及时补报。道路交通事故、火灾事故自发生之日起7日内,事故造成的伤亡人数发生变化的,应当及时补报。

事故发生单位负责人接到事故报告后,应当立即启动事故相应应急预案,或者采取有效措施,组织抢救,防止事故扩大,减少人员伤亡和财产损失。

事故发生地有关地方人民政府、应急管理部门和负有安全生产监督管理职责的有关部门接到事故报告后，其负责人应当立即赶赴事故现场，组织事故救援。

事故发生后，有关单位和人员应当妥善保护事故现场以及相关证据，任何单位和个人不得破坏事故现场、毁灭相关证据。因抢救人员、防止事故扩大以及疏通交通等原因，需要移动事故现场物件的，应当做出标志，绘制现场简图并做出书面记录，妥善保存现场重要痕迹、物证。

事故发生地公安机关根据事故的情况，对涉嫌犯罪的，应当依法立案侦查，采取强制措施和侦查措施。犯罪嫌疑人逃匿的，公安机关应当迅速追捕归案。

应急管理部门和负有安全生产监督管理职责的有关部门应当建立值班制度，并向社会公布值班电话，受理事故报告和举报。

2. 事故调查

特别重大事故由国务院或者国务院授权有关部门组织事故调查组进行调查。重大事故、较大事故、一般事故分别由事故发生地省级人民政府、设区的市级人民政府、县级人民政府负责调查。省级人民政府、设区的市级人民政府、县级人民政府可以直接组织事故调查组进行调查，也可以授权或者委托有关部门组织事故调查组进行调查。未造成人员伤亡的一般事故，县级人民政府也可以委托事故发生单位组织事故调查组进行调查。

上级人民政府认为必要时，可以调查由下级人民政府负责调查的事故。自事故发生之日起 30 日内（道路交通事故、火灾事故自发生之日起 7 日内），因事故伤亡人数变化导致事故等级发生变化，依照本条例规定应当由上级人民政府负责调查的，上级人民政府可以另行组织事故调查组进行调查。

特别重大事故以下等级事故，事故发生地与事故发生单位不在同一个县级以上行政区域的，由事故发生地人民政府负责调查，事故发生单位所在地人民政府应当派人参加。

事故调查组的组成应当遵循精简、效能的原则。根据事故的具体情况，事故调查组由有关人民政府、应急管理部门、负有安全生产监督管理职责的有关部门、监察机关、公安机关以及工会派人组成，并应当邀请人民检察院派人参加。事故调查组可以聘请有关专家参与调查。

事故调查组成员应当具有事故调查所需要的知识和专长，并与所调查的事故没有直接利害关系。

事故调查组组长由负责事故调查的人民政府指定。事故调查组组长主持事故调查组的工作。

事故调查组履行下列职责：查明事故发生的经过、原因、人员伤亡情况及直接经济损失；认定事故的性质和事故责任；提出对事故责任者的处理建议；总结事故教训，提出防范和整改措施；提交事故调查报告。

事故调查组有权向有关单位和个人了解与事故有关的情况，并要求其提供相关文件、资料，有关单位和个人不得拒绝。事故发生单位的负责人和有关人员在事故调查期间不得擅离职守，并应当随时接受事故调查组的询问，如实提供有关情况。事故调查中发现涉嫌犯罪的，事故调查组应当及时将有关材料或者其复印件移交司法机关处理。

事故调查中需要进行技术鉴定的，事故调查组应当委托具有国家规定资质的单位进行技术鉴定。必要时,事故调查组可以直接组织专家进行技术鉴定。技术鉴定所需时间不计入事故调查期限。

事故调查组成员在事故调查工作中应当诚信公正、恪尽职守,遵守事故调查组的纪律,保守事故调查的秘密。未经事故调查组组长允许,事故调查组成员不得擅自发布有关事故的信息。

事故调查组应当自事故发生之日起60日内提交事故调查报告;特殊情况下,经负责事故调查的人民政府批准,提交事故调查报告的期限可以适当延长,但延长的期限最长不超过60日。

事故调查报告应当包括下列内容:事故发生单位概况;事故发生经过和事故救援情况;事故造成的人员伤亡和直接经济损失;事故发生的原因和事故性质;事故责任的认定以及对事故责任者的处理建议;事故防范和整改措施。事故调查报告应当附具有关证据材料。事故调查组成员应当在事故调查报告上签名。

事故调查报告报送负责事故调查的人民政府后,事故调查工作即告结束。事故调查的有关资料应当归档保存。

3. 事故处理

重大事故、较大事故、一般事故,负责事故调查的人民政府应当自收到事故调查报告之日起15日内做出批复;特别重大事故,30日内做出批复,特殊情况下,批复时间可以适当延长,但延长的时间最长不超过30日。有关机关应当按照人民政府的批复,依照法律、行政法规规定的权限和程序,对事故发生单位和有关人员进行行政处罚,对负有事故责任的国家工作人员进行处分。事故发生单位应当按照负责事故调查的人民政府的批复,对本单位负有事故责任的人员进行处理。负有事故责任的人员涉嫌犯罪的,依法追究刑事责任。

事故发生单位应当认真吸取事故教训,落实防范和整改措施,防止事故再次发生。防范和整改措施的落实情况应当接受工会和职工的监督。应急管理部门和负有安全生产监督管理职责的有关部门应当对事故发生单位落实防范和整改措施的情况进行监督检查。

事故处理的情况由负责事故调查的人民政府或者其授权的有关部门、机构向社会公布,依法应当保密的除外。

链接

生产安全事故报告和调查处理原则包括:在生产安全事故发生后,必须做到事故原因不查清不放过,事故责任者没有受到处理不放过,预防措施不落实不放过,群众没有受到教育不放过,统称为"四不放过"原则。

(二)《职业病范围和职业病患者处理办法的规定》的相关规定

职业病患者的待遇,由所在单位行政、工会和劳动鉴定委员会(小组)根据其职业病诊断证明和劳动能力丧失的程度按国家现行规定确定。经费开支渠道按现行规定办理。

职工被确诊患有职业病后,其所在单位应根据职业病诊断机构(诊断组)的意见,安排其医治或疗养。在医治或疗养后被确认不宜继续从事原有害作业或工作的,应在确认之日起的两个月内将其调离原工作岗位,另行安排工作;对于因工作需要暂不能调离的生产、工作的技术骨干,调离期限最长不得超过半年。

从事有害作业的职工，因按规定接受职业性健康检查所占用的生产、工作时间，应按正常出勤处理，如职业病防治机构（诊断组）认为需要住院作进一步检查时，不论其最后是否诊断为职业病，在此期间可享受职业病待遇。

从事有害作业的职工，其所在单位必须为其建立健康档案。变动工作单位时，事先须经当地职业病防治机构进行健康检查，其检查材料装入健康档案。

患有职业病的职工变动工作单位时，其职业病待遇应由原单位负责或两个单位协商处理，双方商妥后方可办理调转手续，并将其健康档案、职业病诊断证明及职业病处理情况等材料全部移交新单位。调出、调入单位都应将情况报各所在地的劳动卫生职业病防治机构备案。

职工到新单位后，新发现的职业病不论与现工作有无关系，其职业病待遇由新单位负责。

劳动合同制工人、临时工终止或解除劳动合同后，在待业期间新发现的职业病与上一个劳动合同期工作有关时，其职业病待遇由原终止或解除劳动合同的单位负责；如原单位已与其他单位合并者，由合并后的单位负责；如原单位已撤销者，应由原单位的上级主管机关负责。

第四节　建设工程施工现场职业健康安全与环境管理要求

一、建设工程施工现场环境与卫生管理的基本规定

建设工程施工总承包单位应对施工现场的环境与卫生负总责，分包单位应服从总承包单位的管理。参建单位及现场人员应有维护施工现场环境与卫生的责任和义务。

建设工程的环境与卫生管理应纳入施工组织设计或编制专项方案，应明确环境与卫生管理的目标和措施。施工现场应建立环境与卫生管理制度，落实管理责任，应定期检查并记录。建设工程的参建单位应根据法律法规的规定，针对可能发生的环境、卫生等突发事件建立应急管理体系，制定相应的应急预案并组织演练。当施工现场发生有关环境、卫生等突发事件时，应按相关规定及时向施工现场所在地建设行政主管部门和相关部门报告，并应配合调查处置。

施工人员的教育培训、考核应包括环境与卫生等有关内容。

施工现场临时设施、临时道路的设置应科学合理，并应符合安全、消防、节能、环保等有关规定。施工区、材料加工及存放区应与办公区、生活区划分清晰，并应采取相应的隔离措施。施工现场应实行封闭管理，并应采用硬质围挡。市区主要路段的施工现场围挡高度不应低于2.5 m，一般路段围挡高度不应低于1.8 m。围挡应牢固、稳定、整洁。距离交通路口20 m范围内占据道路施工设置的围挡，其0.8 m以上部分应采用通透性围挡，并应采取交通疏导和警示措施。施工现场出入口应标有企业名称或企业标识。主要出入口明显处应设置工程概况牌，施工现场大门内应有施工现场总平面图和安全管理、环境保护与绿色施工、消防保卫等制度牌和宣传栏。施工现场应适当设置吸烟处，禁止在作业区内随意吸烟。施工总平面图应随工程实施的不同阶段进行调整。

施工单位应采取有效的安全防护措施。参建单位必须为施工人员提供必备的劳动防护用品,施工人员应正确使用劳动防护用品。劳动防护用品应符合现行行业标准《建筑施工作业劳动防护用品配备及使用标准》(JGJ 184)的规定。

有毒有害作业场所应在醒目位置设置安全警示标识,并应符合现行国家标准《工作场所职业病危害警示标识》(GBZ 158)的规定。施工单位应依据有关规定对从事有职业病危害作业的人员定期进行体检和培训。

施工单位应根据季节气候特点,做好施工人员的饮食卫生和防暑降温、防寒保暖、防中毒、卫生防疫等工作。

二、绿色施工的要求

(一)节约能源资源

施工总平面布置、临时设施的布局设计及材料选用应科学合理,节约能源。临时用电设备及器具应选用节能型产品。施工现场宜利用新能源和可再生资源。

施工现场宜利用拟建道路路基作为临时道路路基。临时设施应利用既有建筑物、构筑物和设施。土方施工应优化施工方案,减少土方开挖和回填量。施工现场周转材料宜选择金属、化学合成材料等可回收再利用产品代替,并应加强保养维护,提高周转率。施工现场应合理安排材料进场计划,减少二次搬运,并应实行限额领料。施工现场办公应利用信息化管理,减少办公用品的使用及消耗。施工现场生产生活用水用电等资源能源的消耗应实行计量管理。施工现场应保护地下水资源。采取施工降水时应执行国家及当地有关水资源保护的规定,并应综合利用抽排出的地下水。施工现场应采用节水器具,并应设置节水标识。施工现场宜设置废水回收、循环再利用设施,宜对雨水进行收集利用。施工现场应对可回收再利用物资及时分拣、回收、再利用。

(二)大气污染防治

施工现场的主要道路应进行硬化处理。裸露的场地和堆放的土方应采取覆盖、固化或绿化等措施。施工现场土方作业应采取防止扬尘措施,主要道路应定期清扫、洒水。拆除建筑物或构筑物时,应采用隔离、洒水等降噪、降尘措施,并应及时清理废弃物。土方和建筑垃圾的运输必须采用封闭式运输车辆或采取覆盖措施。施工现场出口处应设置车辆冲洗设施,并应对驶出车辆进行清洗。建筑物内垃圾应采用容器或搭设专用封闭式垃圾道的方式清运,严禁凌空抛掷。施工工地上的固定废物可采用焚烧(不可再利用和直接填埋)、填埋(无害化、减量化处理后)、回收利用(资源化处理)、减量化处理(减少处理量)、稳定和固化(减少废物扩散)等手段进行处理。工地茶炉应尽量使用电热水器,对于条件不允许的,可以使用烧煤茶炉,但使用烧煤茶炉时,应采用具有消烟除尘功能的。施工现场严禁焚烧各类废弃物,如油漆、橡胶、油毡等,禁止熔化沥青及其他产生有毒有害气体的物质。在规定区域内的施工现场应使用预拌混凝土及预拌砂浆。采用现场搅拌混凝土或砂浆的场所应采取封闭、降尘、降噪措施。水泥和其他易飞扬的细颗粒建筑材料应密闭存放或采取覆盖等措施。当市政道路施工进行铣刨、切割等作业时,应采取有效防扬尘措施。灰土和无机料应采用预拌进场,碾压过程中应洒水降尘。城镇、旅游景点、重点文物保护区及人口密集区的施工现场应使用清洁能源。施工现场的机械设备、车辆的尾气排放应符合国家环保排放标准。当环境空气质量指数达到中度及以上污染时，施工现场应增加洒水频次，加强覆盖措施，减少易造成大气污染的施工作业。

（三）水土污染防治

施工现场应设置排水沟（排水系统）及沉淀池，施工污水应经沉淀处理达到排放标准后，方可排入市政污水管网。废弃的降水井应及时回填，并应封闭井口，防止污染地下水。施工现场临时厕所的化粪池应进行防渗漏处理。施工现场存放的油料和化学溶剂等物品应设置专用库房，地面应进行防渗漏处理。施工现场的危险废物应按国家有关规定处理，严禁填埋。经无害化处理后的建筑废弃残渣可用于土方回填。

（四）施工噪声及光污染防治

施工噪声是指建筑施工过程中产生的干扰周围生活环境的声音。施工现场应对场界噪声排放进行监测、记录和控制，并应采取降低噪声的措施。施工现场场界噪声排放应符合现行国家标准《建筑施工场界环境噪声排放标准》（GB 12523）的规定。

建筑施工过程中场界环境噪声不得超过表 5-2 中规定的排放限值。

表 5-2　建筑施工场界环境噪声排放限值

昼间	夜间
70 dB（A）	55 dB（A）

夜间噪声最大声级超过限值的幅度不得高于 15 dB（A）。当场界距噪声敏感建筑物较近，其室外不满足测量条件时，可在噪声敏感建筑物室内测量，并将上表中相应的限值减 10 dB（A）作为评价标准。

施工现场宜选用低噪声、低振动的设备，强噪声设备宜设置在远离居民区的一侧，并应采用隔声、吸声材料搭设防护棚或屏障。进入施工现场的车辆严禁鸣笛。装卸材料应轻拿轻放。

因生产工艺要求或其他特殊需要，确需进行夜间施工的，施工单位应加强噪声控制，并应减少人为噪声。施工现场应对强光作业和照明灯具采取遮挡措施，减少对周边居民和环境的影响。

提示

历年考试中会考查施工现场噪声的控制措施。施工现场噪声的控制措施主要从控制声源、控制传播途径、控制人为噪声、接收者防护等 4 个方面进行。如压缩机风管处设置消声器属于控制声源的措施；利用多孔材料吸收声能，选用吸声材料搭设防护棚，设置隔声屏障，振动源上涂覆阻尼材料，改变震动源与其他刚性结构的连接方式等属于控制传播途径的措施；限制高音喇叭的使用，进行强噪声作业时严格控制作业时间属于控制人为噪声的措施；操作人员使用耳塞、耳罩属于接受者防护的措施。

三、环境卫生的要求

（一）临时设施

施工现场应设置办公室、宿舍、食堂、厕所、盥洗设施、淋浴房、开水间、文体活动室、职工夜校等临时设施。文体活动室应配备文体活动设施和用品。尚未竣工的建筑物内严禁设置宿舍。施工现场应配备常用药及绷带、止血带、担架等急救器材。

生活区、办公区的通道、楼梯处应设置应急疏散、逃生指示标识和应急照明灯。宿舍内宜设置烟感报警装置。

施工现场应设置封闭式建筑垃圾站。办公区和生活区应设置封闭式垃圾容器。生活垃圾应分类存放，并应及时清运、消纳。

宿舍内应保证必要的生活空间，室内净高不得小于2.5 m，通道宽度不得小于0.9 m，住宿人员人均面积不得小于2.5 m^2，每间宿舍居住人员不得超过16人。宿舍应有专人负责管理，床头宜设置姓名卡。施工现场生活区宿舍、休息室必须设置可开启式外窗，床铺不应超过2层，不得使用通铺。

施工现场宜采用集中供暖，使用炉火取暖时应采取防止一氧化碳中毒的措施。彩钢板活动房严禁使用炉火或明火取暖。宿舍内应有防暑降温措施。宿舍应设置生活用品专柜、鞋柜或鞋架、垃圾桶等生活设施。生活区应提供晾晒衣物的场所和晾衣架。宿舍照明电源宜选用安全电压，采用强电照明的宜使用限流器。生活区宜单独设置手机充电柜或充电房间。

食堂应设置在远离厕所、垃圾站、有毒有害场所等有污染源的地方。食堂应设置隔油池，并应定期清理。食堂应设置独立的制作间、储藏间，门扇下方应设不低于0.2 m的防鼠挡板。制作间灶台及其周边应采取易清洁、耐擦洗措施，墙面处理高度应大于1.5 m，地面应做硬化和防滑处理，并应保持墙面、地面整洁。食堂应配备必要的排风和冷藏设施，宜设置通风天窗和油烟净化装置，油烟净化装置应定期清洗。

食堂宜使用电炊具。使用燃气的食堂，燃气罐应单独设置存放间并应加装燃气报警装置，存放间应通风良好并严禁存放其他物品。供气单位资质应齐全，气源应有可追溯性。

食堂制作间的炊具宜存放在封闭的橱柜内，刀、盆、案板等炊具应生熟分开。

食堂制作间、锅炉房、可燃材料库房及易燃易爆危险品库房等应采用单层建筑，应与宿舍和办公用房分别设置，并应按相关规定保持安全距离。临时用房内设置的食堂、库房和会议室应设在首层。

易燃易爆危险品库房应使用不燃材料搭建，面积不应超过200 m^2。

施工现场应设置水冲式或移动式厕所，厕所地面应硬化，门窗应齐全并通风良好。厕位宜设置门及隔板，高度不应小于0.9 m。厕所面积应根据施工人员数量设置。厕所应设专人负责，定期清扫、消毒，化粪池应及时清掏。高层建筑施工超过8层时，宜每隔4层设置临时厕所。

淋浴间内应设置满足需要的淋浴喷头，并应设置储衣柜或挂衣架。

施工现场应设置满是施工人员使用的盥洗设施。盥洗设施的下水管口应设置过滤网，并应与市政污水管线连接，排水应通畅。

生活区应设置开水炉、电热水器或保温水桶，施工区应配备流动保温水桶。开水炉、电热水器、保温水桶应上锁由专人负责管理。

未经施工总承包单位批准，施工现场和生活区不得使用电热器具。

(二)卫生防疫

办公区和生活区应设专职或兼职保洁员，并应采取灭鼠、灭蚊蝇、灭蟑螂等措施。

食堂应取得相关部门颁发的许可证，并应悬挂在制作间醒目位置。炊事人员必须经体检合格并持证上岗。炊事人员上岗应穿戴洁净的工作服、工作帽和口罩，并应保持个人卫生。非炊事人员不得随意进入食堂制作间。食堂的炊具、餐具和公用饮水器具应及时清洗定期消毒。

施工现场应加强食品、原料的进货管理，建立食品、原料采购台账，保存原始采购单据。严禁购买无照、无证商贩的食品和原料。食堂应按许可范围经营，严禁制售易导致食物中毒食品和变质食品。生熟食品应分开加工和保管，存放成品或半成品的器皿应有耐冲洗的生熟标识。成品或半成品应遮盖，遮盖物品应有正反面标识。各种佐料和副食应存放在密闭器皿内，并应有标识。存放食品原料的储藏间或库房应有通风、防潮、防虫、防鼠等措施，库房不得兼作他用。粮食存放台距墙和地面应大于0.2 m。

当施工现场遇突发疫情时，应及时上报，并应按卫生防疫部门相关规定进行处理。

典型例题

【多选题】关于建设工程现场职业健康安全卫生措施的说法，正确的有(　　)。

A. 每间宿舍居住人员不得超过16人

B. 施工现场宿舍必须设置可开启式窗户

C. 现场食堂炊事人员必须持身体健康证上岗

D. 厕所应设专人负责清扫、消毒

E. 施工区必须配备开水炉

ABCD。【解析】建设工程现场的生活区应设置开水炉、电热水器或饮用水保温桶；施工区应配备流动保温水桶。

第六章 建设工程合同与合同管理

第一节 建设工程施工招标与投标

一、基本规定

（一）必须招标项目

在中华人民共和国境内进行下列工程建设项目包括项目的勘察、设计、施工、监理以及与工程建设有关的重要设备、材料等的采购，必须进行招标：

(1)大型基础设施、公用事业等关系社会公共利益、公众安全的项目。

(2)全部或者部分使用国有资金投资或者国家融资的项目。

(3)使用国际组织或者外国政府贷款、援助资金的项目。

所列项目的具体范围和规模标准，由国务院发展计划部门会同国务院有关部门制订，报国务院批准。法律或者国务院对必须进行招标的其他项目的范围有规定的，依照其规定。

专家解读

工程建设项目，是指工程以及与工程建设有关的货物、服务。工程，是指建设工程，包括建筑物和构筑物的新建、改建、扩建及其相关的装修、拆除、修缮等；所称与工程建设有关的货物，是指构成工程不可分割的组成部分，且为实现工程基本功能所必需的设备、材料等；所称与工程建设有关的服务，是指为完成工程所需的勘察、设计、监理等服务。

中华人民共和国国家发展和改革委员会令第16号发布了《必须招标的工程项目规定》，自2018年6月1日起施行。根据《必须招标的工程项目规定》，对必须进行招标项目作出的具体规定如下：

(1)全部或者部分使用国有资金投资或者国家融资的项目包括：①使用预算资金200万元人民币以上，并且该资金占投资额10%以上的项目。②使用国有企业事业单位资金，并且该资金占控股或者主导地位的项目。

(2)使用国际组织或者外国政府贷款、援助资金的项目包括：①使用世界银行、亚洲开发银行等国际组织贷款、援助资金的项目。②使用外国政府及其机构贷款、援助资金的项目。

(3)不属于第(1)条、第(2)条规定情形的大型基础设施、公用事业等关系社会公共利益、公众安全的项目,必须招标的具体范围由国务院发展改革部门会同国务院有关部门按照确有必要、严格限定的原则制订,报国务院批准。

(4)第(1)条至第(3)条规定范围内的项目,其勘察、设计、施工、监理以及与工程建设有关的重要设备、材料等的采购达到下列标准之一的,必须招标:①施工单项合同估算价在400万元人民币以上。②重要设备、材料等货物的采购,单项合同估算价在200万元人民币以上。③勘察、设计、监理等服务的采购,单项合同估算价在100万元人民币以上。

同一项目中可以合并进行的勘察、设计、施工、监理以及与工程建设有关的重要设备、材料等的采购,合同估算价合计达到前款规定标准的,必须招标。

(二)其他规定

除招标投标法规定的可以不进行招标的特殊情况外,有下列情形之一的,可以不进行招标:需要采用不可替代的专利或者专有技术;采购人依法能够自行建设、生产或者提供;已通过招标方式选定的特许经营项目投资人依法能够自行建设、生产或者提供;需要向原中标人采购工程、货物或者服务,否则将影响施工或者功能配套要求;国家规定的其他特殊情形。

招标人为适用前款规定弄虚作假的,属于招标投标法第四条规定的规避招标。

依法必须招标的工程建设项目,应当具备下列条件才能进行施工招标:

(1)招标人已经依法成立。

(2)初步设计及概算应当履行审批手续的,已经批准。

(3)有相应资金或资金来源已经落实。

(4)有招标所需的设计图纸及技术资料。

二、建设工程招标

招标人是依照《招标投标法》规定提出招标项目、进行招标的法人或者其他组织。招标项目按照国家有关规定需要履行项目审批手续的,应当先履行审批手续,取得批准。招标人应当有进行招标项目的相应资金或者资金来源已经落实,并应当在招标文件中如实载明。

(一)招标方式

招标分为公开招标和邀请招标:

(1)公开招标,是指招标人以招标公告的方式邀请不特定的法人或者其他组织投标。

(2)邀请招标,是指招标人以投标邀请书的方式邀请特定的法人或者其他组织投标。

国有资金占控股或者主导地位的依法必须进行招标的项目,应当公开招标;但有下列情形之一的,可以邀请招标:

(1)技术复杂、有特殊要求或者受自然环境限制,只有少量潜在投标人可供选择。

(2)采用公开招标方式的费用占项目合同金额的比例过大。

有上述第(2)条所列情形,属于按照国家有关规定需要履行项目审批、核准手续的依法必须进行招标的项目,由项目审批、核准部门在审批、核准项目时作出认定;其他项目由招标人申请有关行政监督部门作出认定。

国务院发展计划部门确定的国家重点项目和省、自治区、直辖市人民政府确定的地方重点项目不适宜公开招标的，经国务院发展计划部门或者省、自治区、直辖市人民政府批准，可以进行邀请招标。

（二）招标代理机构

招标人有权自行选择招标代理机构，委托其办理招标事宜。任何单位和个人不得以任何方式为招标人指定招标代理机构。

招标人具有编制招标文件和组织评标能力的，可以自行办理招标事宜。任何单位和个人不得强制其委托招标代理机构办理招标事宜。依法必须进行招标的项目，招标人自行办理招标事宜的，应当向有关行政监督部门备案。

招标代理机构应当具备下列条件：有从事招标代理业务的营业场所和相应资金；有能够编制招标文件和组织评标的相应专业力量；有符合招投标法规定条件、可以作为评标委员会成员人选的技术、经济等方面的专家库。

从事工程建设项目招标代理业务的招标代理机构，其资格由国务院或者省、自治区、直辖市人民政府的建设行政主管部门认定。具体办法由国务院建设行政主管部门会同国务院有关部门制定。从事其他招标代理业务的招标代理机构，其资格认定的主管部门由国务院规定。

（三）招标公告、投标邀请书

招标人采用邀请招标方式的，应当向3个以上具备承担招标项目的能力、资信良好的特定的法人或者其他组织发出投标邀请书。投标邀请书应当载明同招标公告相同的事项。

招标人可以根据招标项目本身的要求，在招标公告或者投标邀请书中，要求潜在投标人提供有关资质证明文件和业绩情况，并对潜在投标人进行资格审查；国家对投标人的资格条件有规定的，依照其规定。

招标人采用公开招标方式的，应当发布招标公告。招标公告应当载明招标人的名称和地址、招标项目的性质、数量、实施地点和时间以及获取招标文件的办法等事项。依法必须进行招标的项目的招标公告，应当通过国家指定的报刊、信息网络或者其他媒介发布。

中华人民共和国国家发展和改革委员会令第10号发布了《招标公告和公示信息发布管理办法》，根据《招标公告和公示信息发布管理办法》，具体规定如下：

（1）依法必须招标项目的资格预审公告和招标公告，应当载明以下内容：①招标项目名称、内容、范围、规模、资金来源。②投标资格能力要求，以及是否接受联合体投标。③获取资格预审文件或招标文件的时间、方式。④递交资格预审文件或投标文件的截止时间、方式。⑤招标人及其招标代理机构的名称、地址、联系人及联系方式。⑥采用电子招标投标方式的，潜在投标人访问电子招标投标交易平台的网址和方法。⑦其他依法应当载明的内容。

（2）依法必须招标项目的招标公告和公示信息应当在“中国招标投标公共服务平台”或者项目所在地省级电子招标投标公共服务平台（以下统一简称“发布媒介”）发布。

（3）省级电子招标投标公共服务平台应当与“中国招标投标公共服务平台”对接，按规定同步交互招标公告和公示信息。对依法必须招标项目的招标公告和公示信息，发布媒介应当与相应的公共资源交易平台实现信息共享。“中国招标投标公共服务平台”应当汇总公开全国招标公告和公示信息，以及发布媒介名称、网址、办公场所、联系方式等基本信息，及时维护更新，与全国公共资源交易平台共享，并归集至全国信用信息共享平台，按规定通过“信用中国”网站向社会公开。

典型例题

【单选题】关于招标信息发布的说法，正确的是(　　)。

A. 投资 1 000 万的工程施工招标可以采用不公开的方式发布信息

B. 招标公告只能在中国招标投标公共服务平台发布

C. 自招标文件出售之日起至停止出售之日止，最短不得少于 5 天

D. 投标人必须自费购买相关招标或资格预审文件，未中标时予以退还

C。【解析】根据《招标投标法实施条例》，招标人应当按照资格预审公告、招标公告或者投标邀请书规定的时间、地点发售资格预审文件或者招标文件。资格预审文件或者招标文件的发售期不得少于 5 日。

（四）招标文件

招标人应当根据招标项目的特点和需要编制招标文件。招标文件应当包括招标项目的技术要求、对投标人资格审查的标准、投标报价要求和评标标准等所有实质性要求和条件以及拟签订合同的主要条款。

国家对招标项目的技术、标准有规定的，招标人应当按照其规定在招标文件中提出相应要求。

招标项目需要划分标段、确定工期的，招标人应当合理划分标段、确定工期，并在招标文件中载明。

招标人可以对已发出的资格预审文件或者招标文件进行必要的澄清或者修改。澄清或者修改的内容可能影响资格预审申请文件或者投标文件编制的，招标人应当在提交资格预审申请文件截止时间至少 3 日前，或者投标截止时间至少 15 日前，以书面形式通知所有获取资格预审文件或者招标文件的潜在投标人；不足 3 日或者 15 日的，招标人应当顺延提交资格预审申请文件或者投标文件的截止时间。

招标文件不得要求或者标明特定的生产供应者以及含有倾向或者排斥潜在投标人的其他内容。

招标人根据招标项目的具体情况，可以组织潜在投标人踏勘项目现场。

招标人不得向他人透露已获取招标文件的潜在投标人的名称、数量以及可能影响公平竞争的有关招标投标的其他情况。

招标人设有标底的，标底必须保密。招标人可以自行决定是否编制标底。一个招标项目只能有一个标底。接受委托编制标底的中介机构不得参加受托编制标底项目的投标，也不得为该项目的投标人编制投标文件或者提供咨询。

招标人设有最高投标限价的，应当在招标文件中明确最高投标限价或者最高投标限价的计算方法。招标人不得规定最低投标限价。

招标人对已发出的招标文件进行必要的澄清或者修改的，应当在招标文件要求提交投标文件截止时间至少 15 日前，以书面形式通知所有招标文件收受人。该澄清或者修改的内容为招标文件的组成部分。

招标人应当确定投标人编制投标文件所需要的合理时间，但是，依法必须进行招标的项目，自招标文件开始发出之日起至投标人提交投标文件截止之日止，最短不得少于 20 日。

（五）投标保证金

招标人在招标文件中要求投标人提交投标保证金的，投标保证金不得超过招标项目估算价的2%。投标保证金有效期应当与投标有效期一致。

依法必须进行招标的项目的境内投标单位，以现金或者支票形式提交的投标保证金应当从其基本账户转出。

招标人不得挪用投标保证金。

（六）投标预备会

如果招标公告或投标邀请书规定召开投标预备会（俗称标前会议）的，招标人按规定的时间和地点召开投标预备会，澄清投标人提出的问题。

投标人应按投标人须知规定的时间和形式将提出的问题送达招标人，以便招标人在会议期间澄清。

投标预备会后，招标人将对投标人所提出问题的澄清，以规定形式通知所有购买招标文件的投标人，该澄清内容为招标文件的组成部分。

三、资格审查

（一）资格审查的分类

资格审查分为资格预审和资格后审。

资格预审是指投标前（招标开始之前或初期）对投标申请人进行的资格审查，分为合格制和有限数量制两种方法。合格制资格预审是对投标申请人进行初步审查和详细审查；有限数量制资格预审是对投标申请人进行初步审查和详细审查的基础上，再进行量化评分。资格预审的主要审查项目包括：申请人条件、营业执照、安全生产许可证、资质等级、经营条件、诚信要求、类似项目业绩、项目经理资格、主要设备材料情况等。

资格后审是指开标后对投标人进行的资格审查。实行资格后审的，投标文件由资格标、技术标和商务标组成。

（二）资格审查的方式适用

对于具有通用技术、性能、标准或者招标人对其技术、性能没有特殊要求的工程项目，应采用资格后审。资格后审适合所有招标工程项目，招标人应当优先采取资格后审方式进行资格审查。

对于技术复杂或者专业性强的特殊工程项目，可以采用资格预审方式。

（三）资格预审的主要程序

资格预审的主要程序有：招标人编制资格预审文件；招标人发布资格预审公告（代招标公告）；招标人发放或发售资格预审文件；投标申请人编制和提交资格预审文件（规定截止日期后，潜在投标人不再修改资格预审文件）；招标人组建资格预审委员会；资格预审委员会对资格预审申请文件进行评审；招标人对资格预审结果进行公示和备案（资格预审结果应以书面形式通知所有参加资格预审的投标意向者）；招标人确定通过资格预审的投标申请人。

四、投标

（一）基本规定

投标人应当具备承担招标项目的能力；国家有关规定对投标人资格条件或者招标文件

对投标人资格条件有规定的，投标人应当具备规定的资格条件。

投标人应当按照招标文件的要求编制投标文件（标书的密封、签章不满足要求，则投标无效）。投标文件应当对招标文件提出的实质性要求和条件作出响应。通常情况下投标需要提交投标担保。

招标项目属于建设施工的，投标文件的内容应当包括拟派出的项目负责人与主要技术人员的简历、业绩和拟用于完成招标项目的机械设备等。

投标人应当在招标文件要求提交投标文件的截止时间前，将投标文件送达投标地点。招标人收到投标文件后，应当签收保存，不得开启。投标人少于3个的，招标人应当重新招标。对于项目所在地与企业距离较远时，投标由当地项目经理部组织，需要提交企业法人对于投标项目经理的授权书。

在招标文件要求提交投标文件的截止时间后送达的投标文件，招标人应当拒收。

投标人在招标文件要求提交投标文件的截止时间前，可以补充、修改或者撤回已提交的投标文件，并书面通知招标人。补充、修改的内容为投标文件的组成部分。

投标人根据招标文件载明的项目实际情况，拟在中标后将中标项目的部分非主体、非关键性工作进行分包的，应当在投标文件中载明。

（二）串通投标

1. 投标人相互串通投标

有下列情形之一的，属于投标人相互串通投标：投标人之间协商投标报价等投标文件的实质性内容；投标人之间约定中标人；投标人之间约定部分投标人放弃投标或者中标；属于同一集团、协会、商会等组织成员的投标人按照该组织要求协同投标；投标人之间为谋取中标或者排斥特定投标人而采取的其他联合行动。

有下列情形之一的，视为投标人相互串通投标：不同投标人的投标文件由同一单位或者个人编制；不同投标人委托同一单位或者个人办理投标事宜；不同投标人的投标文件载明的项目管理成员为同一人；不同投标人的投标文件异常一致或者投标报价呈规律性差异；不同投标人的投标文件相互混装；不同投标人的投标保证金从同一单位或者个人的账户转出。

2. 招标人与投标人串通投标

有下列情形之一的，属于招标人与投标人串通投标：招标人在开标前开启投标文件并将有关信息泄露给其他投标人；招标人直接或者间接向投标人泄露标底、评标委员会成员等信息；招标人明示或者暗示投标人压低或者抬高投标报价；招标人授意投标人撤换、修改投标文件；招标人明示或者暗示投标人为特定投标人中标提供方便；招标人与投标人为谋求特定投标人中标而采取的其他串通行为。

五、开标

开标应当在招标文件确定的提交投标文件截止时间的同一时间公开进行；开标地点应当为招标文件中预先确定的地点。

开标由招标人主持，邀请所有投标人参加。

开标时，由投标人或者其推选的代表检查投标文件的密封情况，也可以由招标人委托的公证机构检查并公证；经确认无误后，由工作人员当众拆封，宣读投标人名称、投标价格和投标文件的其他主要内容。

招标人在招标文件要求提交投标文件的截止时间前收到的所有投标文件，开标时都应当当众予以拆封、宣读。

开标过程应当记录，并存档备查。

投标人少于3个的，不得开标；招标人应当重新招标。

投标人对开标有异议的，应当在开标现场提出，招标人应当当场作出答复，并制作记录。

六、评标

评标由招标人依法组建的评标委员会负责。

依法必须进行招标的项目，其评标委员会由招标人的代表和有关技术、经济等方面的专家组成，成员人数为5人以上单数，其中技术、经济等方面的专家不得少于成员总数的2/3。

与投标人有利害关系的人不得进入相关项目的评标委员会；已经进入的应当更换。

评标委员会成员的名单在中标结果确定前应当保密。

招标人应当采取必要的措施，保证评标在严格保密的情况下进行。任何单位和个人不得非法干预、影响评标的过程和结果。

评标委员会可以要求投标人对投标文件中含义不明确的内容作必要的澄清或者说明，但是澄清或者说明不得超出投标文件的范围或者改变投标文件的实质性内容。

招标人根据评标委员会提出的书面评标报告和推荐的中标候选人确定中标人。招标人也可以授权评标委员会直接确定中标人。

有下列情形之一的，评标委员会应当否决其投标：投标文件未经投标单位盖章和单位负责人签字；投标联合体没有提交共同投标协议；投标人不符合国家或者招标文件规定的资格条件；同一投标人提交两个以上不同的投标文件或者投标报价，但招标文件要求提交备选投标的除外；投标报价低于成本或者高于招标文件设定的最高投标限价；投标文件没有对招标文件的实质性要求和条件作出响应；投标人有串通投标、弄虚作假、行贿等违法行为。

评标完成后，评标委员会应当向招标人提交书面评标报告和中标候选人名单。中标候选人应当不超过3个，并标明排序。

评标报告应当由评标委员会全体成员签字。对评标结果有不同意见的评标委员会成员应当以书面形式说明其不同意见和理由，评标报告应当注明该不同意见。评标委员会成员拒绝在评标报告上签字又不书面说明其不同意见和理由的，视为同意评标结果。

评标程序包括初步评审、详细评审、投标文件的澄清和补正、评标结果。其中，初步评审环节的审查内容有：标书是否对招标文件进行实质性响应；报价计算是否正确；详细评审环节的审查内容有：技术评审，如标书中有关技术方面是否符合要求；商务评审，如标书中有关计价方式、优惠条件、成本构成、取费标准等。评标办法包括经评审的最低投标价法、综合评估法。

七、中标

（一）一般规定

中标人的投标应当符合下列条件之一：能够最大限度地满足招标文件中规定的各项综

合评价标准；能够满足招标文件的实质性要求，并且经评审的投标价格最低；但是投标价格低于成本的除外。

评标委员会经评审，认为所有投标都不符合招标文件要求的，可以否决所有投标。依法必须进行招标的项目的所有投标被否决的，招标人应重新招标。

专家解读

国有资金占控股或者主导地位的依法必须进行招标的项目，招标人应当确定排名第一的中标候选人为中标人。排名第一的中标候选人放弃中标、因不可抗力不能履行合同、不按照招标文件要求提交履约保证金，或者被查实存在影响中标结果的违法行为等情形不符合中标条件的，招标人可以按照评标委员会提出的中标候选人名单排序依次确定其他中标候选人为中标人，也可以重新招标。

在确定中标人前，招标人不得与投标人就投标价格、投标方案等实质性内容进行谈判。

（二）中标通知书、书面合同

中标人确定后，招标人应当向中标人发出中标通知书，并同时将中标结果通知所有未中标的投标人。

中标通知书对招标人和中标人具有法律效力。中标通知书发出后，招标人改变中标结果的，或者中标人放弃中标项目的，应当依法承担法律责任。

招标人和中标人应当自中标通知书发出之日起 30 日内，按照招标文件和中标人的投标文件订立书面合同。招标人和中标人不得再行订立背离合同实质性内容的其他协议。

招标人最迟应当在书面合同签订后 5 日内向中标人和未中标的投标人退还投标保证金及银行同期存款利息。

专家解读

建设工程合同订立采取要约和承诺方式。如招标人通过媒体发布招标公告属于要约邀请；招标人向符合条件的投标人发出招标文件属于要约邀请；投标人向招标人提交投标文件属于要约；招标人向中标人发出中标通知书属于承诺。招标人和中标人按照招标、中标文件等订立书面合同，此时合同成立并生效。只有在明确中标人并发出中标通知书后，发承包双方才可就合同的具体内容和有关条款展开谈判，并最终签订合同。

第二节　建设工程合同的内容

一、建设工程合同管理的规范规定

建设工程项目实施过程中涉及的合同种类很多，包括建设工程合同、买卖合同、租赁合同、承揽合同、运输合同、借款合同、技术合同等。因此,项目合同管理应当包括对前述相关合同的管理。其中,建设工程合同管理应包括对依法签订的勘察、设计、施工、监理等承包合同及分包合同的管理。

合同策划与编制通常由组织授权,项目管理机构负责具体实施。合同策划与编制一般同步进行。

合同策划需考虑的主要问题有:项目需分解成几个独立合同及每个合同的工程范围;采用何种委托和承包方式;合同的种类、形式和条件;合同重要条款的确定;各个合同的内容、组织、技术、时间上的协调。

合同管理应是全过程管理,包括合同订立、履行、变更、索赔、终止、争议解决以及控制和综合评价等内容,还应包括有关合同知识产权的合法使用。

专家解读

合同是规定合同双方的权利、义务,以及保证实现此类权利和义务的可靠且可操作的程序。合同管理是以合同为保障机制,保证自己一方达到最佳利益,服务于整个项目管理目标。

二、合同评审

合同订立有招标发包和直接发包两种方式,其需要评审的合同文件有所不同。需要评审的合同文件一般包括:招标文件及工程量清单、招标答疑、投标文件及组价依据、拟定合同主要条款、谈判纪要、工程项目立项审批文件等。

合同评审需实现以下目的:

(1)保证合同条款不违反法律、行政法规、地方性法规的强制性规定,不违反国家标准、行业标准、地方标准的强制性条文。

(2)保证合同权利和义务公平合理,不存在对合同条款的重大误解,不存在合同履行障碍。

(3)保证与合同履行紧密关联的合同条件、技术标准、施工图纸、材料设备、施工工艺、外部环境条件、自身履约能力等条件满足合同履行要求。

(4)保证合同内容没有缺项漏项,合同条款没有文字歧义、数据不全、条款冲突等情形,合同组成文件之间没有矛盾。通过招标投标方式订立合同的,合同内容还应当符合招标文件和中标人的投标文件的实质性要求和条件。

(5)保证合同履行过程中可能出现的经营风险、法律风险处于可以接受的水平。

对合同文件及合同条件有异议时,需以书面形式提出。

对于双方不能协商达成一致的合同条款,可提请行业主管部门协调或者合同约定的争议解决机构处理。

专家解读

合同履行是指合同当事人根据合同规定,完成合同项下的民事权利和义务的行为。合同履行的原则一般可分为全面履行和实际履行。全面履行是指当事人根据合同的规定全面承担各自的义务,使合同的内容得以全面实现。实际履行是指当事人只能按合同规定的标的履行,不能用其他标的代替,也不能以支付违约金或者赔偿金来代替。

三、合同订立

不得采取口头形式订立建设工程合同。组织应依据合同评审和谈判结果，按程序和规定订立合同。

合同订立应符合下列规定：

(1)合同订立应是组织的真实意思表示。

(2)合同订立应采用书面形式，并符合相关资质管理与许可管理的规定。

(3)合同应由当事方的法定代表人或其授权的委托代理人签字或盖章。

(4)合同主体是法人或者其他组织时，应加盖单位印章。

(5)法律、行政法规规定需办理批准、登记手续后合同生效时，应依照规定办理。

(6)合同订立后应在规定期限内办理备案手续。

专家解读

不得采取欺诈、胁迫的手段或者乘人之危，使对方在违背真实意思情况下订立合同；审慎出具加盖单位公章的空白合同文件；不履行未生效、未依法备案的合同。

四、合同实施控制

全面履行合同的关键是承担建设工程项目建设的建设单位项目负责人、勘察单位项目负责人、设计单位项目负责人、施工单位项目经理、监理单位总监理工程师等建设工程五方责任主体项目负责人。这些人员需按照合同赋予的责任，认真落实合同的各项要求。

合同实施控制包括自合同签订起至合同终止的全部合同管理内容。合同实施控制的日常工作，是指日常性的、项目管理机构能够自主完成的合同管理工作。对于合同变更及合同索赔等工作，往往不是项目管理机构自己单方面能够完成的，需要组织通过协商、调解、诉讼或仲裁等方式来实现。

专家解读

无论是因为承包商违约导致业主采取终止合同的行为，还是业主方便终止合同（FIDIC合同条件规定，业主可以在他认为方便的时候终止合同），终止合同的行为都是一件严肃的事情，对业主和承包商来说，均需要在事前认真谈判，在双方沟通不足的情况下采取终止合同的措施，对任何一方都会产生严重的后续问题。

合同交底需由组织的相关部门及合同谈判人员负责进行。相关部门及合同谈判人员进行合同交底，既是向项目管理机构作合同文件解析，也是合同管理职责移交的一个重要环节。

合同交底可以书面、电子数据、视听资料和口头形式实施，书面交底的应签署确认书。

合同实施控制特别强调管理层和有关部门的作用，管理层和有关部门需在合同跟踪和诊断方面对项目管理机构进行监督、指导和协调，协助项目管理机构做好合同实施工作。

合同跟踪和诊断需要注意以下问题：

(1)将合同实施情况与合同实施计划进行对比分析，找出其中的偏差。

(2)对合同实施中的偏差分析,应当包括原因分析、责任分析以及实施趋势预测。

合同变更管理包括变更依据、变更范围、变更程序、变更措施的制定和实施,以及对变更的检查和信息反馈工作。

合同中止应根据合同约定或者法律规定实施。因对方违约(指合同当事人不履行或者没有完全履行合同义务的行为)导致合同中止的,应追究其违约方责任;因不可抗力导致合同中止的,需按照合同约定或者法律规定签订部分或者全部免除责任协议,涉及合同内容变更的,应订立补充合同。

索赔依据、索赔证据、索赔程序之间具有内在的关联性,是合同索赔成立不可或缺的三个重要条件。其中:

(1)索赔证据包括当事人陈述、书证、物证、视听资料、电子数据、证人证言、鉴定意见、勘验笔录等证据形式。经查证属实的证据才能作为认定事实的依据。

(2)在合同约定或者法律规定的期限内提出索赔文件、完成审查或者签认索赔文件,是索赔得以确认的重要保证。

解决合同争议应注意以下合同约定的情形:

(1)合同当事人不能协商达成一致,但合同约定由总监理工程师依据职权作出确定时,由总监理工程师按照合同约定审慎做出公正的确定。合同当事人对总监理工程师的确定没有异议的,按照总监理工程师的确定执行。

(2)任何一方当事人对总监理工程师的确定有异议时,需要在约定的期限内提出,并按照合同约定的争议解决机制处理。

(3)当事人在合同中约定采取争议评审方式解决争议时,需先行启动争议评审程序解决争议;任何一方当事人不接受争议评审小组决定或不履行争议评审小组决定时,才可以选择采用其他争议解决方式。

专家解读

1. 合同争议的提交

(1)如果施工合同约定争议由总监理工程师处理,一方当事人应将争议书面提交项目监理机构,同时应将副本送达另一方当事人。

(2)总监理工程师在接到争议的书面文件后,应确定其处理争议所需要的合理时间,并将该时间书面告知双方当事人。

2. 合同争议的处理

(1)争议调解过程中,除已达到施工合同约定的暂停履行合同的条件之外,项目监理机构应要求双方继续履行施工合同。

(2)总监理工程师应及时组织专业监理工程师进行调查和取证,与合同争议的双方进行磋商后提出调解意见。

(3)如果双方当事人接受总监理工程师的调解意见,总监理工程师应要求双方当事人签字认可并按照调解意见执行。如果双方当事人不接受总监理工程师的调解意见,总监理工程师的调解工作即告完成。

(4)若仲裁机构或法院要求项目监理机构提供有关证据,项目监理机构应予配合。

五、《建设工程施工合同（示范文本）》（GF—2017—0201）要点与解读

（一）《建设工程施工合同（示范文本）》的适用

为了指导建设工程施工合同当事人的签约行为，维护合同当事人的合法权益，依据《中华人民共和国民法典》《中华人民共和国建筑法》《中华人民共和国招标投标法》以及相关法律法规，住房城乡建设部、国家工商行政管理总局（现国家市场监督管理总局）对《建设工程施工合同（示范文本）》（GF—2013—0201）进行了修订，制定了《建设工程施工合同（示范文本）》（GF—2017—0201）（以下简称《示范文本》）。

《示范文本》为非强制性使用文本。《示范文本》适用于房屋建筑工程、土木工程、线路管道和设备安装工程、装修工程等建设工程的施工承发包活动，合同当事人可结合建设工程具体情况，根据《示范文本》订立合同，并按照法律法规规定和合同约定承担相应的法律责任及合同权利义务。

（二）《示范文本》的组成

《示范文本》由合同协议书、通用合同条款和专用合同条款三部分组成。

1. 合同协议书

《示范文本》合同协议书共计 13 条，主要包括：工程概况、合同工期、质量标准、签约合同价和合同价格形式、项目经理、合同文件构成、承诺以及合同生效条件等重要内容，集中约定了合同当事人基本的合同权利义务。

专家解读

招标工程签约合同价指中标价或其修正价，非招标工程签约合同价指双方按发承包工程范围在合同签订过程中商谈约定的价格。签约合同价包括分部分项工程费、措施项目费、其他项目费、规费和税金的合同总金额。

2. 通用合同条款

通用合同条款是合同当事人根据《中华人民共和国建筑法》《中华人民共和国民法典》等法律法规的规定，就工程建设的实施及相关事项，对合同当事人的权利义务作出的原则性约定。

通用合同条款共计 20 条，具体条款分别为：一般约定、发包人、承包人、监理人、工程质量、安全文明施工与环境保护、工期和进度、材料与设备、试验与检验、变更、价格调整、合同价格、计量与支付、验收和工程试车、竣工结算、缺陷责任与保修、违约、不可抗力、保险、索赔和争议解决。前述条款安排既考虑了现行法律法规对工程建设的有关要求，也考虑了建设工程施工管理的特殊需要。

3. 专用合同条款

专用合同条款是对通用合同条款原则性约定的细化、完善、补充、修改或另行约定的条款。合同当事人可以根据不同建设工程的特点及具体情况，通过双方的谈判、协商对相应的专用合同条款进行修改补充。

（三）主要术语

合同:是指根据法律规定和合同当事人约定具有约束力的文件,构成合同的文件包括合同协议书、中标通知书(如果有)投标函及其附录(如果有)专用合同条款及其附件、通用合同条款、技术标准和要求、图纸、已标价工程量清单或预算书以及其他合同文件。

合同协议书:是指构成合同的由发包人和承包人共同签署的称为“合同协议书”的书面文件。

中标通知书:是指构成合同的由发包人通知承包人中标的书面文件。

发包人:是指与承包人签订合同协议书的当事人及取得该当事人资格的合法继承人。

承包人:是指与发包人签订合同协议书的,具有相应工程施工承包资质的当事人及取得该当事人资格的合法继承人。

监理人:是指在专用合同条款中指明的,受发包人委托按照法律规定进行工程监督管理的法人或其他组织。

项目经理:是指由承包人任命并派驻施工现场,在承包人授权范围内负责合同履行,且按照法律规定具有相应资格的项目负责人。

开工日期:包括计划开工日期和实际开工日期。计划开工日期是指合同协议书约定的开工日期;实际开工日期是指监理人按照开工通知约定发出的符合法律规定的开工通知中载明的开工日期。

竣工日期:包括计划竣工日期和实际竣工日期。计划竣工日期是指合同协议书约定的竣工日期;实际竣工日期按照“竣工日期”的约定确定。

工期:是指在合同协议书约定的承包人完成工程所需的期限,包括按照合同约定所做的期限变更。

缺陷责任期:是指承包人按照合同约定承担缺陷修复义务,且发包人预留质量保证金(已缴纳履约保证金的除外)的期限,自工程实际竣工日期起计算。

保修期:是指承包人按照合同约定对工程承担保修责任的期限,从工程竣工验收合格之日起计算。

暂估价:是指发包人在工程量清单或预算书中提供的用于支付必然发生但暂时不能确定价格的材料、工程设备的单价、专业工程以及服务工作的金额。

暂列金额:是指发包人在工程量清单或预算书中暂定并包括在合同价格中的一笔款项,用于工程合同签订时尚未确定或者不可预见的所需材料、工程设备、服务的采购,施工中可能发生的工程变更、合同约定调整因素出现时的合同价格调整以及发生的索赔、现场签证确认等的费用。其中,现场签证是指发包人现场代表(或其授权的监理人、工程造价咨询人)与承包人现场代表就施工过程中涉及的责任事件所做的签认证明。

（四）合同文件的优先顺序

组成合同的各项文件应互相解释,互为说明。除专用合同条款另有约定外,解释合同文件的优先顺序如下:合同协议书;中标通知书(如果有);投标函及其附录(如果有);专用合同条款及其附件;通用合同条款;技术标准和要求;图纸;已标价工程量清单或预算书;其他合同文件。

上述各项合同文件包括合同当事人就该项合同文件所作出的补充和修改，属于同一类内容的文件，应以最新签署的为准。

在合同订立及履行过程中形成的与合同有关的文件均构成合同文件组成部分，并根据其性质确定优先解释顺序。

(五)图纸和承包人文件

1. 图纸的提供和交底

发包人应按照专用合同条款约定的期限、数量和内容向承包人免费提供图纸，并组织承包人、监理人和设计人进行图纸会审和设计交底。发包人至迟不得晚于开工通知载明的开工日期前14天向承包人提供图纸。

因发包人未按合同约定提供图纸导致承包人费用增加和(或)工期延误的，按照因发包人原因导致工期延误约定办理。

2. 图纸的错误

承包人在收到发包人提供的图纸后，发现图纸存在差错、遗漏或缺陷的，应及时通知监理人。监理人接到该通知后，应附具相关意见并立即报送发包人，发包人应在收到监理人报送的通知后的合理时间内作出决定。合理时间是指发包人在收到监理人的报送通知后，尽其努力且不懈怠地完成图纸修改补充所需的时间。

3. 图纸的修改和补充

图纸需要修改和补充的，应经图纸原设计人及审批部门同意，并由监理人在工程或工程相应部位施工前将修改后的图纸或补充图纸提交给承包人，承包人应按修改或补充后的图纸施工。

4. 承包人文件

承包人应按照专用合同条款的约定提供应当由其编制的与工程施工有关的文件，并按照专用合同条款约定的期限、数量和形式提交监理人，并由监理人报送发包人。

除专用合同条款另有约定外，监理人应在收到承包人文件后7天内审查完毕，监理人对承包人文件有异议的，承包人应予以修改，并重新报送监理人。监理人的审查并不减轻或免除承包人根据合同约定应当承担的责任。

5. 图纸和承包人文件的保管

除专用合同条款另有约定外，承包人应在施工现场另外保存一套完整的图纸和承包人文件，供发包人、监理人及有关人员进行工程检查时使用。

(六)工程量清单错误的修正

除专用合同条款另有约定外，发包人提供的工程量清单，应被认为是准确的和完整的。出现下列情形之一时，发包人应予以修正，并相应调整合同价格：

(1)工程量清单存在缺项、漏项的。

(2)工程量清单偏差超出专用合同条款约定的工程量偏差范围的。

(3)未按照国家现行计量规范强制性规定计量的。

（七）发包人的主要条款内容

1. 许可或批准

发包人应遵守法律，并办理法律规定由其办理的许可、批准或备案，包括但不限于建设用地规划许可证、建设工程规划许可证、建设工程施工许可证、施工所需临时用水、临时用电、中断道路交通、临时占用土地等许可和批准。发包人应协助承包人办理法律规定的有关施工证件和批件。

因发包人原因未能及时办理完毕前述许可、批准或备案，由发包人承担由此增加的费用和(或)延误的工期，并支付承包人合理的利润。

2. 发包人代表

发包人应在专用合同条款中明确其派驻施工现场的发包人代表的姓名、职务、联系方式及授权范围等事项。发包人代表在发包人的授权范围内，负责处理合同履行过程中与发包人有关的具体事宜。发包人代表在授权范围内的行为由发包人承担法律责任。发包人更换发包人代表的，应提前7天书面通知承包人。

发包人代表不能按照合同约定履行其职责及义务，并导致合同无法继续正常履行的，承包人可以要求发包人撤换发包人代表。

不属于法定必须监理的工程，监理人的职权可以由发包人代表或发包人指定的其他人员行使。

3. 发包人人员

发包人应要求在施工现场的发包人人员遵守法律及有关安全、质量、环境保护、文明施工等规定，并保障承包人免于承受因发包人人员未遵守上述要求给承包人造成的损失和责任。

发包人人员包括发包人代表及其他由发包人派驻施工现场的人员。

4. 施工现场、施工条件和基础资料的提供

(1)提供施工现场。

除专用合同条款另有约定外，发包人应最迟于开工日期7天前向承包人移交施工现场。

(2)提供施工条件。

除专用合同条款另有约定外，发包人应负责提供施工所需要的条件，包括：将施工用水、电力、通信线路等施工所必需的条件接至施工现场内；保证向承包人提供正常施工所需要的进入施工现场的交通条件；协调处理施工现场周围地下管线和邻近建筑物、构筑物、古树名木的保护工作，并承担相关费用；按照专用合同条款约定应提供的其他设施和条件。

(3)提供基础资料。

发包人应当在移交施工现场前向承包人提供施工现场及工程施工所必需的毗邻区域内供水、排水、供电、供气、供热、通信、广播电视等地下管线资料，气象和水文观测资料，地质勘查资料，相邻建筑物、构筑物和地下工程等有关基础资料，并对所提供资料的真实性、准确性和完整性负责。

按照法律规定确需在开工后方能提供的基础资料，发包人应尽其努力及时地在相应工程施工前的合理期限内提供，合理期限应以不影响承包人的正常施工为限。

5. 资金来源证明及支付担保

除专用合同条款另有约定外，发包人应在收到承包人要求提供资金来源证明的书面通知后28天内，向承包人提供能够按照合同约定支付合同价款的相应资金来源证明。

除专用合同条款另有约定外，发包人要求承包人提供履约担保的，发包人应当向承包人提供支付担保。支付担保可以采用银行保函或担保公司担保等形式，具体由合同当事人在专用合同条款中约定。

（八）承包人的一般义务

承包人在履行合同过程中应遵守法律和工程建设标准规范，并履行以下义务：

（1）办理法律规定应由承包人办理的许可和批准，并将办理结果书面报送发包人留存。

（2）按法律规定和合同约定完成工程，并在保修期内承担保修义务。

（3）按法律规定和合同约定采取施工安全和环境保护措施，办理工伤保险，确保工程及人员、材料、设备和设施的安全。

（4）按合同约定的工作内容和施工进度要求，编制施工组织设计和施工措施计划，并对所有施工作业和施工方法的完备性和安全可靠性负责。

（5）在进行合同约定的各项工作时，不得侵害发包人与他人使用公用道路、水源、市政管网等公共设施的权利，避免对邻近的公共设施产生干扰。承包人占用或使用他人的施工场地，影响他人作业或生活的，应承担相应责任。

（6）按照环境保护约定负责施工场地及其周边环境与生态的保护工作。

（7）按安全文明施工约定采取施工安全措施，确保工程及其人员、材料、设备和设施的安全，防止因工程施工造成的人身伤害和财产损失。

（8）将发包人按合同约定支付的各项价款专用于合同工程，且应及时支付其雇用人员工资，并及时向分包人支付合同价款。

（9）按照法律规定和合同约定编制竣工资料，完成竣工资料立卷及归档，并按专用合同条款约定的竣工资料的套数、内容、时间等要求移交发包人。

（10）应履行的其他义务。

典型例题

【单选题】根据《建设工程施工合同（示范文本）》，承包人在履行合同过程中的义务不包括（　　）。

A. 将施工用水、电力、通信线路等施工所必需的条件接至施工现场内

B. 编制施工组织设计和施工措施计划

C. 按时完成工程并在保修期内承担保修义务

D. 负责施工场地及其周围的环境保护工作

A。【解析】选项A属于发包人的义务。

（九）分包的主要条款内容

1. 分包的一般约定

承包人不得将其承包的全部工程转包给第三人，或将其承包的全部工程肢解后以分包

的名义转包给第三人。承包人不得将工程主体结构、关键性工作及专用合同条款中禁止分包的专业工程分包给第三人,主体结构、关键性工作的范围由合同当事人按照法律规定在专用合同条款中予以明确。

承包人不得以劳务分包的名义转包或违法分包工程。

2. 分包的确定

承包人应按专用合同条款的约定进行分包,确定分包人。已标价工程量清单或预算书中给定暂估价的专业工程,按照暂估价确定分包人。按照合同约定进行分包的,承包人应确保分包人具有相应的资质和能力。工程分包不减轻或免除承包人的责任和义务,承包人和分包人就分包工程向发包人承担连带责任。除合同另有约定外,承包人应在分包合同签订后7天内向发包人和监理人提交分包合同副本。

(十)监理人的主要条款内容

1. 监理人的一般规定

工程实行监理的,发包人和承包人应在专用合同条款中明确监理人的监理内容及监理权限等事项。监理人应当根据发包人授权及法律规定,代表发包人对工程施工相关事项进行检查、查验、审核、验收,并签发相关指示,但监理人无权修改合同,且无权减轻或免除合同约定的承包人的任何责任与义务。

除专用合同条款另有约定外,监理人在施工现场的办公场所、生活场所由承包人提供,所发生的费用由发包人承担。

2. 监理人员

发包人授予监理人对工程实施监理的权利由监理人派驻施工现场的监理人员行使,监理人员包括总监理工程师及监理工程师。监理人应将授权的总监理工程师和监理工程师的姓名及授权范围以书面形式提前通知承包人。更换总监理工程师的,监理人应提前7天书面通知承包人;更换其他监理人员,监理人应提前48小时书面通知承包人。

3. 监理人的指示

监理人应按照发包人的授权发出监理指示。监理人的指示应采用书面形式,并经其授权的监理人员签字。紧急情况下,为了保证施工人员的安全或避免工程受损,监理人员可以口头形式发出指示,该指示与书面形式的指示具有同等法律效力,但必须在发出口头指示后24小时内补发书面监理指示,补发的书面监理指示应与口头指示一致。

监理人发出的指示应送达承包人项目经理或经项目经理授权接收的人员。因监理人未能按合同约定发出指示、指示延误或发出了错误指示而导致承包人费用增加和(或)工期延误的,由发包人承担相应责任。除专用合同条款另有约定外,总监理工程师不应将商定或确定约定应由总监理工程师作出确定的权力授权或委托给其他监理人员。

承包人对监理人发出的指示有疑问的,应向监理人提出书面异议,监理人应在48小时内对该指示予以确认、更改或撤销,监理人逾期未回复的,承包人有权拒绝执行上述指示。

监理人对承包人的任何工作、工程或其采用的材料和工程设备未在约定的或合理期限内提出意见的,视为批准,但不免除或减轻承包人对该工作、工程、材料、工程设备等应承担的责任和义务。

（十一）工程质量的主要条款内容

1. 质量要求

工程质量标准必须符合现行国家有关工程施工质量验收规范和标准的要求。有关工程质量的特殊标准或要求由合同当事人在专用合同条款中约定。

因发包人原因造成工程质量未达到合同约定标准的，由发包人承担由此增加的费用和（或）延误的工期，并支付承包人合理的利润。

因承包人原因造成工程质量未达到合同约定标准的，发包人有权要求承包人返工直至工程质量达到合同约定的标准为止，并由承包人承担由此增加的费用和（或）延误的工期。

2. 质量保证措施

（1）发包人的质量管理。

发包人应按照法律规定及合同约定完成与工程质量有关的各项工作。

（2）承包人的质量管理。

承包人按照施工组织设计约定向发包人和监理人提交工程质量保证体系及措施文件，建立完善的质量检查制度，并提交相应的工程质量文件。对于发包人和监理人违反法律规定和合同约定的错误指示，承包人有权拒绝实施。

承包人应对施工人员进行质量教育和技术培训，定期考核施工人员的劳动技能，严格执行施工规范和操作规程。

承包人应按照法律规定和发包人的要求，对材料、工程设备以及工程的所有部位及其施工工艺进行全过程的质量检查和检验，并作详细记录，编制工程质量报表，报送监理人审查。此外，承包人还应按照法律规定和发包人的要求，进行施工现场取样试验、工程复核测量和设备性能检测，提供试验样品、提交试验报告和测量成果以及其他工作。

（3）监理人的质量检查和检验。

监理人按照法律规定和发包人授权对工程的所有部位及其施工工艺、材料和工程设备进行检查和检验。承包人应为监理人的检查和检验提供方便，包括监理人到施工现场，或制造、加工地点，或合同约定的其他地方进行察看和查阅施工原始记录。监理人为此进行的检查和检验，不免除或减轻承包人按照合同约定应当承担的责任。

监理人的检查和检验不应影响施工正常进行。监理人的检查和检验影响施工正常进行的，且经检查检验不合格的，影响正常施工的费用由承包人承担，工期不予顺延；经检查检验合格的，由此增加的费用和（或）延误的工期由发包人承担。

（十二）隐蔽工程检查

1. 承包人自检

承包人应当对工程隐蔽部位进行自检，并经自检确认是否具备覆盖条件。

2. 检查程序

除专用合同条款另有约定外，工程隐蔽部位经承包人自检确认具备覆盖条件的，承包人应在共同检查前 48 小时书面通知监理人检查，通知中应载明隐蔽检查的内容、时间和地点，并应附有自检记录和必要的检查资料。

监理人应按时到场并对隐蔽工程及其施工工艺、材料和工程设备进行检查。经监理人检查确认质量符合隐蔽要求，并在验收记录上签字后，承包人才能进行覆盖。经监理人检查质量不合格的，承包人应在监理人指示的时间内完成修复，并由监理人重新检查，由此增加的费用和（或）延误的工期由承包人承担。

除专用合同条款另有约定外，监理人不能按时进行检查的，应在检查前 24 小时向承包人提交书面延期要求，但延期不能超过 48 小时，由此导致工期延误的，工期应予以顺延。监理人未按时进行检查，也未提出延期要求的，视为隐蔽工程检查合格，承包人可自行完成覆盖工作，并作相应记录报送监理人，监理人应签字确认。监理人事后对检查记录有疑问的，可按重新检查的约定重新检查。

典型例题

【单选题】根据《建设工程施工合同（示范文本）》，工程隐蔽部位经承包人自检确认具备覆盖条件的，承包人应在共同检查前（　　）小时以书面形式通知监理人检查。

A. 48　　B. 12

C. 24　　D. 36

A。【解析】根据《建设工程施工合同（示范文本）》，除专用合同条款另有约定外，工程隐蔽部位经承包人自检确认具备覆盖条件的，承包人应在共同检查前 48 小时书面通知监理人检查，通知中应载明隐蔽检查的内容、时间和地点，并应附有自检记录和必要的检查资料。

3. 重新检查

承包人覆盖工程隐蔽部位后，发包人或监理人对质量有疑问的，可要求承包人对已覆盖的部位进行钻孔探测或揭开重新检查，承包人应遵照执行，并在检查后重新覆盖恢复原状。经检查证明工程质量符合合同要求的，由发包人承担由此增加的费用和（或）延误的工期，并支付承包人合理的利润；经检查证明工程质量不符合合同要求的，由此增加的费用和（或）延误的工期由承包人承担。

4. 承包人私自覆盖

承包人未通知监理人到场检查，私自将工程隐蔽部位覆盖的，监理人有权指示承包人钻孔探测或揭开检查，无论工程隐蔽部位质量是否合格，由此增加的费用和（或）延误的工期均由承包人承担。

（十三）安全文明施工与环境保护

1. 安全文明施工

（1）安全生产要求。

合同履行期间，合同当事人均应当遵守国家和工程所在地有关安全生产的要求，合同当事人有特别要求的，应在专用合同条款中明确施工项目安全生产标准化达标目标及相应事项。承包人有权拒绝发包人及监理人强令承包人违章作业、冒险施工的任何指示。

在施工过程中，如遇到突发的地质变动、事先未知的地下施工障碍等影响施工安全的紧急情况，承包人应及时报告监理人和发包人，发包人应当及时下令停工并报政府有关行政管理部门采取应急措施。

因安全生产需要暂停施工的，按照“暂停施工”的约定执行。

(2)文明施工。

承包人在工程施工期间，应当采取措施保持施工现场平整，物料堆放整齐。工程所在地有关政府行政管理部门有特殊要求的，按照其要求执行。合同当事人对文明施工有其他要求的，可以在专用合同条款中明确。

在工程移交之前，承包人应当从施工现场清除承包人的全部工程设备、多余材料、垃圾和各种临时工程，并保持施工现场清洁整齐。经发包人书面同意，承包人可在发包人指定的地点保留承包人履行保修期内的各项义务所需要的材料、施工设备和临时工程。

(3)安全文明施工费。

安全文明施工费由发包人承担，发包人不得以任何形式扣减该部分费用。因基准日期后合同所适用的法律或政府有关规定发生变化，增加的安全文明施工费由发包人承担。

承包人经发包人同意采取合同约定以外的安全措施所产生的费用，由发包人承担。未经发包人同意的，如果该措施避免了发包人的损失，则发包人在避免损失的额度内承担该措施费。如果该措施避免了承包人的损失，由承包人承担该措施费。

除专用合同条款另有约定外，发包人应在开工后28天内预付安全文明施工费总额的50%，其余部分与进度款同期支付。发包人逾期支付安全文明施工费超过7天的，承包人有权向发包人发出要求预付的催告通知，发包人收到通知后7天内仍未支付的，承包人有权暂停施工，并按发包人违约的情形执行。

2. 安全生产责任

发包人应负责赔偿以下各种情况造成的损失：

(1)工程或工程的任何部分对土地的占用所造成的第三者财产损失。

(2)由于发包人原因在施工场地及其毗邻地带造成的第三者人身伤亡和财产损失。

(3)由于发包人原因对承包人、监理人造成的人员人身伤亡和财产损失。

(4)由于发包人原因造成的发包人自身人员的人身伤害以及财产损失。

由于承包人原因在施工场地内及其毗邻地带造成的发包人、监理人以及第三者人员伤亡和财产损失，由承包人负责赔偿。

(十四)工期和进度的主要条款内容

1. 施工组织设计

除专用合同条款另有约定外，承包人应在合同签订后14天内，但至迟不得晚于“开工通知”载明的开工日期前7天，向监理人提交详细的施工组织设计，并由监理人报送发包人。除专用合同条款另有约定外，发包人和监理人应在监理人收到施工组织设计后7天内确认或提出修改意见。对发包人和监理人提出的合理意见和要求，承包人应自费修改完善。根据工程实际情况需要修改施工组织设计的，承包人应向发包人和监理人提交修改后的施工组织设计。

2. 施工进度计划

承包人应按照施工组织设计约定提交详细的施工进度计划，施工进度计划的编制应当符合国家法律规定和一般工程实践惯例，施工进度计划经发包人批准后实施。施工进度计划是控制工程进度的依据，发包人和监理人有权按照施工进度计划检查工程进度情况。

施工进度计划不符合合同要求或与工程的实际进度不一致的，承包人应向监理人提交修订的施工进度计划，并附具有关措施和相关资料，由监理人报送发包人。除专用合同条款另有约定外，发包人和监理人应在收到修订的施工进度计划后7天内完成审核和批准或提出修改意见。发包人和监理人对承包人提交的施工进度计划的确认，不能减轻或免除承包人根据法律规定和合同约定应承担的任何责任或义务。

3. 开工

(1)开工准备。

除专用合同条款另有约定外，承包人应按照施工组织设计约定的期限，向监理人提交工程开工报审表，经监理人报发包人批准后执行。开工报审表应详细说明按施工进度计划正常施工所需的施工道路、临时设施、材料、工程设备、施工设备、施工人员等落实情况以及工程的进度安排。

除专用合同条款另有约定外，合同当事人应按约定完成开工准备工作。

(2)开工通知。

发包人应按照法律规定获得工程施工所需的许可。经发包人同意后，监理人发出的开工通知应符合法律规定。监理人应在计划开工日期7天前向承包人发出开工通知，工期自开工通知中载明的开工日期起算。

除专用合同条款另有约定外，因发包人原因造成监理人未能在计划开工日期之日起90天内发出开工通知的，承包人有权提出价格调整要求，或者解除合同。发包人应当承担由此增加的费用和(或)延误的工期，并向承包人支付合理利润。

4. 工期延误

(1)因发包人原因导致工期延误。

在合同履行过程中，因下列情况导致工期延误和(或)费用增加的，由发包人承担由此延误的工期和(或)增加的费用，且发包人应支付承包人合理的利润：

①发包人未能按合同约定提供图纸或所提供图纸不符合合同约定的。

②发包人未能按合同约定提供施工现场、施工条件、基础资料、许可、批准等开工条件的。

③发包人提供的测量基准点、基准线和水准点及其书面资料存在错误或疏漏的。

④发包人未能在计划开工日期之日起7天内同意下达开工通知的。

⑤发包人未能按合同约定日期支付工程预付款、进度款或竣工结算款的。

⑥监理人未按合同约定发出指示、批准等文件的。

⑦专用合同条款中约定的其他情形。

因发包人原因未按计划开工日期开工的，发包人应按实际开工日期顺延竣工日期，确保实际工期不低于合同约定的工期总日历天数。因发包人原因导致工期延误需要修订施工进度计划的，按照施工进度计划的修订执行。

典型例题

【单选题】根据《建设工程施工合同(示范文本)》,不属于由发包人承担的工期延误的情况是(　　)。

A. 发包人未按合同约定日期支付工程预付款

B. 监理未按合同约定发出指示、批准文件

C. 设计单位提供的设计图纸不符合合同约定

D. 施工机械操作不当产生窝工

D。【解析】在合同履行过程中,因下列情况导致工期延误和(或)费用增加的,由发包人承担由此延误的工期和(或)增加的费用,且发包人应支付承包人合理的利润:(1)发包人未能按合同约定提供图纸或所提供图纸不符合合同约定的。(2)发包人未能按合同约定提供施工现场、施工条件、基础资料、许可、批准等开工条件的。(3)发包人提供的测量基准点、基准线和水准点及其书面资料存在错误或疏漏的。(4)发包人未能在计划开工日期之日起7天内同意下达开工通知的。(5)发包人未能按合同约定日期支付工程预付款、进度款或竣工结算款的。(6)监理人未按合同约定发出指示、批准等文件的。(7)专用合同条款中约定的其他情形。

(2)因承包人原因导致工期延误。

因承包人原因造成工期延误的,可以在专用合同条款中约定逾期竣工违约金的计算方法和逾期竣工违约金的上限。承包人支付逾期竣工违约金后,不免除承包人继续完成工程及修补缺陷的义务。

六、《建设工程施工合同(示范文本)》(GF—2017—0201)材料与设备主要条款

(一)发包人供应材料与工程设备

发包人自行供应材料、工程设备的,应在签订合同时在专用合同条款的附件《发包人供应材料设备一览表》中明确材料、工程设备的品种、规格、型号、数量、单价、质量等级和送达地点。

承包人应提前30天通过监理人以书面形式通知发包人供应材料与工程设备进场。承包人按照施工进度计划的修订约定修订施工进度计划时,需同时提交经修订后的发包人供应材料与工程设备的进场计划。

(二)承包人采购材料与工程设备

承包人负责采购材料、工程设备的,应按照设计和有关标准要求采购,并提供产品合格证明及出厂证明,对材料、工程设备质量负责。合同约定由承包人采购的材料、工程设备,发包人不得指定生产厂家或供应商,发包人违反本款约定指定生产厂家或供应商的,承包人有权拒绝,并由发包人承担相应责任。

(三)材料与工程设备的接收与拒收

1. 发包人提供材料和工程设备

发包人应按《发包人供应材料设备一览表》约定的内容提供材料和工程设备,并向承包

人提供产品合格证明及出厂证明，对其质量负责。发包人应提前24小时以书面形式通知承包人、监理人材料和工程设备到货时间，承包人负责材料和工程设备的清点、检验和接收。

发包人提供的材料和工程设备的规格、数量或质量不符合合同约定的，或因发包人原因导致交货日期延误或交货地点变更等情况的，按照发包人违约约定办理。

2. 承包人采购材料和工程设备

承包人采购的材料和工程设备，应保证产品质量合格，承包人应在材料和工程设备到货前24小时通知监理人检验。承包人进行永久设备、材料的制造和生产的，应符合相关质量标准，并向监理人提交材料的样本以及有关资料，并应在使用该材料或工程设备之前获得监理人同意。

承包人采购的材料和工程设备不符合设计或有关标准要求时，承包人应在监理人要求的合理期限内将不符合设计或有关标准要求的材料、工程设备运出施工现场，并重新采购符合要求的材料、工程设备，由此增加的费用和(或)延误的工期，由承包人承担。

(四)材料与工程设备的保管与使用

1. 发包人供应材料与工程设备的保管与使用

发包人供应的材料和工程设备，承包人清点后由承包人妥善保管，保管费用由发包人承担，但已标价工程量清单或预算书已经列支或专用合同条款另有约定除外。因承包人原因发生丢失毁损的，由承包人负责赔偿；监理人未通知承包人清点的，承包人不负责材料和工程设备的保管，由此导致丢失毁损的由发包人负责。

发包人供应的材料和工程设备使用前，由承包人负责检验，检验费用由发包人承担，不合格的不得使用。

2. 承包人采购材料与工程设备的保管与使用

承包人采购的材料和工程设备由承包人妥善保管，保管费用由承包人承担。法律规定材料和工程设备使用前必须进行检验或试验的，承包人应按监理人的要求进行检验或试验，检验或试验费用由承包人承担，不合格的不得使用。

发包人或监理人发现承包人使用不符合设计或有关标准要求的材料和工程设备时，有权要求承包人进行修复、拆除或重新采购，由此增加的费用和(或)延误的工期，由承包人承担。

(五)禁止使用不合格的材料和工程设备

监理人有权拒绝承包人提供的不合格材料或工程设备，并要求承包人立即进行更换。监理人应在更换后再次进行检查和检验，由此增加的费用和(或)延误的工期由承包人承担。

监理人发现承包人使用了不合格的材料和工程设备，承包人应按照监理人的指示立即改正，并禁止在工程中继续使用不合格的材料和工程设备。

发包人提供的材料或工程设备不符合合同要求的，承包人有权拒绝，并可要求发包人更换，由此增加的费用和(或)延误的工期由发包人承担，并支付承包人合理的利润。

(六)试验与检验

1. 试验设备与试验人员

承包人根据合同约定或监理人指示进行的现场材料试验，应由承包人提供试验场所、试验人员、试验设备以及其他必要的试验条件。监理人在必要时可以使用承包人提供的试验场所、试验设备以及其他试验条件，进行以工程质量检查为目的的材料复核试验，承包人应予以协助。

承包人应按专用合同条款的约定提供试验设备、取样装置、试验场所和试验条件，并向监理人提交相应进场计划表。

承包人配置的试验设备要符合相应试验规程的要求并经过具有资质的检测单位检测，且在正式使用该试验设备前，需要经过监理人与承包人共同校定。

承包人应向监理人提交试验人员的名单及其岗位、资格等证明资料，试验人员必须能够熟练进行相应的检测试验，承包人对试验人员的试验程序和试验结果的正确性负责。

2. 取样

试验属于自检性质的，承包人可以单独取样。试验属于监理人抽检性质的，可由监理人取样，也可由承包人的试验人员在监理人的监督下取样。

3. 材料、工程设备和工程的试验和检验

承包人应按合同约定进行材料、工程设备和工程的试验和检验，并为监理人对上述材料、工程设备和工程的质量检查提供必要的试验资料和原始记录。按合同约定应由监理人与承包人共同进行试验和检验的，由承包人负责提供必要的试验资料和原始记录。

试验属于自检性质的，承包人可以单独进行试验。试验属于监理人抽检性质的，监理人可以单独进行试验，也可由承包人与监理人共同进行。承包人对由监理人单独进行的试验结果有异议的，可以申请重新共同进行试验。约定共同进行试验的，监理人未按照约定参加试验的，承包人可自行试验，并将试验结果报送监理人，监理人应承认该试验结果。

监理人对承包人的试验和检验结果有异议的，或为查清承包人试验和检验成果的可靠性要求承包人重新试验和检验的，可由监理人与承包人共同进行。重新试验和检验的结果证明该项材料、工程设备或工程的质量不符合合同要求的，由此增加的费用和(或)延误的工期由承包人承担；重新试验和检验结果证明该项材料、工程设备和工程符合合同要求的，由此增加的费用和(或)延误的工期由发包人承担。

4. 现场工艺试验

承包人应按合同约定或监理人指示进行现场工艺试验。对大型的现场工艺试验，监理人认为必要时，承包人应根据监理人提出的工艺试验要求，编制工艺试验措施计划，报送监理人审查。

七、《建设工程施工合同（示范文本）》（GF—2017—0201）变更与调整主要条款

（一）施工合同变更

1. 变更的范围

除专用合同条款另有约定外，合同履行过程中发生以下情形的，应按照下列约定进行变更：

(1)增加或减少合同中任何工作，或追加额外的工作。

(2)取消合同中任何工作,但转由他人实施的工作除外。

(3)改变合同中任何工作的质量标准或其他特性。

(4)改变工程的基线、标高、位置和尺寸。

(5)改变工程的时间安排或实施顺序。

2. 变更程序

(1)发包人提出变更。

发包人提出变更的,应通过监理人向承包人发出变更指示,变更指示应说明计划变更的工程范围和变更的内容。

(2)监理人提出变更建议。

监理人提出变更建议的,需要向发包人以书面形式提出变更计划,说明计划变更工程范围和变更的内容、理由,以及实施该变更对合同价格和工期的影响。发包人同意变更的,由监理人向承包人发出变更指示。发包人不同意变更的,监理人无权擅自发出变更指示。

(3)变更执行。

承包人收到监理人下达的变更指示后,认为不能执行,应立即提出不能执行该变更指示的理由。承包人认为可以执行变更的,应当书面说明实施该变更指示对合同价格和工期的影响,且合同当事人应当按照变更估价约定确定变更估价。

3. 变更估价

(1)变更估价原则。

除专用合同条款另有约定外,变更估价按照本款约定处理:

①已标价工程量清单或预算书有相同项目的,按照相同项目单价认定。

②已标价工程量清单或预算书中无相同项目,但有类似项目的,参照类似项目的单价认定。

③变更导致实际完成的变更工程量与已标价工程量清单或预算书中列明的该项目工程量的变化幅度超过15%的,或已标价工程量清单或预算书中无相同项目及类似项目单价的,按照合理的成本与利润构成的原则,由合同当事人按照商定或确定来确定变更工作的单价。

(2)变更估价程序。

承包人应在收到变更指示后14天内,向监理人提交变更估价申请。监理人应在收到承包人提交的变更估价申请后7天内审查完毕并报送发包人,监理人对变更估价申请有异议,通知承包人修改后重新提交。发包人应在承包人提交变更估价申请后14天内审批完毕。发包人逾期未完成审批或未提出异议的,视为认可承包人提交的变更估价申请。

因变更引起的价格调整应计入最近一期的进度款中支付。

4. 暂估价

暂估价专业分包工程、服务、材料和工程设备的明细由合同当事人在专用合同条款中约定。

对于依法必须招标的暂估价项目,采取以下第1种方式确定。合同当事人也可以在专用合同条款中选择其他招标方式。

第1种方式:对于依法必须招标的暂估价项目,由承包人招标,对该暂估价项目的确认和批准按照以下约定执行：

(1)承包人应当根据施工进度计划，在招标工作启动前14天将招标方案通过监理人报送发包人审查，发包人应当在收到承包人报送的招标方案后7天内批准或提出修改意见。承包人应当按照经过发包人批准的招标方案开展招标工作。

(2)承包人应当根据施工进度计划，提前14天将招标文件通过监理人报送发包人审批，发包人应当在收到承包人报送的相关文件后7天内完成审批或提出修改意见；发包人有权确定招标控制价（在工程招标发包过程中，由招标人根据有关计价规定计算的工程造价，其作用是招标人用于对招标工程发包的最高投标限价）并按照法律规定参加评标。

(3)承包人与供应商、分包人在签订暂估价合同前，应当提前7天将确定的中标候选供应商或中标候选分包人的资料报送发包人，发包人应在收到资料后3天内与承包人共同确定中标人；承包人应当在签订合同后7天内，将暂估价合同副本报送发包人留存。

第2种方式：对于依法必须招标的暂估价项目，由发包人和承包人共同招标确定暂估价供应商或分包人的，承包人应按照施工进度计划，在招标工作启动前14天通知发包人，并提交暂估价招标方案和工作分工。发包人应在收到后7天内确认。确定中标人后，由发包人、承包人与中标人共同签订暂估价合同。

5. 暂列金额

暂列金额应按照发包人的要求使用，发包人的要求应通过监理人发出。合同当事人可以在专用合同条款中协商确定有关事项。

6. 计日工

需要采用计日工方式的，经发包人同意后，由监理人通知承包人以计日工计价方式实施相应的工作，其价款按列入已标价工程量清单或预算书中的计日工计价项目及其单价进行计算；已标价工程量清单或预算书中无相应的计日工单价的，按照合理的成本与利润构成的原则，由合同当事人按照商定或确定确定计日工的单价。

采用计日工计价的任何一项工作，承包人应在该项工作实施过程中，每天提交以下报表和有关凭证报送监理人审查：工作名称、内容和数量；投入该工作的所有人员的姓名、专业、工种、级别和耗用工时；投入该工作的材料类别和数量；投入该工作的施工设备型号、台数和耗用台时；其他有关资料和凭证。

计日工由承包人汇总后，列入最近一期进度付款申请单，由监理人审查并经发包人批准后列入进度付款。

（二）价格调整

1. 市场价格波动引起的调整

除专用合同条款另有约定外，市场价格波动超过合同当事人约定的范围，合同价格应当调整。合同当事人可以在专用合同条款中约定选择以下一种方式对合同价格进行调整：

(1)采用价格指数进行价格调整。

①价格调整公式。因人工、材料和设备等价格波动影响合同价格时，根据专用合同条款中约定的数据，按以下公式计算差额并调整合同价格：

$$\Delta P = P_0\left[A + \left(B_1 \times \frac{F_{t1}}{F_{01}} + B_2 \times \frac{F_{t2}}{F_{02}} + B_3 \times \frac{F_{t3}}{F_{03}} + \cdots + B_n \times \frac{F_{tn}}{F_{0n}}\right) - 1\right]$$

式中　ΔP——需调整的价格差额；

P_0——约定的付款证书中承包人应得到的已完成工程量的金额。此项金额应不包括价格调整、不计质量保证金的扣留和支付、预付款的支付和扣回。约定的变更及其他金额已按现行价格计价的，也不计在内；

A——定值权重(即不调部分的权重)；

$B_1, B_2, B_3, \cdots, B_n$——各可调因子的变值权重(即可调部分的权重)，为各可调因子在签约合同价中所占的比例；

$F_{t1}, F_{t2}, F_{t3}, \cdots, F_{tn}$——各可调因子的现行价格指数，指约定的付款证书相关周期最后一天的前42天的各可调因子的价格指数；

$F_{01}, F_{02}, F_{03}, \cdots, F_{0n}$——各可调因子的基本价格指数，指基准日期的各可调因子的价格指数。

以上价格调整公式中的各可调因子、定值和变值权重，以及基本价格指数及其来源在投标函附录价格指数和权重表中约定，非招标订立的合同，由合同当事人在专用合同条款中约定。价格指数应首先采用工程造价管理机构发布的价格指数，无前述价格指数时，可采用工程造价管理机构发布的价格代替。

②暂时确定调整差额。在计算调整差额时无现行价格指数的，合同当事人同意暂用前次价格指数计算。实际价格指数有调整的，合同当事人进行相应调整。

③权重的调整。因变更导致合同约定的权重不合理时，按照商定或确定执行。

④因承包人原因工期延误后的价格调整。因承包人原因未按期竣工的，对合同约定的竣工日期后继续施工的工程，在使用价格调整公式时，应采用计划竣工日期与实际竣工日期的两个价格指数中较低的一个作为现行价格指数。

(2)采用造价信息进行价格调整。

合同履行期间，因人工、材料、工程设备和机械台班价格波动影响合同价格时，人工、机械使用费按照国家或省、自治区、直辖市建设行政管理部门、行业建设管理部门或其授权的工程造价管理机构发布的人工、机械使用费系数进行调整；需要进行价格调整的材料，其单价和采购数量应由发包人审批，发包人确认需调整的材料单价及数量，作为调整合同价格的依据。

人工单价发生变化且符合省级或行业建设主管部门发布的人工费调整规定，合同当事人应按省级或行业建设主管部门或其授权的工程造价管理机构发布的人工费等文件调整合同价格，但承包人对人工费或人工单价的报价高于发布价格的除外。

专用合同条款可以约定的其他方式。

2. 法律变化引起的调整

基准日期后，法律变化导致承包人在合同履行过程中所需要的费用发生除市场价格波动引起的调整约定以外的增加时，由发包人承担由此增加的费用；减少时，应从合同价格中予以扣减。基准日期后，因法律变化造成工期延误时，工期应予以顺延。

因法律变化引起的合同价格和工期调整，合同当事人无法达成一致的，由总监理工程师按商定或确定的约定处理。

因承包人原因造成工期延误，在工期延误期间出现法律变化的，由此增加的费用和（或）延误的工期由承包人承担。

八、《建设工程施工合同（示范文本）》（GF—2017—0201）合同计价与支付主要条款

（一）合同价格形式

发包人和承包人应在合同协议书中选择下列一种合同价格形式：

1. 单价合同

合同当事人应在专用合同条款中约定综合单价包含的风险范围和风险费用的计算方法，并约定风险范围以外的合同价格的调整方法，其中因市场价格波动引起的调整按《建设工程施工合同（示范文本）》中“市场价格波动引起的调整”约定执行。

2. 总价合同

合同当事人应在专用合同条款中约定总价包含的风险范围和风险费用的计算方法，并约定风险范围以外的合同价格的调整方法，其中因市场价格波动引起的调整按《建设工程施工合同（示范文本）》“市场价格波动引起的调整”、因法律变化引起的调整按第《建设工程施工合同（示范文本）》“法律变化引起的调整”约定执行。

3. 其他价格形式

合同当事人可在专用合同条款中约定其他合同价格形式。

（二）预付款

1. 预付款的支付

预付款的支付按照专用合同条款约定执行，但至迟应在开工通知载明的开工日期 7 天前支付。预付款应当用于材料、工程设备、施工设备的采购及修建临时工程、组织施工队伍进场等。

除专用合同条款另有约定外，预付款在进度付款中同比例扣回。在颁发工程接收证书前，提前解除合同的，尚未扣完的预付款应与合同价款一并结算。

发包人逾期支付预付款超过 7 天的，承包人有权向发包人发出要求预付的催告通知，发包人收到通知后 7 天内仍未支付的，承包人有权暂停施工，并按《建设工程施工合同（示范文本）》“发包人违约的情形”执行。

2. 预付款担保

发包人要求承包人提供预付款担保的，承包人应在发包人支付预付款 7 天前提供预付款担保，专用合同条款另有约定除外。

预付款担保可采用银行保函、担保公司担保等形式，具体由合同当事人在专用合同条款中约定。在预付款完全扣回之前，承包人应保证预付款担保持续有效。

发包人在工程款中逐期扣回预付款后，预付款担保额度应相应减少，但剩余的预付款担保金额不得低于未被扣回的预付款金额。

典型例题

【单选题】用于保证承包人能够按合同规定进行施工，合理使用发包人已支付的全部预付金额的工程担保是（　　）。

A. 支付担保　　B. 预付款担保

C. 投标担保　　D. 履约担保

B。【解析】根据《建设工程施工合同（示范文本）》，发包人要求承包人提供预付款担保的，承包人应在发包人支付预付款7天前提供预付款担保，专用合同条款另有约定除外。预付款担保可采用银行保函、担保公司担保等形式，具体由合同当事人在专用合同条款中约定。在预付款完全扣回之前，承包人应保证预付款担保持续有效。发包人在工程款中逐期扣回预付款后，预付款担保额度应相应减少，但剩余的预付款担保金额不得低于未被扣回的预付款金额。故选项B正确。

（三）计量

1. 计量原则

工程量计量按照合同约定的工程量计算规则、图纸及变更指示等进行计量。工程量计算规则应以相关的国家标准、行业标准等为依据，由合同当事人在专用合同条款中约定。

2. 单价合同的计量

除专用合同条款另有约定外，单价合同的计量按照下列约定执行：

（1）承包人应于每月25日向监理人报送上月20日至当月19日已完成的工程量报告，并附具进度付款申请单、已完成工程量报表和有关资料。

（2）监理人应在收到承包人提交的工程量报告后7天内完成对承包人提交的工程量报表的审核并报送发包人，以确定当月实际完成的工程量。监理人对工程量有异议的，有权要求承包人进行共同复核或抽样复测。承包人应协助监理人进行复核或抽样复测，并按监理人要求提供补充计量资料。承包人未按监理人要求参加复核或抽样复测的，监理人复核或修正的工程量视为承包人实际完成的工程量。

（3）监理人未在收到承包人提交的工程量报表后的7天内完成审核的，承包人报送的工程量报告中的工程量视为承包人实际完成的工程量，据此计算工程价款。

3. 总价合同的计量

除专用合同条款另有约定外，按月计量支付的总价合同，按照下列约定执行：

（1）承包人应于每月25日向监理人报送上月20日至当月19日已完成的工程量报告，并附具进度付款申请单、已完成工程量报表和有关资料。

（2）监理人应在收到承包人提交的工程量报告后7天内完成对承包人提交的工程量报表的审核并报送发包人，以确定当月实际完成的工程量。监理人对工程量有异议的，有权要求承包人进行共同复核或抽样复测。承包人应协助监理人进行复核或抽样复测并按监理人要求提供补充计量资料。承包人未按监理人要求参加复核或抽样复测的，监理人审核或修正的工程量视为承包人实际完成的工程量。

（3）监理人未在收到承包人提交的工程量报表后的7天内完成复核的，承包人提交的工程量报告中的工程量视为承包人实际完成的工程量。

(4)工程进度款支付,如表 6-1 所示。

表 6-1　工程进度款支付内容

<table>
<tr><th>项目</th><th colspan="2">内容</th></tr>
<tr><td rowspan="4">进度付款申请单的提交</td><td>单价合同进度付款申请单的提交</td><td>单价合同的进度付款申请单,按照单价合同的计量约定的时间按月向监理人提交,并附上已完成工程量报表和有关资料。单价合同中的总价项目按月进行支付分解,并汇总列入当期进度付款申请单</td></tr>
<tr><td rowspan="2">总价合同进度付款申请单的提交</td><td>总价合同按月计量支付的,承包人按照总价合同的计量约定的时间按月向监理人提交进度付款申请单,并附上已完成工程量报表和有关资料</td></tr>
<tr><td>总价合同按支付分解表支付的,承包人应按照支付分解表及进度付款申请单的编制的约定向监理人提交进度付款申请单</td></tr>
<tr><td>其他价格形式合同的进度付款申请单的提交</td><td>合同当事人可在专用合同条款中约定其他价格形式合同的进度付款申请单的编制和提交程序</td></tr>
<tr><td rowspan="4">进度款审核和支付</td><td colspan="2">除专用合同条款另有约定外,监理人应在收到承包人进度付款申请单以及相关资料后 7 天内完成审查并报送发包人,发包人应在收到后 7 天内完成审批并签发进度款支付证书。发包人逾期未完成审批且未提出异议的,视为已签发进度款支付证书</td></tr>
<tr><td colspan="2">发包人和监理人对承包人的进度付款申请单有异议的,有权要求承包人修正和提供补充资料,承包人应提交修正后的进度付款申请单。监理人应在收到承包人修正后的进度付款申请单及相关资料后 7 天内完成审查并报送发包人,发包人应在收到监理人报送的进度付款申请单及相关资料后 7 天内,向承包人签发无异议部分的临时进度款支付证书。存在争议的部分,按照“争议解决”的约定处理</td></tr>
<tr><td colspan="2">除专用合同条款另有约定外,发包人应在进度款支付证书或临时进度款支付证书签发后 14 天内完成支付,发包人逾期支付进度款的,应按照中国人民银行发布的同期同类贷款基准利率支付违约金</td></tr>
<tr><td colspan="2">发包人签发进度款支付证书或临时进度款支付证书,不表明发包人已同意、批准或接受了承包人完成的相应部分的工作</td></tr>
<tr><td>进度付款的修正</td><td colspan="2">在对已签发的进度款支付证书进行阶段汇总和复核中发现错误、遗漏或重复的,发包人和承包人均有权提出修正申请。经发包人和承包人同意的修正,应在下期进度付款中支付或扣除</td></tr>
</table>

九、《建设工程施工合同(示范文本)》(GF—2017—0201)验收与试车主要条款

(一)分部分项工程验收

分部分项工程质量应符合国家有关工程施工验收规范、标准及合同约定,承包人应按照施工组织设计的要求完成分部分项工程施工。

除专用合同条款另有约定外,分部分项工程经承包人自检合格并具备验收条件的,承包

人应提前48小时通知监理人进行验收。监理人不能按时进行验收的，应在验收前24小时向承包人提交书面延期要求，但延期不能超过48小时。监理人未按时进行验收，也未提出延期要求的，承包人有权自行验收，监理人应认可验收结果。分部分项工程未经验收的，不得进入下一道工序施工。

分部分项工程的验收资料应当作为竣工资料的组成部分。

（二）竣工验收

1. 竣工验收条件

工程具备以下条件的，承包人可以申请竣工验收：

（1）除发包人同意的甩项工作和缺陷修补工作外，合同范围内的全部工程以及有关工作，包括合同要求的试验、试运行以及检验均已完成，并符合合同要求。

（2）已按合同约定编制了甩项工作和缺陷修补工作清单以及相应的施工计划。

（3）已按合同约定的内容和份数备齐竣工资料。

2. 竣工验收程序

除专用合同条款另有约定外，承包人申请竣工验收的，应当按照以下程序进行：

（1）承包人向监理人报送竣工验收申请报告，监理人应在收到竣工验收申请报告后14天内完成审查并报送发包人。监理人审查后认为尚不具备验收条件的，应通知承包人在竣工验收前承包人还需完成的工作内容，承包人应在完成监理人通知的全部工作内容后，再次提交竣工验收申请报告。

（2）监理人审查后认为已具备竣工验收条件的，应将竣工验收申请报告提交发包人，发包人应在收到经监理人审核的竣工验收申请报告后28天内审批完毕并组织监理人、承包人、设计人等相关单位完成竣工验收。

（3）竣工验收合格的，发包人应在验收合格后14天内向承包人签发工程接收证书。发包人无正当理由逾期不颁发工程接收证书的，自验收合格后第15天起视为已颁发工程接收证书。

（4）竣工验收不合格的，监理人应按照验收意见发出指示，要求承包人对不合格工程返工、修复或采取其他补救措施，由此增加的费用和（或）延误的工期由承包人承担。承包人在完成不合格工程的返工、修复或采取其他补救措施后，应重新提交竣工验收申请报告，并按本项约定的程序重新进行验收。

（5）工程未经验收或验收不合格，发包人擅自使用的，应在转移占有工程后7天内向承包人颁发工程接收证书；发包人无正当理由逾期不颁发工程接收证书的，自转移占有后第15天起视为已颁发工程接收证书。

除专用合同条款另有约定外，发包人不按照本项约定组织竣工验收、颁发工程接收证书的，每逾期一天，应以签约合同价为基数，按照中国人民银行发布的同期同类贷款基准利率支付违约金。

3. 竣工日期

工程经竣工验收合格的，以承包人提交竣工验收申请报告之日为实际竣工日期，并在工程接收证书中载明；因发包人原因，未在监理人收到承包人提交的竣工验收申请报告42天内完成竣工验收，或完成竣工验收不予签发工程接收证书的，以提交竣工验收申请报告的日期为实际竣工日期；工程未经竣工验收，发包人擅自使用的，以转移占有工程之日为实际竣工日期。

十、《建设工程施工合同（示范文本）》（GF—2017—0201）缺陷责任与保修主要条款

（一）工程保修的原则

在工程移交发包人后，因承包人原因产生的质量缺陷，承包人应承担质量缺陷责任和保修义务。缺陷责任期届满，承包人仍应按合同约定的工程各部位保修年限承担保修义务。

专家解读

就工程质量缺陷而言，国内外对此的定义相差较大，国外一般没有工程质量事故的提法，对质量上出现的问题，无论大小，均归到质量缺陷的范围。考虑到国内长期习惯上的理解，在此将质量问题分为缺陷和事故，总监理工程师对此的判别，应根据国家的有关规定进行，对于质量缺陷，通常由总监理工程师组织处理。

按照政府的有关规定，工程质量事故的性质的不同，处理程序也有不同。对一般的工程质量事故，可由总监理工程师组织处理。而对重大质量事故，总监理工程师应参加调查处理。总监理工程师在处理工程质量事故时应注意国家对不同性质的事故处理程序及管辖权上的差别。

（二）缺陷责任期

缺陷责任期从工程通过竣工验收之日起计算，合同当事人应在专用合同条款约定缺陷责任期的具体期限，但该期限最长不超过 24 个月。

单位工程先于全部工程进行验收，经验收合格并交付使用的，该单位工程缺陷责任期自单位工程验收合格之日起算。因承包人原因导致工程无法按合同约定期限进行竣工验收的，缺陷责任期从实际通过竣工验收之日起计算。因发包人原因导致工程无法按合同约定期限进行竣工验收的，在承包人提交竣工验收报告 90 天后，工程自动进入缺陷责任期；发包人未经竣工验收擅自使用工程的，缺陷责任期自工程转移占有之日起开始计算。

缺陷责任期内，由承包人原因造成的缺陷，承包人应负责维修，并承担鉴定及维修费用。如承包人不维修也不承担费用，发包人可按合同约定从保证金或银行保函中扣除，费用超出保证金额的，发包人可按合同约定向承包人进行索赔。承包人维修并承担相应费用后，不免除对工程的损失赔偿责任。发包人有权要求承包人延长缺陷责任期，并应在原缺陷责任期届满前发出延长通知。但缺陷责任期（含延长部分）最长不能超过 24 个月。

由他人原因造成的缺陷，发包人负责组织维修，承包人不承担费用，且发包人不得从保证金中扣除费用。

（三）质量保证金

经合同当事人协商一致扣留质量保证金的，应在专用合同条款中予以明确。

在工程项目竣工前，承包人已经提供履约担保的，发包人不得同时预留工程质量保证金。

1. 承包人提供质量保证金的方式

承包人提供质量保证金有以下三种方式：质量保证金保函；相应比例的工程款；双方约

定的其他方式。

除专用合同条款另有约定外，质量保证金原则上采用质量保证金保函的形式。

2. 质量保证金的扣留

质量保证金的扣留有以下三种方式：

(1)在支付工程进度款时逐次扣留，在此情形下，质量保证金的计算基数不包括预付款的支付、扣回以及价格调整的金额。

(2)工程竣工结算时一次性扣留质量保证金。

(3)双方约定的其他扣留方式。

除专用合同条款另有约定外，质量保证金的扣留原则上采用上述第(1)种方式。

发包人累计扣留的质量保证金不得超过工程价款结算总额的3%。如承包人在发包人签发竣工付款证书后28天内提交质量保证金保函，发包人应同时退还扣留的作为质量保证金的工程价款；保函金额不得超过工程价款结算总额的3%。

发包人在退还质量保证金的同时按照中国人民银行发布的同期同类贷款基准利率支付利息。

3. 质量保证金的退还

缺陷责任期内，承包人认真履行合同约定的责任，到期后，承包人可向发包人申请返还保证金。

发包人在接到承包人返还保证金申请后，应于14天内会同承包人按照合同约定的内容进行核实。如无异议，发包人应当按照约定将保证金返还给承包人。对返还期限没有约定或者约定不明确的，发包人应当在核实后14天内将保证金返还承包人，逾期未返还的，依法承担违约责任。发包人在接到承包人返还保证金申请后14天内不予答复，经催告后14天内仍不予答复，视同认可承包人的返还保证金申请。

发包人和承包人对保证金预留、返还以及工程维修质量、费用有争议的，按本合同第20条约定的争议和纠纷解决程序处理。

典型例题

【单选题】关于质量保证金的说法，正确的是(　　)。

A. 发包人累计扣留的质量保证金不得超过工程价款结算总额的3%

B. 在工程项目竣工前，发包人可同时预留工程质量保证金与履约保证金

C. 在缺陷责任期内，承包人可开始逐步向发包人申请返还保证金

D. 发包人应当在核实后7天内将保证金返还承包人

A。【解析】在工程项目竣工前，承包人已经提供履约担保的，发包人不得同时预留工程质量保证金。缺陷责任期内，承包人认真履行合同约定的责任，到期后，承包人可向发包人申请返还保证金。发包人在接到承包人返还保证金申请后，应于14天内会同承包人按照合同约定的内容进行核实。如无异议，发包人应当按照约定将保证金返还给承包人。对返还期限没有约定或者约定不明确的，发包人应当在核实后14天内将保证金返还承包人，逾期未返还的，依法承担违约责任。

(四)保修

1. 保修责任

工程保修期从工程竣工验收合格之日起算,具体分部分项工程的保修期由合同当事人在专用合同条款中约定,但不得低于法定最低保修年限。在工程保修期内,承包人应当根据有关法律规定以及合同约定承担保修责任。

发包人未经竣工验收擅自使用工程的,保修期自转移占有之日起算。

2. 修复费用

保修期内,修复的费用按照以下约定处理:

(1)保修期内,因承包人原因造成工程的缺陷、损坏,承包人应负责修复,并承担修复的费用以及因工程的缺陷、损坏造成的人身伤害和财产损失。

(2)保修期内,因发包人使用不当造成工程的缺陷、损坏,可以委托承包人修复,但发包人应承担修复的费用,并支付承包人合理利润。

(3)因其他原因造成工程的缺陷、损坏,可以委托承包人修复,发包人应承担修复的费用,并支付承包人合理的利润,因工程的缺陷、损坏造成的人身伤害和财产损失由责任方承担。

3. 修复通知

在保修期内,发包人在使用过程中,发现已接收的工程存在缺陷或损坏的,应书面通知承包人予以修复,但情况紧急必须立即修复缺陷或损坏的,发包人可以口头通知承包人并在口头通知后48小时内书面确认,承包人应在专用合同条款约定的合理期限内到达工程现场并修复缺陷或损坏。

4. 未能修复

因承包人原因造成工程的缺陷或损坏,承包人拒绝维修或未能在合理期限内修复缺陷或损坏,且经发包人书面催告后仍未修复的,发包人有权自行修复或委托第三方修复,所需费用由承包人承担。但修复范围超出缺陷或损坏范围的,超出范围部分的修复费用由发包人承担。

典型例题

【单选题】某工程承包人于2020年5月15日提交了竣工验收申请报告,6月10日工程竣工验收合格,6月15日发包人签发了工程接收证书,根据《建设工程施工合同(示范文本)》通用条款,该工程的缺陷责任期、保修期起算日分别为(　　)。

A. 6月10日、6月15日　　B. 5月15日、6月10日

C. 5月15日、6月15日　　D. 6月15日、6月10日

B。【解析】根据《建设工程施工合同(示范文本)》,缺陷责任期是指承包人按照合同约定承担缺陷修复义务,且发包人预留质量保证金(已缴纳履约保证金的除外)的期限,自工程实际竣工日期起计算。保修期是指承包人按照合同约定对工程承担保修责任的期限,从工程竣工验收合格之日起计算。

十一、《建设工程施工合同（示范文本）》（GF—2017—0201）违约责任与处理

（一）违约

1. 发包人违约的情形

在合同履行过程中发生的下列情形，属于发包人违约：

(1)因发包人原因未能在计划开工日期前7天内下达开工通知的。

(2)因发包人原因未能按合同约定支付合同价款的。

(3)发包人违反"变更的范围"第(2)项约定，自行实施被取消的工作或转由他人实施的。

(4)发包人提供的材料、工程设备的规格、数量或质量不符合合同约定，或因发包人原因导致交货日期延误或交货地点变更等情况的。

(5)因发包人违反合同约定造成暂停施工的。

(6)发包人无正当理由没有在约定期限内发出复工指示，导致承包人无法复工的。

(7)发包人明确表示或者以其行为表明不履行合同主要义务的。

(8)发包人未能按照合同约定履行其他义务的。

发包人发生除上述第(7)条以外的违约情况时，承包人可向发包人发出通知，要求发包人采取有效措施纠正违约行为。发包人收到承包人通知后28天内仍不纠正违约行为的，承包人有权暂停相应部位工程施工，并通知监理人。

2. 承包人违约的情形

在合同履行过程中发生的下列情形，属于承包人违约：

(1)承包人违反合同约定进行转包或违法分包的。

(2)承包人违反合同约定采购和使用不合格的材料和工程设备的。

(3)因承包人原因导致工程质量不符合合同要求的。

(4)承包人违反"材料与设备专用要求"的约定，未经批准，私自将已按照合同约定进入施工现场的材料或设备撤离施工现场的。

(5)承包人未能按施工进度计划及时完成合同约定的工作，造成工期延误的。

(6)承包人在缺陷责任期及保修期内，未能在合理期限对工程缺陷进行修复，或拒绝按发包人要求进行修复的。

(7)承包人明确表示或者以其行为表明不履行合同主要义务的。

(8)承包人未能按照合同约定履行其他义务的。

承包人发生除上述第(7)条约定以外的其他违约情况时，监理人可向承包人发出整改通知，要求其在指定的期限内改正。

3. 第三人造成的违约

在履行合同过程中，一方当事人因第三人的原因造成违约的，应当向对方当事人承担违约责任。一方当事人和第三人之间的纠纷，依照法律规定或者按照约定解决。

（二）不可抗力

1. 不可抗力的确认

不可抗力是指不是由于任何一方合同当事人的过失或疏忽造成的，合同当事人在签订

合同时不可预见，在合同履行过程中不可避免且不能克服的自然灾害和社会性突发事件，如地震、海啸、瘟疫、骚乱、戒严、暴动、战争和专用合同条款中约定的其他情形。

不可抗力发生后，发包人和承包人应收集证明不可抗力发生及不可抗力造成损失的证据，并及时认真统计所造成的损失。合同当事人对是否属于不可抗力或其损失的意见不一致的，由监理人按商定或确定的约定处理。发生争议时，按争议解决的约定处理。

2. 不可抗力的通知

合同一方当事人遇到不可抗力事件，使其履行合同义务受到阻碍时，应立即通知合同另一方当事人和监理人，书面说明不可抗力和受阻碍的详细情况，并提供必要的证明。

不可抗力持续发生的，合同一方当事人应及时向合同另一方当事人和监理人提交中间报告，说明不可抗力和履行合同受阻的情况，并于不可抗力事件结束后 28 天内提交最终报告及有关资料。

3. 不可抗力后果的承担

不可抗力导致的人员伤亡、财产损失、费用增加和（或）工期延误等后果，由合同当事人按以下原则承担：

（1）永久工程、已运至施工现场的材料和工程设备的损坏，以及因工程损坏造成的第三人人员伤亡和财产损失由发包人承担。

（2）承包人施工设备的损坏由承包人承担。

（3）发包人和承包人承担各自人员伤亡和财产的损失。

（4）因不可抗力影响承包人履行合同约定的义务，已经引起或将引起工期延误的，应当顺延工期，由此导致承包人停工的费用损失由发包人和承包人合理分担，停工期间必须支付的工人工资由发包人承担。

（5）因不可抗力引起或将引起工期延误，发包人要求赶工的，由此增加的赶工费用由发包人承担。

（6）承包人在停工期间按照发包人要求照管、清理和修复工程的费用由发包人承担。

不可抗力发生后，合同当事人均应采取措施尽量避免和减少损失的扩大，任何一方当事人没有采取有效措施导致损失扩大的，应对扩大的损失承担责任。

不可抗力解除后复工的，若不能按期竣工，应合理延长工期。发包人要求赶工的，赶工费用由发包人承担。

因合同一方迟延履行合同义务，在迟延履行期间遭遇不可抗力的，不免除其违约责任。

十二、建设项目工程总承包合同主要内容

工程总承包，是指从事工程总承包的单位按照与建设单位签订的合同，对工程项目的设计、采购、施工等实行全过程或者若干阶段承包，并对工程的质量、安全、工期和造价等全面负责的工程建设组织实施方式。

（一）建设项目工程总承包合同相关文件规定

为指导建设项目工程总承包合同当事人的签约行为，维护合同当事人的合法权益，依据《中华人民共和国合同法》《中华人民共和国建筑法》《中华人民共和国招标投标法》以及相

关法律、法规,住房和城乡建设部、国家工商行政管理总局(现国家市场监督管理总局)制定了《建设项目工程总承包合同(示范文本)》(GF—2020—0216)。该《示范文本》由合同协议书、通用合同条件和专用合同条件三部分组成。

《住房城乡建设部关于进一步推进工程总承包发展的若干意见》(建市〔2016〕93号)指出,为落实《中共中央 国务院关于进一步加强城市规划建设管理工作的若干意见》,深化建设项目组织实施方式改革,推广工程总承包制,提升工程建设质量和效益,现提出以下意见。

1. 大力推进工程总承包

(1)充分认识推进工程总承包的意义。

工程总承包是国际通行的建设项目组织实施方式。大力推进工程总承包,有利于提升项目可行性研究和初步设计深度,实现设计、采购、施工等各阶段工作的深度融合,提高工程建设水平;有利于发挥工程总承包企业的技术和管理优势,促进企业做优做强,推动产业转型升级,服务于"一带一路"战略实施。

(2)工程总承包的主要模式。

工程总承包是指从事工程总承包的企业按照与建设单位签订的合同,对工程项目的设计、采购、施工等实行全过程的承包,并对工程的质量、安全、工期和造价等全面负责的承包方式。工程总承包一般采用设计-采购-施工总承包或者设计-施工总承包模式。建设单位也可以根据项目特点和实际需要,按照风险合理分担原则和承包工作内容采用其他工程总承包模式。

(3)优先采用工程总承包模式。

建设单位在选择建设项目组织实施方式时,应当本着质量可靠、效率优先的原则,优先采用工程总承包模式。政府投资项目和装配式建筑应当积极采用工程总承包模式。

2. 完善工程总承包管理制度

(1)工程总承包项目的发包阶段。

建设单位可以根据项目特点,在可行性研究、方案设计或者初步设计完成后,按照确定的建设规模、建设标准、投资限额、工程质量和进度要求等进行工程总承包项目发包。

(2)建设单位的项目管理。

建设单位应当加强工程总承包项目全过程管理,督促工程总承包企业履行合同义务。建设单位根据自身资源和能力,可以自行对工程总承包项目进行管理,也可以委托项目管理单位,依照合同对工程总承包项目进行管理。项目管理单位可以是本项目的可行性研究、方案设计或者初步设计单位,也可以是其他工程设计、施工或者监理等单位,但项目管理单位不得与工程总承包企业具有利害关系。

(3)工程总承包企业的选择。

建设单位可以依法采用招标或者直接发包的方式选择工程总承包企业。工程总承包评标可以采用综合评估法,评审的主要因素包括工程总承包报价、项目管理组织方案、设计方案、设备采购方案、施工计划、工程业绩等。工程总承包项目可以采用总价合同或者成本加酬金合同,合同价格应当在充分竞争的基础上合理确定,合同的制定可以参照住房城乡建设部、市场监管总局联合印发的建设项目工程总承包合同示范文本。

(4)工程总承包企业的基本条件。

工程总承包企业应当具有与工程规模相适应的工程设计资质或者施工资质,相应的财务、风险承担能力,同时具有相应的组织机构、项目管理体系、项目管理专业人员和工程业绩。

(5)工程总承包项目经理的基本要求。

工程总承包项目经理应当取得工程建设类注册执业资格或者高级专业技术职称,担任过工程总承包项目经理、设计项目负责人或者施工项目经理,熟悉工程建设相关法律法规和标准,同时具有相应工程业绩。

(6)工程总承包项目的分包。

工程总承包企业可以在其资质证书许可的工程项目范围内自行实施设计和施工,也可以根据合同约定或者经建设单位同意,直接将工程项目的设计或者施工业务择优分包给具有相应资质的企业。仅具有设计资质的企业承接工程总承包项目时,应当将工程总承包项目中的施工业务依法分包给具有相应施工资质的企业。仅具有施工资质的企业承接工程总承包项目时,应当将工程总承包项目中的设计业务依法分包给具有相应设计资质的企业。

(7)工程总承包项目严禁转包和违法分包。

工程总承包企业应当加强对分包的管理,不得将工程总承包项目转包,也不得将工程总承包项目中设计和施工业务一并或者分别分包给其他单位。工程总承包企业自行实施设计的,不得将工程总承包项目工程主体部分的设计业务分包给其他单位。工程总承包企业自行实施施工的,不得将工程总承包项目工程主体结构的施工业务分包给其他单位。

(8)工程总承包企业的义务和责任。

工程总承包企业应当加强对工程总承包项目的管理,根据合同约定和项目特点,制定项目管理计划和项目实施计划,建立工程管理与协调制度,加强设计、采购与施工的协调,完善和优化设计,改进施工方案,合理调配设计、采购和施工力量,实现对工程总承包项目的有效控制。工程总承包企业对工程总承包项目的质量和安全全面负责。工程总承包企业按照合同约定对建设单位负责,分包企业按照分包合同的约定对工程总承包企业负责。工程分包不能免除工程总承包企业的合同义务和法律责任,工程总承包企业和分包企业就分包工程对建设单位承担连带责任。

(9)工程总承包项目的风险管理。

工程总承包企业和建设单位应当加强风险管理,公平合理分担风险。工程总承包企业按照合同约定向建设单位出具履约担保,建设单位向工程总承包企业出具支付担保。

(二)《建设项目工程总承包管理规范》(GB/T 50358—2017)对工程总承包合同管理的规定

项目部应根据工程总承包企业相关规定建立工程总承包合同管理程序。

项目部合同管理人员应全过程跟踪检查合同履行情况,收集和整理合同信息和管理绩效评价,并应按规定报告项目经理。

项目合同变更应按下列程序进行：

（1）提出合同变更申请。

（2）控制经理组织相关人员开展合同变更评审并提出实施和控制计划。

（3）报项目经理审查和批准，重大合同变更应报工程总承包企业负责人签认。

（4）经项目发包人签认，形成书面文件。

（5）组织实施。

提出合同变更申请时应填写合同变更单。合同变更单宜包括下列主要内容：变更的内容；变更的理由和处理措施；变更的性质和责任承担方；对项目质量、安全、费用和进度等的影响。

合同争议处理应按下列程序进行：

（1）准备并提供合同争议事件的证据和详细报告。

（2）通过和解或调解达成协议，解决争议。

（3）和解或调解无效时，按合同约定提交仲裁或诉讼处理。

项目部应依据合同约定，对合同的违约责任进行处理。

（三）《建设项目工程总承包合同（示范文本）》（GF—2020—0216）文件的提供和照管主要条款

1. 发包人文件的提供

发包人应按照专用合同条件约定的期限、数量和形式向承包人免费提供前期工作相关资料、环境保护、气象水文、地质条件进行工程设计、现场施工等工程实施所需的文件。因发包人未按合同约定提供文件造成工期延误的，按照"因发包人原因导致工期延误"约定办理。

2. 承包人文件的提供

除专用合同条件另有约定外，承包人文件应包含下列内容，并用"语言文字"约定的语言制作：

（1）《发包人要求》中规定的相关文件。

（2）满足工程相关行政审批手续所必须的应由承包人负责的相关文件。

（3）"竣工文件"与"操作和维修手册"中要求的相关文件。

承包人应按照专用合同条件约定的期限、名称、数量和形式向工程师提供应当由承包人编制的与工程设计、现场施工等工程实施有关的承包人文件。工程师对承包人文件有异议的，承包人应予以修改，并重新报送工程师。合同约定承包人文件应经审查的，工程师应在合同约定的期限内审查完毕，但工程师的审查并不减轻或免除承包人根据合同约定应当承担的责任。承包人文件的提供和审查还应遵守"承包人文件审查"和"竣工文件"的约定。

3. 文件错误的通知

任何一方发现文件中存在明显的错误或疏忽，应及时通知另一方。

4. 文件的照管

除专用合同条件另有约定外，承包人应在现场保留一份合同、《发包人要求》中列出的所有文件、承包人文件、变更以及其他根据合同收发的往来信函。发包人和工程师有权在任何合理的时间查阅和使用上述所有文件。

（四）《建设项目工程总承包合同（示范文本）》（GF—2020—0216）发包人主要条款

1. 遵守法律

发包人在履行合同过程中应遵守法律，并承担因发包人违反法律给承包人造成的任何费用和损失。发包人不得以任何理由，要求承包人在工程实施过程中违反法律、行政法规以及建设工程质量、安全、环保标准，任意压缩合理工期或者降低工程质量。

2. 提供施工现场和工作条件

（1）提供施工现场。

发包人应按专用合同条件约定向承包人移交施工现场，给承包人进入和占用施工现场各部分的权利，并明确与承包人的交接界面，上述进入和占用权可不为承包人独享。如专用合同条件没有约定移交时间的，则发包人应最迟于计划开始现场施工日期 7 天前向承包人移交施工现场，但承包人未能按照“履约担保”提供履约担保的除外。

（2）提供工作条件。

发包人应按专用合同条件约定向承包人提供工作条件。专用合同条件对此没有约定的，发包人应负责提供开展本合同相关工作所需要的条件，包括：

①将施工用水、电力、通信线路等施工所必需的条件接至施工现场内。

②保证向承包人提供正常施工所需要的进入施工现场的交通条件。

③协调处理施工现场周围地下管线和邻近建筑物、构筑物、古树名木、文物、化石及坟墓等的保护工作，并承担相关费用。

④对工程现场临近发包人正在使用、运行、或由发包人用于生产的建筑物、构筑物、生产装置、设施、设备等，设置隔离设施，竖立禁止入内、禁止动火的明显标志，并以书面形式通知承包人须遵守的安全规定和位置范围。

⑤按照专用合同条件约定应提供的其他设施和条件。

（3）逾期提供的责任。

因发包人原因未能按合同约定及时向承包人提供施工现场和施工条件的，由发包人承担由此增加的费用和（或）延误的工期。

3. 提供基础资料

发包人应按专用合同条件和《发包人要求》中的约定向承包人提供施工现场及工程实施所必需的毗邻区域内的供水、排水、供电、供气、供热、通信、广播电视等地上、地下管线和设施资料，气象和水文观测资料，地质勘察资料，相邻建筑物、构筑物和地下工程等有关基础资料，并根据“《发包人要求》和基础资料中的错误”规定承担基础资料错误造成的责任。按照法律规定确需在开工后方能提供的基础资料，发包人应尽其努力及时地在相应工程实施前的合理期限内提供，合理期限应以不影响承包人的正常履约为限。因发包人原因未能在合理期限内提供相应基础资料的，由发包人承担由此增加的费用和延误的工期。

4. 办理许可和批准

发包人在履行合同过程中应遵守法律，并办理法律规定或合同约定由其办理的许可、批准或备案，包括但不限于建设用地规划许可证、建设工程规划许可证、建设工程施工许可证等许可和批准。对于法律规定或合同约定由承包人负责的有关设计、施工证件、批件或备案，发包人应给予必要的协助。

因发包人原因未能及时办理完毕前述许可、批准或备案，由发包人承担由此增加的费用和(或)延误的工期，并支付承包人合理的利润。

5. 支付合同价款

发包人应按合同约定向承包人及时支付合同价款。

发包人应当制定资金安排计划，除专用合同条件另有约定外，如发包人拟对资金安排做任何重要变更，应将变更的详细情况通知承包人。如发生承包人收到价格大于签约合同价10%的变更指示或累计变更的总价超过签约合同价30%；或承包人未能根据"合同价格与支付"规定收到付款，或承包人得知发包人的资金安排发生重要变更但并未收到发包人上述重要变更通知的情况，则承包人可随时要求发包人在28天内补充提供能够按照合同约定支付合同价款的相应资金来源证明。

发包人应当向承包人提供支付担保。支付担保可以采用银行保函或担保公司担保等形式，具体由合同当事人在专用合同条件中约定。

6. 现场管理配合

发包人应负责保证在现场或现场附近的发包人人员和发包人的其他承包人(如有)：

(1)根据"现场合作"的约定，与承包人进行合作。

(2)遵守"现场劳动用工""安全文明施工""职业健康"和"环境保护"的相关约定。

发包人应与承包人、由发包人直接发包的其他承包人(如有)订立施工现场统一管理协议，明确各方的权利义务。

7. 其他义务

发包人应履行合同约定的其他义务，双方可在专用合同条件内对发包人应履行的其他义务进行补充约定。

(五)《建设项目工程总承包合同(示范文本)》(GF—2020—0216)发包人的管理主要条款

1. 发包人代表

发包人应任命发包人代表，并在专用合同条件中明确发包人代表的姓名、职务、联系方式及授权范围等事项。发包人代表应在发包人的授权范围内，负责处理合同履行过程中与发包人有关的具体事宜。发包人代表在授权范围内的行为由发包人承担法律责任。

2. 任命和授权

发包人应在发出开始工作通知前将工程师的任命通知承包人。更换工程师的，发包人应提前7天以书面形式通知承包人，并在通知中写明替换者的姓名、职务、职权、权限和任命时间。工程师超过2天不能履行职责的，应委派代表代行其职责，并通知承包人。

3. 会议

除专用合同条件另有约定外，任何一方可向另一方发出通知，要求另一方出席会议，讨论工程的实施安排或与本合同履行有关的其他事项。发包人的其他承包人、承包人的分包人和其他第三方可应任何一方的请求出席任何此类会议。

（六）《建设项目工程总承包合同（示范文本）》（GF—2020—0216）承包人主要条款

1. 承包人的一般义务

除专用合同条件另有约定外，承包人在履行合同过程中应遵守法律和工程建设标准规范，并履行以下义务：

（1）办理法律规定和合同约定由承包人办理的许可和批准，将办理结果书面报送发包人留存，并承担因承包人违反法律或合同约定给发包人造成的任何费用和损失。

（2）按合同约定完成全部工作并在缺陷责任期和保修期内承担缺陷保证责任和保修义务，对工作中的任何缺陷进行整改、完善和修补，使其满足合同约定的目的。

（3）提供合同约定的工程设备和承包人文件，以及为完成合同工作所需的劳务、材料、施工设备和其他物品，并按合同约定负责临时设施的设计、施工、运行、维护、管理和拆除。

（4）按合同约定的工作内容和进度要求，编制设计、施工的组织和实施计划，保证项目进度计划的实现，并对所有设计、施工作业和施工方法，以及全部工程的完备性和安全可靠性负责。

（5）按法律规定和合同约定采取安全文明施工、职业健康和环境保护措施，办理员工工伤保险等相关保险，确保工程及人员、材料、设备和设施的安全，防止因工程实施造成的人身伤害和财产损失。

（6）将发包人按合同约定支付的各项价款专用于合同工程，且应及时支付其雇用人员（包括建筑工人）工资，并及时向分包人支付合同价款。

（7）在进行合同约定的各项工作时，不得侵害发包人与他人使用公用道路、水源、市政管网等公共设施的权利，避免对邻近的公共设施产生干扰。

2. 履约担保

发包人需要承包人提供履约担保的，由合同当事人在专用合同条件中约定履约担保的方式、金额及提交的时间等，并应符合“支付合同价款”的规定。履约担保可以采用银行保函或担保公司担保等形式，承包人为联合体的，其履约担保由联合体各方或者联合体中牵头人的名义代表联合体提交，具体由合同当事人在专用合同条件中约定。

3. 分包

承包人不得将其承包的全部工程转包给第三人，或将其承包的全部工程肢解后以分包的名义转包给第三人。承包人不得将法律或专用合同条件中禁止分包的工作事项分包给第三人，不得以劳务分包的名义转包或违法分包工程。

（七）《建设项目工程总承包合同（示范文本）》（GF—2020—0216）设计主要条款

1. 承包人的设计义务

（1）设计义务的一般要求。

承包人应当按照法律规定，国家、行业和地方的规范和标准，以及《发包人要求》和合同约定完成设计工作和设计相关的其他服务，并对工程的设计负责。承包人应根据工程实施的需要及时向发包人和工程师说明设计文件的意图，解释设计文件。

(2)对设计人员的要求。

承包人应保证其或其设计分包人的设计资质在合同有效期内满足法律法规、行业标准或合同约定的相关要求,并指派符合法律法规、行业标准或合同约定的资质要求并具有从事设计所必需的经验与能力的设计人员完成设计工作。承包人应保证其设计人员(包括分包人的设计人员)在合同期限内,都能按时参加发包人或工程师组织的工作会议。

(3)法律和标准的变化。

除合同另有约定外,承包人完成设计工作所应遵守的法律规定,以及国家、行业和地方的规范和标准,均应视为在基准日期适用的版本。基准日期之后,前述版本发生重大变化,或者有新的法律,以及国家、行业和地方的规范和标准实施的,承包人应向工程师提出遵守新规定的建议。发包人或其委托的工程师应在收到建议后7天内发出是否遵守新规定的指示。如果该项建议构成变更的,按照"承包人的合理化建议"的约定执行。在基准日期之后,因国家颁布新的强制性规范、标准导致承包人的费用变化的,发包人应合理调整合同价格;导致工期延误的,发包人应合理延长工期。

2. 承包人文件审查

根据《发包人要求》应当通过工程师报发包人审查同意的承包人文件,承包人应当按照《发包人要求》约定的范围和内容及时报送审查。除专用合同条件另有约定外,自工程师收到承包人文件以及承包人的通知之日起,发包人对承包人文件审查期不超过21天。承包人的设计文件对于合同约定有偏离的,应在通知中说明。承包人需要修改已提交的承包人文件的,应立即通知工程师,并向工程师提交修改后的承包人文件,审查期重新起算。发包人同意承包人文件的,应及时通知承包人,发包人不同意承包人文件的,应在审查期限内通过工程师以书面形式通知承包人,并说明不同意的具体内容和理由。承包人对发包人的意见按以下方式处理:

(1)发包人的意见构成变更的,承包人应在7天内通知发包人按照"变更与调整"中关于发包人指示变更的约定执行,双方对是否构成变更无法达成一致的,按照"争议解决"的约定执行。

(2)因承包人原因导致无法通过审查的,承包人应根据发包人的书面说明,对承包人文件进行修改后重新报送发包人审查,审查期重新起算。因此引起的工期延长和必要的工程费用增加,由承包人负责。合同约定的审查期满,发包人没有做出审查结论也没有提出异议的,视为承包人文件已获发包人同意。发包人对承包人文件的审查和同意不得被理解为对合同的修改或改变,也并不减轻或免除承包人任何的责任和义务。

承包人文件不需要政府有关部门或专用合同条件约定的第三方审查单位审查或批准的,承包人应当严格按照经发包人审查同意的承包人文件设计和实施工程。发包人需要组织审查会议对承包人文件进行审查的,审查会议的审查形式、时间安排、费用承担,在专用合同条件中约定。发包人负责组织承包人文件审查会议,承包人有义务参加发包人组织的审查会议,向审查者介绍、解答、解释承包人文件,并提供有关补充资料。发包人有义务向承包人提供审查会议的批准文件和纪要。承包人有义务按照相关审查会议批准的文件和纪要,并依据合同约定及相关技术标准，对承包人文件进行修改、补充和完善。

承包人文件需政府有关部门或专用合同条件约定的第三方审查单位审查或批准的，发包人应在发包人审查同意承包人文件后7天内，向政府有关部门或第三方报送承包人文件，承包人应予以协助。对于政府有关部门或第三方审查单位的审查意见，不需要修改《发包人要求》的，承包人需按该审查意见修改承包人的设计文件；需要修改《发包人要求》的，承包人应按“承包人的合理化建议”的约定执行。上述情形还应适用“承包人的设计义务”和“变更与调整”的有关约定。政府有关部门或第三方审查单位审查批准后，承包人应当严格按照批准后的承包人文件实施工程。政府有关部门或第三方审查单位批准时间较合同约定时间延长的，竣工日期相应顺延。因此给双方带来的费用增加，由双方在负责的范围内各自承担。

3. 培训

承包人应按照《发包人要求》，对发包人的雇员或其他发包人指定的人员进行工程操作、维修或其他合同中约定的培训。合同约定接收之前进行培训的，应在“竣工验收”约定的竣工验收前或试运行结束前完成培训。培训的时长应由双方在专用合同条件中约定，承包人应为培训提供有经验的人员、设施和其他必要条件。

4. 竣工文件

承包人应编制并及时更新反映工程实施结果的竣工记录，如实记载竣工工程的确切位置、尺寸和已实施工作的详细说明。竣工文件的形式、技术标准以及其他相关内容应按照相关法律法规、行业标准与《发包人要求》执行。竣工记录应保存在施工现场，并在竣工试验开始前，按照专用合同条件约定的份数提交给工程师。

在颁发工程接收证书之前，承包人应按照《发包人要求》的份数和形式向工程师提交相应竣工图纸，并取得工程师对尺寸、参照系统及其他有关细节的认可。工程师应按照“承包人文件审查”的约定进行审查。

除专用合同条件另有约定外，在工程师收到本款下的文件前，不应认为工程已根据“竣工验收”和“单位/区段工程的验收”的约定完成验收。

5. 操作和维修手册

在竣工试验开始前，承包人应向工程师提交暂行的操作和维修手册并负责及时更新，该手册应足够详细，以便发包人能够对工程设备进行操作、维修、拆卸、重新安装、调整及修理，以及实现《发包人要求》。同时，手册还应包含发包人未来可能需要的备品备件清单。

工程师收到承包人提交的文件后，应依据“承包人文件审查”的约定对操作和维修手册进行审查，竣工试验工程中，承包人应为任何因操作和维修手册错误或遗漏引起的风险或损失承担责任。

除专用合同条件另有约定外，承包人应提交足够详细的最终操作和维修手册，以及在《发包人要求》中明确的相关操作和维修手册。除专用合同条件另有约定外，在工程师收到上述文件前，不应认为工程已根据“竣工验收”和“单位/区段工程的验收”的约定完成验收。

6. 承包人文件错误

承包人文件存在错误、遗漏、含混、矛盾、不充分之处或其他缺陷，无论承包人是否根据本款获得了同意，承包人均应自费对前述问题带来的缺陷和工程问题进行改正，并按照"承包人文件审查"的要求，重新送工程师审查，审查日期从工程师收到文件开始重新计算。因此款原因重新提交审查文件导致的工程延误和必要费用增加由承包人承担。《发包人要求》的错误导致承包人文件错误、遗漏、含混、矛盾、不充分或其他缺陷的除外。

（八）《建设项目工程总承包合同（示范文本）》（GF—2020—0216）材料、工程设备主要条款

1. 实施方法

承包人应按以下方法进行材料的加工、工程设备的采购、制造和安装，以及工程的所有其他实施作业：

(1) 按照法律规定和合同约定的方法。

(2) 按照公认的良好行业习惯，使用恰当、审慎、先进的方法。

(3) 除专用合同条件另有规定外，应使用适当配备的实施办法、设备、设施和无危险的材料。

2. 材料和工程设备

(1) 发包人提供的材料和工程设备。

发包人自行供应材料、工程设备的，应在订立合同时在专用合同条件的附件《发包人供应材料设备一览表》中明确材料、工程设备的品种、规格、型号、主要参数、数量、单价、质量等级和交接地点等。

承包人应根据项目进度计划的安排，提前 28 天以书面形式通知工程师供应材料与工程设备的进场计划。承包人按照"项目进度计划"约定修订项目进度计划时，需同时提交经修订后的发包人供应材料与工程设备的进场计划。发包人应按照上述进场计划，向承包人提交材料和工程设备。

发包人应在材料和工程设备到货 7 天前通知承包人，承包人应会同工程师在约定的时间内，赴交货地点共同进行验收。除专用合同条件另有约定外，发包人提供的材料和工程设备验收后，由承包人负责接收、运输和保管。

发包人需要对进场计划进行变更的，承包人不得拒绝，应根据"变更与调整"的规定执行，并由发包人承担承包人由此增加的费用，以及引起的工期延误。承包人需要对进场计划进行变更的，应事先报请工程师批准，由此增加的费用和（或）工期延误由承包人承担。

发包人提供的材料和工程设备的规格、数量或质量不符合合同要求，或由于发包人原因发生交货日期延误及交货地点变更等情况的，发包人应承担由此增加的费用和（或）工期延误，并向承包人支付合理利润。

(2) 承包人提供的材料和工程设备。

承包人应按照专用合同条件的约定，将各项材料和工程设备的供货人及品种、技术要求、规格、数量和供货时间等报送工程师批准。承包人应向工程师提交其负责提供的材料和工程设备的质量证明文件，并根据合同约定的质量标准，对材料、工程设备质量负责。

承包人应按照已被批准的"项目进度计划"规定的数量要求及时间要求，负责组织材料和工程设备采购（包括备品备件、专用工具及厂商提供的技术文件），负责运抵现场。合同约

定由承包人采购的材料、工程设备，除专用合同条件另有约定外，发包人不得指定生产厂家或供应商，发包人违反本款约定指定生产厂家或供应商的，承包人有权拒绝，并由发包人承担相应责任。

对承包人提供的材料和工程设备，承包人应会同工程师进行检验和交货验收，查验材料合格证明和产品合格证书，并按合同约定和工程师指示，进行材料的抽样检验和工程设备的检验测试，检验和测试结果应提交工程师，所需费用由承包人承担。

因承包人提供的材料和工程设备不符合国家强制性标准、规范的规定或合同约定的标准、规范，所造成的质量缺陷，由承包人自费修复，竣工日期不予延长。在履行合同过程中，由于国家新颁布的强制性标准、规范，造成承包人负责提供的材料和工程设备，虽符合合同约定的标准，但不符合新颁布的强制性标准时，由承包人负责修复或重新订货，相关费用支出及导致的工期延长由发包人负责。

(3)材料和工程设备的保管。

①发包人供应材料与工程设备的保管与使用。发包人供应的材料和工程设备，承包人清点并接收后由承包人妥善保管，保管费用由承包人承担，但专用合同条件另有约定除外。因承包人原因发生丢失毁损的，由承包人负责赔偿。发包人供应的材料和工程设备使用前，由承包人负责必要的检验，检验费用由发包人承担，不合格的不得使用。

②承包人采购材料与工程设备的保管与使用。承包人采购的材料和工程设备由承包人妥善保管，保管费用由承包人承担。合同约定或法律规定材料和工程设备使用前必须进行检验或试验的，承包人应按工程师的指示进行检验或试验，检验或试验费用由承包人承担，不合格的不得使用。工程师发现承包人使用不符合设计或有关标准要求的材料和工程设备时，有权要求承包人进行修复、拆除或重新采购，由此增加的费用和(或)延误的工期，由承包人承担。

(4)材料和工程设备的所有权。

除本合同另有约定外，承包人根据“承包人提供的材料和工程设备”约定提供的材料和工程设备后，材料及工程设备的价款应列入进度款金额中，发包人支付当期进度款之后，其所有权转为发包人所有(周转性材料除外)；在发包人接收工程前，承包人有义务对材料和工程设备进行保管、维护和保养，未经发包人批准不得运出现场。

承包人按规定提供的材料和工程设备，承包人应确保发包人取得无权利负担的材料及工程设备所有权，因承包人与第三人的物权争议导致的增加的费用和(或)延误的工期，由承包人承担。

3. 样品

(1)样品的报送与封存。

需要承包人报送样品的材料或工程设备，样品的种类、名称、规格、数量等要求均应在专用合同条件中约定。样品的报送程序如下：

①承包人应在计划采购前 28 天向工程师报送样品。承包人报送的样品均应来自供应材料的实际生产地，且提供的样品的规格、数量足以表明材料或工程设备的质量、型号、颜色、表面处理、质地、误差和其他要求的特征。

②承包人每次报送样品时应随附申报单，申报单应载明报送样品的相关数据和资料，并

标明每件样品对应的图纸号,预留工程师审批意见栏。工程师应在收到承包人报送的样品后7天向承包人回复经发包人签认的样品审批意见。

③经工程师审批确认的样品应按约定的方法封样,封存的样品作为检验工程相关部分的标准之一。承包人在施工过程中不得使用与样品不符的材料或工程设备。

④工程师对样品的审批确认仅为确认相关材料或工程设备的特征或用途,不得被理解为对合同的修改或改变,也并不减轻或免除承包人任何的责任和义务。如果封存的样品修改或改变了合同约定,合同当事人应当以书面协议予以确认。

(2)样品的保管。

经批准的样品应由工程师负责封存于现场,承包人应在现场为保存样品提供适当和固定的场所并保持适当和良好的存储环境条件。

4.质量检查

(1)工程质量要求。

工程质量标准必须符合现行国家有关工程施工质量验收规范和标准的要求。有关工程质量的特殊标准或要求由合同当事人在专用合同条件中约定。

因承包人原因造成工程质量未达到合同约定标准的,发包人有权要求承包人返工直至工程质量达到合同约定的标准为止,并由承包人承担由此增加的费用和(或)延误的工期。因发包人原因造成工程质量未达到合同约定标准的,由发包人承担由此增加的费用和(或)延误的工期,并支付承包人合理的利润。

(2)质量检查。

发包人有权通过工程师或自行对全部工程内容及其施工工艺、材料和工程设备进行检查和检验。承包人应为工程师或发包人的检查和检验提供方便,包括到施工现场,或制造、加工地点,或专用合同条件约定的其他地方进行察看和查阅施工原始记录。承包人还应按工程师或发包人指示,进行施工现场的取样试验,工程复核测量和设备性能检测,提供试验样品、提交试验报告和测量成果以及工程师或发包人指示进行的其他工作。工程师或发包人的检查和检验,不免除承包人按合同约定应负的责任。

(3)隐蔽工程检查。

除专用合同条件另有约定外,工程隐蔽部位经承包人自检确认具备覆盖条件的,承包人应书面通知工程师在约定的期限内检查,通知中应载明隐蔽检查的内容、时间和地点,并应附有自检记录和必要的检查资料。

工程师应按时到场并对隐蔽工程及其施工工艺、材料和工程设备进行检查。经工程师检查确认质量符合隐蔽要求,并在验收记录上签字后,承包人才能进行覆盖。经工程师检查质量不合格的,承包人应在工程师指示的时间内完成修复,并由工程师重新检查,由此增加的费用和(或)延误的工期由承包人承担。

除专用合同条件另有约定外,工程师不能按时进行检查的,应提前向承包人提交书面延期要求,顺延时间不得超过48小时,由此导致工期延误的,工期应予以顺延,顺延超过48小时的,由此导致的工期延误及费用增加由发包人承担。工程师未按时进行检查,也未提出延期要求的,视为隐蔽工程检查合格,承包人可自行完成覆盖工作,并作相应记录报送工程师,工程师应签字确认。工程师事后对检查记录有疑问的,可按下列约定重新检查。

承包人覆盖工程隐蔽部位后，工程师对质量有疑问的，可要求承包人对已覆盖的部位进行钻孔探测或揭开重新检查，承包人应遵照执行，并在检查后重新覆盖恢复原状。经检查证明工程质量符合合同要求的，由发包人承担由此增加的费用和(或)延误的工期，并支付承包人合理的利润；经检查证明工程质量不符合合同要求的，由此增加的费用和(或)延误的工期由承包人承担。

承包人未通知工程师到场检查，私自将工程隐蔽部位覆盖的，工程师有权指示承包人钻孔探测或揭开检查，无论工程隐蔽部位质量是否合格，由此增加的费用和(或)延误的工期均由承包人承担。

5. 由承包人试验和检验

(1)试验设备与试验人员。

①承包人根据合同约定或工程师指示进行的现场材料试验，应由承包人提供试验场所、试验人员、试验设备以及其他必要的试验条件。工程师在必要时可以使用承包人提供的试验场所、试验设备以及其他试验条，进行以工程质量检查为目的的材料复核试验，承包人应予以协助。

②承包人应按专用合同条件约定的试验内容、时间和地点提供试验设备、取样装置、试验场所和试验条件，并向工程师提交相应进场计划表。承包人配置的试验设备要符合相应试验规程的要求并经过具有资质的检测单位检测，且在正式使用该试验设备前，需要经过工程师与承包人共同校定。

③承包人应向工程师提交试验人员的名单及其岗位、资格等证明资料，试验人员必须能够熟练进行相应的检测试验，承包人对试验人员的试验程序和试验结果的正确性负责。

(2)取样。

试验属于自检性质的，承包人可以单独取样。试验属于工程师抽检性质的，可由工程师取样，也可由承包人的试验人员在工程师的监督下取样。

(3)材料、工程设备和工程的试验和检验。

①承包人应按合同约定进行材料和工程设备的试验和检验，并为工程师对上述材料、工程设备和工程的质量检查提供必要的试验资料和原始记录。按合同约定应由工程师与承包人共同进行试验和检验的，由承包人负责提供必要的试验资料和原始记录。

②试验属于自检性质的，承包人可以单独进行试验。试验属于工程师抽检性质的，工程师可以单独进行试验，也可由承包人与工程师共同进行。承包人对由工程师单独进行的试验结果有异议的，可以申请重新共同进行试验。约定共同进行试验的，工程师未按照约定参加试验的，承包人可自行试验，并将试验结果报送工程师，工程师应承认该试验结果。

③工程师对承包人的试验和检验结果有异议的，或为查清承包人试验和检验成果的可靠性要求承包人重新试验和检验的，可由工程师与承包人共同进行。重新试验和检验的结果证明该项材料、工程设备或工程的质量不符合合同要求的，由此增加的费用和(或)延误的工期由承包人承担；重新试验和检验结果证明该项材料、工程设备和工程符合合同要求的，由此增加的费用和(或)延误的工期由发包人承担。

(4)现场工艺试验。

承包人应按合同约定进行现场工艺试验。对大型的现场工艺试验，发包人认为必要时，承包人应根据发包人提出的工艺试验要求，编制工艺试验措施计划，报送发包人审查。

6. 缺陷和修补

发包人可在颁发接收证书前随时指示承包人：

(1)对不符合合同要求的任何工程设备或材料进行修补，或者将其移出现场并进行更换。

(2)对不符合合同的其他工作进行修补，或者将其去除并重新实施。

(3)实施因意外、不可预见的事件或其他原因引起的、为工程的安全迫切需要的任何修补工作。

承包人应遵守上述指示，并在合理可行的情况下，根据上述指示中规定的时间完成修补工作。除因下列原因引起的上述第(3)条下的情形外，承包人应承担所有修补工作的费用：

(1)因发包人或其人员的任何行为导致的情形，且在此情况下发包人应承担因此引起的工期延误和承包人费用损失，并向承包人支付合理的利润。

(2)"不可抗力后果的承担"中适用的不可抗力事件的情形。

如果承包人未能遵守发包人的指示，发包人可以自行决定请第三方完成上述修补工作，并有权要求承包人支付因未履行指示而产生的所有费用，但承包人根据有权就修补工作获得支付的情况除外。

（九）《建设项目工程总承包合同（示范文本）》（GF—2020—0216）施工主要条款

1. 交通运输

(1)出入现场的权利。

除专用合同条件另有约定外，发包人应根据工程实施需要，负责取得出入施工现场所需的批准手续和全部权利，以及取得因工程实施所需修建道路、桥梁以及其他基础设施的权利，并承担相关手续费用和建设费用。承包人应协助发包人办理修建场内外道路、桥梁以及其他基础设施的手续。

(2)场外交通。

除专用合同条件另有约定外，发包人应提供场外交通设施的技术参数和具体条件，场外交通设施无法满足工程施工需要的，由发包人负责承担由此产生的相关费用。承包人应遵守有关交通法规，严格按照道路和桥梁的限制荷载行驶，执行有关道路限速、限行、禁止超载的规定，并配合交通管理部门的监督和检查。承包人车辆外出行驶所需的场外公共道路的通行费、养路费和税款等由承包人承担。

(3)场内交通。

除专用合同条件另有约定外，承包人应负责修建、维修、养护和管理施工所需的临时道路和交通设施，包括维修、养护和管理发包人提供的道路和交通设施，并承担相应费用。承包人修建的临时道路和交通设施应免费提供发包人和工程师为实现合同目的使用。场内交通与场外交通的边界由合同当事人在专用合同条件中约定。

(4)超大件和超重件的运输。

由承包人负责运输的超大件或超重件，应由承包人负责向交通管理部门办理申请手续，发包人给予协助。运输超大件或超重件所需的道路和桥梁临时加固改造费用和其他有关费用，由承包人承担，但专用合同条件另有约定的除外。

(5)道路和桥梁的损坏责任。

因承包人运输造成施工现场内外公共道路和桥梁损坏的,由承包人承担修复损坏的全部费用和可能引起的赔偿。

(6)水路和航空运输。

本条上述各款的内容适用于水路运输和航空运输,其中"道路"一词的含义包括河道、航线、船闸、机场、码头、堤防以及水路或航空运输中其他相似结构物;"车辆"一词的含义包括船舶和飞机等。

2. 施工准备和临时设施

(1)承包人提供的施工设备和临时设施。

承包人应按项目进度计划的要求,及时配置施工设备和修建临时设施。进入施工现场的承包人提供的施工设备需经工程师核查后才能投入使用。承包人更换合同约定由承包人提供的施工设备的,应报工程师批准。除专用合同条件另有约定外,承包人应自行承担修建临时设施的费用,需要临时占地的,应由发包人办理申请手续并承担相应费用。承包人应在专用合同条件约定的时间内向发包人提交临时占地资料,因承包人未能按时提交资料,导致工期延误的,由此增加的费用和(或)竣工日期延误,由承包人负责。

(2)发包人提供的施工设备和临时设施。

发包人提供的施工设备或临时设施在专用合同条件中约定。

(3)要求承包人增加或更换施工设备。

承包人使用的施工设备不能满足项目进度计划和(或)质量要求时,工程师有权要求承包人增加或更换施工设备,承包人应及时增加或更换,由此增加的费用和(或)延误的工期由承包人承担。

(4)施工设备和临时设施专用于合同工程。

承包人运入施工现场的施工设备以及在施工现场建设的临时设施必须专用于工程。未经发包人批准,承包人不得运出施工现场或挪作他用;经发包人批准,承包人可以根据施工进度计划撤走闲置的施工设备和其他物品。

3. 现场合作

承包人应按合同约定或发包人的指示,与发包人人员、发包人的其他承包人等人员就在现场或附近实施与工程有关的各项工作进行合作并提供适当条件,包括使用承包人设备、临时工程或进入现场等。承包人应对其在现场的施工活动负责,并应尽合理努力按合同约定或发包人的指示,协调自身与发包人人员、发包人的其他承包人等人员的活动。除专用合同条件另有约定外,如果承包人提供上述合作、条件或协调在考虑到《发包人要求》所列内容的情况下是不可预见的,则承包人有权就额外费用和合理利润从发包人处获得支付,且因此延误的工期应相应顺延。

4. 测量放线

除专用合同条件另有约定外,承包人应根据国家测绘基准、测绘系统和工程测量技术规范,按基准点(线)以及合同工程精度要求,测设施工控制网,并在专用合同条件约定的期限内,将施工控制网资料报送工程师。

承包人应负责管理施工控制网点。施工控制网点丢失或损坏的,承包人应及时修复。

承包人应承担施工控制网点的管理与修复费用，并在工程竣工后将施工控制网点移交发包人。承包人负责对工程、单位/区段工程、施工部位放线，并对放线的准确性负责。

承包人负责施工过程中的全部施工测量放线工作，并配置具有相应资质的人员、合格的仪器、设备和其他物品。承包人应矫正工程的位置、标高、尺寸或基准线中出现的任何差错，并对工程各部分的定位负责。施工过程中对施工现场内水准点等测量标志物的保护工作由承包人负责。

5. 现场劳动用工

承包人及其分包人招用建筑工人的，应当依法与所招用的建筑工人订立劳动合同，实行建筑工人劳动用工实名制管理，承包人应当按照有关规定开设建筑工人工资专用账户、存储工资保证金，专项用于支付和保障该工程建设项目建筑工人工资。

承包人应当在工程项目部配备劳资专管员，对分包单位劳动用工及工资发放实施监督管理。承包人拖欠建筑工人工资的，应当依法予以清偿。分包人拖欠建筑工人工资的，由承包人先行清偿再依法进行追偿。因发包人未按照合同约定及时拨付工程款导致建筑工人工资拖欠的，发包人应当以未结清的工程款为限先行垫付被拖欠的建筑工人工资。合同当事人可在专用合同条件中约定具体的清偿事宜和违约责任。

承包人应当按照相关法律法规的要求，进行劳动用工管理和建筑工人工资支付。

6. 安全文明施工

(1)安全生产要求。

合同履行期间，合同当事人均应当遵守国家和工程所在地有关安全生产的要求，合同当事人有特别要求的，应在专用合同条件中明确安全生产标准化目标及相应事项。承包人有权拒绝发包人及工程师强令承包人违章作业、冒险施工的任何指示。在工程实施过程中，如遇到突发的地质变动、事先未知的地下施工障碍等影响施工安全的紧急情况，承包人应及时报告工程师和发包人，发包人应当及时下令停工并采取应急措施，按照相关法律法规的要求需上报政府有关行政管理部门的，应依法上报。因安全生产需要暂停施工的，按照“暂停工作”的约定执行。

(2)安全生产保证措施。

承包人应当按照法律、法规和工程建设强制性标准进行设计、在设计文件中注明涉及施工安全的重点部位和环节，提出保障施工作业人员和预防安全事故的措施建议，防止因设计不合理导致生产安全事故的发生。

承包人应当按照有关规定编制安全技术措施或者专项施工方案，建立安全生产责任制度、治安保卫制度及安全生产教育培训制度，并按安全生产法律规定及合同约定履行安全职责，如实编制工程安全生产的有关记录，接受发包人、工程师及政府安全监督部门的检查与监督。

承包人应按照法律规定进行施工，开工前做好安全技术交底工作，施工过程中做好各项安全防护措施。承包人为实施合同而雇用的特殊工种的人员应受过专门的培训并已取得政府有关管理机构颁发的上岗证书。承包人应加强施工作业安全管理，特别应加强对于易燃、易爆材料、火工器材、有毒与腐蚀性材料和其他危险品的管理，以及对爆破作业和地下工程施工等危险作业的管理。

(3)文明施工。

承包人在工程施工期间，应当采取措施保持施工现场平整，物料堆放整齐。工程所在地有关政府行政管理部门有特殊要求的,按照其要求执行。合同当事人对文明施工有其他要求的,可以在专用合同条件中明确。

在工程移交之前,承包人应当从施工现场清除承包人的全部工程设备、多余材料、垃圾和各种临时工程,并保持施工现场清洁整齐。经发包人书面同意,承包人可在发包人指定的地点保留承包人履行保修期内的各项义务所需要的材料、施工设备和临时工程。

(4)事故处理。

工程实施过程中发生事故的,承包人应立即通知工程师。发包人和承包人应立即组织人员和设备进行紧急抢救和抢修,减少人员伤亡和财产损失,防止事故扩大,并保护事故现场。需要移动现场物品,应作出标记和书面记录,妥善保管有关证据。发包人和承包人应按国家有关规定,及时如实地向有关部门报告事故发生的情况,以及正在采取的紧急措施等。

在工程实施期间或缺陷责任期内发生危及工程安全的事件,工程师通知承包人进行抢救和抢修,承包人声明无能力或不愿立即执行的,发包人有权雇佣其他人员进行抢救和抢修。此类抢救和抢修按合同约定属于承包人义务的,由此增加的费用和(或)延误的工期由承包人承担。

(5)安全生产责任。

发包人应负责赔偿以下各种情况造成的损失:

①工程或工程的任何部分对土地的占用所造成的第三者财产损失。

②由于发包人原因在施工现场及其毗邻地带、履行合同工作中造成的第三者人身伤亡和财产损失。

③由于发包人原因对发包人自身、承包人、工程师造成的人身伤害和财产损失。

承包人应负责赔偿由于承包人原因在施工现场及其毗邻地带、履行合同工作中造成的第三者人身伤亡和财产损失。

如果上述损失是由于发包人和承包人共同原因导致的,则双方应根据过错情况按比例承担。

7. 职业健康

承包人应遵守适用的职业健康的法律和合同约定(包括对雇用、职业健康、安全、福利等方面的规定),负责现场实施过程中其人员的职业健康和保护,包括:

(1)承包人应遵守适用的劳动法规,保护承包人员工及承包人聘用的第三方人员的合法休假权等合法权益,按照法律规定安排现场施工人员的劳动和休息时间,保障劳动者的休息时间,并支付合理的报酬和费用。因工程施工的特殊需要占用休假日或延长工作时间的,应不超过法律规定的限度,并按法律规定给予补休或酬劳。

(2)承包人应依法为承包人员工及承包人聘用的第三方人员办理必要的证件、许可、保险和注册等,承包人应督促其分包人为分包人员工及分包人聘用的第三方人员办理必要的证件、许可、保险和注册等。承包人应为其履行合同所雇用的人员提供必要的膳宿条件和生活环境,必要的现场食宿条件。

(3)承包人应对其施工人员进行相关作业的职业健康知识培训、危险及危害因素交底、安全操作规程交底、采取有效措施,按有关规定为其现场人员提供劳动保护用品、防护器具、防暑降温用品和安全生产设施。采取有效的防止粉尘、降低噪声、控制有害气体和保障高温、高寒、高空作业安全等劳动保护措施。

(4)承包人应在有毒有害作业区域设置警示标志和说明,对有毒有害岗位进行防治检,对不合格的防护设施、器具、搭设等及时整改,消除危害职业健康的隐患。发包人人员和工程师人员未经承包人允许、未配备相关保护器具,进入该作业区域所造成的伤害,由发包人承担责任和费用。

(5)承包人应采取有效措施预防传染病,保持食堂的饮食卫生,保证施工人员的健康,并定期对施工现场、施工人员生活基地和工程进行防疫和卫生的专业检查和处理,在远离城镇的施工现场,还应配备必要的伤病防治和急救的医务人员与医疗设施。承包人雇佣人员在施工中受到伤害的,承包人应立即采取有效措施进行抢救和治疗。

8. 环境保护

承包人负责在现场施工过程中对现场周围的建筑物、构筑物、文物建筑、古树、名木,及地下管线、线缆、构筑物、文物、化石和坟墓等进行保护。因承包人未能通知发包人,并在未能得到发包人进一步指示的情况下,所造成的损害、损失、赔偿等费用增加,和(或)竣工日期延误,由承包人负责。如承包人已及时通知发包人,发包人未能及时作出指示的,所造成的损害、损失、赔偿等费用增加,和(或)竣工日期延误,由发包人负责。

承包人应采取措施,并负责控制和(或)处理现场的粉尘、废气、废水、固体废物和噪声对环境的污染和危害。因此发生的伤害、赔偿、罚款等费用增加,和(或)竣工日期延误,由承包人负责。

承包人及时或定期将施工现场残留、废弃的垃圾分类后运到发包人或当地有关行政部门指定的地点,防止对周围环境的污染及对作业的影响。承包人应当承担因其原因引起的环境污染侵权损害赔偿责任,因违反上述约定导致当地行政部门的罚款、赔偿等增加的费用,由承包人承担;因上述环境污染引起纠纷而导致暂停施工的,由此增加的费用和(或)延误的工期由承包人承担。

9. 临时性公用设施

(1)提供临时用水、用电等和节点铺设。

除专用合同条件另有约定外,发包人应在承包人进场前将施工临时用水、用电等接至约定的节点位置,并保证其需要。上述临时使用的水、电等的类别、取费单价在专用合同条件中约定,发包人按实际计量结果收费。发包人无法提供的水、电等在专用合同条件中约定,相关费用由承包人纳入报价并承担相关责任。

发包人未能按约定的类别和时间完成节点铺设,使开工时间延误,竣工日期相应顺延。未能按约定的品质、数量和时间提供水、电等,给承包人造成的损失由发包人承担,导致工程关键路径延误的,竣工日期相应顺延。

(2)临时用水、用电等。

承包人应在计划开始现场施工日期 28 天前或双方约定的其他时间,按专用合同条件中约定的发包人能够提供的临时用水、用电等类别,向发包人提交施工(含工程物资保管)所需的临时用水、用电等的品质、正常用量、高峰用量、使用时间和节点位置等资料。承包人自费负责计量仪器的购买、安装和维护，并依据专用合同条件中约定的单价向发包人交费，合同当事人另有约定时除外。

因承包人未能按合同约定提交上述资料，造成发包人费用增加和竣工日期延误时，由承包人负责。

10. 现场安保

承包人承担自发包人向其移交施工现场、进入占有施工现场至发包人接收单位/区段工程或(和)工程之前的现场安保责任，并负责编制相关的安保制度、责任制度和报告制度，提交给发包人。除专用合同条件另有约定外，承包人的该等义务不因其与他人共同合法占有施工现场而减免。承包人有权要求发包人负责协调他人就共同合法占有现场的安保事宜接受承包人的管理。

承包人应将其作业限制在现场区域、合同约定的区域或为履行合同所需的区域内。承包人应采取一切必要的预防措施，以保持承包人的设备和人员处于现场区域内，避免其进入邻近地区。

承包人为履行合同义务而占用的其他场所(如预制加工场所、办公及生活营区)的安保适用本款前述关于现场安保的规定。

11. 工程照管

自开始现场施工日期起至发包人应当接收工程之日止，承包人应承担工程现场、材料、设备及承包人文件的照管和维护工作。

如部分工程于竣工验收前提前交付发包人的，则自交付之日起，该部分工程照管及维护职责由发包人承担。

如发包人及承包人进行竣工验收时尚有部分未竣工工程的，承包人应负责该未竣工工程的照管和维护工作，直至竣工后移交给发包人。

如合同解除或终止的，承包人自合同解除或终止之日起不再对工程承担照管和维护义务。

(十)《建设项目工程总承包合同(示范文本)》(GF—2020—0216)工期和进度主要条款

1. 开始工作

(1)开始工作准备。

合同当事人应按专用合同条件约定完成开始工作准备工作。

(2)开始工作通知。

经发包人同意后，工程师应提前7天向承包人发出经发包人签认的开始工作通知，工期自开始工作通知中载明的开始工作日期起算。

除专用合同条件另有约定外，因发包人原因造成实际开始现场施工日期迟于计划开始现场施工日期后第84天的，承包人有权提出价格调整要求，或者解除合同。发包人应当承担由此增加的费用和(或)延误的工期，并向承包人支付合理利润。

2. 竣工日期

承包人应在合同协议书约定的工期内完成合同工作。除专用合同条件另有约定外，工程的竣工日期以“竣工验收”的约定为准，并在工程接收证书中写明。

因发包人原因，在工程师收到承包人竣工验收申请报告 42 天后未进行验收的，视为验收合格，实际竣工日期以提交竣工验收申请报告的日期为准，但发包人由于不可抗力不能进行验收的除外。

3. 项目实施计划

(1)项目实施计划的内容。

项目实施计划是依据合同和经批准的项目管理计划进行编制并用于对项目实施进行管理和控制的文件，应包含概述、总体实施方案、项目实施要点、项目初步进度计划以及合同当事人在专用合同条件中约定的其他内容。

(2)项目实施计划的提交和修改。

除专用合同条件另有约定外，承包人应在合同订立后 14 天内，向工程师提交项目实施计划，工程师应在收到项目实施计划后 21 天内确认或提出修改意见。对工程师提出的合理意见和要求，承包人应自费修改完善。根据工程实施的实际情况需要修改项目实施计划的，承包人应向工程师提交修改后的项目实施计划。

项目进度计划的编制和修改按照“项目进度计划”执行。

典型例题

【单选题】根据《建设项目工程总承包合同(示范文本)》，除专用合同条件另有约定外，承包人应在合同订立后(　　)天内，向工程师提交项目实施计划。

A. 7　　B. 14

C. 28　　D. 42

B。**【解析】**根据《建设项目工程总承包合同(示范文本)》，除专用合同条件另有约定外，承包人应在合同订立后 14 天内，向工程师提交项目实施计划，工程师应在收到项目实施计划后 21 天内确认或提出修改意见。对工程师提出的合理意见和要求，承包人应自费修改完善。根据工程实施的实际情况需要修改项目实施计划的，承包人应向工程师提交修改后的项目实施计划。

4. 项目进度计划

(1)项目进度计划的提交和修改。

承包人应按照“项目实施计划”约定编制并向工程师提交项目初步进度计划，经工程师批准后实施。除专用合同条件另有约定外，工程师应在 21 天内批复或提出修改意见，否则该项目初步进度计划视为已得到批准。对工程师提出的合理意见和要求，承包人应自费修改完善。

经工程师批准的项目初步进度计划称为项目进度计划，是控制合同工程进度的依据，工程师有权按照进度计划检查工程进度情况。承包人还应根据项目进度计划，编制更为详细的分阶段或分项的进度计划，由工程师批准。

(2)项目进度计划的内容。

项目进度计划应当包括设计、承包人文件提交、采购、制造、检验、运达现场、施工、安装、试验的各个阶段的预期时间以及设计和施工组织方案说明等，其编制应当符合国家法律规定和一般工程实践惯例。项目进度计划的具体要求、关键路径及关键路径变化的确定原则、承包人提交的份数和时间等,在专用合同条件约定。

(3)项目进度计划的修订。

项目进度计划不符合合同要求或与工程的实际进度不一致的,承包人应向工程师提交修订的项目进度计划,并附具有关措施和相关资料。工程师也可以直接向承包人发出修订项目进度计划的通知,承包人如接受,应按该通知修订项目进度计划,报工程师批准。承包人如不接受,应当在 14 天内答复,如未按时答复视作已接受修订项目进度计划通知中的内容。

除专用合同条件另有约定外,工程师应在收到修订的项目进度计划后 14 天内完成审批或提出修改意见,如未按时答复视作已批准承包人修订后的项目进度计划。工程师对承包人提交的项目进度计划的确认,不能减轻或免除承包人根据法律规定和合同约定应承担的任何责任或义务。

除合同当事人另有约定外,项目进度计划的修订并不能减轻或者免除双方按"工期延误""工期提前""暂停工作"应承担的合同责任。

5. 进度报告

项目实施过程中,承包人应进行实际进度记录,并根据工程师的要求编制月进度报告,并提交给工程师。进度报告应包含以下主要内容:

(1)工程设计、采购、施工等各个工作内容的进展报告。

(2)工程施工方法的一般说明。

(3)当月工程实施介入的项目人员、设备和材料的预估明细报告。

(4)当月实际进度与进度计划对比分析,以及提出未来可能引起工期延误的情形,同时提出应对措施;需要修订项目进度计划的,应对项目进度计划的修订部分进行说明。

(5)承包人对于解决工期延误所提出的建议。

(6)其他与工程有关的重大事项。

进度报告的具体要求等,在专用合同条件约定。

6. 提前预警

任何一方应当在下列情形发生时尽快书面通知另一方:

(1)该情形可能对合同的履行或实现合同目的产生不利影响。

(2)该情形可能对工程完成后的使用产生不利影响。

(3)该情形可能导致合同价款增加。

(4)该情形可能导致整个工程或单位/区段工程的工期延长。

发包人有权要求承包人根据"承包人的合理化建议"的约定提交变更建议,采取措施尽量避免或最小化上述情形的发生或影响。

7. 工期延误

(1)因发包人原因导致工期延误。

在合同履行过程中,因下列情况导致工期延误和(或)费用增加的,由发包人承担由此延误的工期和(或)增加的费用,且发包人应支付承包人合理的利润:

①根据“变更与调整”的约定构成一项变更的。

②发包人违反本合同约定，导致工期延误和(或)费用增加的。

③发包人、发包人代表、工程师或发包人聘请的任意第三方造成或引起的任何延误、妨碍和阻碍。

④发包人未能依据“发包人提供的材料和工程设备”的约定提供材料和工程设备导致工期延误和(或)费用增加的。

⑤因发包人原因导致的暂停施工。

⑥发包人未及时履行相关合同义务，造成工期延误的其他原因。

(2)因承包人原因导致工期延误。

由于承包人的原因，未能按项目进度计划完成工作，承包人应采取措施加快进度，并承担加快进度所增加的费用。

由于承包人原因造成工期延误并导致逾期竣工的，承包人应支付逾期竣工违约金。逾期竣工违约金的计算方法和最高限额在专用合同条件中约定。承包人支付逾期竣工违约金，不免除承包人完成工作及修补缺陷的义务，且发包人有权从工程进度款、竣工结算款或约定提交的履约担保中扣除相当于逾期竣工违约金的金额。

(3)行政审批迟延。

合同约定范围内的工作需国家有关部门审批的，发包人和(或)承包人应按照专用合同条件约定的职责分工完成行政审批报送。因国家有关部门审批迟延造成工期延误的，竣工日期相应顺延。造成费用增加的，由双方在负责的范围内各自承担。

(4)异常恶劣的气候条件。

异常恶劣的气候条件是指在施工过程中遇到的，有经验的承包人在订立合同时不可预见的，对合同履行造成实质性影响的，但尚未构成不可抗力事件的恶劣气候条件。合同当事人可以在专用合同条件中约定异常恶劣的气候条件的具体情形。

承包人应采取克服异常恶劣的气候条件的合理措施继续施工，并及时通知工程师。工程师应当及时发出指示，指示构成变更的，按“变更与调整”约定办理。承包人因采取合理措施而延误的工期由发包人承担。

8. 工期提前

发包人指示承包人提前竣工且被承包人接受的，应与承包人共同协商采取加快工程进度的措施和修订项目进度计划。发包人应承担承包人由此增加的费用，增加的费用按“变更与调整”的约定执行；发包人不得以任何理由要求承包人超过合理限度压缩工期。承包人有权不接受提前竣工的指示，工期按照合同约定执行。

承包人提出提前竣工的建议且发包人接受的，应与发包人共同协商采取加快工程进度的措施和修订项目进度计划。发包人应承担承包人由此增加的费用，增加的费用按“变更与调整”的约定执行，并向承包人支付专用合同条件约定的相应奖励金。

9. 暂停工作

(1)由发包人暂停工作。

发包人认为必要时，可通过工程师向承包人发出经发包人签认的暂停工作通知，应列明暂停原因、暂停的日期及预计暂停的期限。承包人应按该通知暂停工作。

承包人因执行暂停工作通知而造成费用的增加和(或)工期延误由发包人承担,并有权要求发包人支付合理利润,但由于承包人原因造成发包人暂停工作的除外。

(2)由承包人暂停工作。

因承包人原因所造成部分或全部工程的暂停,承包人应采取措施尽快复工并赶上进度,由此造成费用的增加或工期延误由承包人承担。因此造成逾期竣工的,承包人应按"因承包人原因导致工期延误"承担逾期竣工违约责任。

合同履行过程中发生下列情形之一的,承包人可向发包人发出通知,要求发包人采取有效措施予以纠正。发包人收到承包人通知后的28天内仍不予以纠正,承包人有权暂停施工,并通知工程师。承包人有权要求发包人延长工期和(或)增加费用,并支付合理利润:

①发包人拖延、拒绝批准付款申请和支付证书,或未能按合同约定支付价款,导致付款延误的。

②发包人未按约定履行合同其他义务导致承包人无法继续履行合同的,或者发包人明确表示暂停或实质上已暂停履行合同的。

除上述原因以外的暂停工作,双方应遵守"不可抗力"的相关约定。

(3)暂停工作期间的工程照管。

不论由于何种原因引起暂停工作的,暂停工作期间,承包人应负责对工程、工程物资及文件等进行照管和保护,并提供安全保障,由此增加的费用按"由发包人暂停工作"和"由承包人暂停工作"的约定承担。

因承包人未能尽到照管、保护的责任造成损失的,使发包人的费用增加,(或)竣工日期延误的,由承包人按本合同约定承担责任。

(4)拖长的暂停。

根据由发包人暂停工作的约定,暂停工作持续超过56天的,承包人可向发包人发出要求复工的通知。如果发包人没有在收到书面通知后28天内准许已暂停工作的全部或部分继续工作,承包人有权根据"变更与调整"的约定,要求以变更方式调减受暂停影响的部分工程。发包人的暂停超过56天且暂停影响到整个工程的,承包人有权根据"由承包人解除合同"的约定,发出解除合同的通知。

10. 复工

收到发包人的复工通知后,承包人应按通知时间复工;发包人通知的复工时间应当给予承包人必要的准备复工时间。

不论由于何种原因引起暂停工作,双方均可要求对方一同对受暂停影响的工程、工程设备和工程物资进行检查,承包人应将检查结果及需要恢复、修复的内容和估算通知发包人。

除"不可抗力"另有约定外,发生的恢复、修复价款及工期延误的后果由责任方承担。

(十一)《建设项目工程总承包合同(示范文本)》(GF—2020—0216)竣工验收主要条款

1. 竣工试验的义务

承包人完成工程或区段工程进行竣工试验所需的作业,并根据"竣工文件"和"操作和维修手册"提交文件后,进行竣工试验。

承包人应在进行竣工试验之前，至少提前42天向工程师提交详细的竣工试验计划，该计划应载明竣工试验的内容、地点、拟开展时间和需要发包人提供的资源条件。工程师应在收到计划后的14天内进行审查，并就该计划不符合合同的部分提出意见，承包人应在收到意见后的14天内自费对计划进行修正。工程师逾期未提出意见的，视为竣工试验计划已得到确认。除提交竣工试验计划外，承包人还应提前21天将可以开始进行各项竣工试验的日期通知工程师，并在该日期后的14天内或工程师指示的日期进行竣工试验。

承包人应根据经确认的竣工试验计划以及“由承包人试验和检验”进行竣工试验。除《发包人要求》中另有说明外，竣工试验应按以下顺序分阶段进行，即只有在工程或区段工程已通过上一阶段试验的情况下，才可进行下一阶段试验：

(1)承包人进行启动前试验，包括适当的检查和功能性试验，以证明工程或区段工程的每一部分均能够安全地承受下一阶段试验。

(2)承包人进行启动试验，以证明工程或区段工程能够在所有可利用的操作条件下安全运行，并按照专用合同条件和《发包人要求》中的规定操作。

(3)承包人进行试运行试验。当工程或区段工程能稳定安全运行时，承包人应通知工程师，可以进行其他竣工试验，包括各种性能测试，以证明工程或区段工程符合《发包人要求》中列明的性能保证指标。

进行上述试验不应构成“验收和工程接收”规定的接收，但试验所产生的任何产品或其他收益均应归属于发包人。

完成上述各阶段竣工试验后，承包人应向工程师提交试验结果报告，试验结果须符合约定的标准、规范和数据。工程师应在收到报告后14天内予以回复，逾期未回复的，视为认可竣工试验结果。但在考虑工程或区段工程是否通过竣工试验时，应适当考虑发包人对工程或其任何部分的使用，对工程或区段工程的性能、特性和试验结果产生的影响。

典型例题

【单选题】根据《建设项目工程总承包合同(示范文本)》，承包人应在进行竣工试验之前，至少提前(　　)天向工程师提交详细的竣工试验计划。

A. 7　　B. 14

C. 28　　D. 42

D。【解析】根据《建设项目工程总承包合同(示范文本)》，承包人应在进行竣工试验之前，至少提前42天向工程师提交详细的竣工试验计划，该计划应载明竣工试验的内容、地点、拟开展时间和需要发包人提供的资源条件。

2. 延误的试验

如果承包人已根据“竣工试验的义务”就可以开始进行各项竣工试验的日期通知工程师，但该等试验因发包人原因被延误14天以上的，发包人应承担由此增加的费用和工期延误，并支付承包人合理利润。同时，承包人应在合理可行的情况下尽快进行竣工试验。

承包人无正当理由延误进行竣工试验的，工程师可向其发出通知，要求其在收到通知后的21天内进行该项竣工试验。承包人应在该21天的期限内确定进行试验的日期，并至少提前7天通知工程师。

如果承包人未在该期限内进行竣工试验，则发包人有权自行组织该项竣工试验，由此产生的合理费用由承包人承担。发包人应在试验完成后28天内向承包人发送试验结果。

3. 重新试验

如果工程或区段工程未能通过竣工试验，则承包人应根据“缺陷和修补”修补缺陷。发包人或承包人可要求按相同的条件，重新进行未通过的试验以及相关工程或区段工程的竣工试验。该等重新进行的试验仍应适用本条对于竣工试验的规定。

4. 未能通过竣工试验

因发包人原因导致竣工试验未能通过的，承包人进行竣工试验的费用由发包人承担，竣工日期相应顺延。

如果工程或区段工程未能通过根据“重新试验”重新进行的竣工试验的，则：

(1)发包人有权要求承包人根据“缺陷和修补”继续进行修补和改正，并根据“重新试验”再次进行竣工试验。

(2)未能通过竣工试验，对工程或区段工程的操作或使用未产生实质性影响的，发包人有权要求承包人自费修复，承担因此增加的费用和误期损害赔偿责任，并赔偿发包人的相应损失；无法修复时，发包人有权扣减该部分的相应付款，同时视为通过竣工验收。

(3)未能通过竣工试验，使工程或区段工程的任何主要部分丧失了生产、使用功能时，发包人有权指令承包人更换相关部分，承包人应承担因此增加的费用和误期损害赔偿责任，并赔偿发包人的相应损失。

(4)未能通过竣工试验，使整个工程或区段工程丧失了生产、使用功能时，发包人可拒收工程或区段工程，或指令承包人重新设计、重置相关部分，承包人应承担因此增加的费用和误期损害赔偿责任，并赔偿发包人的相应损失。同时发包人有权根据“由发包人解除合同”的约定解除合同。

十三、《建设工程施工专业分包合同（示范文本）》（GF—2003—0213）主要内容

（一）双方一般权利和义务

1. 总包合同

(1)分包人对总包合同的了解。

承包人应提供总包合同(有关承包工程的价格内容除外)供分包人查阅。当分包人要求时，承包人应向分包人提供一份总包合同(有关承包工程的价格内容除外)的副本或复印件。分包人应全面了解总包合同的各项规定(有关承包工程的价格内容除外)。

(2)分包人对有关分包工程的责任。

除本合同条款另有约定，分包人应履行并承担总包合同中与分包工程有关的承包人的所有义务与责任，同时应避免因分包人自身行为或疏漏造成承包人违反总包合同中约定的承包人义务的情况发生。

(3)分包人与发包人的关系。

分包人须服从承包人转发的发包人或工程师与分包工程有关的指令。未经承包人允

许,分包人不得以任何理由与发包人或工程师发生直接工作联系,分包人不得直接致函发包人或工程师,也不得直接接受发包人或工程师的指令。如分包人与发包人或工程师发生直接工作联系,将被视为违约,并承担违约责任。

典型例题

【单选题】根据《建设工程施工专业分包合同(示范文本)》,关于发包人、承包人和分包人之间关系的说法,正确的是(　　)。

A. 发包人向分包人提供具备施工条件的施工场地

B. 就分包范围内的有关工作,承包人随时可以向分包人发出指令

C. 分包人可直接致函发包人或工程师

D. 分包合同价款与总承包合同相应部分价款存在连带关系

B。【解析】根据《建设工程施工专业分包合同(示范文本)》,施工场地是指由承包人提供的用于分包工程施工的场所,以及承包人在现场总平面图中具体指定的供分包人施工使用的任何其他场所。故选项A错误。分包人须服从承包人转发的发包人或工程师与分包工程有关的指令。未经承包人允许,分包人不得以任何理由与发包人或工程师发生直接工作联系,分包人不得直接致函发包人或工程师,也不得直接接受发包人或工程师的指令。如分包人与发包人或工程师发生直接工作联系,将被视为违约,并承担违约责任。故选项C错误。分包合同价款与总包合同相应部分价款无任何连带关系。故选项D错误。

2. 承包人的工作

承包人应按本合同专用条款约定的内容和时间,一次或分阶段完成下列工作:

(1)向分包人提供根据总包合同由发包人办理的与分包工程相关的各种证件、批件、各种相关资料,向分包人提供具备施工条件的施工场地。

(2)按本合同专用条款约定的时间,组织分包人参加发包人组织的图纸会审,向分包人进行设计图纸交底。

(3)提供本合同专用条款中约定的设备和设施,并承担因此发生的费用。

(4)随时为分包人提供确保分包工程的施工所要求的施工场地和通道等,满足施工运输的需要,保证施工期间的畅通。

(5)负责整个施工场地的管理工作,协调分包人与同一施工场地的其他分包人之间的交叉配合,确保分包人按照经批准的施工组织设计进行施工。

(6)承包人应做的其他工作,双方在本合同专用条款内约定。

承包人未履行前款各项义务,导致工期延误或给分包人造成损失的,承包人赔偿分包人的相应损失,顺延延误的工期。

3. 分包人的工作

分包人应按本合同专用条款约定的内容和时间,完成下列工作:

(1)分包人应按照分包合同的约定,对分包工程进行设计(分包合同有约定时)施工、竣工和保修。分包人在审阅分包合同和(或)总包合同时,或在分包合同的施工中,如发现分包工程的设计或工程建设标准、技术要求存在错误、遗漏、失误或其他缺陷,应立即通知承包人。

(2)按照本合同专用条款约定的时间,完成规定的设计内容,报承包人确认后在分包工程中使用。承包人承担由此发生的费用。

(3)在本合同专用条款约定的时间内,向承包人提供年、季、月度工程进度计划及相应进度统计报表。分包人不能按承包人批准的进度计划施工时,应根据承包人的要求提交一份修订的进度计划,以保证分包工程如期竣工。

(4)分包人应在专用条款约定的时间内,向承包人提交一份详细施工组织设计,承包人应在专用条款约定的时间内批准,分包人方可执行。

(5)遵守政府有关主管部门对施工场地交通、施工噪音以及环境保护和安全文明生产等的管理规定,按规定办理有关手续,并以书面形式通知承包人,承包人承担由此发生的费用,因分包人责任造成的罚款除外。

(6)分包人应允许承包人、发包人、工程师及其三方中任何一方授权的人员在工作时间内,合理进入分包工程施工场地或材料存放的地点,以及施工场地以外与分包合同有关的分包人的任何工作或准备的地点,分包人应提供方便。

(7)已竣工工程未交付承包人之前,分包人应负责已完分包工程的成品保护工作,保护期间发生损坏,分包人自费予以修复;承包人要求分包人采取特殊措施保护的工程部位和相应的追加合同价款,双方在本合同专用条款内约定。

(8)分包人应做的其他工作,双方在本合同专用条款内约定。

分包人未履行前款各项义务,造成承包人损失的,分包人赔偿承包人有关损失。

4. 转包与再分包

除规定的情况外,分包人不得将其承包的分包工程转包给他人,也不得将其承包的分包工程的全部或部分再分包给他人。如分包人将其承包的分包工程转包或再分包,将被视为违约,并承担违约责任。

分包人经承包人同意可以将劳务作业再分包给具有相应劳务分包资质的劳务分包企业。

分包人应对再分包的劳务作业的质量等相关事宜进行督促和检查,并承担相关连带责任。

(二)工期

1. 开工与延期开工

分包人应当按照本合同协议书约定的开工日期开工。分包人不能按时开工,应当不迟于本合同协议书约定的开工日期前5天,以书面形式向承包人提出延期开工的理由。承包人应当在接到延期开工申请后的48小时内以书面形式答复分包人。承包人在接到延期开工申请后48小时内不答复,视为同意分包人要求,工期相应顺延。承包人不同意延期要求或分包人未在规定时间内提出延期开工要求,工期不予顺延。

因承包人原因不能按照本合同协议书约定的开工日期开工,项目经理应以书面形式通知分包人,推迟开工日期。承包人赔偿分包人因延期开工造成的损失,并相应顺延工期。

2. 工期延误

(1)顺延情形。

因下列原因之一造成分包工程工期延误,经项目经理确认,工期相应顺延:

①承包人根据总包合同从工程师处获得与分包合同相关的竣工时间延长。

②承包人未按本合同专用条款的约定提供图纸、开工条件、设备设施、施工场地。

③承包人未按约定日期支付工程预付款、进度款,致使分包工程施工不能正常进行。

④项目经理未按分包合同约定提供所需的指令、批准或所发出的指令错误，致使分包工程施工不能正常进行。

⑤非分包人原因的分包工程范围内的工程变更及工程量增加。

⑥不可抗力的原因。

⑦本合同专用条款中约定的或项目经理同意工期顺延的其他情况。

分包人应在1款约定情况发生后14天内，就延误的工期以书面形式向承包人提出报告。承包人在收到报告后14天内予以确认，逾期不予确认也不提出修改意见，视为同意顺延工期。

(2)暂停施工。

发包人或工程师认为确有必要暂停施工时，应以书面形式通过承包人向分包人发出暂停施工指令，并在提出要求后48小时内提出书面处理意见。分包人停工和复工程序以及暂停施工所发生的费用，按总包合同相应条款履行。

(3)工程竣工。

①分包人应按照本合同协议书约定的竣工日期或承包人同意顺延的工期竣工。

②因分包人原因不能按照本合同协议书约定的竣工日期或承包人同意顺延的工期竣工的，分包人承担违约责任。

③提前竣工程序按总包合同相应条款履行。

(三)合同价款与支付

1.合同价款及调整

招标工程的合同价款由承包人与分包人依据中标通知书中的中标价格在本合同协议书内约定；非招标工程的合同价款由承包人与分包人依据工程报价书在本合同协议书内约定。

分包工程合同价款在本合同协议书内约定后，任何一方不得擅自改变。下列三种确定合同价款的方式，双方可在本合同专用条款内约定采用其中一种(应与总包合同约定的方式一致)：

(1)固定价格。双方在本合同专用条款内约定合同价款包含的风险范围和风险费用的计算方法，在约定的风险范围内合同价款不再调整。风险范围以外的合同价款调整方法，应当在专用条款内约定。

(2)可调价格。合同价款可根据双方的约定而调整，双方在本合同专用条款内约定合同价款调整方法。

(3)成本加酬金。合同价款包括成本和酬金两部分，双方在本合同专用条款内约定成本构成和酬金的计算方法。

2.合同价款的支付

实行工程预付款的，双方应在本合同专用条款内约定承包人向分包人预付工程款的时间和数额，开工后按约定的时间和比例逐次扣回。

在确认计量结果后10天内，承包人应按专用条款约定的时间和方式，向分包人支付工程款(进度款)。按约定时间承包人应扣回的预付款，与工程款(进度款)同期结算。

分包合同约定的工程变更调整的合同价款、合同价款的调整、索赔的价款或费用以及其他约定的追加合同价款，应与工程进度款同期调整支付。

承包人超过约定的支付时间不支付工程款(预付款、进度款)，分包人可向承包人发出要求付款的通知。

承包人不按分包合同约定支付工程款(预付款、进度款),导致施工无法进行,分包人可停止施工,由承包人承担违约责任。

(四)工程变更

工程变更,是指对工程的任何部分作形式、质量、数量或内容的变动,包括对工程在材料、工艺、功能、构造、尺寸、技术指标、工程数量、施工时间、顺序及方法等方面做出的改变。

分包人应根据以下指令,以更改、增补或省略的方式对分包工程进行变更:

(1)工程师根据总包合同作出的变更指令。该变更指令由工程师作出并经承包人确认后通知分包人。

(2)除上述(1)项以外的承包人作出的变更指令。

分包人不执行从发包人或工程师处直接收到的未经承包人确认的有关分包工程变更的指令。如分包人直接收到此类变更指令,应立即通知项目经理并向项目经理提供一份该直接指令的复印件。项目经理应在24小时内提出关于对该指令的处理意见。

分包工程变更价款的确定应按照总包合同的相应条款履行。分包人应在工程变更确定后11天内向承包人提出变更分包工程价款的报告,经承包人确认后调整合同价款。

分包人在双方确定变更后11天内不向承包人提出变更分包工程价款的报告,视为该项变更不涉及合同价款的变更。

承包人在收到变更分包工程价款报告之日起17天内予以确认,无正当理由逾期未予确认时,视为该报告已被确认。

专家解读

工程变更可以由建设单位、设计单位、项目监理机构及承包单位任何一方提出,按照国际上通行的做法,任何方面提出的变更最终都应由总监理工程师下达实施变更的指令,以保证指令源的唯一性、指令的协调性和信息管理的完整性。工程发生变更,通常都会引起工程费用的变化。对于工程项目出现的“签证”,可参照工程索赔的程序处理。在FIDIC《土木工程施工合同条件》中,总监理工程师应在变更令下达之前,就变更所涉及的费用及工期进行估算,并与建设单位及承包单位协调一致。

(五)竣工验收及结算

1. 竣工验收

分包工程具备竣工验收条件的,分包人应向承包人提供完整的竣工资料及竣工验收报告。双方约定由分包人提供竣工图的,应在专用条款内约定提交日期和份数。

承包人应在收到分包人提供的竣工验收报告之日起3日内通知发包人进行验收,分包人应配合承包人进行验收。根据总包合同无需由发包人验收的部分,承包人应按照总包合同约定的验收程序自行验收。发包人未能按照总包合同及时组织验收的,承包人应按照总包合同规定的发包人验收的期限及程序自行组织验收,并视为分包工程竣工验收通过。

分包工程竣工验收未能通过且属于分包人原因的,分包人负责修复相应缺陷并承担相应的质量责任。

分包工程竣工日期为分包人提供竣工验收报告之日。需要修复的，为提供修复后竣工报告之日。

2. 竣工结算及移交

分包工程竣工验收报告经承包人认可后14天内，分包人向承包人递交分包工程竣工结算报告及完整的结算资料，双方按照本合同协议书约定的合同价款及本合同专用条款约定的合同价款调整内容，进行工程竣工结算。

承包人收到分包人递交的分包工程竣工结算报告及结算资料后28天内进行核实，给予确认或者提出明确的修改意见。承包人确认竣工结算报告后7天内向分包人支付分包工程竣工结算价款。分包人收到竣工结算价款之日起7天内，将竣工工程交付承包人。

专家解读

工程竣工验收合格后，承包单位不一定立即进行交付，在工程交付之前，工程的照管责任仍在承包单位。工程移交后，对工程照管的责任移交到建设单位。因此，有必要对工程竣工验收合格与工程交付做出明确的区分。

承包人收到分包工程竣工结算报告及结算资料后28天内无正当理由不支付工程竣工结算价款，从第29天起按分包人同期向银行贷款利率支付拖欠工程价款的利息，并承担违约责任。

3. 质量保修

在包括分包工程的总包工程竣工交付使用后，分包人应按国家有关规定对分包工程出现的缺陷进行保修，具体保修责任按照分包人与承包人在工程竣工验收之前签订的质量保修书执行。

（六）违约、索赔及争议

1. 违约

(1)承包人违约。

当发生下列情况之一时，视为承包人违约：

①承包人不按分包合同的约定支付工程预付款、工程进度款，导致施工无法进行。

②承包人不按分包合同的约定支付工程竣工结算价款。

③承包人不履行分包合同义务或不按分包合同约定履行义务的其他情况。

(2)分包人违约。

当发生下列情况之一时，视为分包人违约：

①如分包人与发包人或工程师发生直接工作联系。

②分包人将其承包的分包工程转包或再分包。

③因分包人原因不能按照本合同协议书约定的竣工日期或承包人同意顺延的工期竣工的。

④因分包人原因工程质量达不到约定的质量标准。

⑤分包人不履行分包合同义务或不按分包合同约定履行义务的其他情况。

2. 索赔

当一方向另一方提出索赔时，要有正当的索赔理由，且有索赔事件发生时的有效证据。

承包人未能按分包合同的约定履行自己的各项义务或发生错误以及应由承包人承担责任的其他情况，造成工期延误和（或）分包人不能及时得到合同价款或分包人的其他经济损失，分包人可按总包合同约定的程序以书面形式向承包人索赔。

在分包工程施工过程中，如分包人遇到不利外部条件等根据总包合同可以索赔的情况，分包人可按照总包合同约定的索赔程序通过承包人提出索赔要求。在承包人收到分包人索赔报告后21天内给予分包人明确的答复，或要求进一步补充索赔理由和证据。索赔成功后，承包人应将相应部分转交分包人。

分包人应按照总包合同的规定及时向承包人提交分包工程的索赔报告，以保证承包人可以及时向发包人进行索赔。承包人在35天内未能对分包人的索赔报告给予答复，视为分包人的索赔报告已经得到批准。

承包人根据总包合同的约定向工程师递交任何索赔意向通知或其他资料，要求分包人协助时，分包人应就分包工程方面的情况，以书面形式向承包人发出相关通知或其他资料以及保持并出示同期施工记录，以便承包人能遵守总包合同有关索赔的约定。

分包人积极配合，使得承包人涉及分包工程的索赔未获成功，则承包人可在按分包合同约定应支付给分包人的金额中扣除上述本应获得的索赔款项中适当比例的部分。

专家解读

约定的时间是指合同文件内约定的时间，如果合同中没有约定，则由总监理工程师在第一次工地会议上确定。索赔报告的提出通常需要较长的时间，实际工作中，往往先提出索赔意向通知书。按一定的时间间隔提出索赔要求，以便项目监理机构批准工期补偿，获得工期补偿后，承包单位以此进行施工计划调整。因此，总监理工程师最终批准的工期补偿天数不应多于每次阶段索赔批准的工期补偿天数之和。为了防止因补偿数额的争议影响工程的进展，赋予总监理工程师该权力是必要的。

3. 争议

承包人分包人在履行合同时发生争议，可以和解或者要求有关部门调解。当事人不愿和解、调解或者和解、调解不成的，双方可以在本合同专用条款内约定以下一种方式解决争议：双方达成仲裁协议，向约定的仲裁委员会申请仲裁；向有管辖权的人民法院起诉。

发生争议后，除非出现下列情况，双方应继续履行合同，保持分包工程施工连续，保护好已完工程：单方违约导致合同确已无法履行，双方协议停止施工；调解要求停止施工，且为双方接受；仲裁机构要求停止施工；法院要求停止施工。

十四、《建设工程施工劳务分包合同（示范文本）》（GF—2003—0214）主要内容

（一）工程承包人义务

（1）组建与工程相适应的项目管理班子，全面履行总（分）包合同，组织实施施工管理的

各项工作，对工程的工期和质量向发包人负责。

(2)除非本合同另有约定，工程承包人完成劳务分包人施工前期的下列工作并承担相应费用。

(3)负责编制施工组织设计，统一制定各项管理目标，组织编制年、季、月施工计划、物资需用量计划表，实施对工程质量、工期、安全生产、文明施工，计量析测、实验化验的控制、监督、检查和验收。

(4)负责工程测量定位、沉降观测、技术交底，组织图纸会审，统一安排技术档案资料的收集整理及交工验收。

(5)统筹安排、协调解决非劳务分包人独立使用的生产、生活临时设施、工作用水、用电及施工场地。

(6)按时提供图纸，及时交付应供材料、设备，所提供的施工机械设备、周转材料、安全设施保证施工需要。

(7)按合同约定，向劳务分包人支付劳动报酬。

(8)负责与发包人、监理、设计及有关部门联系，协调现场工作关系。

(二)劳务分包人义务

(1)对本合同劳务分包范围内的工程质量向工程承包人负责，组织具有相应资格证书的熟练工人投入工作；未经工程承包人授权或允许，不得擅自与发包人及有关部门建立工作联系；自觉遵守法律法规及有关规章制度。

(2)劳务分包人根据施工组织设计总进度计划的要求，按规定日期提交下月施工计划，有阶段工期要求的提交阶段施工计划，必要时按工程承包人要求提交旬、周施工计划，以及与完成上述阶段、时段施工计划相应的劳动力安排计划，经工程承包人批准后严格实施。

(3)严格按照设计图纸、施工验收规范、有关技术要求及施工组织设计精心组织施工，确保工程质量达到约定的标准；科学安排作业计划，投入足够的人力、物力，保证工期；加强安全教育，认真执行安全技术规范，严格遵守安全制度，落实安全措施，确保施工安全；加强现场管理，严格执行建设主管部门及环保、消防、环卫等有关部门对施工现场的管理规定，做到文明施工；承担由于自身责任造成的质量修改、返工、工期拖延、安全事故、现场脏乱造成的损失及各种罚款。

(4)自觉接受工程承包人及有关部门的管理、监督和检查；接受工程承包人随时检查其设备、材料保管、使用情况，及其操作人员的有效证件、持证上岗情况；与现场其他单位协调配合，照顾全局。

(5)按工程承包人统一规划堆放材料、机具，按工程承包人标准化工地要求设置标牌，搞好生活区的管理，做好自身责任区的治安保卫工作。

(6)按时提交报表、完整的原始技术经济资料，配合工程承包人办理交工验收。

(7)做好施工场地周围建筑物、构筑物和地下管线和已完工程部分的成品保护工作，因劳务分包人责任发生损坏，劳务分包人自行承担由此引起的一切经济损失及各种罚款。

(8)妥善保管、合理使用工程承包人提供或租赁给劳务分包人使用的机具、周转材料及其他设施。

(9)劳务分包人须服从工程承包人转发的发包人及工程师的指令。

(10)除非本合同另有约定,劳务分包人应对其作业内容的实施、完工负责,劳务分包人应承担并履行总(分)包合同约定的、与劳务作业有关的所有义务及工作程序。

(三)安全施工与检查

劳务分包人应遵守工程建设安全生产有关管理规定,严格按安全标准进行施工,并随时接受行业安全检查人员依法实施的监督检查,采取必要的安全防护措施,消除事故隐患。由于劳务分包人安全措施不力造成事故的责任和因此而发生的费用,由劳务分包人承担。

工程承包人应对其在施工场地的工作人员进行安全教育,并对他们的安全负责。工程承包人不得要求劳务分包人违反安全管理的规定进行施工。因工程承包人原因导致的安全事故,由工程承包人承担相应责任及发生的费用。

(四)保险

劳务分包人施工开始前,工程承包人应获得发包人为施工场地内的自有人员及第三人人员生命财产办理的保险,且不需劳务分包人支付保险费用。

运至施工场地用于劳务施工的材料和待安装设备,由工程承包人办理或获得保险,且不需劳务分包人支付保险费用。

工程承包人必须为租赁或提供给劳务分包人使用的施工机械设备办理保险,并支付保险费用。

劳务分包人必须为从事危险作业的职工办理意外伤害保险,并为施工场地内自有人员生命财产和施工机械设备办理保险,支付保险费用。

保险事故发生时,劳务分包人和工程承包人有责任采取必要的措施,防止或减少损失。

典型例题

【单选题】根据《建设工程施工劳务分包合同(示范文本)》,运至施工场地的材料和没有安装的设备由承包人办理索赔,且不需(　　)支付保险费用。

A. 发包人　　　　B. 专业分包人

C. 施工承包人　　　　D. 劳务分包人

D。**【解析】**根据《建设工程施工劳务分包合同(示范文本)》,劳务分包人施工开始前,工程承包人应获得发包人为施工场地内的自有人员及第三人人员生命财产办理的保险,且不需劳务分包人支付保险费用。运至施工场地用于劳务施工的材料和待安装设备,由工程承包人办理或获得保险,且不需劳务分包人支付保险费用。

(五)材料、设备供应

劳务分包人应在接到图纸后约定时间,向工程承包人提交材料、设备、构配件供应计划;经确认后,工程承包人应按供应计划要求的质量、品种、规格、型号、数量和供应时间等组织货源并及时交付;需要劳务分包人运输、卸车的,劳务分包人必须及时进行,费用另行约定。如质量、品种、规格、型号不符合要求,劳务分包人应在验收时提出,工程承包人负责处理。

劳务分包人应妥善保管、合理使用工程承包人供应的材料、设备。因保管不善发生丢失、损坏，劳务分包人应赔偿，并承担因此造成的工期延误等发生的一切经济损失。

工程承包人委托劳务分包人采购低值易耗性材料(列明名称、规格、数量、质量或其他要求)。

工程承包人委托劳务分包人采购低值易耗性材料的费用，由劳务分包人凭采购凭证，另加一定比例的管理费向工程承包人报销。

(六)施工变更

施工中如发生对原工作内容进行变更，工程承包人项目经理应提前7天以书面形式向劳务分包人发出变更通知，并提供变更的相应图纸和说明。劳务分包人按照工程承包人(项目经理)发出的变更通知及有关要求，进行下列需要的变更：更改工程有关部分的标高、基线、位置和尺寸；增减合同中约定的工程量；改变有关的施工时间和顺序；其他有关工程变更需要的附加工作。

因变更导致劳务报酬的增加及造成的劳务分包人损失，由工程承包人承担，延误的工期相应顺延；因变更减少工程量，劳务报酬应相应减少，工期相应调整。

施工中劳务分包人不得对原工程设计进行变更。因劳务分包人擅自变更设计发生的费用和由此导致工程承包人的直接损失，由劳务分包人承担，延误的工期不予顺延。

因劳务分包人自身原因导致的工程变更，劳务分包人无权要求追加劳务报酬。

(七)施工验收

劳务分包人应确保所完成施工的质量，应符合本合同约定的质量标准。劳务分包人施工完毕，应向工程承包人提交完工报告，通知工程承包人验收；工程承包人应当在收到劳务分包人的上述报告后7天内对劳务分包人施工成果进行验收，验收合格或者工程承包人在上述期限内未组织验收的，视为劳务分包人已经完成了本合同约定工作。但工程承包人与发包人间的隐蔽工程验收结果或工程竣工验收结果表明劳务分包人施工质量不合格时，劳务分包人应负责无偿修复，不延长工期，并承担由此导致的工程承包人的相关损失。

全部工程竣工(包括劳务分包人完成工作在内)一经发包人验收合格，劳务分包人对其分包的劳务作业的施工质量不再承担责任，在质量保修期内的质量保修责任由工程承包人承担。

(八)违约责任

当发生下列情况之一时，工程承包人应承担违约责任：

(1)工程承包人不按时向劳务分包人支付劳务报酬。

(2)工程承包人不履行或不按约定履行合同义务的其他情况。

工程承包人不按约定核实劳务分包人完成的工程量或不按约定支付劳务报酬或劳务报酬尾款时，应按劳务分包人同期向银行贷款利率向劳务分包人支付拖欠劳务报酬的利息，并按拖欠金额向劳务分包人支付违约金。

工程承包人不履行或不按约定履行合同的其他义务时，应向劳务分包人支付违约金，工程承包人尚应赔偿因其违约给劳务分包人造成的经济损失，顺延延误的劳务分包人工作时间。

当发生下列情况之一时，劳务分包人应承担违约责任：

(1)劳务分包人因自身原因延期交工的，每延误一日，应向工程承包人支付约定金额的违约金。

(2)劳务分包人施工质量不符合本合同约定的质量标准,但能够达到国家规定的最低标准时,劳务分包人应向工程承包人支付的违约金。

(3)劳务分包人不履行或不按约定履行合同的其他义务时,应向工程承包人支付违约金,劳务分包人尚应赔偿因其违约给工程承包人造成的经济损失,延误的劳务分包人工作时间不予顺延。一方违约后,另一方要求违约方继续履行合同时,违约方承担上述违约责任后仍应继续履行合同。

(九)索赔

工程承包人根据总(分)包合同向发包人递交索赔意向通知或其他资料时,劳务分包人应予以积极配合,保持并出示相应资料,以便工程承包人能遵守总(分)包合同。

在劳务作业实施过程中,如劳务分包人遇到不利外部条件等根据总(分)包合同可以索赔的情形出现,则工程承包人应该采取一切合理步骤,向发包人主张追加付款或延长工期。当索赔成功后,工程承包人应该将索赔所得的相应部分转交给劳务分包人。

当本合同的一方向另一方提出索赔时,应有正当的索赔理由,并有索赔事件发生时有效的相应证据。

工程承包人未按约定履行自己的各项义务或发生错误,以及应由工程承包人承担责任的其他情况,造成工作时间延误和(或)劳务分包人不能及时得到合同报酬及劳务分包人的其他经济损失,劳务分包人可按下列程序以书面形式向工程承包人索赔:

(1)索赔事件发生后21天内,向工程承包人项目经理发出索赔意向通知。

(2)发出索赔意向通知后21天内,向工程承包人项目经理提出延长工作时间和(或)补偿经济损失的索赔报告及有关资料。

(3)工程承包人项目经理在收到劳务分包人送交的索赔报告和有关资料后,于21天内给予答复,或要求劳务分包人进一步补充索赔理由和证据。

(4)工程承包人项目经理在收到劳务分包人送交的索赔报告和有关资料后21天内未予答复或未对劳务分包人作进一步要求,视为该项索赔已经认可。

(5)当该项索赔事件持续进行时,劳务分包人应当阶段性地向工程承包人发出索赔意向,在索赔事件终了后21天内,向工程承包人项目经理送交索赔的有关资料和最终索赔报告。索赔答复程序与(3)(4)规定相同。

十五、《建设工程监理合同(示范文本)》(GF—2012—0202)主要内容

根据《中华人民共和国合同法》《中华人民共和国建筑法》及其他有关法律、法规,住房和城乡建设部与国家工商行政管理总局(现国家市场监督管理总局)联合制定了《建设工程监理合同(示范文本)》(GF—2012—0202),包括协议书、通用条件、专用条件三个部分,供建设各方使用。

(一)监理人的义务

1. 监理的范围和工作内容

监理范围在专用条件中约定。除专用条件另有约定外,监理工作内容包括:

(1)收到工程设计文件后编制监理规划,并在第一次工地会议7天前报委托人。根据有

关规定和监理工作需要,编制监理实施细则。

(2)熟悉工程设计文件,并参加由委托人主持的图纸会审和设计交底会议。

(3)参加由委托人主持的第一次工地会议;主持监理例会并根据工程需要主持或参加专题会议。

(4)审查施工承包人提交的施工组织设计,重点审查其中的质量安全技术措施、专项施工方案与工程建设强制性标准的符合性。

(5)检查施工承包人工程质量、安全生产管理制度及组织机构和人员资格。

(6)检查施工承包人专职安全生产管理人员的配备情况。

(7)审查施工承包人提交的施工进度计划,核查承包人对施工进度计划的调整。

(8)检查施工承包人的试验室。

(9)审核施工分包人资质条件。

(10)查验施工承包人的施工测量放线成果。

(11)审查工程开工条件,对条件具备的签发开工令。

(12)审查施工承包人报送的工程材料、构配件、设备质量证明文件的有效性和符合性,并按规定对用于工程的材料采取平行检验或见证取样方式进行抽检。

(13)审核施工承包人提交的工程款支付申请,签发或出具工程款支付证书,并报委托人审核、批准。

(14)在巡视、旁站和检验过程中,发现工程质量、施工安全存在事故隐患的,要求施工承包人整改并报委托人。

(15)经委托人同意,签发工程暂停令和复工令。

(16)审查施工承包人提交的采用新材料、新工艺、新技术、新设备的论证材料及相关验收标准。

(17)验收隐蔽工程、分部分项工程。

(18)审查施工承包人提交的工程变更申请,协调处理施工进度调整、费用索赔、合同争议等事项。

(19)审查施工承包人提交的竣工验收申请,编写工程质量评估报告。

(20)参加工程竣工验收,签署竣工验收意见。

(21)审查施工承包人提交的竣工结算申请并报委托人。

(22)编制、整理工程监理归档文件并报委托人。

2. 监理与相关服务依据

监理依据包括:适用的法律、行政法规及部门规章;与工程有关的标准;工程设计及有关文件;本合同及委托人与第三方签订的与实施工程有关的其他合同。双方根据工程的行业和地域特点,在专用条件中具体约定监理依据。相关服务依据在专用条件中约定。

3. 项目监理机构和人员

监理人应组建满足工作需要的项目监理机构,配备必要的检测设备。项目监理机构的主要人员应具有相应的资格条件。

监理合同履行过程中,总监理工程师及重要岗位监理人员应保持相对稳定,以保证监理工作正常进行。

监理人可根据工程进展和工作需要调整项目监理机构人员。监理人更换总监理工程师时，应提前 7 天向委托人书面报告，经委托人同意后方可更换；监理人更换项目监理机构其他监理人员，应以相当资格与能力的人员替换，并通知委托人。监理人应及时更换有下列情形之一的监理人员：严重过失行为的；有违法行为不能履行职责的；涉嫌犯罪的；不能胜任岗位职责的；严重违反职业道德的；专用条件约定的其他情形。

委托人可要求监理人更换不能胜任本职工作的项目监理机构人员。

4. 履行职责

监理人应遵循职业道德准则和行为规范，严格按照法律法规、工程建设有关标准及监理合同履行职责：

(1)在监理与相关服务范围内，委托人和承包人提出的意见和要求，监理人应及时提出处置意见。当委托人与承包人之间发生合同争议时，监理人应协助委托人、承包人协商解决。

(2)当委托人与承包人之间的合同争议提交仲裁机构仲裁或人民法院审理时，监理人应提供必要的证明资料。

(3)监理人应在专用条件约定的授权范围内，处理委托人与承包人所签订合同的变更事宜。如果变更超过授权范围，应以书面形式报委托人批准。在紧急情况下，为了保护财产和人身安全，监理人所发出的指令未能事先报委托人批准时，应在发出指令后的 24 小时内以书面形式报委托人。

(4)除专用条件另有约定外，监理人发现承包人的人员不能胜任本职工作的，有权要求承包人予以调换。

(5)提交报告。监理人应按专用条件约定的种类、时间和份数向委托人提交监理与相关服务的报告。

(6)文件资料。在本合同履行期内，监理人应在现场保留工作所用的图纸、报告及记录监理工作的相关文件。工程竣工后，应当按照档案管理规定将监理有关文件归档。

(二)违约责任

1. 监理人的违约责任

监理人未履行本合同义务的，应承担相应的责任。

(1)因监理人违反本合同约定给委托人造成损失的，监理人应当赔偿委托人损失。赔偿金额的确定方法在专用条件中约定。监理人承担部分赔偿责任的，其承担赔偿金额由双方协商确定。

(2)监理人向委托人的索赔不成立时，监理人应赔偿委托人由此发生的费用。

2. 委托人的违约责任

委托人未履行本合同义务的，应承担相应的责任。

(1)委托人违反本合同约定造成监理人损失的，委托人应予以赔偿。

(2)委托人向监理人的索赔不成立时，应赔偿监理人由此引起的费用。

(3)委托人未能按期支付酬金超过 28 天，应按专用条件约定支付逾期付款利息。

3. 除外责任

因非监理人的原因，且监理人无过错，发生工程质量事故、安全事故、工期延误等造成的损失，监理人不承担赔偿责任。因不可抗力导致本合同全部或部分不能履行时，双方各自承担其因此而造成的损失、损害。

十六、《建设工程勘察合同（示范文本）》（GF—2016—0203）主要内容

建市〔2016〕199号文指出，为规范工程勘察市场秩序，维护工程勘察合同当事人的合法权益，住房城乡建设部、工商总局（现国家市场监督管理总局）制定了《建设工程勘察合同（示范文本）》（GF—2016—0203），自2016年12月1日起执行。

（一）发包人

1. 发包人权利

发包人的权利如下所述：

（1）发包人对勘察人的勘察工作有权依照合同约定实施监督，并对勘察成果予以验收。

（2）发包人对勘察人无法胜任工程勘察工作的人员有权提出更换。

（3）发包人拥有勘察人为其项目编制的所有文件资料的使用权，包括投标文件、成果资料和数据等。

2. 发包人义务

发包人的义务如下所述：

（1）发包人应以书面形式向勘察人明确勘察任务及技术要求。

（2）发包人应提供开展工程勘察工作所需要的图纸及技术资料，包括总平面图、地形图、已有水准点和坐标控制点等，若上述资料由勘察人负责搜集时，发包人应承担相关费用。

（3）发包人应提供工程勘察作业所需的批准及许可文件，包括立项批复、占用和挖掘道路许可等。

（4）发包人应为勘察人提供具备条件的作业场地及进场通道（包括土地征用、障碍物清除、场地平整、提供水电接口和青苗赔偿等）并承担相关费用。

（5）发包人应为勘察人提供作业场地内地下埋藏物（包括地下管线、地下构筑物等）的资料、图纸，没有资料、图纸的地区，发包人应委托专业机构查清地下埋藏物。若因发包人未提供上述资料、图纸，或提供的资料、图纸不实，致使勘察人在工程勘察工作过程中发生人身伤害或造成经济损失时，由发包人承担赔偿责任。

（6）发包人应按照法律法规规定为勘察人安全生产提供条件并支付安全生产防护费用，发包人不得要求勘察人违反安全生产管理规定进行作业。

（7）若勘查现场需要看守，特别是在有毒、有害等危险现场作业时，发包人应派人负责安全保卫工作；按国家有关规定，对从事危险作业的现场人员进行保健防护，并承担费用。发包人对安全文明施工有特殊要求时，应在专用合同条款中另行约定。

（8）发包人应对勘察人满足质量标准的已完工作，按照合同约定及时支付相应的工程勘察合同价款及费用。

（二）勘察人

1. 勘察人权利

勘察人的权利如下所述：

（1）勘察人在工程勘察期间，根据项目条件和技术标准、法律法规规定等方面的变化，有

权向发包人提出增减合同工作量或修改技术方案的建议。

(2)除建设工程主体部分的勘察外,根据合同约定或经发包人同意,勘察人可以将建设工程其他部分的勘察分包给其他具有相应资质等级的建设工程勘察单位。发包人对分包的特殊要求应在专用合同条款中另行约定。

(3)勘察人对其编制的所有文件资料,包括投标文件、成果资料、数据和专利技术等拥有知识产权。

2. 勘察人义务

勘察人的义务如下所述:

(1)勘察人应按勘察任务书和技术要求并依据有关技术标准进行工程勘察工作。

(2)勘察人应建立质量保证体系,按本合同约定的时间提交质量合格的成果资料,并对其质量负责。

(3)勘察人在提交成果资料后,应为发包人继续提供后期服务。

(4)勘察人在工程勘察期间遇到地下文物时,应及时向发包人和文物主管部门报告并妥善保护。

(5)勘察人开展工程勘察活动时应遵守有关职业健康及安全生产方面的各项法律法规的规定,采取安全防护措施,确保人员、设备和设施的安全。

(6)勘察人在燃气管道、热力管道、动力设备、输水管道、输电线路、临街交通要道及地下通道(地下隧道)附近等风险性较大的地点,以及在易燃易爆地段及放射、有毒环境中进行工程勘察作业时,应编制安全防护方案并制定应急预案。

(7)勘察人应在勘察方案中列明环境保护的具体措施,并在合同履行期间采取合理措施保护作业现场环境。

十七、《建设工程造价咨询合同(示范文本)》(GF—2015—0212)主要内容

为了指导建设工程造价咨询合同当事人的签约行为,维护合同当事人的合法权益,依据《中华人民共和国合同法》《中华人民共和国建筑法》《中华人民共和国招标投标法》以及相关法律法规,住房和城乡建设部、国家工商行政管理总局(现国家市场监督管理总局)对《建设工程造价咨询合同(示范文本)》(GF—2002—0212)进行了修订,制定了《建设工程造价咨询合同(示范文本)》(GF—2015—0212)(简称《示范文本》)。该《示范文本》由协议书、通用条件和专用条件三部分组成。

《示范文本》供合同双方当事人参照使用,可适用于各类建设工程全过程造价咨询服务以及阶段性造价咨询服务的合同订立。合同当事人可结合建设工程具体情况,按照法律法规规定,根据《示范文本》的内容,约定双方具体的权利义务。

(一)委托人的主要义务

1. 提供资料

委托人应当在专用条件约定的时间内,按照附录 C 的约定无偿向咨询人提供与本合同咨询业务有关的资料。在本合同履行过程中,委托人应及时向咨询人提供最新的与本合同咨询业务有关的资料。委托人应对所提供资料的真实性、准确性、合法性与完整性负责。

2. 提供工作条件

委托人应为咨询人完成造价咨询提供必要的条件。委托人需要咨询人派驻项目现场咨询人员的,除专用条件另有约定外,项目咨询人员有权无偿使用《示范文本》附录D中由委托人提供的房屋及设备。委托人应负责与本工程造价咨询业务有关的所有外部关系的协调,为咨询人履行本合同提供必要的外部条件。

3. 合理工作时限

委托人应当为咨询人完成其咨询工作,设定合理的工作时限。

(二)咨询人的义务

1. 项目咨询团队及人员

项目咨询团队的主要人员应具有专用条件约定的资格条件,团队人员的数量应符合专用条件的约定。

关于项目负责人,咨询人应以书面形式授权一名项目负责人负责履行本合同、主持项目咨询团队工作。采用招标程序签署本合同的,项目负责人应当与投标文件载明的一致。

在本合同履行过程中,咨询人员应保持相对稳定,以保证咨询工作正常进行。咨询人可根据工程进展和工作需要等情形调整项目咨询团队人员。咨询人更换项目负责人时,应提前7日向委托人书面报告,经委托人同意后方可更换。除专用条件另有约定外,咨询人更换项目咨询团队其他咨询人员,应提前3日向委托人书面报告,经委托人同意后以相当资格与能力的人员替换。

咨询人员有下列情形之一,委托人要求咨询人更换的,咨询人应当更换:存在严重过失行为的;存在违法行为不能履行职责的;涉嫌犯罪的;不能胜任岗位职责的;严重违反职业道德的;专用条件约定的其他情形。

2. 咨询人的工作要求

咨询人应当按照专用条件约定的时间等要求向委托人提供与工程造价咨询业务有关的资料,包括工程造价咨询企业的资质证书及承担本合同业务的团队人员名单及执业(从业)资格证书、咨询工作大纲等,并按合同约定的服务范围和工作内容实施咨询业务。

咨询人应当在专用条件约定的时间内,按照专用条件约定的份数、组成向委托人提交咨询成果文件。咨询人提供造价咨询服务以及出具工程造价咨询成果文件应符合现行国家或行业有关规定、标准、规范的要求。委托人要求的工程造价咨询成果文件质量标准高于现行国家或行业标准的,应在专用条件中约定具体的质量标准,并相应增加服务酬金。

咨询人提交的工程造价咨询成果文件,除加盖咨询人单位公章、工程造价咨询企业执业印章外,还必须按要求加盖参加咨询工作人员的执业(从业)资格印章。

咨询人应在专用条件约定的时间内,对委托人以书面形式提出的建议或者异议给予书面答复。咨询人从事工程造价咨询活动,应当遵循独立、客观、公正、诚实信用的原则,不得损害社会公共利益和他人的合法权益。

咨询人承诺按照法律规定及合同约定,完成合同范围内的建设工程造价咨询服务,不转包承接的造价咨询服务业务。

3. 咨询人的工作依据

咨询人应在专用条件内与委托人协商明确履行本合同约定的咨询服务需要适用的技术

标准、规范、定额等工作依据，但不得违反国家及工程所在地的强制性标准、规范。

咨询人应自行配备本条所述的技术标准、规范、定额等相关资料。必须由委托人提供的资料，应在《示范文本》附录C中载明。需要委托人协助才能获得的资料，委托人应予以协助。

4.使用委托人房屋及设备的返还

项目咨询人员使用委托人提供的房屋及设备的，咨询人应妥善使用和保管，在本合同终止时将上述房屋及设备按专用条件约定的时间和方式返还委托人。

（三）违约责任

1.委托人的违约责任

委托人不履行本合同义务或者履行义务不符合本合同约定的，应承担违约责任。双方可在专用条件中约定违约金的计算及支付方法。

委托人违反本合同约定造成咨询人损失的，委托人应予以赔偿。双方可在专用条件中约定赔偿金额的确定及支付方法。

委托人未能按期支付酬金超过14天，应按下列方法计算并支付逾期付款利息。逾期付款利息＝当期应付款总额×中国人民银行发布的同期贷款基准利率×逾期支付天数（自逾期之日起计算）。双方也可在专用条件中另行约定逾期付款利息的计算及支付方法。

2.咨询人的违约责任

咨询人不履行本合同义务或者履行义务不符合本合同约定的，应承担违约责任。双方可在专用条件中约定违约金的计算及支付方法。

因咨询人违反本合同约定给委托人造成损失的，咨询人应当赔偿委托人损失。双方可在专用条件中约定赔偿金额的确定及支付方法。

（四）支付

1.支付货币

除专用条件另有约定外，酬金均以人民币支付。涉及外币支付的，所采用的货币种类和汇率等在专用条件中约定。

2.支付申请

咨询人应在本合同约定的每次应付款日期前，向委托人提交支付申请书，支付申请书的提交日期由双方在专用条件中约定。支付申请书应当说明当期应付款总额，并列出当期应支付的款项及其金额。

十八、物资采购合同

物资采购合同的主要内容有：

（1）产品的名称、规格型号、数量和价格。

（2）产品的技术质量要求（质量标准约定的原则，按优先顺序为：国家标准→行业标准→企业标准→合同约定）。

（3）交货的时间、地点和运输方式。

（4）包装标准、包装物的供应与回收等。

（5）产品验收的标准、方法及提出异议的期限。

(6)结算方式、付款方式及期限。建筑材料采购合同中应明确结算的时间、方式和手续。

(7)售后服务。

(8)供货保障措施。

(9)保密责任、知识产权及环境保护的约定。

(10)违约责任。

(11)争议或纠纷的解决方式。

(12)其他约定。

第三节　合同计价方式

一、单价合同

(一)基本概念

单价合同是指合同当事人(发承包双方)约定以工程量清单及其综合单价进行合同价款计算、调整和确认的施工合同,在约定的范围内合同单价不作调整。

合同当事人应在专用合同条款中约定综合单价包含的风险范围和风险费用的计算方法,并约定风险范围以外的合同价格的调整方法,其中因市场价格波动引起的调整按市场价格波动引起的调整约定执行。

单价合同表式中,通常包括有单价一览表,发包单位只在表中列出分项工程名目,一般不列其工程量。投标人在填报时,逐项报出单价;有时招标人已在单价一览表上填有单价,则要求投标人相应填报逐项单价增减的百分比。单价合同形式目前被国际承包市场广为采用,可缩短业主的招标准备时间。其中投标人只承担单价方面的风险,与同行开展竞争。一旦中标签约,中标人按单价承包。但如完成的实际工程量与合同中的设计工程量(如有时)出入较大而导致合同单价不合理时,则承包人可根据合同有关规定的条款,向建设单位(业主)要求调整单价。因此,在签约时,应当规定一个工程量增减的幅度而允许调整单价的范围,并作为合同条文确定下来,以共同遵守。

实行工程量清单计价的工程,一般适宜采用单价合同方式,即在合同实施期间,合同中的工程量清单项目综合单价在约定的条件内是固定不变的,超过合同约定的条件时,依据合同约定进行调整;工程量清单项目及工程量依据承包人实际完成且应予计量的工程量确定。

典型例题

【单选题】某按单价合同进行计价的招标工程,在评标过程中发现某投标人的总价与单价的计算结果不一致,原因是投标人在计算时将钢材单价4 000元/吨误作为2 000元/吨。对此,业主有权(　　)。

A. 以总价为准调整单价　　B. 以单价为准调整总价

C. 要求投标人重新提交钢材单价　　D. 将该投标文件作废标处理

B。【解析】采用单价合同时,应单价优先。在评标过程中发现某投标人的总价与单价的计算结果不一致,对于明显的计算错误,业主有权以单价为准调整总价。

（二）基本类型

单价合同也可以分为固定单价合同和可调（变动）单价合同。

1. 固定单价合同

这也是经常采用的合同形式，特别是在设计或其他建设条件（如地质条件）还不太落实的情况下（计算条件应明确），而以后又需增加工程内容或工程量时，可以按单价适当追加合同内容。采用固定单价合同时，无论发生哪些影响价格的因素都不对单价进行调整。

在每月（或每阶段）工程结算时，根据实际完成的工程量结算，在工程全部完成时以竣工图的工程量最终结算工程总价款。

2. 可调（变动）单价合同

合同单价可调，一般是在工程招标文件中规定。

在合同中签订的单价，根据合同约定的条款，如在工程实施过程中物价发生变化等，可作调整。有的工程在招标或签约时，因某些不确定因素而在合同中暂定某些分部分项工程的单价，在工程结算（分为期中结算、中止结算和竣工结算）时，再根据实际情况和合同约定合同单价进行调整，确定实际结算单价。采用可调（变动）单价合同时，承包人的风险相对较小。

二、总价合同

（一）基本概念

总价合同是指合同当事人（发承包双方）约定以施工图及其预算和有关条件进行合同价款计算、调整和确认的建设工程施工合同，在约定的范围内合同总价不作调整。

总价合同是以施工图纸、规范为基础，在工程任务内容明确、发包人的要求条件清楚、计价依据和要求确定的条件下，发承包双方依据承包人编制的施工图预算商谈确定合同价款。当合同约定工程施工内容和有关条件不发生变化时，发包人付给承包人的工程价款总额就不会发生变化。当工程施工内容和有关条件发生变化时，发承包双方根据变化情况和合同约定调整工程价款，但对工程量变化引起的合同价款调整应遵循以下原则：

（1）当合同价款是依据承包人根据施工图自行计算的工程量确定时，除工程变更造成的工程量变化外，合同约定的工程量是承包人完成的最终工程量，发承包双方不能以工程量变化作为合同价款调整的依据。

（2）当合同价款是依据发包人提供的工程量清单确定时，发承包双方应依据承包人最终实际完成的工程量（包括工程变更、工程量清单错、漏）调整确定工程合同价款。

（二）基本类型

总价合同又分固定总价合同（FFP）和变动总价合同两种。

1. 固定总价合同

固定总价合同的价格计算是以图纸及规定、规范为基础，承发包双方就施工项目协商一个固定的总价，由承包方一笔包死，不能变化。采用这种合同，合同总价只有在设计和工程范围有所变更的情况下才能随之做相应的变更，除此之外，合同总价是不能变动的。因此，作为合同价格计算依据的图纸及规定、规范应对工程作出详尽的描述，一般在施工图设计阶段，施工详图已完成的情况下。采用固定总价合同，承包方要承担实物工程量、工程单价、地质条件、气候和其他一切客观因素造成亏损的风险,可细分为价格风险(物价、人工费上调,报价计算错误,漏报项目等风险)和工程量风险(设计深度不够造成的误差,工程量计算错误,工程变更,工程范围不确定等风险)。在合同执行过程中,承发包双方均不能因为工程量、设备、材料价格、工资等变动和地质条件恶劣、气候恶劣等理由,提出对合同总价调值的要求,因此承包方要在投标时对一切费用的上升因素做出估计并包含在投标报价之中。因此,这种形式的合同适用于工期较短(一般不超过一年),对最终产品的要求又非常明确的工程项目,这就要求项目的内涵清楚,项目设计图纸完整齐全,项目工作范围及工程量计算依据确切。

2. 可调总价合同

可调值总价合同的总价一般也是以图纸及规定、规范为计算基础,但它是按"时价"进行计算的,这是一种相对固定的价格。在合同执行过程中,由于通货膨胀而使所用的工料成本增加,因而对合同总价进行相应的调值,即合同总价依然不变,只是增加调值条款。因此可调总价合同均明确列出有关调值的特定条款,往往是在合同特别说明书中列明。调值工作必须按照这些特定的调值条款进行。这种合同与固定总价合同不同在于,它对合同实施中出现的风险做了分摊,发包方承担了通货膨胀这一不可预测费用因素的风险,而承包方只承担了实施中实物工程量成本和工期等因素的风险。可调总价合同适用于工程内容和技术经济指标规定很明确的项目,由于合同中列明调值条款,所以在工期一年以上的项目较适于采用这种合同形式。

典型例题

【单选题】与单价合同相比较,总价合同的特点是(　　)。

A. 发包人的协调工作量大

B. 发包人可以缩短招标准备时间

C. 承包人的风险较小

D. 在施工进度上能调动承包人的积极性

D。【解析】采用单价合同时,发包人可缩短招标准备时间,但发包人的协调工作量大;而采用总价合同不能缩短招标准备时间,但发包人的协调工作量小。故选项 A,B 错误。采用总价合同时,承包人的风险较大,发包人的风险较小。故选项 C 错误。

三、成本加酬金合同

(一)基本概念

成本加酬金合同是指合同当事人(发承包双方)约定以施工工程成本再加合同约定酬金进行合同价款计算、调整和确认的建设工程施工合同。即工程最终合同价格按承包商的实际成本加一定比例的酬金计算,而在合同签订时不能确定一个具体的合同价格,只能确定酬金的比例。其中酬金由管理费、利润及奖金组成。

这类合同中,业主承担项目实际发生的一切费用,因此也就承担了项目的全部风险。但是承包单位由于无风险,其报酬也就较低了。这类合同的优点是业主可以通过分段施工缩短工期;可以减少承包商的对立情绪;可以利用承包商的施工技术专家,帮助弥补设计中的不足;可以通过确定最大保证价格约束工程成本不超过某一限值。其缺点是业主对工程造价不易控制,承包商也就往往不注意降低项目的成本。

成本加酬金合同是承包人不承担任何价格变化和工程量变化的风险,不利于发包人对工程造价的控制。通常在下列情况下采用:

(1)工程特别复杂,工程技术、结构方案不能预先确定,或者尽管可以确定工程技术和结构方案,但不可能进行竞争性的招标活动,并以单价合同或单价合同的兴衰确定承包人。

(2)工期特别紧迫,来不及进行详细的计划和商谈,如抢险救灾工程。

(二)基本类型

成本加酬金合同的主要形式有:成本加固定费用合同、成本加固定比例费用合同、成本加奖金合同、最大成本加费用合同等。

1. 成本加固定费用合同

成本加固定费合同是除项目成本外,双方约定的企业向承包商支付在合同起始阶段就协商好的固定费用的成本补偿合同。固定费用不因实际成本的变化而变化,但会因工作中的变更而进行一些调整。合同允许把人力成本也包括在内,以避免承包商承担过高风险。

2. 成本加固定比例费用合同

成本加固定比例费用合同是在工程成本的直接费上加特定比例的报酬,在合同签订时由合同双方约定报酬费的比例。

由于采用该报酬费用方式的总额与成本之间成正比,即成本越大,总额也会随之增大,对成本的降低和工期的缩短较为不利。该方法适用于工程初期时工作性质与范围难以描述或工期较紧,无法按一般规定编制招标文件的项目。

3. 成本加奖金合同

这种合同的关键是设置估算指标的底点和顶点,当承包商在估算指标的顶点以下完成工程则可得到奖金,超过顶点则要对超出部分支付罚款。只能用于仅制定一个估算指标的工程项目。

4. 最大成本加费用合同

这种合同是在工程成本总价合同基础上加固定酬金费用,如果承包商实际成本超过合同中规定的工程成本总价,自己承担所有的额外费用,若实施过程中节约了成本,节约的部分归业主或者由业主与承包商约定,适用范围:当设计深度达到可以报总价的深度的工程项目。

四、咨询合同

咨询合同的计价方式包括总价方式和成本加酬金方式。咨询服务费用的相关内容,下面以典型例题的形式进行讲解。

典型例题

【单选题】下列计算方法中,不属于工程咨询合同咨询费计算方法的是(　　)。

A. 工程进度百分比　　B. 人月费单价法

C. 工程建设费用百分比　　D. 按日计费法

A。【解析】工程咨询合同咨询费包括酬金、可报销费用、不可预见费,选项B,C,D均属于其主要计算方法。

第四节　建设工程施工合同风险管理、工程保险和工程担保

一、合同风险辨识与分类

风险辨识是进行合同风险管理的第一步，即识别建设项目合同实施过程中可能存在的风险及引起风险的具体因素，只有正确识别项目中的主要风险因素，才能有效实施对策。FIDIC 发布的《风险管理手册》指出，最好的办法是你要学会识别预期项目的所有潜在风险。

FIDIC 条件下常见的合同风险因素主要存在于经济、政治、建造、业主、财务、技术、管理、公共关系、法律、联合体等方面。

工程承包合同的风险类型主要包括合同本身所带来的风险和合同履行过程的风险。合同本身所带来的风险即为合同条款所形成的风险，主要包括合同价格、结算方式、合同工期、工程款支付、洽商单及变更单、其他费用等风险。合同履行过程的风险即为在合同执行过程中形成的风险，主要包括安全、质量、进度管理风险，相关资料的确认与资料风险，索赔风险等。

根据合同风险产生的原因，合同风险的类型主要包括合同工程风险（非主观故意）和合同信用风险（主观故意）。

典型例题

【单选题】根据合同风险产生的原因分类，属于合同工程风险的是(　　)。

A. 非法分包　　B. 偷工减料

C. 物价上涨　　D. 以次充好

C。【解析】选项 A，B，D 均是主观故意原因造成的，属于合同信用风险。

二、工程建设风险管理要点

招标单位与中标单位签订的合同中，工程建设风险管理要点应包括：

(1)合同条款的完整性和准确性风险分析。

(2)以合同为依据，对新辨识的重大建设风险应说明是否需再次风险评估。

(3)合同款项支付及延期支付的风险分析。

(4)建设工期提前或延误风险分析。

(5)重要设备的采购与供货风险分析。

(6)工程材料、构(配)件和设备不符合工程规格、质量及安全要求。工程材料与构配件质量是否符合要求是影响工程质量的一个重要环节，项目监理机构应从材料进场开始，严格把好工程材料的质量关。考虑到大量的工程材料，特别是一些工程构配件的生产过程可能

对其质量产生较大的影响,因此,在项目监理机构认为有必要时,应该采取适当的措施对这些产品加工过程中的质量进行检查。项目监理机构监督承包单位按规定进行见证抽样、送检及试验是控制其质量的重要手段,由于材料进场至抽检合格需要一定的时间过程,为了防止在检测结果出来之前承包单位将材料用于工程,项目监理机构应该审查承包单位的材料进场计划是否满足材料检验所需时间的要求。

(7)对于未辨识的工程建设风险,合同中应明确与其相关的风险管理责任,具体实施或执行方案可通过双方商定,并应在合同条款中补充说明。

三、项目负责人对合同的风险管理

项目技术负责人应协助项目经理履行合同责任,保证建设工程企业管理目标和项目管理目标的实现。

项目技术负责人应熟知项目技术、质量方面的合同要求,各项技术质量管理应围绕合同要求开展,以保证合同目标的实现。

项目技术负责人应重点关注合同的风险条款,辨识技术质量条款内容所隐含的重大风险,以及其他条款对施工技术、质量形成的重大风险,采取相应的风险防范措施。项目技术负责人应关注下列合同风险条款:地质条件、周围环境,对基坑等地下工程施工的影响;工期要求,对施工质量的影响;安全要求,对施工工艺技术的影响;材料与设备供应,材料、设备的型号、参数等对确定施工方案的影响;图纸提供套数和时间,对工期进度的影响;质量验收标准,质量标准不明确可能带来返工等风险;隐蔽验收、竣工验收时间,对工期进度的影响。

项目技术负责人应参与对分供方合同的签订,协助项目经理对分供方合同进行监督管理。

专家解读

项目技术负责人应协助评估分包队伍的技术质量管理能力,为选择分包队伍提供建议。项目技术负责人应参与对分供方的考察,充分了解供方物资、设备的生产工艺流程、质量标准和产品质量。在合同签订时对物资、设备的质量要求予以明确,并在物资、设备进场时按照合同约定进行监督检查。

四、常用合同类型的风险分配

根据工程实践经验,三种主要合同中,采用总价合同时承包商承担了大部分的风险,业主承担了小部分风险,风险偏向承包商。

采用单价合同时承包商和业主的风险基本平衡。

采用成本补偿合同时业主承担了大部分的风险,承包商只承担了小部分的风险,风险偏向业主。

五、工程保险

工程保险是指承包建筑安装工程期间一切意外物质损失和对第三人经济赔偿责任的保

险，包括工程一切险、人身意外伤害险、第三者责任险、承包人设备保险、CIP 保险、执业责任险。其中，工程一切险在国内工程通常由项目法人办理，在国际工程一般要求承包人办理。第三者责任险一般附加在工程一切险中，其被保险人为项目法人和承包人。我国的工程一切险通常包括承包人设备保险。下面以典型例题的形式进行讲解。

专家解读

由于各类保险标的不同，其保险责任也是不同的。保险责任根据不同原因造成的损失较为一致的情形包括：被保险人未忠实履约；投保人的故意行为；军事行为或战争；其他原因（在保险责任范围之外）。

典型例题

【多选题】关于工程保险的说法，正确的有（　　）。

A. 工程一切险要求投保人以项目法人的名义投保

B. 国内工程通常由项目法人办理工程一切险

C. 第三者责任险一般附加在工程一切险中

D. 承包人设备保险的保险范围包括准备用于永久工程的设备

E. 国内工程开工前均要集中投保工程一切险

BCD。【解析】工程一切险在投保时应以项目法人和投保人双方的名义共同投保。故选项 A 错误。部分承包商不愿意投保工程一切险，经业主同意的也可以只对承包商的机具设备、材料、已完工程、临时工程等分别进行投保，并不是开工前均要集中投保工程一切险。故选项 E 错误。

【单选题】关于“一揽子保险”（CIP）的说法，正确的是（　　）。

A. 内容不包括一般责任险

B. 不能实施有效的风险管理

C. 保障范围覆盖业主、承包商及分包商

D. 不便于索赔

C。【解析】“一揽子保险”的投保人是业主或承包商，对业主、承包商、分包商均有保障。“一揽子保险”内容包括一般责任险、建筑工程一切险、安装工程一切险、劳工赔偿、雇主责任险，能够实施有效的风险管理，且可降低赔付率，避免诉讼，便于索赔。

六、工程担保

担保是指当事人根据法律规定或者双方约定，为促使债务人履行债务实现债权人的权利的法律制度。

常见的担保形式有抵押、留置、保证、质押和定金。其中，在工程担保中采用最多的是保证担保，又称第三方担保。

工程中常见的担保种类有履约担保、投标担保、预付款担保、支付担保和工程保修担保。

（一）履约担保

履约担保是指发包人在招标文件中规定的要求承包人提交的保证履行合同义务的担保，是工程发包人为防止承包人在合同执行过程中违反合同约定或违约，并弥补给发包人造成的经济损失。履约担保的有效期自工程开工之日起至工程竣工交付之日或保修期满之日止。

履约担保的形式有履约担保书、履约保证金和银行保函。履约保证金不得超过中标合同金额的10%。履约担保的期限始于开工之日止于竣工交付或保修期满之日。

（二）投标担保

投标担保是指在招标投标活动中，投标人随投标文件一同提交给招标人的一定形式、一定金额的投标责任担保。

投标担保的形式有投标保证金担保、担保公司担保书、同业担保书和银行保函。其中，国际上常见的投标担保的保证金数额为2%～5%。投标保证金不得超过投标总价的2%，但最高不得超过80万元人民币。投标保证金有效期应当与投标有效期一致。

（三）预付款担保

预付款担保是指承包人与发包人签订合同后，承包人正确、合理使用发包人支付的预付款的担保。建设工程合同签订后，发包人给承包人一定比例的预付款，一般为合同金额的10%，但需由承包人的开户银行向发包人出具预付款担保。

预付款担保的形式有抵押、担保公司提供担保和银行保函。其中，银行保函是最主要的形式。预付款担保的担保期限止于承包人还清全部预付款时。

（四）支付担保

支付担保是指应承包人的要求，发包人提交的保证履行合同中约定的工程款支付义务的担保。支付担保的数额为工程合同总额的20%～25%。分段滚动担保是发包人实行支付担保的方式。

支付担保的形式有履约保证金、担保公司担保和银行保函。

第五节　建设工程施工合同实施

一、建设工程合同的分析

合同履行分析主要是对合同的执行问题进行研究，要从合同执行的角度去分析，分析合同要求和对合同条款进行解释，并将合同中的有关规定落实到项目实施的具体问题和各工程活动中，使合同成为一份可执行的文件。合同分析通常由项目的合同管理人员或企业的合同管理部门负责。它主要分析以下内容：

（1）承包单位的总任务（即合同标的）、主要合同责任、工程范围和权利。

（2）业主的主要责任和权利，工程师的权利和职责。

（3）工期、工期管理程序和工期补偿条件。

(4)工程质量管理程序、工程的验收方法。

(5)合同价格、计价方法、工程款支付程序、价格补偿条件。

(6)工程中一些问题的处理方法和过程,如履约保函、预付款程序、工程变更、保险等。

(7)双方的违约责任和争执的解决程序。

(8)合同履行时应注意的问题和风险等。

合同分析与招标文件的分析不同,两者的侧重点和目的均不同。合同分析的作用包括:分析合同中的漏洞,解释有争议的内容;分析合同中的风险,制定相应的对策;将合同任务分解、落实到具体的部门或人员。

承包人施工合同分析内容,下面以典型例题的形式进行讲解。

典型例题

【单选题】关于承包人施工合同分析内容的说法,正确的是( )。

A. 应明确承包人的合同标的

B. 分析工程变更补偿范围,通常以合同金额的一定百分比表示,百分比值越大,承包人的风险越小

C. 合同实施中,承包人必须无条件执行工程师指令的变更

D. 分析索赔条款,索赔有效期越短,对承包人越有利

A。【解析】施工合同中,工程变更补偿范围的百分比值越大,对承包人的风险越大。故选项 B 错误。对于规定的合同范围内的工程师指令,承包人必须无条件执行;对于合同约定范围之外的工程师的指令,承包人不应无条件执行,应要求业主对工程变更进行补偿。故选项 C 错误。对索赔变更的规定,合同约定的索赔有效期越短,对承包人越不利。故选项 D 错误。

二、建设工程合同交底

根据《建设工程项目管理规范》(GB/T 50326—2017),合同交底应包括下列内容:合同的主要内容;合同订立过程中的特殊问题及合同待定问题;合同实施计划及责任分配;合同实施的主要风险;其他应进行交底的合同事项。

合同交底需由组织的相关部门及合同谈判人员负责进行。相关部门及合同谈判人员进行合同交底,既是向项目管理机构作合同文件解析,也是合同管理职责移交的一个重要环节。合同交底可以书面、电子数据、视听资料和口头形式实施,书面交底的应签署确认书。

三、建设工程合同的履行

(一)合同履行

项目管理机构应按约定全面履行合同。全面履行合同的关键是承担建设工程项目建设的建设单位项目负责人、勘察单位项目负责人、设计单位项目负责人、施工单位项目经理、监理单位总监理工程师等建设工程五方责任主体项目负责人。这些人员需按照合同赋予的责任,认真落实合同的各项要求。

1. 合同实施控制

合同实施控制包括自合同签订起至合同终止的全部合同管理内容。合同实施控制的日常工作，是指日常性的、项目管理机构能够自主完成的合同管理工作。对于合同变更及合同索赔等工作，往往不是项目管理机构自己单方面能够完成的，需要组织通过协商、调解、诉讼或仲裁等方式来实现。

2. 合同跟踪和诊断

项目管理机构应在合同实施过程中定期进行合同跟踪和诊断。管理层和有关部门需在合同跟踪和诊断方面对项目管理机构进行监督、指导和协调，协助项目管理机构做好合同实施工作。

合同跟踪和诊断需要注意的问题：将合同实施情况与合同实施计划进行对比分析，找出其中的偏差；对合同实施中的偏差分析，应当包括原因分析、责任分析以及实施趋势预测。

合同跟踪和诊断应符合的要求：对合同实施信息进行全面收集、分类处理，查找合同实施中的偏差；定期对合同实施中出现的偏差进行定性、定量分析，通报合同实施情况及存在的问题。

3. 合同纠偏措施或方案

项目管理机构应根据合同实施偏差结果制定合同纠偏措施或方案，经授权人批准后实施。实施需要其他相关方配合时，项目管理机构应事先征得各相关方的认同，并在实施中协调一致。

重大的纠偏措施或方案，应按照项目合同评审程序进行评审。纠偏措施或方案可以分为：

（1）组织措施，包括调整和增加人力投入、调整工作流程和工作计划。

（2）技术措施，包括变更技术方案、采用高效的施工方案和施工机具。

（3）经济措施，包括增加资金投入、采取经济激励措施。

（4）合同措施，包括变更合同内容、签订补充协议、采取索赔手段。

4. 合同内容履行约定

合同生效后，当事人就质量、价款或者报酬、履行地点等内容没有约定或者约定不明确的，可以协议补充；不能达成补充协议的，按照合同有关条款或者交易习惯确定。

当事人就有关合同内容约定不明确，适用下列规定：

（1）质量要求不明确的，按照国家标准、行业标准履行；没有国家标准、行业标准的，按照通常标准或者符合合同目的的特定标准履行。

（2）价款或者报酬不明确的，按照订立合同时履行地的市场价格履行；依法应当执行政府定价或者政府指导价的，按照规定履行。

（3）履行地点不明确，给付货币的，在接受货币一方所在地履行；交付不动产的，在不动产所在地履行；其他标的，在履行义务一方所在地履行。

（4）履行期限不明确的，债务人可以随时履行，债权人也可以随时要求履行，但应当给对方必要的准备时间。

（5）履行方式不明确的，按照有利于实现合同目的的方式履行。

(6)履行费用的负担不明确的,由履行义务一方负担。

执行政府定价或者政府指导价的,在合同约定的交付期限内政府价格调整时,按照交付时的价格计价。逾期交付标的物的,遇价格上涨时,按照原价格执行;价格下降时,按照新价格执行。逾期提取标的物或者逾期付款的,遇价格上涨时,按照新价格执行;价格下降时,按照原价格执行。

5. 债务履行

当事人约定由债务人向第三人履行债务的,债务人未向第三人履行债务或者履行债务不符合约定,应当向债权人承担违约责任。当事人约定由第三人向债权人履行债务的,第三人不履行债务或者履行债务不符合约定,债务人应当向债权人承担违约责任。当事人互负债务,没有先后履行顺序的,应当同时履行。一方在对方履行之前有权拒绝其履行要求。一方在对方履行债务不符合约定时,有权拒绝其相应的履行要求。当事人互负债务,有先后履行顺序,先履行一方未履行的,后履行一方有权拒绝其履行要求。先履行一方履行债务不符合约定的,后履行一方有权拒绝其相应的履行要求。

应当先履行债务的当事人,有确切证据证明对方有下列情形之一的,可以中止履行:经营状况严重恶化;转移财产、抽逃资金,以逃避债务;丧失商业信誉;有丧失或者可能丧失履行债务能力的其他情形。当事人没有确切证据中止履行的,应当承担违约责任。

当事人依照中止履行的,应当及时通知对方。对方提供适当担保时,应当恢复履行。中止履行后,对方在合理期限内未恢复履行能力并且未提供适当担保的,中止履行的一方可以解除合同。

债权人分立、合并或者变更住所没有通知债务人,致使履行债务发生困难的,债务人可以中止履行或者将标的物提存。

债权人可以拒绝债务人提前履行债务,但提前履行不损害债权人利益的除外。债务人提前履行债务给债权人增加的费用,由债务人负担。

债权人可以拒绝债务人部分履行债务,但部分履行不损害债权人利益的除外。债务人部分履行债务给债权人增加的费用,由债务人负担。

因债务人怠于行使其到期债权,对债权人造成损害的,债权人可以向人民法院请求以自己的名义代位行使债务人的债权,但该债权专属于债务人自身的除外。代位权的行使范围以债权人的债权为限。债权人行使代位权的必要费用,由债务人负担。

因债务人放弃其到期债权或者无偿转让财产,对债权人造成损害的,债权人可以请求人民法院撤销债务人的行为。

债务人以明显不合理的低价转让财产,对债权人造成损害,并且受让人知道该情形的,债权人也可以请求人民法院撤销债务人的行为。撤销权的行使范围以债权人的债权为限。债权人行使撤销权的必要费用,由债务人负担。

撤销权自债权人知道或者应当知道撤销事由之日起1年内行使。自债务人的行为发生之日起5年内没有行使撤销权的,该撤销权消灭。

合同生效后,当事人不得因姓名、名称的变更或者法定代表人、负责人、承办人的变动而不履行合同义务。

（二）合同的变更和转让

1. 合同变更

项目管理机构应按规定实施合同变更的管理工作，将变更文件和要求传递至相关人员。合同变更管理包括变更依据、变更范围、变更程序、变更措施的制定和实施，以及对变更的检查和信息反馈工作。

专家解读

合同变更应当符合下列条件：变更的内容应符合合同约定或者法律法规规定；变更超过原设计标准或者批准规模时，应由组织按照规定程序办理变更审批手续；变更或变更异议的提出，应符合合同约定或者法律法规规定的程序和期限；变更应经组织或其授权人员签字或盖章后实施；变更对合同价格及工期有影响时，相应调整合同价格和工期。

当事人对合同变更的内容约定不明确的，推定为未变更。

变更可能引起工期或费用的索赔，不同情况引起变更的责任承担者不同，下面以典型例题进行讲解。

典型例题

【多选题】下列工程施工变更情形中，由业主承担责任的有（　　）。

A. 不可抗力导致的设计修改

B. 环境变化导致的设计修改

C. 原设计失误导致的设计修改

D. 政府部门要求导致的设计修改

E. 施工方案出现错误导致的设计修改

ABCD。【解析】工程施工变更情形中，由业主承担责任的除了选项 A，B，C，D 外，还包括业主要求导致的设计修改等；由承包单位承担责任的除了选项 E 外，还包括施工操作错误或疏忽导致的设计修改等。

2. 合同转让

债权人可以将合同的权利全部或者部分转让给第三人，但有下列情形之一的除外：根据合同性质不得转让；按照当事人约定不得转让；依照法律规定不得转让。

债权人转让权利的，应当通知债务人。未经通知，该转让对债务人不发生效力。债权人转让权利的通知不得撤销，但经受让人同意的除外。

债权人转让权利的，受让人取得与债权有关的从权利，但该从权利专属于债权人自身的除外。

债务人接到债权转让通知后，债务人对让与人的抗辩，可以向受让人主张。

债务人接到债权转让通知时，债务人对让与人享有债权，并且债务人的债权先于转让的债权到期或者同时到期的，债务人可以向受让人主张抵销。

债务人将合同的义务全部或者部分转移给第三人的，应当经债权人同意。

债务人转移义务的，新债务人可以主张原债务人对债权人的抗辩。

债务人转移义务的，新债务人应当承担与主债务有关的从债务，但该从债务专属于原债务人自身的除外。

（三）合同的中止

合同中止应根据合同约定或者法律规定实施。因对方违约导致合同中止的，应追究其违约方责任；因不可抗力导致合同中止的，需按照合同约定或者法律规定签订部分或者全部免除责任协议，涉及合同内容变更的，应订立补充合同。项目管理机构应控制和管理合同中止行为。合同中止应按照下列方式处理：

（1）合同中止履行前，应以书面形式通知对方并说明理由。因对方违约导致合同中止履行时，在对方提供适当担保时应恢复履行；中止履行后，对方在合理期限内未恢复履行能力并且未提供相应担保时，应报请组织决定是否解除合同。

（2）合同中止或恢复履行，如依法需要向有关行政主管机关报告或履行核验手续，应在规定的期限内履行相关手续。

（3）合同中止后不再恢复履行时，应根据合同约定或法律规定解除合同。

专家解读

工程担保分为人的担保和物的担保，人的担保包括保证合同和担保合同。在工程行业中，经常使用的担保有投标保函、履约担保、预付款保函、保证金保函等，保函即担保函。预付款保函也被称为偿还款项担保。

第六节　建设工程索赔

一、索赔概述

（一）索赔概念

索赔，是指在施工合同履行过程中，承包单位和发包单位就非自身过错，而是应由对方承担责任的情况造成的实际损失向对方提出经济补偿或时间补偿的要求。

索赔的原因和分类均多种多样，但最重要的分类，是从承包商立场出发，依据合同规定提出的索赔整体上分为工期索赔和费用索赔两大类。根据索赔事件的性质可分为变更索赔、延期索赔、终止索赔、加速索赔、不可预见外部障碍或条件索赔、不可抗力索赔及其他索赔。

提示

历年考试中会考查具体索赔事件责任的承担问题。如某工程在地基施工过程中，遇到大量不可预见的地下水，承包人处理地下水的费用应该向发包人索赔。

（二）索赔成立的前提条件

索赔成立的前提条件，下面以典型例题的形式进行讲解。

典型例题

【多选题】建设工程索赔成立的前提条件有(　　)。

A. 与合同对照,事件已造成了承包人工程项目成本的额外支出或直接工期损失

B. 造成费用增加或工期损失的原因,按合同约定不属于承包人的行为责任或风险责任

C. 造成费用增加或工期损失额度巨大,超出了正常的承受范围

D. 索赔费用计算正确,并且容易分析

E. 承包人按合同规定的程序和时间提交了索赔意向通知和索赔报告

ABE。【解析】建设工程索赔成立的前提条件包括选项 A,B,E,且这 3 个条件必须同时具备。

(三)索赔证据

索赔证据的种类:

(1)招标文件、工程合同及附件、业主认可的施工组织设计、工程图纸、技术规范等。

(2)工程各项有关的设计交底记录、变更图纸、变更施工指令等。

(3)工程各项经业主或工程师签认的签证。

(4)工程各项往来信件、指令、信函、通知、答复等。

(5)工程各项会议纪要。

(6)施工计划及现场实施情况记录。

(7)施工日报及工长工作日志、备忘录。

(8)工程送电、送水、道路开通、封闭的日期及数量记录。

(9)工程停电、停水和干扰事件影响的日期及恢复施工的日期。

(10)工程预付款、进度款拨付的数额及日期记录。

(11)工程图纸、图纸变更、交底记录的送达份数及日期记录。

(12)工程有关施工部位的照片及录像等。

(13)工程现场气候记录,有关天气的温度、风力、雨雪等。

(14)工程验收报告及各项技术鉴定报告等。

(15)工程材料采购、订货、运输、进场、验收、使用等方面的凭据。

(16)工程会计核算材料。

(17)国家和省、市有关影响工程造价、工期的文件、规定等。

专家解读

上述为索赔证据一般分类。就项目技术负责人而言,其所主要涉及的索赔证据包括但不限于以下内容:工程图纸;设计变更记录;技术核定记录;签证单;工程洽商记录;有关会议记录;与合同对方往来的信函文件、电话记录、传真、数据电文等;传真、数据电文和电话记录应在 24 小时内由建设单位、监理工程师签字确认;工程照片、录音和录像等声像记录;各种检查验收报告和技术鉴定报告等;气象报告和资料;施工日记;各类往来信函收发记录;其他。

（四）索赔程序

1. 提交索赔意向通知

当出现索赔事项后，承包人以书面的索赔通知书形式，在索赔事项发生后 28 天内，向发包人或工程师正式提出索赔意向通知书，一般包括以下内容：指明合同依据；索赔事件发生的时间、地点；索赔事件发生的原因、性质、责任；承包商在事件发生后所采取的控制事件进一步发展的措施；说明索赔事件的发生已经给承包商带来的后果，如工期、费用的增加；申明保留索赔的权利。

2. 报送索赔资料和索赔报告

承包人在索赔通知书发出之后 28 日内，向工程师提出延长工期和（或）补偿经济损失的索赔报告及有关资料。当索赔事件持续进行时，承包商应当阶段性地向工程师发出索赔意向，在索赔事件终了后 28 日内，向工程师递交索赔的有关资料和最终索赔报告。

3. 工程师审查索赔文件

（1）判定索赔是否成立。工程师判定承包人索赔成立的条件如下所述：①与合同相对照，事件已造成了承包人施工成本的额外支出或总工期延误。②造成费用增加或工期延误的，按合同约定不属于承包人应承担的责任，包括行为责任和风险责任。③承包人按合同规定的程序提交了索赔意向通知和索赔报告。上述 3 个条件没有先后主次之分，应当同时具备。只有工程师认定索赔成立，才能进一步处理。

（2）审核承包人的索赔申请。在接到正式索赔报告以后，工程师应认真研究承包人报送的索赔资料：①在不确认责任归属的情况下，客观分析事件发生的原因。②通过对事件的分析，依据合同条款划清责任界限，必要时还可以要求承包人进一步提供补充资料。尤其是承包人与发包人或工程师都负有一定责任的事件，更应划出各方应该承担合同责任的比例。③审查承包人提出的索赔补偿要求，剔除其中的不合理部分，拟定自己计算的合理索赔额和工期顺延天数。

在审查过程中，承包商应对工程师提出的各种质疑作出圆满的答复。

4. 工程师对索赔的处理和决定

在经过认真分析研究，与承包人、发包人广泛讨论后，工程师应该向发包人和承包人提出自己的“索赔处理决定”。

工程师收到承包人送交的索赔报告和有关资料后，于 28 日内给予答复或要求承包人进一步补充索赔理由和证据。如果在 28 日内既未予以答复，也未对承包人作进一步要求，则视为承包人提出的该项索赔要求已经被认可。

5. 发包人审查索赔处理决定

发包人首先根据事件发生的原因、责任范围、合同条款，审核承包人的索赔申请和工程师的处理报告，再依据工程建设的目的、投资控制、竣工投产日期要求、承包人在施工中的缺陷或违反合同规定等的有关情况，决定是否同意工程师的处理意见。

二、工期索赔

（一）工期索赔的原则

表 6-2　工期索赔的原则

延期性质	延期原因	责任者	处理原则	索赔结果
可原谅延期	(1)修改设计 (2)施工条件变化 (3)业主原因 (4)工程师原因	业主/工程师	可准予延长工期和给予经济补偿	工期延长 + 经济补偿
	不可抗力(如天灾、社会动乱,以及非业主、工程师或承包商原因造成的延期)等	客观原因	依据建设工程施工合同确定	工期可延长,经济补偿依据建设工程施工合同确定
不可原谅延期	由承包商原因造成的延期	承包商	不延长工期,不给予经济补偿,竣工结算时业主扣除合同规定竣工误期违约赔偿金	无权索赔

（二）《建设工程施工合同（示范文本）》（GF—2017—0201）确定的可以顺延工期的条件

在合同履行过程中,因下列情况导致工期延误和(或)费用增加的,由发包人承担由此延误的工期和(或)增加的费用,且发包人应支付承包人合理的利润:

(1)发包人未能按合同约定提供图纸或所提供图纸不符合合同约定的。

(2)发包人未能按合同约定提供施工现场、施工条件、基础资料、许可、批准等开工条件的。

(3)发包人提供的测量基准点、基准线和水准点及其书面资料存在错误或疏漏的。

(4)发包人未能在计划开工日期之日起 7 天内同意下达开工通知的。

(5)发包人未能按合同约定日期支付工程预付款、进度款或竣工结算款的。

(6)监理人未按合同约定发出指示、批准等文件的。

(7)专用合同条款中约定的其他情形。

因发包人原因未按计划开工日期开工的,发包人应按实际开工日期顺延竣工日期,确保实际工期不低于合同约定的工期总日历天数。因发包人原因导致工期延误需要修订施工进度计划的,按照《建设工程施工合同(示范文本)》(GF—2017—0201)中相关要求执行。

（三）工期索赔的计算方法

确定工期索赔一般有三种方法,简述如下:

1. 网络分析法（关键线路法）

通过干扰事件发生前后的网络计划,对比两种工期计算结果,计算出工期索赔值,这是一种科学、合理的分析方法,适合于各种干扰事件的索赔。关键线路上工程活动持续时间的拖延，必然造成总工期的拖延，可提出工期索赔，而非关键线路上的工程活动在时差范围内的拖延如果不影响工期，则不能提出工期索赔。

2. 比例分析法

网络分析法虽然是最合理的，但实际工程中，干扰事件常常仅影响某些单项工程、单位工程或分部分项工程的工期，分析它们对总工期的影响可以采用更简单的比例分析法，即以某个技术经济指标作为比较基础，计算出工期索赔值。

在已知整个工程额外工程量的情形下，采用百分比法计算工期延长的公式：

总工期延长期限＝（新增加工程合同金额/原合同金额）×原合同总工期

在已知部分工程额外工程量的情形下，采用百分比法计算工期延长的公式：

工期延长期限＝（受干扰部分的合同价/原合同金额）×该受干扰部分工期拖延时间

典型例题

【单选题】某基础工程合同价为3 000万元，合同总工期为30个月，施工过程中因设计变更，导致增加额外600万元的工程，业主同意工期顺延。根据比例分析法，承包商可索赔工期（　　）个月。

A. 3　　B. 4

C. 8　　D. 6

D。【解析】比例分析法是以某个技术经济指标作为比较基础，计算出工期索赔值。按造价的比例分析时，工期索赔值＝原合同工期×附加或新增工程造价/原合同总价。故工期索赔值＝30×600/3 000＝6（个月）。

3. 赢值法

赢值法就是在横道图或时标网络计划的基础上，求出三种费用，以确定施工中的进度偏差和成本偏差的方法。进度偏差包括按时间表示的偏差和按金额表示的偏差。按时间表示的进度偏差指已完工程的实际时间与计划时间的差异。按金额表示的进度偏差是指因为进度原因引起的工程投资实际值与计划值的差额。其中这三种费用是：

（1）拟完工程计划费用（BCWS）。指进度计划安排在某一给定时间内所应完成的工程内容的计划费用。

（2）已完工程实际费用（ACWP）。指在某一给定时间内实际完成的工程内容所实际发生的费用。

（3）已完工程计划费用（BCWP）。指在某一给定时间内实际完成的工程内容的计划费用。

在费用和进度控制根据以下关系分析费用与进度偏差：

费用偏差＝已完工程实际费用－已完工程计划费用

其中，费用偏差为正值表示费用超支，为负值表示费用节约。

进度偏差＝拟完工程计划费用－已完工程计划费用

其中，进度偏差为正值表示进度拖延，为负值表示进度提前。

4. 直接法

承包商根据现场记录，将关键线路上干扰事件造成的工期延误直接作为实际延误值来提出索赔。

三、费用索赔

承包人可以向发包人提出费用索赔，发包人也可以向承包人提出费用索赔。如承包人未按合同条件要求，无故不向分包人付款，发包人有权进行费用和（或）利润索赔；工程施工质量不满足要求，未按照要求返工或不返工，发包人找其他公司完成的，对此造成的损失，可向承包人索赔费用和利润；工程进度太慢，要求承包人赶工时，发包人可索赔发包方工程师的加班费；合同工期已到而工程仍未完工，发包人可索赔误期损害赔偿费；承包人未按合同要求办理保险，发包人可前去办理并索赔相应的费用。

费用索赔以补偿实际损失为原则，对发包人不具有任何惩罚性质。实际损失包括直接损失和间接损失两个方面。

因此，所有干扰事件引起的损失以及这些损失的计算，都应有详细的具体证明，并在索赔报告中出具这些证据。

索赔费用的计算方法分为实际费用法、总费用法和修正的总费用法。

实际费用法是以承包人进行索赔工作时的实际支出为依据，以此向业主要求补偿的方法。在实践中，该方法是较常用的一种计算工程索赔的方法。

总费用法是当发生多次索赔事件后，重新计算出该工程的实际总费用，再从这个实际总费用中减去投标报价总费用，计算出索赔金额。采用这种方法计算出的索赔值往往包含许多不合理因素，因此只有当多个索赔事件混杂在一起，难以准确地进行分项记录和资料收集，不易计算出具体的费用损失时，才采用总费用法进行索赔。

实践中往往采用修正的总费用法。修正的总费用法是对总费用法的改进，即在总费用计算的原则上，去掉一些不合理因素，使其合理。修正方法是：将计算索赔款时段和工作项目限定于受影响的部分，并对投标报价费用重新进行核算。

费用索赔项要充分结合《建设工程工程量清单计价规范》《建筑安装工程费用项目组成》的相关分类，费用索赔一般包括的费用项目有人工费、机械费、材料费、工效损失费，以及现场管理费、总部管理费、利润等。其中，人工费的索赔主要包括合同外工作的人工费、因业主原因导致工效较低增加的人工费、因业主原因导致的人员窝工费和工资增长费、法定人工费增长费等；机械费的索赔主要包括合同外工作的机械费、因业主原因导致工效较低增加的机械费以及因业主原因导致的机械窝工费（租赁设备按实际租金和分摊费计算，自有设备按台班折旧费计算）。

典型例题

【单选题】最常用的索赔费用计算方法是(　　)。

A. 总费用法　　B. 修正的总费用法

C. 网络分析法　　D. 实际费用法

D。**【解析】**在工程中索赔费用的计算方法主要有：实际费用法、总费用法和修正的总费用法 3 种。实际费用法是索赔时最常用的一种方法，其计算原则是以承包人实际开支为依据，向业主要求额外费用补偿。

四、反索赔

（一）反索赔概念

索赔是双向的，业主和承包商都可以向对方提出索赔要求，凡是主动提出权利要求的，均被称为"索赔"；凡是对此项"索赔"进行反驳、修改或拒绝的行为，均属于"反索赔"。针对一方的索赔要求，反索赔的一方应以事实为依据，以合同为准绳，反驳和拒绝对方的不合理要求或索赔要求中的不合理部分。

（二）反索赔对策

在工程实践中，反索赔通常是业主对付承包商索赔的手段。

反索赔对策考虑可以从以下几个方面来着手：

1. 合同条款的确定

合同内容必须严密，向施工方提供的地勘、水文地下管线等资料应当准确；尽量避免设计变更；对工程造价确定的依据要明确，要考虑可能出现后续法律、政策、规范的变更引起的干扰事件；对施工方应当承担的风险进行明确；在进行合同变更时要评估引起索赔的可能性大小和索赔数额的幅度，不能因为对后果预测失误轻易作出让步而引起重大的索赔。

2. 合同实施过程

合同实施过程进行密切监控，经常查看施工记录和监理日志，一旦出现偏差要重点关注。特别是业主方原因可能引起索赔，如材料供应不及时引起的停工、窝工等，业主方也应当主动收集证据，防止在索赔数额计算时处于被动地位。

3. 监理工程师

业主方可以明确授予监理工程师在处理索赔时有多大的权限，如监理工程师可以对哪些类的索赔、金额在多大范围内的索赔才具有独立处置权等。

4. 主动收集证据

特别是要收集那些对抗施工方索赔成立的证据，包括：招标文件、合同文本及附件；来往文件、签证及更改通知等；各种会谈纪要；施工进度计划和实际施工进度表；施工现场工程文件；工程照片；气象报告；工地交接班记录；建筑材料和设备采购、订货运输使用记录等；市场行情记录；各种会计核算资料；国家法律、法令、政策文件等。

5. 索赔的时效性

索赔的程序一共有 4 个 28 天的期限，特别重要的是：工程师在收到施工单位送交的索赔报告及有关资料后，于 28 天内给予答复，或要求施工单位进一步补充索赔理由和证据；工程师在收到施工单位送交的索赔报告和有关资料后 28 天内未予答复或未对施工单位作进一步要求，视为该项索赔已经认可，要防止因未及时驳回而产生的推定成立的法律后果。

6. 索赔资料

接到正式索赔报告后，要认真研究施工方报送的索赔资料，具体流程如下：

（1）对引起索赔事件的原因进行分析。包括判断是否属于施工方的风险范畴；因天气、自然原因、国家政策法令、突发事件等原因引起的索赔事件发生时，施工方的处置措施是否得当，是否有因施工方原因造成了扩大的损失。

(2)对事件整个过程进行分析,如有必要时还可以要求施工单位进一步提供补充资料。

(3)审查施工单位提出的索赔补偿要求,剔除其中的不合理部分,核定自己计算的合理索赔款额和工期顺延天数。

(三)反索赔报告

反索赔报告是对反索赔工作的总结,向对方(索赔者)表明自己的分析结果、立场,对索赔要求的处理意见以及反索赔的证据。

根据索赔事件的性质、索赔值的大小、复杂程度及对索赔认可程度的不同,反索赔报告的内容不同,其形式也不一样。目前对反索赔报告没有一个统一的格式,但作为一份反索赔报告应包括以下的内容:

(1)向索赔方的致函。在这份信函中表明反索赔方的态度和立场,提出解决双方有关索赔问题的意见或安排等。

(2)合同责任的分析。这里对合同作总体分析,主要分析合同的法律基础、合同语言、合同文件及变更、合同价格、工程范围、工程变更补偿条件、施工工期的规定及延长的条件、合同违约责任、争执的解决规定等。

(3)合同实施情况的简述和评价。主要包括合同状态、可能状态、实际状态的分析。这里重点针对对方索赔报告中的问题和干扰事件,叙述事实情况,应包括三种状态的分析结果,对双方合同的履行情况和工程实施情况作评价。

(4)对对方索赔报告的分析。主要分析对方索赔的理由是否充分,证据是否可靠可信,索赔值是否合理,指出其不合理的地方,同时表明反索赔方处理的意见和态度。

(5)反索赔的意见和结论。

(6)各种附件。主要包括反索赔方提出反索赔的各种证据资料等。

第七节 国际建设工程施工承包合同

现在国际上具有影响力的合同示范文本主要包括:国际文本,国际咨询工程师联合会制定的 FIDIC 系列合同;美国文本,美国建筑师学会的 AIA 系列合同文件;英国文本,英国有两种文本,一种是英国土木工程师协会的 ICE 施工合同条件及 NEC 施工合同条件,另一种是英国联合合同委员会制定的 JCT 合同条件。

一、FIDIC 合同条件

FIDIC 合同条件条款齐全、内容完整等,比较公正地明确了合同当事人的权利、义务和风险。FIDIC 合同条件确定了监理工程师的特殊作用,规定了相应工作程序,要求监理工程师在行使权力时,保持公正的立场,协调业主和承包商的关系。通过学习和掌握 FIDIC 合同条件,提高工程项目管理水平,是工程管理人员掌握现代化项目管理、合同管理理论和方法的基本途径,同时也是实现我国工程项目管理与国际接轨的理论与实践条件。

（一）FIDIC 组织简介

FIDIC 合同被称为“国际工程咨询业圣经”。我国出台的《建设工程施工合同（示范文本）》分别参照、等同和等效采用了 FIDIC 合同的模式。

FIDIC 即是国际咨询工程师联合会（Fédération Internationale DesIngénieurs-Conseils），它于 1913 年在英国成立，总部机构现设于瑞士洛桑。第二次世界大战结束后 FIDIC 发展迅速起来。至今已有 60 多个国家和地区成为其会员，中国于 1996 年正式加入。FIDIC 是最具权威的咨询工程师组织，它推动着全球范围内高质量、高水平的工程咨询服务业的发展。

FIDIC 下设 2 个地区成员协会：FIDIC 亚洲及太平洋成员协会（ASPAC）；FIDIC 非洲成员协会集团（CAMA）。FIDIC 还设立了许多专业委员会，用于专业咨询和管理。如业主与咨询工程师关系委员会（CCRC）；合同委员会（CC）；执行委员会（EC）；风险管理委员会（ENVC）；质量管理委员会（QMC）；21 世纪工作组（Task Force 21）等。

FIDIC 作为国际上权威的咨询工程师机构，多年来所编写的标准合同条件是国际工程界几十年来实践经验的总结，公正的规定了合同各方的职责、权利和义务，程序严谨，可操作性强。如今已在工程建设、机械和电气设备的提供等方面被广泛使用。

（二）FIDIC 合同条件简介

FIDIC 专业委员会编制了一系列规范性合同条件，构成了 FIDIC 合同条件体系。它们不仅被 FIDIC 会员国在世界范围内广泛使用，也被世界银行等众多世界金融组织在招标文件中使用。在 FIDIC 合同条件体系中，最著名的有：《土木工程施工合同条件》（Conditions of Contract for Works of Civil Engineering Construction，通称 FIDIC“红皮书”）、《电气和机械工程合同条件》（Conditions of Contract for Electrical and Mechanical Works，通称 FIDIC“黄皮书”）、《业主/咨询工程师标准服务协议书》（Client/Consulant Model Services Agreement，通称 FIDIC“白皮书”）、《设计－建造与交钥匙工程合同条件》（Conditions of Contract for Design-Build and Turnkey，通称 FIDIC“橘皮书”）等。

国际咨询工程师联合会（FIDIC）出版有下列四份合同标准格式。

1. 施工合同条件（Condition of Contract for Construction，简称“新红皮书”）

新红皮书与原红皮书相对应，但其名称改变后合同的适用范围更大。该合同主要用于由业主设计的或由咨询工程师设计的房屋建筑工程（Building Works）和土木工程（Engineering Works）。

推荐用于由雇主设计的或由其代表-工程师设计的建筑或工程项目主要用于单价合同。在这种合同形式下，通常由工程师负责监理，由承包商按照雇主提供的设计施工。但工程中的某些土木、机械、电力和/或建造工程也可能由承包商设计。

2. 永久设备和设计－建造合同条件（Condi tions of Contract for Plantand DesignBuild，简称“新黄皮书”）

新黄皮书与原黄皮书相对应，其名称的改变便于与新红皮书相区别。在新黄皮书条件下，承包商的基本义务是完成永久设备的设计、制造和安装，业主委派工程师负责合同管理。

推荐用于电力和（或）机械设备的提供，以及房屋建筑或工程的设计和实施。在这种合同形式下，一般都是由承包商按照雇主的要求设计和提供设备和/或其他工程（可能包括由土木、机械、电力和/或建造工程的任何组合形式)。

3. EPC交钥匙项目合同条件(Conditions of Contract for EPC Turnkey Projects,简称"银皮书")

银皮书又可译为"设计 - 采购 - 施工交钥匙项目合同条件",它与橘皮书相似但不完全相同。它适用于工厂建设之类的开发项目。包含了项目策划、可行性研究、具体设计、采购、建造、安装、试运行等在内的全过程承包方式。承包商"交钥匙"时,提供的是一套配套完整的可以运行的设施。适用于在交钥匙的基础上进行的工厂或其他类似设施的加工或能源设备的提供,或基础设施项目和其他类型的开发项目的实施,这种合同条件所适用的项目对最终价格和施工时间的确定性要求较高,承包商完全负责项目的设计和施工,雇主基本不参与工作。在交钥匙项目中,一般情况下由承包商实施所有的设计、采购和建造工作:即在"交钥匙"时,提供一个配备完整、可以运行的设施。

4. 合同的简短格式(Short Form of Contract)

推荐用于价值相对较低的建筑或工程。根据工程的类型和具体条件的不同,此格式也适用于价值较高的工程,特别是较简单的、重复性的、工期短的工程。在这种合同形式下,一般都是由承包商按照雇主或其代表 - 工程师提供的设计实施工程,但对于部分或完全由承包商设计的土木、机械、电力、和(或)建造工程的合同也同样适用。

典型例题

【单选题】关于FIDIC《施工合同条件》的说法,正确的是( )。

A. 合同计价方式采用单价合同,但也有些子项采用包干单价

B. 由业主或业主代表管理合同

C. "新红皮书"的应用范围比原"红皮书"较小

D. "新红皮书"适用于由承包商做绝大部分设计的工程项目

A。【解析】根据FIDIC《施工合同条件》,通常由业主委派工程师管理合同。故选项B错误。"新红皮书"的应用范围比原"红皮书"更大。故选项C错误。"新黄皮书"适用于由承包商做绝大部分设计的工程项目。故选项D错误。

(三)FIDIC合同条件的应用方式

FIDIC合同条件是在总结了各个国家、各个地区的业主、咨询工程师和承包商各方经验基础上编制出来的,也是在长期的国际工程实践中形成并逐渐发展成熟起来的,是目前国际上广泛采用的高水平的、规范的合同条件。这些条件具有国际性、通用性和权威性。其合同条款公正合理,职责分明,程序严谨,易于操作。考虑到工程项目的一次性、唯一性等特点,FIDIC合同条件分成了"通用条件"(General Conditions)和"专用条件"(Conditions of Particular Application)两部分。通用条件适用于某一类工程,如红皮书适于整个土木工程(包括工业厂房、公路、桥梁、水利、港口、铁路、房屋建筑等)。专用条件则针对一个具体的工程项目,是在考虑项目所在国法律法规不同、项目特点和业主要求不同的基础上,对通用条件进行的具体化的修改和补充。

FIDIC合同条件的应用方式通常有如下几种。

1. 国际金融组织贷款和一些国际项目直接采用

在世界各地，凡世行、亚投行、非行贷款的工程项目以及一些国家和地区的工程招标文件中，大部分全文采用 FIDIC 合同条件。在我国，凡亚行贷款项目，全文采用 FIDIC"红皮书"。凡世行贷款项目，在执行世行有关合同原则的基础上，执行我国财政部在世行批准和指导下编制的有关合同条件。

2. 合同管理中对比分析使用

许多国家在学习、借鉴 FIDIC 合同条件的基础上，编制了一系列适合本国国情的标准合同条件。这些合同条件的项目和内容与 FIDIC 合同条件大同小异。主要差异体现在处理问题的程序规定上以及风险分担规定上。FIDIC 合同条件的各项程序是相当严谨的，处理业主和承包商风险、权利及义务也比较公正。因此，业主、咨询工程师、承包商通常都会将 FIDIC 合同条件作为一把尺子，与工作中遇到的其他合同条件相对比，进行合同分析和风险研究，制定相应的合同管理措施，防止合同管理上出现漏洞。

3. 合同谈判中使用

FIDIC 合同条件的国际性、通用性和权威性使合同双方在谈判中可以以"国际惯例"为理由要求对方对其合同条款的不合理、不完善之处作出修改或补充，以维护双方的合法权益。这种方式在国际工程项目合同谈判中普遍使用。

4. 部分选择使用

即使不全文采用 FIDIC 合同条件，在编制招标文件、分包合同条件时，仍可以部分选择其中的某些条款、某些规定、某些程序甚至某些思路，使所编制的文件更完善、更严谨。在项目实施过程中，也可以借鉴 FIDIC 合同条件的思路和程序来解决和处理有关问题。

需要说明的是，FIDIC 在编制各类合同条件的同时，还编制了相应的"应用指南"。在"应用指南"中，除了介绍招标程序、合同各方及工程师职责外，还对合同每一条款进行了详细解释和说明，这对使用者是很有帮助的。另外，每份合同条件的前面均列有有关措辞的定义和释义。

二、AIA 合同范本

AIA 是美国建筑师学会（The American Institute of Architects）的简称。AIA 出版的系列合同文件在美国建筑业界及国际工程承包界，特别在美洲地区具有较高的权威性，应用广泛。

AIA 出版的合同文本可以按照两种方式来进行分类。第一种方式是按照"系列"（series），即使用该合同文本的合同双方的关系，共分为五个系列。第二种方式是按照"族"（family），即该合同文本所适用的工程建设模式，共分为八族。

AIA 系列合同文件分为 A，B，C，D，G 等系列。1987 年版的 AIA 文件 A201《施工合同通用条件》共计 14 条 68 款，主要内容包括：业主、承包商的权利与义务；建筑师与建筑师的合同管理；索赔与争议的解决；工程变更；工期；工程款的支付；保险与保函；工程检查与更正条款。

表 6-3 简单介绍 AIA 系列中的 A201 文件（以下简称"AIA 合同"）的特点，并与 FIDIC 的土木工程施工合同条件（以下简称"FIDIC 红皮书"）进行比较。

表 6-3　AIA 合同条件

分类	系列/族	适用条件	备注
第一种按合同双方的关系	A 系列	雇主与承包商之间的协议书或合同条件	
	B 系列	雇主与建筑师之间的协议书或合同条件	
	C 系列	建筑师与其他专业咨询人员之间的协议书或合同条件	
	D 系列	建筑师内部使用的文件	
	G 系列	项目管理过程中使用的各种表格和文件	
第二种按工程建设模式	1	传统模式项目	
	2	小型项目	
	3	咨询型建设管理项目(CMa)	
第二种按工程建设模式	4	承包型建设管理项目(CMc)	
	5	内部装修项目	
	6	国际项目	
	7	设计－施工项目(DB)	
	8	合同管理和项目管理表格	类似于 G 系列

注:AIA 合同条件可组合,形成适用不同模式下的合同文本,其核心是“通用条件”(A201),采用不同的工程交易模式和合同价格类型时,只需要引用不同的协议书格式与通用条件。

1.“传统模式”(即施工总承包),A101(业主与承包商之间的协议书。)B141(业主与建筑师之间的协议书)和 A201。

2. 代理型 CM,B801/CMa、A201/CMa。

3. 风险型 CM,A121/CMc、A201。

三、英国 JCT 合同条件

JCT 是英国合同审定联合会(Joint Contract Tribunal)的简称。从 JCT 合同内容来看,JCT 章程对“标准合同”的定义为:“所有相互一致的合同文件组合,这些文本共同被使用,作为运作某一特定项目所必需的文件。”JCT 的工作是制作标准格式的组合,用于各种类型的工程承接。从其历史发展来看,JCT 先后发布了七版 JCT 合同范本。1909 年发布第一版,最新版 2005 年发布的一系列合同范本,全名为 JCT 2005 Suite,以下简称“JCT 2005”。

JCT 合同体系是基于全过程成本管理模式的,能够促进成本管理理念和方法的提升。

JCT 2005 是由各种类型的合同构成的一整套文本。其中包括各类合同 12 种,例如小型工程建设合同、标准建造合同、设计建造合同、大型工程施工合同等,还包括 4 种协议和抵押担保。每类合同又包括主合同、分包合同以及一些其他特定类型的合同可能使用到的文件。

现在所有 JCT 2005 中包含的合同都采用如下统一的条款编排格式:定义和解释;工程实施;工程监控;支付;变更;伤害和损失保险;转让、第三方权利和抵押担保;终止;争端的解决。

JCT 系列合同范本适合总价承包的计价方式,也适用于 EPC 或交钥匙承包合同。

JCT 合同体系具有的最大特色是由建筑师担任建筑合同管理的核心角色。业主和承包商在订立合同时达成这样一个共识:合同履行过程中,合同项下的问题都应由建筑师来做公平的、无偏袒的决定。并且,承包商有权认为建筑师的实际权力与其与业主之间的施工合同的规定是一致的。建筑师在履行其职责时扮演着两种角色,但并非同时扮演。一是业主的代理人,其履行职责过程中的任何违约行为,均会被承包商视为业主的行为;二是独立的专业人士,业主不会对其履行职责时的缺陷承担责任,如对索赔的估价、签发证书赋予承包商获得可支付金额的权利等。

四、国际工程施工承包合同争端和仲裁

(一)争端裁决委员会(DAB)的委任

争端应由争端裁决委员会进行裁决。合同双方应在投标函附录规定的日期内,共同任命一争端裁决委员会。争端裁决委员会的报酬及其支付应由业主、承包商和争端委员会的每个成员协商决定,业主和承包商应各自支付报酬的50%。

该争端裁决委员会应由具有恰当资格的成员组成,成员的数目可为1名、3名或5名("成员"),具体情况按投标函附录中的规定。如果投标函附录中没有注明成员的数目,且合同双方没有其他的协议,则争端裁决委员会应包含3名成员。争端裁决委员会的任命形式有特聘争端裁决委员会、工程师兼任和常任争端裁决委员会。其中,特聘争端裁决委员会的任期一般在争端裁决委员会对该争端发出最终决定时期满。

如果争端裁决委员会由3名成员组成,则合同每一方应提名一位成员,由对方批准。合同双方应与这两名成员协商,并应商定第三位成员(作为主席)。争端裁决委员会的成员一般是工程技术和管理方面的专家。

但是,如果合同中包含了意向性成员的名单,则成员应从该名单中选出,除非他不能或不愿接受争端裁决委员会的任命。

合同双方与唯一的成员("裁决人")或3个成员中的每一个人的协议书(包括各方之间达成的此类修正)应编入附在通用条件后的争端裁决协议书的通用条件中。

关于唯一成员或三个成员中的每一个人(包括争端裁决委员会向其征求建议的任何专家)的报酬的支付条件,应由合同双方在协商上述任命条件时共同商定。每一方应负责支付此类酬金的一半。

在合同双方同意的任何时候,他们可以共同将事宜提交给争端裁决委员会,使其给出意见。

没有另一方的同意,任一方不得就任何事宜向争端裁决委员会征求建议。

在合同双方同意的任何时候,他们可以任命一合格人选(或多个合格人选)替代(或备有人选替代)争端裁决委员会的任何一个或多个成员。除非合同双方另有协议,只要某一成员拒绝履行其职责或由于死亡、伤残、辞职或其委任终止而不能尽其职责,该任命即告生效。

如果发生了上述情况,而没有可替换的人员,委任替换人员的方式与任命或商定被替换人员的方式相同。

(二)获得争端裁决委员会的决定

如果在合同双方之间产生起因于合同或实施过程或与之相关的任何争端(任何种类),包括对工程师的任何证书的签发、决定、指示、意见或估价的任何争端,任一方可以将此类争

端事宜以书面形式提交争端裁决委员会，供其裁定，并将副本送交另一方和工程师。应说明争端的提交是根据本款作出的。

对于由 3 名成员组成的争端裁决委员会，当争端裁决委员会的主席收到此类提交时即认为争端裁决委员会收到了此类提交。

合同双方应立即向争端裁决委员会提供为对此类争端进行裁决的目的而可能要求的所有此类附加资料、进一步的现场通道和适当的设施。争端裁决委员不应被视为作为仲裁人，其提出裁决不具有强制性，也不具有终局性。

在争端裁决委员会收到上述争端事宜的提交后 84 天内，或在争端裁决委员会建议并由双方批准的此类其他时间内，争端裁决委员会应作出决定，该决定应是合理的，并应声明该决定是根据规定作出的。该决定对双方都有约束力，合同双方应立即执行争端裁决委员会作出的每项决定，除非此类决定在友好解决或仲裁裁决中得以修改。除非合同已被放弃、撤销或终止，否则承包商应继续按照合同实施工程。

如果合同双方中任一方对争端裁决委员会的裁决不满意，则其可在收到该决定的通知后第 28 天内或此前将其不满通知对方。如果争端裁决委员会未能在其收到此类不满通知后 84 天（或其他批准的时间）内作出决定，那么合同双方中的任一方均可在上述期限期满后 28 天之内将其不满通知对方。

（三）友好解决

按上述已发出表示不满的通知后，合同双方在仲裁开始前应尽力以友好的方式解决争端，如双方协商解决（首选，也是最常用、最有效的方式）或通过中间人进行调解等。除非合同双方另有协议，否则，仲裁将在表示不满的通知发出后第 56 天或此后开始，即使双方未曾作过友好解决的努力。

（四）仲裁

除非通过友好解决，否则如果争端裁决委员会有关争端的决定（如有时）未能成为最终决定并具有约束力，那么此类争端应由国际仲裁机构最终裁决。除非合同双方另有协议，否则：该争端应根据国际商会的仲裁规则被最终解决；该争端应由指定的 3 位仲裁人裁决；该仲裁应以日常交流语言作为仲裁语言。

仲裁人应有全权公开、审查和修改工程师的任何证书的签发、决定、指示、意见或估价，以及任何争端裁决委员会有关争端事宜的决定。无论如何，工程师都不会失去被作为证人以及向仲裁人提供任何与争端有关的证据的资格。

合同双方的任一方在上述仲裁人的仲裁过程中均不受以前为取得争端裁决委员会的决定而提供的证据或论据或其不满意通知中提出的不满理由的限制。在仲裁过程中，可将争端裁决委员会的决定作为一项证据。

工程竣工之前或之后均可开始仲裁。但在工程进行过程中，合同双方、工程师以及争端裁决委员会的各自义务不得因任何仲裁正在进行而改变。

（五）争端裁决委员会的委任期满

如果合同双方之间产生了起因于或相关于合同或工程的实施过程的某一争端，而此时不存在一个争端裁决委员会（无论是因为争端裁决委员会的任命已到期还是因为其他原因），该争端应直接通过仲裁最终解决。

第七章 建设工程项目信息管理

第一节 建设工程项目信息管理的目的和任务

一、建设工程项目信息管理

（一）信息的内涵及其特点

信息既不是物质也不是能量，而是反映客观世界的资源与知识通过各种有效途径，在传播的过程中使之为接收者所理解，并最终影响到接收者的意识和行为的事物特征。

在管理科学领域中，信息通常被认为是一种已被加工或处理成特定形式的数据。

从信息管理的角度可把纷繁复杂的建设项目决策和实施过程归纳为两个主要过程，一是信息过程（Information Processes），二是物质过程（Material Processes）。项目策划阶段、设计阶段和招投标阶段等的主要任务之一就是生产、处理、传递和应用信息，这些阶段的主要工作成果是建设项目信息。

（二）信息与数据

1. 数据的概念

数据是用来记录客观事物的性质、形态、数量和特征的抽象符号。不仅文字、数字和图形可以看作是数据，声音、信号和语言也可以认为是数据。

2. 信息与数据的关系

信息是根据要求，将数据进行加工处理转换的结果。同一组数据可以按管理层次和职能不同，将其加工成不同形式的信息；不同数据如采用不同的处理方式，也可得到相同的信息。

（三）信息管理的内涵

信息管理是指对信息的收集、加工、整理、存储、传递与应用等一系列工作的总称。信息管理的目的就是通过有组织的信息流通，使决策者能及时、准确地获得相应的信息。为了达到信息管理的目的，就要把握信息管理的各个环节，并做到了解和掌握信息来源，对信息进行分类；掌握和正确运用信息管理的手段（如计算机）；掌握信息流程的不同环节，建立信息管理系统。

建设项目信息管理旨在通过信息传输的有效组织管理和控制为建设项目建设提供增值服务。

(四)建设项目信息管理的工作原则

特别是大型项目,建设工程产生的信息量巨大,种类繁多。为便于信息的搜集、处理、存储、传递和利用,建设项目信息管理工作原则为:

(1)标准化原则。要求在项目的实施过程中对相关信息的分类、流程进行规范统一,通过建立健全的信息管理制度,从组织上保证信息生产过程的效率。

(2)有效性原则。根据不同管理层提供不同要求进行适当加工和浓缩,以便提供给决策层的信息力求精练、直观,以满足战略决策的信息需要。

(3)定量化原则。建设工程产生的信息应是经过信息处理人员采用定量工具对项目实施过程中产生数据进行比较分析后的信息。

(4)时效性原则。建设工程的信息都有一定的生产周期,如月报表、季度报表、年度报表等,这都是为了保证信息产品能够及时服务于决策。

(5)高效处理原则。通过采用高效性能的信息处理工具,尽量缩短信息在处理过程中的延迟。

(6)可预见原则。建设工程产生的信息作为项目实施的历史数据,可以用来预测未来的情况。如通过对以往投资执行情况的分析,对未来可能发生的投资进行预测,作为事前控制的依据,这在项目管理中也是十分重要的。

建设工程项目信息管理不仅是利用信息设备替代手工方式的信息处理作业,更重要的是提高建设工程项目的经济效益和社会效益,以达到建设工程项目建设增值的目的。

二、建设项目信息管理的过程

建设项目信息管理的过程主要包括信息的收集、加工整理、存储、检索和传递。

(一)建设项目信息的收集

建设项目信息的收集,就是收集项目决策和实施过程中的原始数据,这是很重要的基础工作,信息管理工作的质量好坏,很大程度上取决于原始资料的全面性和可靠性。其中,建立一套完善的信息采集制度是十分有必要的。

1. 建设项目建设前期的信息收集

建设项目在正式开工之前,需要进行大量的工作,这些工作将产生大量的文件,文件中包含:收集设计任务书及有关资料;设计文件及有关资料的收集;招标投标合同文件及其有关资料的收集。

2. 建设项目施工期的信息收集

建设项目在整个工程施工阶段,每天都发生各种各样的情况,相应地包含着各种信息,需要及时收集和处理。因此,项目的施工阶段是大量的信息发生、传递和处理的阶段,包括建设单位提供的信息,承建商提供的信息,工程监理的记录,工地会议信息。

3. 工程竣工阶段的信息收集

工程竣工并按要求进行竣工验收时,需要大量的与竣工验收有关的各种资料信息。这些信息一部分是在整个施工过程中，长期积累形成的；一部分是在竣工验收期间，根据积累的资料整理分析而形成的，完整的竣工资料应由承建单位编制，经工程监理单位和有关方面审查后，移交建设单位并通过建设单位移交项目管理运行单位以及相关的政府主管部门。

（二）建设项目信息的加工整理和存储

建设项目的信息管理更重要的是要对收集来的资料进行加工整理，并对工程决策和实施过程中出现的各种问题进行处理。

按照工程信息加工整理的深浅可分为如下几个类别：第一类为对资料和数据进行简单整理和滤波；第二类是对信息进行分析，概括综合后产生辅助建设项目管理决策的信息；第三类是通过应用数学模型统计推断可以产生决策的信息。

专家解读

在项目建设过程中，依据当时收集到的信息所做的决策或决定有如下几个方面：依据进度控制信息，对施工进度状况的意见和指示；依据质量控制信息，对工程质量控制情况提出意见和指示；依据投资控制信息，对工程结算和决算情况的意见和指示；依据合同管理信息，对索赔的处理意见。

（三）建设项目信息的检索和传递

无论是存入档案库还是存入计算机存储器的信息、资料，为了查找的方便，在入库前都要拟定一套科学的查找方法和手段，作好编目分类工作。健全的检索系统可以使报表、文件、资料、人事和技术档案既保存完好，又查找方便。否则会使资料杂乱无章，无法利用。

信息的传递是指借助于一定的载体（如纸张、软盘、磁带等）在建设项目信息管理工作的各部门、各单位之间的传递。通过传递，形成各种信息流。畅通的信息流将利用报表、图表、文字、记录、电讯、各种收发文、会议、审批及计算机等传递手段，不断地将建设项目信息输送到项目建设各方手中，成为他们工作的依据。

第二节　建设工程项目信息的分类、编码和处理方法

一、建设工程项目信息的分类

建设工程项目信息按照稳定性、兼容性、可扩展性、逻辑性、综合实用性的分类原则和采用线分类法和面分类法进行分类。

建设工程项目信息可以按照不同标准从多个角度进行分类。

（一）按照建设工程项目目标分

1. 投资控制信息

投资控制信息是指与投资控制直接有关的信息。如各种估算指标、类似工程造价、物价指数；设计概算、概算定额；施工图预算、预算定额；工程项目投资估算；合同价组成；投资目标体系；计划工程量、已完工程量、单位时间付款报表、工程量变化表、人工、材料调差表；索

赔费用表;投资偏差、已完工程结算;竣工决算、施工阶段的支付账单;原材料价格、机械设备台班费、人工费、运杂费等。

2. 质量控制信息

质量控制信息是指建设工程项目质量有关的信息,如国家有关的质量法规、政策及质量标准、项目建设标准;质量目标体系和质量目标的分解;质量控制工作流程、质量控制的工作制度、质量控制的方法;质量控制的风险分析;质量抽样检查的数据;各个环节工作的质量(工程项目决策的质量、设计的质量、施工的质量);质量事故记录和处理报告等。

3. 进度控制信息

进度控制信息是指与进度相关的信息,如施工定额;项目总进度计划、进度目标分解、项目年度计划、工程总网络计划和子网络计划、计划进度与实际进度偏差;网络计划的优化、网络计划的调整情况;进度控制的工作流程、进度控制的工作制度、进度控制的风险分析等。

4. 合同管理信息

合同管理信息是指建设工程相关的各种合同信息,如工程招投标文件;工程建设施工承包合同,物资设备供应合同,咨询、监理合同;合同的指标分解体系;合同签订、变更、执行情况;合同的索赔等。

(二)按照建设工程项目信息来源分

1. 项目内部信息

项目内部信息是指建设工程项目各个阶段、各个环节、各有关单位发生的信息总体。内部信息取自建设项目本身,如工程概况、设计文件、施工方案、合同结构、合同管理制度,信息资料的编码系统、信息目录表,会议制度,监理班子的组织,项目的投资目标、项目的质量目标、项目的进度目标等。

2. 项目外部信息

项目外部信息是指来自项目外部环境的信息。如国家有关的政策及法规;国内及国际市场的原材料及设备价格、市场变化;物价指数;类似工程造价、进度;投标单位的实力、投标单位的信誉、毗邻单位情况;新技术、新材料、新方法;国际环境的变化;资金市场变化等。

(三)按照建设工程项目信息稳定程度分

1. 固定信息

固定信息是指在一定时间内相对稳定不变的信息,包括标准信息、计划信息和查询信息。标准信息主要指各种定额和标准,如施工定额、原材料消耗定额、生产作业计划标准、设备和工具的耗损程度等。计划信息反映在计划期内已定任务的各项指标情况。查询信息主要指国家和行业颁发的技术标准、不变价格、监理工作制度、监理工程师的人事卡片等。

2. 流动信息

流动信息是指在不断变化的动态信息。如项目实施阶段的质量、投资及进度的统计信息;反映在某一时刻,项目建设的实际进程及计划完成情况;项目实施阶段的原材料实际消耗量、机械台班数、人工工日数等。

(四)按照建设工程项目信息的内容属性分

1. 组织类信息

组织类信息包括编码信息,单位组织信息,项目组织信息和项目管理组织信息。

2. 管理类信息

管理类信息包括进度控制信息,合同管理信息,风险管理信息和安全管理信息。

3. 经济类信息

经济类信息包括投资控制信息和工作量控制信息。

4. 技术类信息

技术类信息包括前期技术信息,设计技术信息,质量控制信息,材料设备技术信息,施工技术信息和竣工验收技术信息。

二、建设工程项目信息的编码

(一)信息编码的基本概念

编码是指将事物或概念赋予一定规律性的易于人或机器识别和处理的符号、图形、颜色、缩减的文字的过程,经过用符号进行编码所得到的符号串称为代码。它是人们统一认识、交换信息的一种手段。

(二)信息编码的目的

为了有组织地存储信息、方便信息的检索和信息的加工整理,必须对项目的信息进行编码。

作为标识的“代码”是为参与信息传递的各方,为识别信息内容而使用的由有限字符构成的标志,给信息主体赋予代码的主要目的如下。

1. 描述

对信息主体进行描述,在信息传递时可以使对方通过代码了解信息主体所具有的特征。

2. 标识

在传递信息时可以使对方准确地确认信息主体,用于这个目的的代码是标识代码。

3. 分类

当按编码对象的属性或特征(如工艺、材料用途)分类,并分别赋予不同的类别代码时,代码又可以作为区分编码对象特征的标志。例如,原材料按照材料可以分为钢、混凝土、木材等品种,那么对这些品种进行罗列和编码,就形成了材料的品种分类码。

4. 排序

当按编码对象发现(产生)的时间、所占有的空间或其他方面的顺序关系分类,并分别赋予不同的代码时,代码又可以作为区别编码对象排序的标志。当代码采用顺序码(即按时间先后顺序编码)时,在代码形式上就可以体现出编码的先后顺序,即可以实现编码时间的排序。

5. 特定含义

由于某种客观需要采用一些专用符号时,代码又可以提供一定的特定含义。例如,对于人的性别可以进行如下的编码:M 男(Male),F 女(Female),U 未知(Unknown)。其中的代码 M、F、U 可以认为是表达性别的专有符号。

在代码的以上几种功能中，标识功能是代码的最基本特性，任何代码都必须具备此种基本特性。代码的其他功能是人们为了便于处理信息、管理信息而选用的，是人为赋予的。

（三）信息编码的方法

信息编码的方法主要有顺序编码、成批编码、多面码、十进制码、文字数字码。建设工程项目信息编码时，对于不同类型和不同用途的信息，其编码处理的方法也不尽相同。下面以典型例题的形式进行讲解。

典型例题

【单选题】关于项目信息编码的说法，正确的是（　　）。

A. 投资项编码应采用概预算定额确定的分部分项工程编码

B. 项目实施的工作项编码就是指对施工和设备安装工作项的编码

C. 项目管理组织结构编码要依据组织结构图，对每一个工作部门进行编码

D. 进度项编码应根据不同层次的进度计划工作需要分别建立

C。【解析】项目的投资项编码，并不单纯是概预算定额确定的分部分项工程编码，应结合概算、标底、预算等因素进行编码。故选项 A 错误。项目实施的工作项编码需要包含项目实施的工作任务的全部内容。故选项 B 错误。项目的进度项编码，应根据各种需要（包括不同层次、不同深度及不同用途），建立统一的编码，而不是分别建立。故选项 D 错误。

第三节　建设工程管理信息化及建设工程项目管理信息系统的功能

一、概述

信息化是人类全面利用信息技术，充分开发信息资源，提高各部门、各行业效率和效能的过程和结果。建设工程管理信息化指的是建设工程管理信息资源的开发和利用，以及信息技术在建设工程管理中的开发和应用。信息化为我国建筑业迅速与国际接轨提供了契机，它是我国工程项目管理发展的必然趋势。因此，各类建筑企业要增强对工程项目信息化管理的认识；应重构项目管理系统，使之符合项目管理信息化的要求建立科学规范的项目管理系统；建设多层次信息管理平台；建立健全信息管理制度。

链接

项目管理工具包括管理信息系统、项目信息门户、项目管理信息系统、设施管理信息系统。其中，管理信息系统服务于一个企业；项目信息门户服务于项目所有参与单位，其建立和运行的理论基础是远程合作理论；项目管理信息系统服务于一个企业的一个项目。

项目管理信息系统(Project Management Information System),即计算机辅助项目管理的信息系统。运用项目管理信息系统是为了及时、准确、完整地收集、存储、处理项目的投资、进度、质量的规划和控制信息,迅速决策采取措施,尽可能好地实现项目目标。以计算机为手段,运用信息系统的方法,对项目管理的各类信息进行收集、传递、处理、存储、分发的计算机辅助系统。

二、项目管理信息系统的功能结构

项目管理信息系统是一个大系统,功能需求多,数据流程复杂,因而项目管理信息的建立要以整个系统为对象,从系统的角度总体部署目标和实施方案并进行论证可行性,为项目管理信息系统的设计和实施奠定基础。

一般而言,一个较为完整的项目管理信息系统应当包括:投资控制系统、成本控制系统、进度控制系统、质量安全控制系统、合同管理系统及其他系统等。项目管理信息系统功能结构如图 7-1 所示。

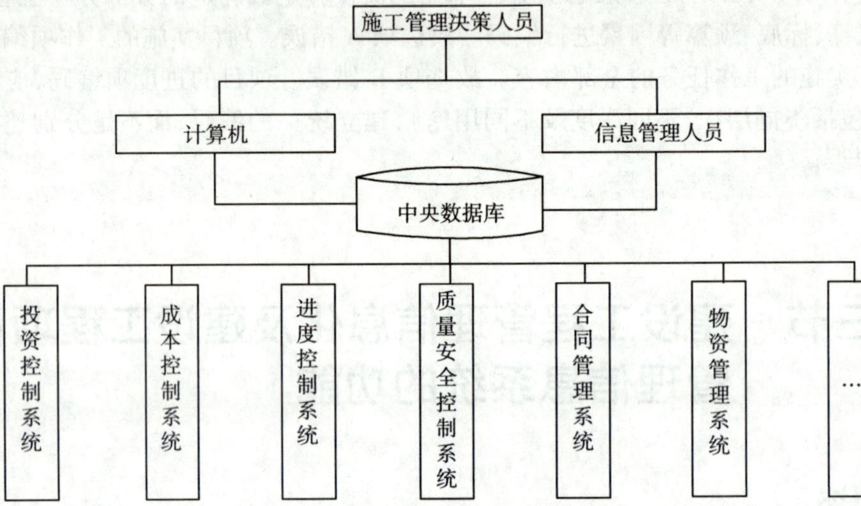

图 7-1　项目管理信息系统功能结构

工程项目管理信息系统的具体功能,下面以典型例题的形式进行讲解。

典型例题

【单选题】工程项目管理信息系统中,属于进度控制功能的是(　　)。

A. 合同执行情况的查询和分析　　B. 编制资源需求量计划

C. 根据工程进展进行投资预测　　D. 根据工程进展进行施工成本预测

B。【解析】项目管理信息系统中,进度控制的功能除了选项 B 外,还包括通过计算时间参数,确定关键工作和关键路线;可以绘制网络图和横道图;反映实际进度与计划进度动态比较结果;预测工程进度。选项 A 属于合同管理功能;选项 C 属于投资控制功能;选项 D 属于成本控制功能。

典型例题

【多选题】工程项目管理信息系统的成本控制功能包括(　　)。

A. 计划成本与实际成本的比较分析

B. 进行项目的估算、概预算的比较分析

C. 根据工程进展进行成本预测

D. 合同执行情况的查询和统计分析

E. 计算实际成本

ACE。【解析】项目管理信息系统的成本控制功能除了选项 A,C,E 外,还包括计算和分析投标估算的数据及计划施工成本等。选项 B 属于投资控制的功能;选项 D 属于合同管理的功能。

三、建筑信息模型(BIM)的含义和特点

建筑信息模型(Building Information Modeling,Building Information Model),英文简称为 BIM,是指在建设工程及设施全生命期内,对其物理和功能特性进行数字化表达,并依此设计、施工、运营的过程和结果的总称。

BIM 具有七大特点:

(1)可视化性。在 BIM 建筑信息模型中,因为整个过程都是可视化的,所以,不仅可视化的效果可以用作效果图的展示及报表的生成,而且项目设计,建造、运营过程中的沟通、讨论、决策都可以在可视化的状态下进行。即:模拟三维的立体事物可使项目在设计、建造、运营等整个建设过程可视化,方便进行更好的沟通、讨论与决策。

(2)可协调性。各专业项目信息出现“不兼容”现象,如管道与结构冲突,各个房间出现冷热不均,预留的洞口没留或尺寸不对等情况。对此,可使用 BIM 协调流程进行协调综合,减少不合理变更方案或者问题变更方案。基于 BIM 的三维设计软件在项目紧张的管线综合设计周期里,能提供清晰、高效率的与各系统专业有效沟通的平台,更好地满足工程需求,提高设计品质。

(3)可模拟性。BIM 可利用 4D 施工模拟相关软件,根据施工组织安排进度计划安排,在已经搭建好的模拟基础上加上时间维度,分专业制作可视化进度计划,即 4D 施工模拟。一方面可以知道现场施工,另一方面为建筑、管理单位提供非常直观的可视化进度控制管理依据。4D 模拟可以使建筑的建造顺序清晰,工程量明确,把 BIM 模型跟工期联系起来,直观地体现施工的界面、顺序,从而使各专业施工之间的施工协调变得清晰明了。通过 4D 施工模拟与施工组织方案的结合,能够使设备材料进场劳动力分配、机械排版等各项工作的安排变得最为有效、经济。在施工过程中,还可将 BIM 与数码设备相结合,实现数字化的监控,更有效地管理施工现场,监控施工质量,使工程项目的远程管理成为可能,从而使项目各参与方的负责人能在第一时间了解现场的实际情况。

(4)可优化性。现代建筑的复杂程度大多超过参与人员本身的能力极限,BIM 及与其配套的各种优化工具提供了对复杂项目进行优化的可能。

(5)可出图性。基于BIM应用软件可实现建筑设计阶段或施工阶段所需工程图的自动出具。如综合管线图、综合结构留洞图、碰撞检测错误报告和建议改进方案等使用的施工图。

(6)造价精准性。BIM可利用Revit、Tekla、MagiCAD等已经搭建完成的模型,直接统计生成主要材料的工程量,辅助工程管理和工程造价,有效地提高工作效率。BIM技术的运用可以提高施工预算的准确性,对预制加工提供支持,有效地提高设备参数的准确性和施工协调管理水平。充分利用BIM的共享平台,可以真正实现信息互动和高效管理。

(7)造价可用性。采用BIM技术对施工图进行深度优化,可节省更多的工程材料,节省造价。通过BIM技术可以非常准确地深化钢筋、现浇混凝土的设计,并且所有深化、优化后的施工图都可以从BIM模型中自动生成。深化人员可以创建建筑钢筋信息并且使用其他的设计软件来分析。

四、基于BIM的施工信息管理平台

在对传统的项目信息管理的分析中可以看出,目前的建设项目信息管理存在着项目参与各方信息传递效率低、信息流失严重导致建设项目信息管理困难等不足,而基于BIM的项目信息管理可以很好地将项目的建设、设计、施工、监理等各建设方及决策、招标投标、施工、运维等各阶段的信息进行整合和集成存储,极大地方便了信息的随时调运。

与此同时,不同的软件服务商在数据标准存储方式等方面往往存在一定的兼容性问题,使得信息共享性差、数据利用率低。随着企业全面信息化时代的到来,需要由过去单一的管理模式、个体化的工作方式向协同化的方向转变。随着技术的发展,云计算因其强大的计算能力、高效的性能、更高的安全性,可以为建筑施工企业带来更为廉价和高效的信息化解决方案,降低企业的信息化成本。

在云计算环境下,基于BIM的施工信息管理平台的基本思想是以数据共享服务为核心通过BIM作为数据交换的桥梁,以云平台作为数据存储和共享的载体,将建筑施工企业的各类数据进行规范化处理,整合为可重复使用、符合标准的服务,使其能够被重新组合和应用,使得业务协同化的管理思想能够贯穿整个项目周期。建设工程施工项目的过程管理涉及设计、施工、维护等多个环节,每个环节都会产生相应的工程数据。BIM信息的创建主要集中在建筑设计阶段,这些BIM信息以IFC标准建立和存储。基于BIM的施工信息管理平台可以将建筑3D模型与进度计划进行融合,实现施工动态模拟和现场综合管理。平台的主要功能模块包括项目管理、模型管理、质量管理、进度管理、安全管理、成本管理、工程量统计与动态管理等。